非线性非平稳数据自适应分析方法

黄　锷　张　珏　吴召华　著

科 学 出 版 社

北　京

内 容 简 介

本书组织有 6 个章节，分别是非线性非平稳数据分析方法概述、经验模态分解、瞬时频率、希尔伯特–黄变换、全息希尔伯特谱分析以及非线性非平稳分析方法应用实例。第 1 章开篇立意，充分展现了本书将打破传统方法桎梏、让数据“自己说话”的意图；第 2 章从自适应基底展开，一步步讲述 EMD 的诞生和发展；第 3 章讨论瞬时频率，及其在不同于非线性、非平稳的价值优势；第 4 章希尔伯特–黄变换基于 EMD 和瞬时频率，对时间序列的时频谱进行一种前所未有的精确表达；不同于低维表示方法，第 5 章通过全息希尔伯特谱剖析数据背后隐藏的物理规律；第 6 章通过数篇代表性的实例，启发读者如何合理看待本书提及的新方法，并为读者提供参考。

本书是为倾心挖掘数据背后的隐藏规律、尝试欣赏自然奇迹的读者而写，更是为不满足于仅从数据中提取数学特征的读者展开深入思考所准备。这本书也适合作为研究生或高年级本科生教材，用于非线性和非平稳数据分析的专题学习。

图书在版编目(CIP)数据

非线性非平稳数据自适应分析方法/黄锷，张珏，吴召华著. —北京：科学出版社，2023. 4

ISBN 978-7-03-075354-0

Ⅰ. ①非… Ⅱ. ①黄… ②张… ③吴… Ⅲ. ①数据处理 Ⅳ. ①TP274

中国国家版本馆 CIP 数据核字(2023)第 059337 号

责任编辑：赵敬伟 / 责任校对：彭珍珍
责任印制：吴兆东 / 封面设计：无极书装

科学出版社 出版
北京东黄城根北街 16 号
邮政编码：100717
http://www.sciencep.com
北京中科印刷有限公司 印刷
科学出版社发行 各地新华书店经销
*
2023 年 4 月第 一 版 开本：720×1000 1/16
2023 年 4 月第一次印刷 印张：21
字数：418 000

定价：218.00 元

(如有印装质量问题，我社负责调换)

前　言

21 世纪被称为“数据的时代”。随着 IT 技术和数字经济的发展，各行各业都产生了大量的数据，以满足人们越来越旺盛的感知渴求。以至于在某些情况下，收集数据几乎成了一种无尽的比拼。IT 业巨头比尔·盖茨曾有名言：“解决世界难题的方法就是测量它们。”（My plan to fix the world's biggest problems: measure them.）诚然，通过测量我们的确会得到更多的数据，但这些数据真能解决我们的问题吗？可能不会。通过正确方式收集到的数据，似乎至多只能用来量化我们面临的问题。想要真正解决一个问题，则需要弄清楚数据背后隐藏的真正含义，而这只有在仔细分析之后才会豁然开朗。不幸的是，对待数据的传统方式往往止步于处理，而不是真正的分析，实际上，二者之间存在巨大差别：处理（processing）一词来自拉丁语词根，procedere（pro 向前 + cedere 去），这意味着按照特定方法做某事，向前移动（用脚，也可能用手，但从未指明使用大脑）；而分析（analysis）来自希腊语词根，analysis （ana 贯穿 + lysis 松开），这要求将任何整体分离或分解成若干部分，并分别审视，找出其性质、比例、功能、相互关系等。在大多数领域，用于处理的“特定方法”是单纯在数学上建立的算法，因此对于最终的处理结果，只能得到一些数学上有意义的参数数值。然而对于分析而言，我们应该得到的是对现象背后物理规律的充分理解。但遗憾的是，直到今天，人们往往仍旧按照数据处理的思路来对待充满挑战的数据分析。

数学是处理形状、数量和排列逻辑的科学，根据霍姆的说法，“数学建立在抽象的假设、定义和公理之上，它致力于通过严格的逻辑演绎来确立真理。作为一种解释器，当数学架构能够很好地对真实世界中的现象进行建模时，或者说只有它能够很好拟合客观观测结果时，才能被用来对大自然进行诠释和预测。”例如，当数学模型表现良好时，人类就有了例如爱因斯坦的宇宙学方程，它试图在大尺度的极端建立宇宙模型；丘成桐先生的 10 维超空间，试图在小尺度的极端解释宇宙。尽管两者都很吸引人并耐人寻味；然而都仍是推测性的，是否符合事实仍有待证实。一般来说，数学真理可能与现实毫无关系，但物理学的工作方向正好相反，它从真实世界中的现象开始，通过观察进行量化，目的是找出背后的规律和真相。数学架构有可能成为真实物理现象的一个很好的模型，但这种情况很少发生。事实上，为了得到严格的数学证明，总是要做必要前提假设，这就是问题所在。大多数假设都是理想化的条件，但这些假设在物理上并不现实，但对于数学家来说，他们更关心脱离现实的抽象。因此，爱因斯坦感叹道："数学是好的，但自然界一直在牵着我们的鼻子走。"另外，数据处理的典型数学假设是产生数据的系统满足线性和稳态特性，如傅里叶分析或典型的概率分布研究，但这些都与真实情况相去甚远。

二十几年前，我还在美国宇航局（NASA）工作时，就考虑尝试采取与传统方法截然不同的思路，给出一种全新的数据分析方法。我没有舍弃物理学特性以适应数学假设，而是提出了一种主要以物理学和初等数学为工具的自适应方法，即经验模态分解（empirical mode decomposition, EMD），希望将数据从过分的数学假设的牢笼中解放出来。与传统分析方法不同的是，EMD 是在没有先验条件的情况下对数据进行分解，而且分解得到的基底完全来自于数据本身。尽管缺乏严格的数学证明，但经过多次尝试，发现新方法能够有助于揭示现象的许多奇妙的物理特征。重要的是，我们进一步引入了具有物理意义的瞬时频率，简称物理频率，用以代替并区别于经典傅里叶分析中的平均数学频率，并由此摆脱了非线性数据在傅里叶谱上产生的谐波数学伪象。此外，我们另辟蹊径，正是采用了微分变换而非积分变换，才突破了过去数据分析方法的不确定性限制。由于这项发明，我在 1998 年被美国宇航局授予航天杰出贡献奖（Exceptional Space Act Award），并用以如下的表扬词："黄博士的新方法是美国宇航局历史上应用数学领域的最重要发现之一。"EMD 和相关的时间频率分析方法也被 NASA 正式定名为希尔伯特–黄变换（Hilbert-Huang transform）。最近，在 EMD 的基础上，我们又实现了另一个重要的跨跃，即发展了全息谱分析（Holo-spectral analysis），其中的频谱表示不再是简单地展现了数据的频率–能量关系，取而代之的是一个高维流形，它能够揭示物理现象中丰富的非线性波内和波间的细微相互作用，而且全息谱分析中的维度增加极大地提高了在复杂任务下的分类器效能。

本书从最初英文稿件到中文成稿，由北京大学前沿交叉学科研究院生物医学跨学科研究中心以及工学院的博士研究生完成，他们一同完成了整理、翻译、校对和额外的第 6 章的撰写工作，其中曾冯庆阳负责全书的成稿事项安排，并与梁栋栋、杨金宇、夏宇、陈代超一起完成了中文成稿工作；最后，本书由北京大学的张珏老师和佛罗里达州立大学的吴召华老师一同进行了补充和终审定稿工作。他们共同为本书的完善做了大量的工作，在此一并表示感谢！

最后，我谨将此书献给我生命中的三位恩人。加州理工学院的 Theodore T.

Y. Wu（吴耀祖）教授、加州大学圣地亚哥分校的 Bernard Y. C. Fung（冯元桢）教授和约翰霍普金斯大学的 Owen M. Phillips 教授，他们在我的研究生涯中不断教育、指导和鼓励我。他们共同指出了这些自适应方法的优点，直接推动了我从拙劣的起点勇敢向前迈进。

黄　锷

于南京

2022 年 9 月

目　　录

全书框架图

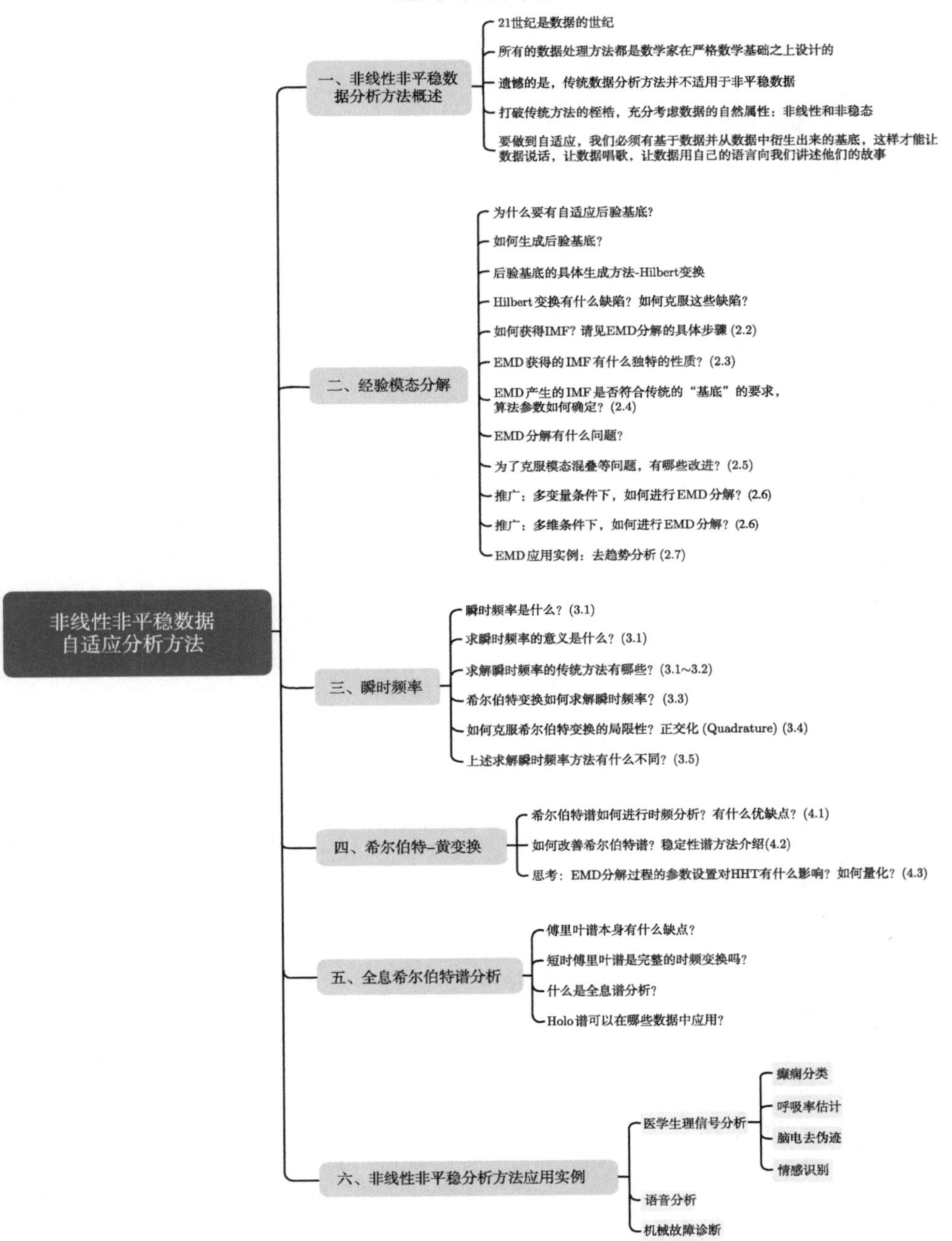

非线性非平稳数据
自适应分析方法
一、非线性非平稳数据分析方法概述
21世纪是数据的世纪
所有的数据处理方法都是数学家在严格数学基础之上设计的
遗憾的是，传统数据分析方法并不适用于非平稳数据
打破传统方法的桎梏，充分考虑数据的自然属性：非线性和非稳态
要做到自适应，我们必须有基于数据并从数据中衍生出来的基底，这样才能让数据说话，让数据唱歌，让数据用自己的语言向我们讲述他们的故事
二、经验模态分解
为什么要有自适应后验基底？
如何生成后验基底？
后验基底的具体生成方法-Hilbert变换
Hilbert变换有什么缺陷？如何克服这些缺陷？
如何获得IMF？请见EMD分解的具体步骤 (2.2)
EMD获得的IMF有什么独特的性质？(2.3)
EMD产生的IMF是否符合传统的“基底”的要求，算法参数如何确定？(2.4)
EMD分解有什么问题？
为了克服模态混叠等问题，有哪些改进？(2.5)
推广：多变量条件下，如何进行EMD分解？(2.6)
推广：多维条件下，如何进行EMD分解？(2.6)
EMD应用实例：去趋势分析 (2.7)
三、瞬时频率
瞬时频率是什么？(3.1)
求瞬时频率的意义是什么？(3.1)
求解瞬时频率的传统方法有哪些？(3.1~3.2)
希尔伯特变换如何求解瞬时频率？(3.3)
如何克服希尔伯特变换的局限性？正交化 (Quadrature) (3.4)
上述求解瞬时频率方法有什么不同？(3.5)
四、希尔伯特–黄变换
希尔伯特谱如何进行时频分析？有什么优缺点？(4.1)
如何改善希尔伯特谱？稳定性谱方法介绍(4.2)
思考：EMD分解过程的参数设置对HHT有什么影响？如何量化？(4.3)
五、全息希尔伯特谱分析
傅里叶谱本身有什么缺点？
短时傅里叶谱是完整的时频变换吗？
什么是全息谱分析？
Holo谱可以在哪些数据中应用？
六、非线性非平稳分析方法应用实例
医学生理信号分析
癫痫分类
呼吸率估计
脑电去伪迹
情感识别
语音分析
机械故障诊断

第 1 章　非线性非平稳数据分析方法概述

1.1　数据分析中的常见概念及其局限性

21 世纪也被称为数据的世纪。所谓数据，是指人们从观察、实验、测量和建模中获得的、所有可被量化的信息。事实上，人类尝试通过测量、分析和存储一切事物来探究和征服世界。的确，一切数据皆由测量产生。事实上，数据承载了人们与现实之间的联系。然而，在大数据时代，很多时候我们所面临的问题不再是数据的缺乏，而是数据的泛滥。而事实上，只要我们勤奋收集，数据总是能源源不断地产生。尽管我们依旧渴求从数据中获取知识，但未经分析的数据本身是无用的。正如庞加莱的名言：

“科学是由事实构成的，就像一栋房屋是用石头建造的。但是，一堆事实的简单堆砌并不是科学，就像一堆未经摆放的石头并不等于一座房屋。”

换而言之，冷冰冰的事实就算再多也都是无用的。数据就像石头，数据背后的物理意义就像构架。如果在搭建科学大厦时只有石头而没有构架，那么，即便在搭建时使用再多的石头，那也仅仅是一堆乱石，依旧无法建造起科学的摩天大厦。因此，在面对海量的数据时，只进行数据处理是远远不够的，人们还需要数据分析，需要利用它来揭示数据背后的物理本质。

本书的主题是数据分析（data analysis)，而不是常规意义上的数据处理（data processing）。更确切地说，本书的侧重点在于以数据驱动为核心的自适应数据分析。

在开始正式介绍前，让我们先明确“数据处理”和“数据分析”之间的本质的差异。正如序言中所述，相比于“处理”，“分析”一词的含义更为深刻，它可以表述为：将整体分解成各个组成部分，对各个组成部分进行剖析从而了解其性质、成分、功能、以及相互关系等。而数据处理，顾名思义，是执行一系列（若干）事先定义和设计的算法。值得指出的是，处理产生的结果仅是一组数学参数，而这组参数并不一定具有确切的物理意义。相比而言，数据分析由于包含有更为详细的检验环节，因此更有可能给最终结果一个合理的物理解释。

广义地说，数据处理包含数据质量控制、降噪、过滤等；而数据分析则是对数据进行分解剖析，即将数据分解为各个组成成分，之后分别对各个组成成分和整体进行研究，用以检测它们之间的相互作用和关系，最终归纳总结成可检验的假说、理论和规律。分析的结果既有利于研究者加深对数据所反映的系统的理解，从而做出适当的决策；同时也有利于研究者对系统背后潜在的物理机理进行数学建模，预测系统的未来演化。而且，数据分析产生的数学模型和预测模型还需利用新数据和新分析方法来进行进一步的检验。科学的探索和进步正是依赖于这种由探究、检验和改进所组成的不断的迭代和循环。事实上，科学研究的核心行为就是先收集和分析数据，再对分析结果进行综合和抽象、进而理论化和拓展应用。由此可见，数据分析是科学进步的关键。

如此来看，数据分析的目的是揭示和理解数据所体现的潜在物理规律，并不是简单地描述数据的数学属性。数据分析就是要让数据说话，让数据告知我们一切，而其中每一步都应该根据物理现象或实验而不是数学定理来检验结果。因此，数据分析是一项复杂的工作，每一步都应该包含评估和判断。做出判断需要依据专业领域的知识，绝非凭空想象。

数据分析既是科学和工程学的组成部分，也是数学的一部分。但它并不是纯粹的数学，原因是当纯粹的数学分析被结合进数据分析时，不得不假定数据符合一些特定理想状态下才合理的数学定义，而淡化数据所反映的客观存在。而在物理学中，数据反映的是独立于人为定义和假设的既有事实。要想深入地从事数据分析，必然离不开学科的交叉，这是一个显而易见的道理。

虽然科学家已经逐渐认识到数据分析和数据处理之间的本质区别，但传统的数学观念在实践中仍然处于主导地位。纵观历史，那些被广泛应用的数据处理方法几乎都是数学家基于严格的数学定义设计的；建立算法时为了追求严谨，我们不得不将真实的物理条件理想化为数学假设。但遗憾的是，物理条件从来都不是理想的，现实问题也往往没有那么简单。所以爱因斯坦感叹道：

“当数学定律涉及现实的时候，它们不是确定的；而确定的数学定律并不反映现实（As far as the laws of mathematics refer to reality, they are not certain; and as far as they are certain, they do not refer to reality）。”

于是，在追求数学严谨性的同时，研究人员被迫陷入一个“伪现实”的理想世界中。这个“伪现实”的世界中所有的处理过程都被理想化了，以符合数学家提出的限制性条件和要求。因此，任何数据处理结果都不可避免地夹杂着所使用数学方法的烙印。

真实世界与理想世界之间的不一致性经常性地被看似有用却不符合实际情况的假设所掩盖，例如线性（linearity）和平稳性（stationarity）假设。在科学研究或工程研究中，绝大多数物理过程都是非线性和非平稳的。随着测量和研究的日益复杂，基于线性和平稳性假设的传统数据分析方法的不足愈加明显，那些算法在实际运用时也远远无法胜任。为了更好地阐明这一问题，让我们一起探究几个具体的例子。

(1) 线性假设

在数据分析中，很多时候需要对数据进行分解，其中最为常见的是加性分解，即将数据分解成多个（甚至无穷多个）分量的和。不同的分解方法，可能会引起对结果完全不同的诠释。例如，在傅里叶分析（Fourier analysis）中，一个时间序列被分解为很多不同频率和振幅的周期性分量（用三角函数表示）：

$$x(t) = R\sum_{j=1}^{N} a_j \mathrm{e}^{i2\pi f_j t} \tag{1.1.1}$$

其中 R 为展开式中的实部。上面的加性分解里每个分量的幅值 a_j 与频率 f_j 均为常数，且所有成分之间是加性关系。可以发现，每个分量都是周期性的，因此它们的和也是周期性的，这意味着数据的统计特征不会随时间变化。因此，傅里叶分析只对线性平稳过程有物理意义。而事实上，非线性耦合广泛存在；为了真正理解不同成分之间非线性耦合作用，我们必须突破加性框架，同时挖掘数据内在的加性过程和乘性过程。我们把这方面的内容留到后面的章节。

传统上，所谓的“线性”是通过系统的视角来定义的：如果对于任意实数 α, β 和输入 $x_1(t)$, $x_2(t)$ 都能满足：

$$L\left(\alpha x_1(t) + \beta x_2(t)\right) = \alpha y_1(t) + \beta y_2(t) \tag{1.1.2}$$

$$L\left(x_1(t)\right) = y_1(t), \quad L\left(x_2(t)\right) = y_2(t)$$

则系统 L 为线性的。这种“线性”的定义要求封闭系统有着明确定义的输入和输出。然而，对于大多数复杂的物理现象，基于定义的方法来测试系统是否满足线性假设是十分困难的，且过于苛刻。

(2) 平稳性假设

在公式 (1.1.1) 中，数据分解后每个分量的幅值和频率为常数即意味着平稳性。对平稳性的要求并非傅里叶分析所独有，而是普遍存在于现有的数据分析方法中。因此，我们有必要重新回顾一下平稳性的数学定义。

如果对任意 t，都满足

$$E\left(|x(t)|^2\right) < \infty$$

$$E(x(t)) = m$$

$$C\left(x(t_1), x(t_2)\right) = C\left(x(t_1+\tau), x(t_2+\tau)\right) = C(\tau) \tag{1.1.3}$$

则称时间序列 $x(t)$ 具有广义平稳性，其中 $E(\cdot)$ 是期望值，而 $C(\cdot)$ 是协方差函数。

广义平稳性也被称为弱平稳性（weak stationarity）、协方差平稳性（covariance stationarity）或二阶平稳性（second-order stationarity）（如参见 Brockwell 和 Davis，1991）。

如果任取 $t_1, t_2, \cdots, t_n$, 对于任意的正整数 τ ，都有

$$F(x(t_1), x(t_2), \cdots, x(t_n)) = F(x(t_1+\tau), x(t_2+\tau), \cdots, x(t_n+\tau)) \quad (1.1.4)$$

其中 F 为联合分布，则称时间序列 $x(t)$ 具有严格平稳性。

从定义中可得出，二阶矩有限的严格平稳过程也是弱平稳过程，反之则不成立。以上两种平稳性定义都很严格，且过于理想化。此外，有研究者更加弱化了某些前提条件，提出若干较为宽松的平稳性定义，例如：随机信号的分段平稳性（piecewise stationarity）、渐进平稳性（asymptotically stationary）。前者只要求在有限的时间段内满足平稳；而后者则要求 τ 趋于无穷大时趋于平稳。

然而，实际采集到的数据总是有限长的。即便只为了检验数据是否满足这些弱化的平稳性，人们也必须引入一些额外的假设。其中，最经典的假设是严格周期性，即拿到的数据是整个时间序列的一个周期，但无论是自然存在抑或是人为创造的数据都几乎不可能满足这一假设。值得指出的是，检验平稳性及遍历性的困难并非是其原理有多复杂，而是难以在实践中获取足够多的数据来填满相空间。在大多数情形下能获取到的数据都是有限的，而这正是我们必须去面对的现实。

(3) 概率分布

概率分布是研究随机现象中最强有力的工具。对于所有非确定、可度量的物理量的研究，概率分布的概念十分常见且基础；在量子力学里，人们甚至认为电子只能用概率分布来描述。因此，在某种意义上，宇宙的存在本身也可以被认为是基于概率意义的。对于宏观尺度的物理现象，概率分布是研究一切非确定性事物的主要工具。

概率研究中有一个极其重要的定理——中心极限定理（central limit theorem）。该定理指出，如果随机变量是独立同分布的，且具有确定的算术平均值和方差，那么当样本足够大时，无论随机变量服从什么分布，其均值最终都会趋向于高斯分布。中心极限定理无比强大，即使前提假设很弱，但结果仍然趋向高斯分布。因此，高斯分布能覆盖我们观察和测量的大多数现象，故亦被称为正态分布（normal distribution）。中心极限定理给我们研究概率分布提供了一种全局的视角，但却又引入了新的问题：概率分布本身能为数据提供的信息有限，如果只关注概率分布的话，数据分析者不可避免地会忽略数据里隐藏的物理信息，也难以找出概率分布背后潜在的驱动机制，也几无可能区分内在概率结构的细微差别。

此外，中心极限定理成立的一个关键条件是随机变量具有有限的算术平均值和方差，这使得它的有效性天然受限——显然它只适用于同质对象。如果可测量物理量用时间序列来表示，那么概率只对平稳过程有效。然而，许多自然现象以及人类活动都不是平稳的。即使是平稳过程，测量时间也可能不够大，不足以覆盖全局平稳所要求的时间尺度，从而导致被测量的样本呈现为局部非稳态。因此，

经典的概率分布观点不适用于非平稳过程。那么，值得考虑的是，是否存在一种对内在概率结构有意义的度量，来揭示这些非平稳或局部非平稳过程的统计特性？又或者说，对于平稳过程，是否有一些重要的细节被全局视角所掩盖了？

(4) 线性和平稳性度量

除了上述的诸多困难，我们还不得不面对另一大难题——线性和平稳性程度和差别的度量问题。事实上，现有的非平稳和非线性的检验都只能定性地给出“是”和“否”的答案——一个过程要么是线性的，要么是非线性的；要么是平稳的，要么是非平稳的，但非线性和非平稳性的程度却无法被进一步量化。科学研究往往需要更精确的量化，而定性区分在实际应用中往往远不能满足需求。解决上述一系列问题也就成为数据分析的新目标。

由于缺乏量化线性和平稳性程度的定义，因此大多数研究者都只能采用模糊的假设。虽然许多“无穷小”幅度的自然现象可以用线性系统来近似，但它们也有非线性的趋势。即使大多数自然现象的变化幅度有限，它们仍旧很可能是非线性过程。平稳性亦是如此，尽管一些过程看似是局部平稳的，或在统计上、渐进上是平稳的，但他们并不是严格平稳的，反之亦然。

(5) 先验基函数（a priori basis）和积分变换（integral transformation）

现有的数学范式往往将数据用基函数来表示，而且这些基函数大多是先验确定的，并具有完备性、唯一性、收敛性和正交性。这些良好的数学性质为数据分解提供了坚实的数学基础。很多时候，这类数据分解方法依赖于积分变换，如 (1.1.1) 中给出的傅里叶变换以及各种小波分析。比如傅里叶变换的幅值就由如下的公式给出

$$a_j = \frac{1}{2\pi}\int_{-\infty}^{\infty} x(t)\mathrm{e}^{-i2\pi f_j t}\mathrm{d}t. \tag{1.1.5}$$

这些积分变换是信号分解和频谱分析中的标准操作。不幸的是，用了积分变换，便会导致频谱的分辨率受到不确定性原理（uncertainty principle）的制约，同时频谱中还会出现杂乱的谐波。事实上，这些谐波都只是毫无物理意义的“数学伪迹”（mathematical artifacts）而已。

1.2 自适应数据分析的理念和优势

严格的数学工具离不开理想化的假设。然而，数据的存在是一个既定的物理事实，无论对数据做出怎样的假设，数据都不会因此有丝毫改变。但遗憾的是，采用特定条件下才适用的某种具体方法进行数据分析时，分析结果往往会留下相应理想化假设的烙印。

的确，这些困难大大限制了传统数据分析方法的选择范围。很多时候，数据

分析者为选择合适的先验基函数而烦恼，这也是为什么人们有时会设计和采用一些特殊函数。如果能有一种新的范式使得数据分析者能不被基函数的选择而烦恼，从根本上打破旧有方法的桎梏，无疑是数据分析的革命。在这种新的分析范式下，数据分析者将充分依据数据的天然属性（即非线性和非平稳性），对数据进行“分析”，而不再是简单的“处理”，这将使我们有可能摆脱约束，从而有更好的机会挖掘数据中真实的信息和信息间的关联。为了实现这一目标，我们提出的解决方案是自适应数据分析，这也是本书的着眼点。而要想实现自适应，就必须基于数据并从数据中获取基函数，这样才能让数据说话，让数据歌唱，让数据用自己的“语言”向我们讲述它们自己的故事。我们的这种思想与理查德费曼的深刻的哲学论述有着相似的本质：

“科学家的工作应是认真倾听大自然的声音，而非告诉大自然如何行事（The job of a scientist is to listen carefully to nature, not to tell nature how to behave.）。”

坦率地说，如果采用先验的基函数，等同于告诉大自然该如何说话。例如，使用傅里叶展开就意味着已经假定所有的变化都可以由一组规则的正弦振荡组成。如果换成另一个基，比如说众多小波基中的某一个，很可能就会得到一个与之前迥异的答案。那么，在无限多个不同的基中，选择哪一个才是合理的呢？

不难想象，对于不同的信号，通过采用同一类先验选定的基函数拟合得到的分解结果并不可能都具有物理意义。在一个不断变化的世界中，尝试换用不同的基函数，来适应在特定时间遇到的各种自然现象，同样也是不可能的。于是，可能有效的解决方法就是找到一种自适应的基函数。这种自适应基函数是根据真实数据而得出的，并会随着现象的变化而变化。值得强调的是，上面的逻辑陈述与普遍采信的数学理念大相径庭；惯用的数学理念普遍认为：分解最好能用一组先验基函数，只有这样，分解才有一个客观标准。

诚然，放弃先验基函数的想法在数据分析中是革命性的一步，但这对传统的数学家来说却显然是十分陌生的。然而最近的发展表明，这一想法不仅可行，而且还非常实用和有效，已经成为许多会议和专题讨论会的主题。例如，2003 年 6 月，在美国工业与应用数学学会（SIAM）和加拿大应用与工业数学学会（CAIMS）的联合会议上，已经有了一个关于以上问题的小型研讨会。论文选集随后发表在世界科学出版社（World Scientific）出版的书籍《跨学科数学科学》（*Interdisciplinary Mathematical Sciences*）（2006 年和 2015 年两版），相关内容收录于“希尔伯特–黄变换及其应用”卷内。该出版社还创办了 *Advances in Adaptive Data Analysis* 杂志。之后，应用数学界又专门组织了三次国际特别会议。第一次是由明尼苏达大学数学及其应用研究所（IMA）主办的 2011 年热点专题会议，会议的主题是“非线性和非稳态数据的瞬时频率和趋势”；第二次是加州大学洛杉矶分校纯数学与应用数学研究所在 2013 年主办的为期一周的“自适应数据分析与稀疏性”研讨会；第三次则是 2015 年中国科学院晨兴数学中心主办的“优化、稀疏性和自适应数据分析”国际会议。放弃先验基函数有很多不同的思路，但我们的朴素想法就是以自适应基为核心，这也是本书的主题。接下来，我们将通过几页内容来初步绘制本书的路线图。

经验模态分解（empirical mode decomposition, EMD）（Huang 等, 1998）是本书自适应分析的关键方法，不需要进行任何数学变换，即可在时域内直接自适应地将任何数据分解成有限个本征模态函数（intrinsic mode function, IMF）。

EMD 方法基于尺度分离的策略，而尺度变化是数据底层驱动机制最直接的产物。我们首先以离散数据中局部极值之间的距离为指标来定义尺度，随后迭代地用样条曲线连接极值点。由于自然三次样条插值是连续且平滑的，且没有引入任何额外假设，因此 EMD 方法适用于所有线性或非线性、平稳或非平稳数据。

分解得到的 IMFs 具有一些有趣的特性：零均值，基函数的上下包络线局部对称以及频谱能量呈二进窄带分布。由于 IMFs 的数量通常小于 $\log_2 N$（其中 N 为采样点的总数），因此 IMFs 还具有稀疏性。此外，IMF 恰好能够满足物理世界对于瞬时频率的定义，即瞬时频率（相位函数的导数）不为负值。最初，IMF 对应的相位函数是由希尔伯特变换（Hilbert transform）计算出来的。后来我们发现，作为傅里叶变换的共轭方法，希尔伯特变换具有很多的物理局限性。因此，我们采用另一种通用的方法来定义 IMF 的相位函数，这会在第三章中详细阐明。

虽然 EMD 在原理上听起来很简单，但经多方面的数据测试表明，最早提出的朴素计算方式是不够的。因此，研究者们不断提出了各种 EMD 的变体，包括但不限于 Ensemble EMD（EEMD）（Wu 和 Huang，2009）、Conjugate Adaptive Dyadic Masking EMD（CADM EMD）（Huang 等, 2017）、Multi-variate EMD（MVEMD）（Rehman 和 Mandic 等, 2010）、nonlinear optimal basis pursue EMD（Hou 和 Shi，2011, 2013）等。随着 IMF 逐渐应用于各种各样的数据，我们将越来越清晰地领会到 EMD 具有许多传统数据分析方法无法企及的优势。

IMFs 的第一个显著优势在于，它摒弃了传统的积分变换，转而使用微分变换，通过相位函数的导数来直接计算频率，从而得到一个连续的、具有瞬时值的、随时间变化的频率，即物理频率。同时，由于微分反映数据的局部性质，因此瞬时频率使分析具有无比精准的局部性。微分操作使得频率的变化可以被精确地衡量，从而能够被用来衡量波间和波内的精细变化。波内频率变化是一个全新的概念，任何一种基于先验的方法都无法对其进行量化，原因是积分变换会抹杀任何频率值相对于时间轴的局部变化。波内频率调制以一种基于逻辑和物理的方式来表示波形的失真和波频变化，故不会产生任何非物理的、杂乱的谐波。此外，波内频率还能通过计算振荡系统与线性恒频振荡器的频率偏移量来定量评估该振荡系统的非线性程度。通过这种方法，可以在没有控制方程和输入、输出情况下，仅通过观测数据来探讨对应未知系统的非线性程度。

IMFs 的第二个重要优势是它提供了一个真实且准确的时间-频率表示方法。现有的所有时间-频率分析（时频分析）方法都是基于先验基的积分变换，这就导致无法同时精确地计算某个事件的时间和频率（不确定性原则），即

$$\Delta t \cdot \Delta \omega \geqslant \frac{1}{2} \tag{1.2.1}$$

其中 Δt 和 $\Delta \omega$ 是时间和频率的最小分辨极限。这严重限制了结果的精确分析。

实际上，不确定性原理是物理学中的基本定律之一。在数据分析中，采用积分变换计算频率时必然会导致时频的不确定性。如果能够消除不确定原理的限制，不仅能够大幅度地提高时频分析的精度，而且还可以精确地量化非线性的程度。

从物理学的角度分析，频谱就是时域数据向频域空间的转换。这种转换的优点是可以将时域内任意长度的数据映射到有限的频域内，频率的范围为 $1/T$ 到奈奎斯特频率（Nyquist frequency），其中 T 为数据的总长度。然而，非平稳过程使得这种简单的时频转换无法捕捉到时间变化背后潜藏的实际物理意义。为了看到频谱随时间的变化，研究者提出了基于加窗截断的时频谱表示法（如短时傅里叶变换）。

传统的基于短时傅里叶变换的时频分析是对非平稳过程频谱表示的折衷，是数据分析中一种尝试性改进。然而在大多数情况下，这种尝试都不太成功。例如，在临床脑电图分析中，频率或时频分析还不能提供让人满意的信息，使得医生仍旧不得不通过直接观看原始数据得出定性的结论。近年来，在经验模态分解的基础上，我们在谱分析研究领域提出了一个全新的表示方法——高维 Holo 谱（Holo-spectrum），它能真实地刻画任何平稳或非平稳数据的频率特性。高维 Holo 谱利用振幅和频率的调制（AM 和 FM）特性，将普通的频谱扩展为更高维的表征，形成全息希尔伯特谱分析（Holo-Hilbert spectral analysis, HHSA）（Huang 等, 2016）。后文将清晰地阐述，传统的频谱表示其实只是真实高维 Holo 谱的一个低维投影而已。我们将在第 5 章中详细介绍这种方法。

IMFs 的第三个显著优势是提供了一个非线性多尺度的去趋势工具（Wu 等, 2007）。换句话说，对于非平稳数据，通过精细的尺度分离，原始数据能够被分解为多个 IMFs 以及数据的变化趋势部分，进而来考察数据的本质特征。利用 IMFs，还可以定义本征概率密度函数（intrinsic probability density functions, iPDF）（Huang, 2016），借此研究数据内在的概率密度分布特性。一般而言，对于一个平稳过程，可以通过均值和方差来定义概率分布函数，以期对数据有一个全局的了解。但显而易见的是，对于任何非平稳过程，都不可能通过简单的均值和方差来考察其概率密度分布的特性。那么，我们不禁提出疑问：非平稳过程是

否存在内在的概率结构呢？

实际上，基于 IMFs 具有零均值、包络对称和二进窄带的性质，就能够通过分析部分 IMFs 加和所得的成分来探讨其内在的概率结构。

与传统的全局概率观相比，本征概率密度函数（iPDF）有一个重要的优势——削弱强大的中心极限定理掩盖的很多有趣的数据本质。根据中心极限定理，任何具有有限均值和方差的变量，在样本独立且分布相同的情况下，只要样本足够大，其均值的概率分布就会趋近于正态分布。但不幸的是，一旦概率分布变成正态分布，那么它所能揭示的信息就会变得非常有限，大量丰富的数据规律也会因此被忽略，而本征概率密度函数则会通过尺度分离策略，来揭示出它们细微的差别和精细的特征。

除了本征概率密度函数（iPDF），还可以研究本征时间依赖的相关函数（intrinsic time dependent correlation function）（Chen 等, 2010），并通过本征多尺度熵（intrinsic multi-scale entropy, iMSE）（Yeh 等, 2016）来量化复杂程度。相关函数（correlation functions）和多尺度熵（multi-scale entropy, MSE）都是量化变量之间的随机特性和关系的有力工具。然而这两种方法都只能应用于平稳数据。令人欣喜的是，借助 IMFs 这一多尺度的去趋势工具，我们就可以将两种方法的适用范围扩展到原本难以触及的领域。

自适应数据分析为这些新的分析视角提供了可能。在过去的几年里，我们对这类新的分析思路和方法进行了研究和探索，特别是着眼于基于经验模态分解（EMD）的新型自适应分解和非线性分析方法。EMD 方法自二十年前提出以来，已被广泛地应用于各种场合。同时，从二次自适应的 EMD 分解方法中衍生的高维全息谱（Holo-spectral）分析，已经在非平稳和非线性信号的分析领域中取得了显著成果，且逐渐被自然科学、工程、生物医学甚至金融等领域关注。

更为重要的是，高维全息谱能够检测时间相关信号的细微变化，这使它成为检测微弱的生理和病理信号变化、金属部件振动疲劳的理想工具；它还可以用于复杂系统在剧烈变化或重大故障之前出现的不规则现象的分析。这种检测能力使得人的病理状况的早期诊断、设备的机械故障和基础设施的结构安全问题的早期检测成为可能。早期诊断和检测不仅能降低成本，而且还可以促进预防性干预和维修，从而挽救生命、节省开支。

虽然多年来 EMD 算法日臻完善，但对其数学特性，我们依旧知之甚少。EMD 算法普适性和高效性表明它必然与某个功能强大的非线性数学分析理论有所关联，尽管目前尚未研究出能充分解释 EMD 的理论，但值得关注的是，不少有识之士以及世界著名的数学家们正在对此进行认真的数学研究。最近，Hou 和 Shi（2012, 2013 和 2016）已经证明了利用非线性优化方法从数据中提取出类似 IMF 函数的可能性。

从一种全新的数学方法的发展过程来看，并非只有 EMD 一开始缺乏严格的数学基础——事实上，许多强大的数学技术在刚提出时也有着类似的遭遇。傅里叶变换便是最典型的例子，它已成为了分析学的基础理论工具之一，也是数学分析主要研究方向之一。然而在提出伊始，数学家对傅里叶的工作持高度怀疑态度：它只在非常有限的情景下成立。通过各种数学技巧的证明，傅里叶的工作已经被应用于更为广泛的情景。时至今日，尽管傅里叶变换的数学条件时常被忽视，但它仍然是探索问题的一个重要手段。

另一个更年轻的例子是小波变换。小波作为一种线性信号分解工具，大约在 30 年前由就职于石油公司的法国地球物理学家 Jean Morlet 在石油勘探过程中首次提出。后来，理论物理学家 Alex Grossmann 和数学家 Ingrid Daubechies（1992）在那时还非常抽象的分析子领域中证明了小波与数学发展的联系。这种联系一经发现，就在理论发展和工程应用方面产生了不可估量的价值，小波变换因此也被广泛应用于诸多研究领域中。

在这方面，即使是牛顿和莱布尼兹共同提出的基础微积分，早先也同样命途多舛。在当时，由于极限概念的缺乏，数学界普遍不能接受通过除以无穷小来进行微分这一操作。因此，在当时微积分曾被当作一种特殊的几何直觉。它的使用甚至被贴上了“信仰飞跃”（a great leap of faith）的标签。这一切都迫使莱布尼兹使用“算法”这个词来描述这个强大的方法。

诸如此类不胜枚举，人类从这些例子中吸取的教训似乎已经形成了一条普遍规则：任何方法只要有用，都应该被使用。当对该方法的需求愈加迫切时，其数学基础就会随之而来。且一旦建立了严谨的数学基础，那么将不仅仅改变方法本身，而更重要的是催生新的数学思想。在这方面，我想人们都应该认同海维赛德（Heaviside）的观点，这恰恰是他用来辩护他提出的冲激函数和阶跃函数时的著名论断：

“我为什么要仅仅因为不了解消化的过程而拒绝一顿美味的晚餐？”（Why should I refuse a good dinner simply because I don't understand the digestive processes involved?）

EMD 同样在这样的处境当中——它有用却也十分特别。通过自适应地计算过程获得后验基函数，它开启了一个全新的数据分析范式。因此，与小波分析相比，EMD 的严谨数学基础的建立将会更加困难。不过，EMD 在表示非线性和非平稳数据方面如此有效，又十分善于频率和能量的细微变化，同时还有良好的局部性和直观的物理解释，它值得被更多人所知，以便帮助更多的研究人员更有效地进行科学探索。如果因为暂时缺乏严格的数学基础就放弃使用这一类方法，那显然是在固步自封。

本书的目标是介绍和展示自适应数据分析方法以及优点。有了这种新的数据分析范式，就能够定义瞬时频率（物理频率）、量化非线性和非平稳性程度、用精确的时频谱和高维全息谱来表示数据、探索源自平稳或非平稳过程数据的精细概率结构，并将其应用于广泛的研究领域。此外，我们也衷心地希望本书综述的自适应后验基的分析范式也能引起数学家们的关注，并积极探索该方法的数学基础，促使全新的自适应数据分析方法更上一层楼！

1.3 部分非线性非平稳数据分析方法概述

在数据分析中，平稳性和线性假设所带来的局限性已是众所周知。近些年提出的一些方法已经解决了其中的部分不足，例如，用于非平稳数据分析的小波分析（Daubechies, 1992），以及各种非线性数据分析方法（Tong, 1990; Kantz 和 Schreiber, 2004）。

然而，这些方法仍然受制于一些数学上理想化所带来的约束。具体而言，一方面，大多数的非平稳方法都基于线性假设；而另一方面，大多数非线性方法需要平稳性，甚至是确定性假设。这就使得找到适用于非平稳且非线性情况下的数据分析方法更为迫切。为了便于进一步的比较和参考，本节借鉴了 Huang（1998）首次归纳的综述，对传统的数据分析方法进行简要的回顾。

1.3.1 非平稳数据处理方法

本书先对现有的非平稳数据的处理方法做一个简要回顾。首先，由于大多数方法都依赖于对数据采取各种各样的加性分解，故只适用于线性系统。此外，它们均使用积分变换来确定频率，导致其被不确定性原则限制这些。在 Flandrin（1995）总结当时已有的时频分析和时间尺度分析的方法时已有详细介绍。

现有的方法总结如下：

(1) 频谱图

频谱图是由 Gabor（1939）首先提出的一种最原始的时频分析方法，它是一种基于有限时间窗宽的傅里叶谱分析方法。频谱图打破了傅里叶积分变换的全局性要求，进而通过局部性的积分变换，即通过沿时间轴连续滑动的窗口（有时也采用叠窗滑动策略），得到数据的时频分布。由于它依赖于传统的傅里叶频谱分析，这就必须假设数据至少是分段平稳的。显然，这个假设并不总能被满足。即使在整体平稳的数据中，长周期变化的存在也可能使窗口只能覆盖一部分的长波振荡，这导致谱图更多体现的是所在窗口中数据的趋势，而难以反映整体的震荡行为。为了在时域上更准确地定位一个事件，时间窗的宽度就必须足够窄，但为了提高频率分辨率，时间窗的宽度则应足够长。

因此，从理论上说，上述时域、频域中需求是相互矛盾的，无法被同时满足。虽然选择合适的窗口是频谱图的一大难题，但频谱图的缺陷不仅于此；其最关键的缺陷是不同频率的分辨率不均匀。实际上，无论时间窗的大小如何选择，一旦选定，这个窗都会使高频率分量比低频率分量更容易被识别，甚至错误地把低频分量表述为虚假的高频信号。尽管有这些缺点，因为频谱图可以通过快速傅里叶变换轻松实现，它吸引了大量研究者的关注。目前这种方法更多应用于语音模式的定性分析（Oppenheim 和 Schafer, 1989; Quaterier, 2005）。

看到谱图采用的非常原始的时频表示方法，我们马上就能发现平稳性假设的荒唐之处——不管是全局平稳性还是局部平稳性都是如此。对于全局平稳性，根据定义，平稳过程应该与初始时刻无关。因此，在频谱图中，平稳过程沿着时间轴应该具有恒定的值，也就是说，它的谱图应该由多个水平条带构成。然而自然界中很少有数据符合这样的平稳特性。而至于局部平稳性，实际上，每个窗口内的频谱恒定值是由假设和定义强加的，并不是通过使用不同窗口大小反映出来的物理现实。这一点对所有采用积分变换的时频分析方法都适用。

(2) 小波分析

由于小波分析的窗口可自行调节，因此它解决了在频谱图中存在的非均匀分辨率的问题。尽管它仍以正交变换框架为基础，但它信号分解的基底不再局限于三角函数。具体而言，小波分析可以分为如下两大类：连续小波和离散小波，有着各自的优缺点。连续小波使用冗余基函数得到平滑和连续的时间-能量分布。连续小波变换的定义为：

$$W(a,b;X,\psi)=|a|^{-1/2}\int_{-\infty}^{\infty}X(t)\psi^{*}\left(\frac{t-b}{a}\right)\mathrm{d}t \tag{1.3.1}$$

其中 $\psi(\cdot)$ 是满足一定的宽泛条件的小波基函数，a 是伸缩因子，b 是平移因子（Daubechies, 1992）。虽然时间和频率没有显式地出现在变换结果中，但尺度 $1/a$ 实际上对应着频率，b 则对应事件的相应时刻。等式 (1.3.1) 具有非常简单、直观的物理解释：$W(a,b;X,\psi)$ 是 $X(t)$ 在尺度 a 下，$t=b$ 时的”幅度”。

因为变换中包含 $at+b$ 的基本形式，所以连续小波变换也被称为仿射小波分析（affine wavelet analysis）。在具体应用中，小波基函数 $\psi(.)$ 只要符合一些宽泛的条件，就可以根据特定需要来采取任何形式，当然，这种形式需要在分析前给定。

在许多常见的应用中，Morlet 小波被广泛采用。Morlet 小波是具有高斯包络的正弦或余弦函数（Chan, 1995; Carmona, 1998）。对于连续小波而言，a 不同时 $\psi(\cdot)$ 往往并不相互正交。然而，为了获得时频变化模式的信息，我们也不得不使用连续小波（Carmona, 1998）。

对于离散小波分析（discrete wavelet analysis），小波基的正交性是通过选择一组离散的 a 来保证的。虽然小波基函数可以涵盖多种形式，例如各种特殊的波函数，甚至是某些形状函数（shape function）（Hou, Shi, 2016），但小波分析的基本框架还是类似于傅里叶分析。如果小波基的波形与数据中的波形不完全一致，那么积分变换就会导致谐波的出现。谐波的数量和大小取决于所使用的小波函数，故这些谐波并不能与真实的物理量对应，只是某种“数学伪迹”（mathematical artifact）。从这个视角来看，小波分析与傅里叶分析一样，都是基于基函数的线性加权分解。

然而小波分析最主要的缺陷还不是谐波，而是时频分辨率。小波分析的一个非常吸引人的特点是它能够为所有的尺度都提供一致的分辨率，但由于不确定性原理的制约，这种在各个尺度上都一致的分辨率往往会导致在各个尺度上的显著误差。

虽然小波分析在四十多年前才被提出，但它已经变得非常流行。就目前而言，它已被广泛应用于分析存在频率渐变的数据。由于分析结果有一个解析表达的形式，因此它引起了应用数学家们的广泛关注。小波分析在边缘检测和图像压缩领域应用得相当广泛（Candes, Donoho, 1999; Mallat, 2009），也被应用于时间序列中的时频分析（如, Farge, 1992; Long 等, 1993）和二维图像分析（Spedding 等, 1993）。

小波分析虽然用途广泛，但由于线性叠加和不确定性原理带来的问题，时频能量分布的定量定义仍然十分困难，甚至有些时候对小波的解释十分反直觉。例如，为了定义一个局部发生的变化，就必须在高频范围内寻找其结果，因为频率越高，小波基的局部性就越强。但如果一个局部事件只发生在低频范围内，人们仍将被迫在高频范围内寻找其影响。这并不符合逻辑，也不容易被接受（Huang 等, 1996）。

小波分析的另一个缺点在于它本质上并不能自适应。尽管存在所谓的自适应小波分析，用来尽量做到为特定的问题自动地选择最佳的小波基形式，但是一旦选定小波基，仍然必须用它来分析这个特定问题的所有数据。这就带来了一个严重的不足，即对于一个非平稳数据，某个小波基未必适合所有的数据。从这个角度来看，尽管小波基的形式多种多样，但小波分析的本质仍是一种傅里叶分析。

缘此，小波分析也同样存在傅里叶分析的许多缺点。例如，它对线性系统的现象能给出有物理意义的解释；它只能解决频率渐变的波间频率调制，但由于小波基的宽度得存在，它并不能准确表述波内频率调制。尽管存在这些问题，小波分析仍然是非常有效的非平稳数据分析方法；因此，Huang（1998）将小波分析作为 Hilbert 频谱有效性的对标方法。

(3) Wigner-Ville 分布（Wigner-Ville distribution）

Wigner-Ville 分布有时也被称为海森堡小波（Heisenberg wavelet）。根据定义，它是中心协方差函数（central covariance function）的傅里叶变换。对于任何

时间序列 $X(t)$，中心协方差函数的定义是：

$$C(\tau, t) = E\left(X\left(t - \frac{\tau}{2}\right) X\left(t + \frac{\tau}{2}\right)\right) \tag{1.3.2}$$

那么，Wigner-Ville 的分布可以简单地表示为

$$V(\omega, t) = \int_{-\infty}^{\infty} C(\tau, t) \exp(-\mathrm{i}\omega\tau) \mathrm{d}\tau \tag{1.3.3}$$

Claasen 和 Mecklenbr¨auker（1980a,b,c）以及 Cohen（1995）和 Flandrin（1995）已经对这种变化进行了深入研究。由于它能够很好地适用于已知形式的简单信号，因此在电气工程界中有广泛应用。

然而，这种方法也存在严重的问题，比如说，普遍的交叉项的存在可能会导致在某些频率范围内出现负功率。虽然这个问题可以通过使用核方法来解决（Cohen, 1995)，但中心协方差的结果与传统的协方差没有什么不同——它本质上仍然是一种窗口化的傅里叶分析，因此，该方法的局限性与傅里叶分析也相似。（Yen, 1994）对这种方法进行了扩展，他利用 Wigner-Ville 分布来定义波包，从而将复杂的数据集简化为有限数量的简单波包和。这种扩展虽然非常强大，能够应用于多种问题，但当它被应用于复杂数据时，就对研究者的判断力有着较高的要求。

Wigner-Ville 分布的特点之一在于它的边际谱正是我们熟悉的傅里叶谱。Wigner-Ville 分布的倡导者将这个事实作为判断任何时频分析方法有效性的标准，然而这在逻辑上存在一个致命的缺陷：当傅里叶分析并不适用于非平稳时间序列时，又怎么能用它的结果作为标准来检验任何其他方法的有效性呢？

Wigner-Ville 分布的另一个特点是它将瞬时频率定义为

$$\omega_t = \frac{\displaystyle\int_0^{\infty} \omega V(\omega, t) \mathrm{d}\omega}{\displaystyle\int_0^{\infty} V(\omega, t) \mathrm{d}\omega} \tag{1.3.4}$$

根据这个定义，瞬时频率是由分布的矩定义得到的平均频率。因此，在任何时候，不管数据是否包含多个频率，Wigner-Ville 分布都只能有一个瞬时频率值。尽管这个结果在数学上没有问题，但在物理上却缺乏合理的解释。例如在交响乐的表演中，在任何瞬间，都会有不同的乐器发出声音，如弦乐、管乐和打击乐。多种频率分量同时存在，使得音乐和谐饱满、悦耳动听。实际上，每一刻都存在多种不同的频率，每种频率都代表不一样的乐器。而音乐鉴赏的一个关键恰恰是要能辨别出重奏以及各种乐器的相互配合。不难发现，按照这样的标准，由公式 (1.3.4) 定义的平均频率显然欠缺物理意义。

(4) 演化谱（Evolutionary spectrum）

演化谱是由 Priestley（1965）首次提出的，它的基本思想是将经典的傅里叶频谱分析扩展到一个更通用的基底，即将基底从正弦或余弦扩展到以时间 t 为索引的一族正交函数 $\{\varphi(\omega,t)\}$。进而，任何实数随机变量 $X(t)$ 都可以用 Stieltjes 积分来表示，

$$X(t)=\int_{-\infty}^{\infty}\varphi(\omega,t)\mathrm{d}A(\omega,t) \tag{1.3.5}$$

其中 $\mathrm{d}A(\omega,t)$ 是振幅函数。于是频谱可以被定义为

$$E(|\mathrm{d}A(\omega,t)|^2)=S(\omega,t)\mathrm{d}\omega \tag{1.3.6}$$

其中 $S(\omega,t)$ 是 t 时刻的谱密度，称为演化谱（evolutionary spectrum）。对于每一个固定的 ω，$\varphi(\omega,t)$ 傅里叶变换有如下的形式：

$$\varphi(\omega,t)=a(\omega,t)\mathrm{e}^{\mathrm{i}\Omega(\omega)t} \tag{1.3.7}$$

其中，$a(\omega,t)$ 的函数是 $\varphi(\omega,t)$ 的包络线，$\Omega(\omega)$ 是频率。在上面的表述里，如果我们可以进一步将 $\Omega(\omega)$ 视为 ω 的单值函数，那么 $\varphi(\omega,t)$ 就变成了一个简单的正弦函数：

$$\varphi(\omega,t)=a(\omega,t)\mathrm{e}^{\mathrm{i}\omega t} \tag{1.3.8}$$

因此，原数据可以在调幅的三角函数族中展开。

演化谱分析有一小段时间曾非常流行于地震相关的研究领域（Lin 和 Cai, 1995）。但由于一系列的假设以及并不容易实现的证明，演化谱分析的热度很快就降了下来，其中一个原因是难以找到一族合适的基 $\{\varphi(\omega,t)\}$。原则上，要使得这种方法可行，就必须定义后验基底。然而，到目前为止还缺乏系统的方法来定义后验基底，因此从给定的数据中构建一个演化谱是不可能的。即使在地震研究领域，演化谱分析的应用也从原本的在数据分析领域转变成了现在的在数据模拟领域。在应用中，需要设定一个演化谱，然后根据设定的频谱的对信号进行重构。这种做法，虽然使得模拟的地震信号与真实数据有些许相似之处，但所得的频谱毕竟不是原数据的频谱，这是演化谱分析渐渐失去了吸引力的原因。

正如本书将要展示的那样，EMD 和随后的希尔伯特谱分析以及全息希尔伯特谱分析可以通过真正的自适应表达来代替演化谱，并且适用于任何非平稳过程。与演化谱不同的是，这种自适应基底是由带有振幅调制和频率调制的函数组成，并且是后验定义的。

(5) 经验正交函数分解（empirical orthogonal function expansion, EOF）

1950 年中期，著名的气象学家和数学家 Lorenz（1956）提出一种数据驱动的分析方法：经验正交函数分解（empirical orthogonal function expansion, EOF）。

该方法也被称为主成分分析法。其基本思想是找到一个正交坐标系，将数据以最大方差方向投射到每个轴上。

经验正交函数分解是专为时空数据分析设计的，因此在地球科学界极为流行。EOF 方法的核心简述如下：对于任何实值数据 $z(x,t)$，通过遍历 n 个空间位置或 m 个时间步长，EOF 可将数据分解为

$$z(x,t)=\sum_{j=1}^{n}a_j(t)f_j(x)=\sum_{j=1}^{m}\beta_j(x)g_j(t) \tag{1.3.9}$$

其中，

$$f_j\cdot f_k=\delta_{jk}=g_j\cdot g_k \tag{1.3.10}$$

正交基 $\{f_j\}$ 和 $\{g_j\}$ 是由以下公式定义的经验特征函数的集合：

$$C_x\cdot f_j=\lambda_j\cdot f_j \text{ 或 } C_t\cdot g_j=\gamma_j\cdot g_j \tag{1.3.11}$$

其中，C_x 和 C_t 分别表示对数据的空域和时域维度求互相关（即协方差矩阵）；λ 和 γ 分别是空域和时域的协方差矩阵的特征值。EOF 与前述的所有方法都有着本质的差别，其分解的基底是从数据中得出的，即后验得到的。EOF 的算法思路是寻找一个最佳的投影方向，使得数据在这个方向投影后的方差最大，在实际应用中，通常只需要有限的几项就能表示总能量的很大部分。在这个意义上，EOF 比傅里叶分解更有效。但是，由于 EOF 需要与数据点数量一样多的基底来表示所有的能量，因此完备分解后将不具备稀疏性。

EOF 还存在许多严重的缺陷，其中最主要的一个问题是假定数据 $z(x,t)$ 在空间和时间上是可分离的。在现实情况中也许有不少情况符合上述假设，但下式描述的传播波并不符合这一假设：

$$\cos(kx-\omega t) \tag{1.3.12}$$

从物理的角度来看，这样的波在空间和时间上是不可分离的。这导致下述问题：在使用傅里叶分析时，必须假设每个现象都是由各种各样的正弦波组成的；然而当使用 EOF 时，就必须否决每个现象是由公式 (1.3.12) 所示的波组成的可能性。这清楚地表明，分析结果取决于所使用的方法。这两种分析方法不可能都是正确的，甚至有可能都是错误的。

EOF 存在的第二个问题，它只给出了由基数 $\{f_j\}$ 或 $\{g_j\}$ 定义的模式的方差分布，但这种分布本身并不能反映信号的尺度或频率方面的信息。事实上，Monahan（2009）的阐述很是在理，他指出我们不应该对任何单一模式作过多的解读，因为正交性并不意味着独立性。例如，正弦波与余弦波虽然是正交的，但它们之

间只存在一个 90° 的相位差，可能在物理上完全相关。因此，基于严格的正交性要求得到的分量可能并不一定具有完整的物理意义。

EOF 存在的第三个问题在于分解基于协方差矩阵，故只适用于平稳过程或均匀的随机过程。

EOF 存在的第四个问题是对定义协方差矩阵时所用的初始数据的大小没有严格定义，这将导致不同的选择可能会给出不同的结果。上述所有的问题和缺陷促使 Monahan（2009）指出：当从数据中提取动态特征和统计特征时，研究者应该以非常谨慎的态度来对待经验正交函数分解方法。

最近，Vautard 和 Ghil（1989）还提出了奇异谱分析（singular spectral analysis, SSA）方法，该方法的核心在于通过庞加莱映射来利用时间序列的相位信息，把时间序列转化成伪时空数据，从而可以用 EOF 的方法来得到时间序列的频谱。SSA 的基本原理和实现方法可以简要总结如下：

给定一组数据 $X(t) = \{x_1, x_2, x_3, \cdots, x_n\}$，先选择一个大小为 m 的窗口 $(m < n)$，后构建嵌入矩阵 $\boldsymbol{D}$，如下式所示，

$$\boldsymbol{D} = \begin{pmatrix} x_1 & x_2 & x_3 & \cdots & x_m \\ x_2 & x_3 & x_4 & \cdots & x_{m+1} \\ x_3 & x_4 & x_5 & \cdots & x_{m+2} \\ \cdots & \cdots & \cdots & \cdots & \cdots \\ x_{n-m+1} & x_{n-m+2} & x_{n-m+3} & \cdots & x_n \end{pmatrix} \tag{1.3.13}$$

那么，协方差矩阵可以构造为

$$\boldsymbol{C} = \frac{1}{n-m+1}\boldsymbol{D}^{\mathrm{T}}\boldsymbol{D} \tag{1.3.14}$$

一旦得到了协方差矩阵，SSA 就可以像 EOF 一样，继续寻找前 m 个数据点在经验正交坐标上的投影。虽然这种投影可能比基于傅里叶的投影更有效，但除了特定的模式外，每个投影分量并不意味着任何尺度信息，也极有可能是非线性扭曲导致的。此外，奇异谱分析也要求数据必须是平稳的。严格来说，EOF 不是一种非平稳数据的分析方法。只有在容忍度范围内，我们才能接受由这种分解方法表现出的空间模式的时间演化；并且 EOF 也难以给出量化的解释。虽然有上述种种缺陷，但由于其自适应的本质，EOF 方法自提出以来就非常流行，特别是在海洋学和气象学领域（Simpson, 1991; Monahan 等, 2009）。

(6) 其他方法

除上述方法，还有一些将非平稳时间序列退化为平稳数据的方法，如趋势的最小平方估计（least square estimation of the trend）、移动平均平滑法（smoothing by moving averaging）、差分法（differencing）等方法。这类方法虽然适用于某些特定条件，但难以被普适地应用于所有情况。故在此我们不做进一步的讨论。如感兴趣，可以在许多标准的数据处理书籍中找到更多详细描述（Brockwell 和 Davis, 1991）。

1.3.2　非线性数据处理方法

在这里，我们用"短时程非线性数据（short-term nonlinear data）"这个短语来表示一个非线性系统的数据。经过 Tong（1990）、Kantz 和 Schreiber（2004）的提出和推广，非线性数据这个术语越来越被学术界认可，成为了标准术语。正如后文阐述的那样，把非线性现象称为一个系统可能是不合理的，因为在自然科学中，无论是物理、生物还是地球物理，系统往往都是开放的，很难甚至不可能给出输入和输出。数据，就成了人们理解系统的唯一线索。

因此，确定甚至量化非线性特性必将是举足轻重的一步。事实上，常用的非线性数据处理方法都是对数据而不是对系统进行操作。遗憾的是，现有的结果往往都是定性的，答案只能是二分的，即给定的数据集只能"是"或"不是"线性的。现将常用的方法总结如下。

(1) 傅里叶谱（Fourier spectrum）和高阶谱分析（higher order spectral analysis）

正如我们反复讨论的那样，傅里叶分析仅是一种适用于线性和平稳过程的分析方法。如果将其应用于平稳非线性过程的分析，那么结果会怎样呢？

在数学上，傅里叶谱的结果是非常合理的。虽然在物理上，一个非线性扭曲的波形会产生一个充满谐波、缺乏物理意义的傅里叶谱，但它却可以用来评估数据的非线性特性。因为谐波的阶数可以用来确定非线性的阶数：例如，所有连续整数的谐波（如 1，2，3，$\cdots$）表示一个二次系统。奇数连续整数的谐波（如 1，3，5$\cdots$）则表示一个三次系统。谐波峰值与基波的比值可以体现系统的非线性程度。

该特性很容易通过模型方程来解释，因为锁相的谐波会使波的分量发生变形——这种现象被称为谐波失真。那为什么从来没有人尝试利用这种策略来衡量非线性程度呢？答案也很简单：因为所有的谐波都驻留在较高的频率范围内，而在这个范围内，噪声通常占主导地位。谐波会完全被噪声掩盖，从而导致这种测试方法难以奏效。

这种思路的一种流行的替代方法就是高阶谱（Nikias 和 Petropulu, 1993），它用了高阶自相关函数。对于给定数据 $x(t)$，为了得到它的二阶谱（Bi-spectrum），

先得定义二阶相关函数，

$$T(\tau_1,\tau_2)=E(x(t)x(t+\tau_1)x(t+\tau_2)) \tag{1.3.15}$$

在得到二阶相关函数后，二阶谱可由以下公式给出：

$$B(\omega_1\omega_2)=\int_{\tau_1}\int_{\tau_2}T(\omega_1,\omega_2)\mathrm{e}^{-\mathrm{i}(\omega_1\tau_1+\omega_2\tau_2)}\mathrm{d}\tau_1\mathrm{d}\tau_2 \tag{1.3.16}$$

在这里，二阶谱是一个数据的二维表示形式。值得注意的是，这种对二阶相关函数的积分同时也代表着数据的偏度（skewness），也就是说，二阶谱给出了对偏度有贡献的功率的频率分布。同样的道理，三阶谱也可以由如下三阶相关函数来定义。

$$F(\tau_1,\tau_2,\tau_3)=E(x(t)x(t+\tau_1)x(t+\tau_2)x(t+\tau_3)) \tag{1.3.17}$$

通过三个独立的时间间隔，三阶频谱定义如下：

$$Q\left(\omega_1,\omega_2,\omega_3\right)=\iint_{\tau_1\tau_2}F\left(\omega_1,\omega_2,\omega_3\right)\mathrm{e}^{-\mathrm{i}(\omega_1\tau_1+\omega_2\tau_2+\omega_3\tau_3)}\mathrm{d}\tau_1\mathrm{d}\tau_2\mathrm{d}\tau_3 \tag{1.3.18}$$

三阶谱体现三维的谱特征，表示不同频率的功率对峰度（kurtosis）的贡献。理论上讲，峰度或偏度越大，则非线性程度越高。但由于系统定量的标定和验证方法的缺失，二阶谱和三阶谱也只能被用于指示非线性程度。

(2) 概率分布、偏度和峰度

偏度和峰度的概念其实最初是由概率分布函数的矩来直接定义的。对于任何一个随机变量 $X(t)$，其概率密度为 $p(x)$，那么其偏度和峰度由以下公式给出：

$$\text{偏度}=\frac{\left\langle\int_x x^3p(x)\mathrm{d}x\right\rangle}{\left\langle\int_x x^2p(x)\mathrm{d}x\right\rangle^{\frac{3}{2}}};\quad \text{峰度}=\frac{\left\langle\int_x x^4p(x)\mathrm{d}x\right\rangle}{\left\langle\int_x x^2p(x)\mathrm{d}x\right\rangle^{2}}-3 \tag{1.3.19}$$

与其他方法不同的是，偏度和峰度的定义只依赖于平稳性。众所周知，当且仅当振幅分布是瑞利分布（Rayleigh distribution）且相位分布是独立同分布时，各个独立分量的线性叠加是高斯分布。锁相将致使波分量发生如上所述的变形，这会直接导致分布偏离高斯形式。由于偏度和峰度可以独立变化，故用它们的值来量化非线性程度是不可取的。因此，基于传统概率分布的方法仅限于非线性的识别，只能作为一种定性的方法。

此外，还应指出一个例外。诚然，根据中心极限定理，线性过程的数据大多是高斯型的，但非线性过程也可能产生高斯型分布的数据。其中一个显而易见的例子是均质湍流，这是一种通过非线性流动的不稳定性和高度耦合的级联涡流产生的流体运动现象（Batchelor, 1953; Frisch, 1995），但其速度分布是正态的。因此为了研究平稳过程和非平稳过程的精细概率结构，我们必须使用本征概率分布函数。

(3) 相平面/相空间方法

相平面是研究线性或非线性动力系统的有力手段。标准的相平面只适用于仅有两个状态变量的二阶系统。相平面上的轨迹也被称为相图，它能生动形象地反映系统是处于极限环、还是处于发散或者收敛状态。即便为极限环，相图也可以告诉我们系统是否是线性的：一个完美的圆表明系统在做简谐振动，代表线性系统。一个扭曲的闭合循环代表非线性系统。不稳定的系统会在相图中表现出不同的轨迹；阻尼系统会在相图中表现出收敛的轨迹。即使是混沌运动也可以被清晰地展示，例如洛伦兹系统在相空间中呈现蝴蝶模式的轨迹。相平面法有很多变化和扩展，譬如：相流图、混沌和吸引子的庞加莱截面、李雅普诺夫指数、延迟重建和嵌入、自相似性和分形法。

(4) 非线性预测

非线性预测方法主要被应用于经济学领域，包含有两个独立的方法类别：非参数检验（nonparametric test）和参数检验（parametric test），关于这些方法的精炼总结可以在 Fan 和 Yao（2008）的书中找到。在非参数方法中，所有的检验都基于以下假设：数据来自线性过程，在合适的线性模型下残差近似线性。

著名的检验方法有 McLeod 和 Li（1983）提出的 ARMA 模型；Brock, Dechert 和 Scheinkman（1987）提出的用于检验数据的独立同分布性的“相关积分”；以及 Theiler（1992）提出的 Theiler 检验。Theiler 检验的思想是基于零假设建立线性替代数据集的集合，然后与给定数据进行比较。

在这些方法中，Scheikman 提出的检验根本不是针对非线性设计的，它仅仅是为了检验数据是随机的还是混沌的。Theiler 检验依赖于零假设和建立的模型集合。这个集合可以是广泛的，但很难是详尽的。此外，所有的检验也都是定性的，只能简单地确定过程是线性的或是非线性的。

与此相比，参数法基于一个给定的模型，如自回归模型（auto-regression model）。Ramsey（1969）率先提出了线性最小平方回归分析（linear least square regression analysis）的检验方法。虽然 Keenan（1985）和 Tsay（1986）后续使用不同的回归因子对该模型进行推广和扩展，但该检验方法还是仅限于特定模型。更详细的讨论，可以参考原论文，或者参见 Kantz 和 Schreiber（2004）和 Tsay（2005）。这些检验的关键缺陷在于大多数检验仅限于平稳过程，而且所有的答案仍然是定性的。然而，事实上很少有问题能通过定性判断来得到满意的答案。对于非线性问题则必须要有定量的答案。

1.3.3　小结

以上所有方法都是为了弥补傅里叶分析只能给出全局表示的不足而提出的，但它们都有各自严重的弱点。在回顾这些方法之后，我们可以总结出表示非线性和非平稳时间序列分解的必要条件：完备性；正交性；局部性；自适应性。

条件一——完备性，该条件保证了展开的精确程度；

条件二——正交性，该条件避免了能量泄漏，它们是所有线性表示方法的标准要求，然而对于非线性表示，正交条件需要适当地修改或放宽，具体细节将在后文讨论。

但是，即使是这些简单基本条件，上述一些方法也难以完全满足。下面的附加条件则是针对非线性和非平稳数据提出的。

条件三——局部性，对于非稳态数据而言，局部性的要求是最关键的，因为这类数据缺乏特征时间尺度（characteristic time scale），所有的事件都必须通过其发生的时刻来识别，因此我们必须要求振幅（或能量）和频率都是关于时间的函数。

条件四——自适应性，该要求也是至关重要的，因为只有适应数据的局部变化，分解才能充分说明数据背后隐藏的物理规律。

对各种各样的过程进行非线性和非平稳时间序列分析，是为了理解其背后的物理规律，不能仅仅为了满足数学上的要求而做出一些妥协。这点对非线性现象尤其重要，因为非线性的一个表现就是傅里叶分析中的"谐波失真"，其失真的程度取决于非线性的严重程度。因此，不能指望存在一个预先确定的基底来适应所有的波形，而应该考虑从数据中产生自适应基底。

在本书中，我们将介绍一种通用方法——经验模态分解（EMD）方法。该方法引入了一个重要的自适应基——本征模态函数（IMFs），并将数据用 IMFs 来表示。基于 IMFs，我们便可以估计出瞬时频率，并进行相应的频谱分析，包括希尔伯特谱（一种时频表示方法）分析和希尔伯特全息谱（一种高维频率表示方法）分析。EMD 方法使得以上所有的分析成为了可能：在 EMD 方法中，用于分解的基底是基于数据并从数据中自动得到的。

闲言少叙，让我们马上开始自适应数据分析的精彩之旅吧。

第 2 章　经验模态分解

2.1 简　　介

通过上文对现有非线性非平稳数据分析方法的回顾，我们不难得出以下结论：

(1) 非平稳信号分析方法多以积分变换为基础，因此会受到不确定性原理的约束，这使得方法的时频局部分辨精度较差，同时，波内频率调制在积分变换下也难以被细致刻画；

(2) 非线性的定义是定性的，由此得到的分析结果大多也只是定性的；

(3) 大多数方法都是基于先验的分解基底（a priori basis）或理想化模型，因此分解结果在相当程度上由所选择的基底或模型预先决定。或者说，分析结果至少会带有所采用方法的“基因层面的烙印”。虽然体现了严格的数学意义，但并不能保证带有明确的物理意义。

值得指出的是，数据分析的目的是提取信息，探究背后的物理规律，理解数据所反映的现象。同时，信息能够帮助我们解释潜在的机制和变化，为建立演化模型提供参考和依据。而基于先验基底的分解方法虽可以用严谨的数学方式来完成，但这样做的结果只是得到了一组数学意义上的参数，往往不能有效反映复杂的物理现象。

实际上，对于一个复杂系统而言，其内在的运行机制可能包括各个组成部分之间的相互作用，这种相互作用能够通过波内和波间不断变化的频率调制来刻画，这一点在后面的介绍中会详细论述。在高度非线性系统中，很可能存在多种平衡状态或亚稳态。从一种平衡状态到另一种平衡状态的切换，可能非常突然且迅速，也可能反复无常。正如涨落有序理论的提出者普利高津（1997）在《确定性的终结》一书中指出的那样，所有复杂的现象都隐藏在数据的波动、涨落和变化之中，普利高津也正是由于耗散结构理论获得了 1977 年诺贝尔化学奖。

为了从数据中挖掘出完整的物理意义，我们必须在时间或空间上持续观察整个阶段以及整个状态范围内的变化。如果尝试采用某一套先验基底进行分解，则无法满足上述需求。唯一的解决办法是回归数据的本源，探寻一种基于后验基底的自适应分析方法。因此，如何生成这样的后验基底就成为非线性和非平稳数据分析的核心问题。

正如上面提到，大多数传统方法是基于先验基底，在频率（或波数）空间将数据投影到基底上，通过积分变换实现数据分解上。另一类在时域上基于自适应基底的分解方法，以前很少被深入探究，而这恰恰是本书所要深入探讨的内容。通过在时域的自适应分解方法，可以得到不同的成分，并计算出各个组成成分的振幅函数和相位函数，而瞬时频率则被定义为相位对时间的导数。时域自适应分解的一大优势就是能够抓住波内和波间的频率变化，这些变化信息对于量化非线性和非平稳特性至关重要，其中一种关于瞬时频率的计算方法就是大名鼎鼎的希尔伯特变换（Hilbert transform, HT）（Hilbert, 1905）。

在数学上，对于任何时间序列数据 $x(t)$，希尔伯特变换被定义为

$$y(t) = \frac{1}{\pi} P \int_{-\infty}^{\infty} \frac{x(\tau)}{t-\tau} \mathrm{d}\tau \tag{2.1.1}$$

其中 P 代表柯西主值。这种变换适用于所有 L^p 类的实函数中（Titchmarsh,1948）。这样得到的 $y(t)$ 与 $x(t)$ 形成了一对“解析对”，因此，我们可以将原始数据构造成一个标准的复形式：

$$z(t) = x(t) + \mathrm{i}y(t) = a(t)\,\mathrm{e}^{\mathrm{i}\theta(t)} \tag{2.1.2}$$

这样，瞬时幅度、瞬时相位分别为

$$a(t) = \left[x^2(t) + y^2(t)\right]^{\frac{1}{2}} \text{ 且 } \theta(t) = \arctan\left(\frac{y(t)}{x(t)}\right) \tag{2.1.3}$$

理论上，虚部的定义方法可以有非常多种，但希尔伯特变换提供了一种独特的视角，即通过构造一个解析函数的方式获得虚部。Bendat 和 Piersol（1986）为希尔伯特变换写了简要的教程，并强调了它的物理解释。方程 (2.1.1) 将希尔伯特变换定义为 $x(t)$ 与 $1/t$ 的卷积，并且在这个卷积中，数据 $x(t)$ 被加上了权重函数 $1/(t-\tau)$，在计算解析函数的虚部时，$x(t)$ 在 t 时的值对积分结果的贡献很大，这表明希尔伯特变换突出了 $x(t)$ 的局部性质。在式 (2.1.2) 中，极坐标表达式进一步明确了这种局部化凸显的机理，它通过一个振幅和相位都随时间变化的三角函数，在特定瞬时点 t 对 $x(t)$ 进行最佳局部拟合，因此任何局部点都可能会有不同的振幅和相位函数。基于希尔伯特变换得到的瞬时频率定义为

$$\omega(t) = \frac{\mathrm{d}\theta(t)}{\mathrm{d}t} \tag{2.1.4}$$

事实上，这正是 Hahn（1996）提出的使用希尔伯特变换进行数据分析的思路。在数学上，所有这些操作都是完全合理的。然而，采用希尔伯特变换得到的瞬时频率仍存在很大的争议。以下通过一个简单的函数，可以很容易地突显这种变换存在的局限性：

如果将简单的正弦函数施加一个常数偏置，即

$$x(t) = \sin \omega t + c \tag{2.1.5}$$

$x(t)$ 的希尔伯特变换的相应结果仍然是

$$y(t) = \cos \omega t \tag{2.1.6}$$

图 2.1.1(a) 给出了三种仿真信号 $x(t)$，偏置常数 c 分别等于 0、0.5 和 1.5。它们都是均值不同的正弦波，经过希尔伯特变换后，得到图 2.1.1(b) 所示相位平面上的三个圆。相位函数由以下公式给出：

$$\theta(t) = \arctan\left(\frac{\cos \omega t}{\sin \omega t + c}\right) \tag{2.1.7}$$

根据 (2.1.4)，相位函数对应的瞬时频率变为

$$\omega(t) = \frac{-\omega(1 + c\sin \omega t)}{1 + c^2 + 2c\sin \omega t} \tag{2.1.8}$$

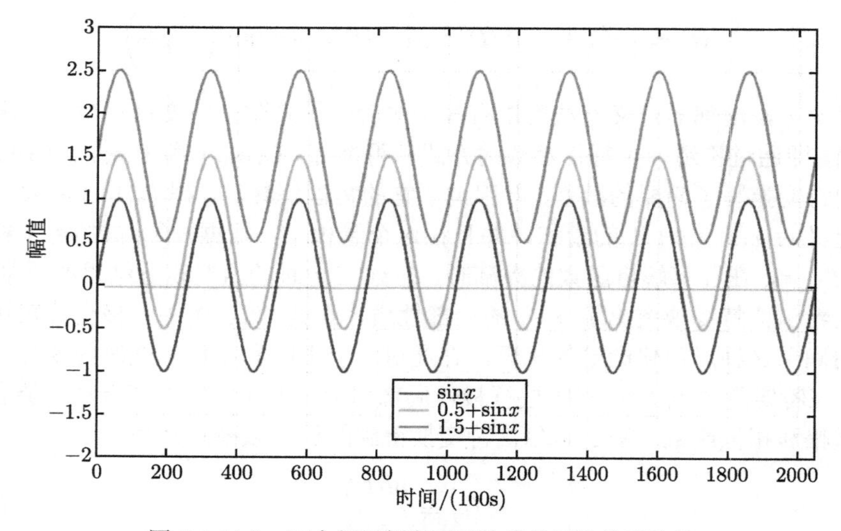

图 2.1.1(a) 三个相同频率不同均值的正弦仿真信号

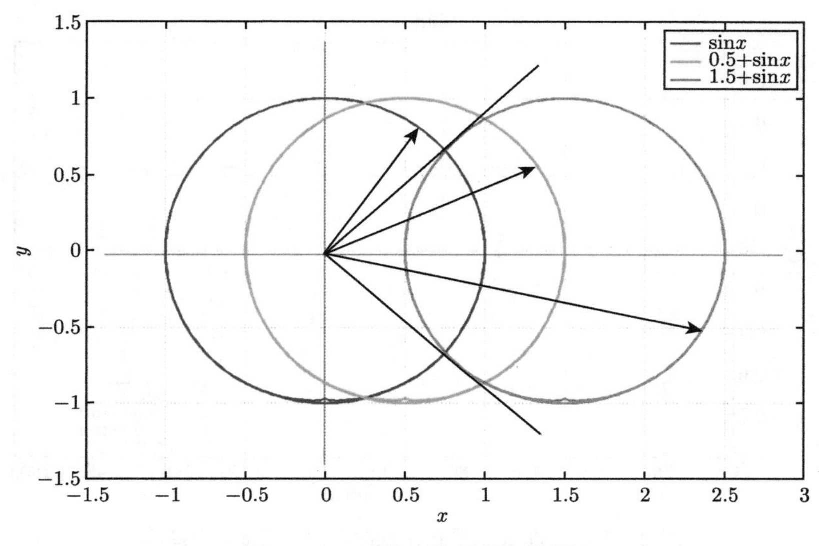

图 2.1.1(b) 仿真信号的相位图

瞬时相位和瞬时频率如图 2.1.1(c)(d) 所示。容易看出，除非 $c=0$，否则瞬时频率永远不会是 ω。换句话说，c 的不同取值，竟然能够使正弦信号的瞬时频率取正值和负值，这显然失去了合理性，而相应得到的瞬时频率值也缺乏物理意义。值得指出的是，这也是数学公式主义者常见的谬误。

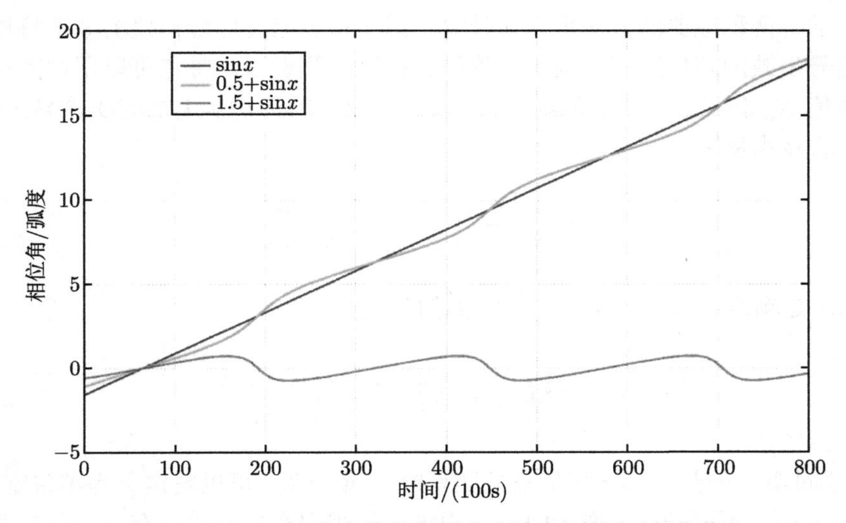

图 2.1.1(c) 三个仿真信号在不同时刻对应的瞬时相位值

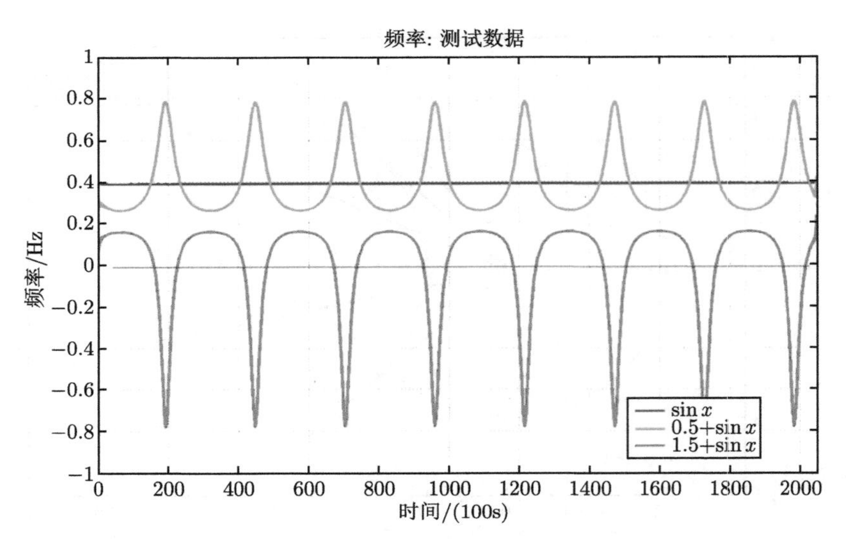

图 2.1.1(d) 仿真信号在不同时刻对应的瞬时频率值

实际上，以上麻烦是信号处理研究领域众所周知的事实，问题出在希尔伯特变换所必须的“窄带”条件。为了解决这个麻烦，Cohen（1995）和 Flandrin（1995）提出了“单分量”（mono-component）的概念，并尝试对信号的带宽施加约束。然而“单分量”一直以来都缺乏严格的定义，在这里，我们不妨借助带宽这个概念来衡量一个信号是否满足单分量的条件。

目前有两种经典的方法来定义带宽。第一种是通过信号幅值的概率特性，即假设信号反映的随机过程是高斯平稳的。在这个假设下，带宽可以用过零点个数的期望值 N_o 和极值点个数的期望值 N_e 来定义。Rice（1944, 1945）推导出了 N_0 和 N_e 的显式表达：

$$N_0 = \frac{1}{\pi}\left[\frac{m_2}{m_0}\right]^{\frac{1}{2}}; N_e = \frac{1}{\pi}\left[\frac{m_4}{m_2}\right]^{\frac{1}{2}} \tag{2.1.9}$$

其中 m_i 是频谱的第 i 阶矩。由此得到的带宽是

$$v^2 = \pi^2\left(N_e^2 - N_0^2\right) = \frac{m_4 m_0 - m_2^2}{m_2 m_0} \tag{2.1.10}$$

因此，当过零点的数量等于极值点的数量时，”单分量”可以被定义为零带宽（zero bandwidth）。不幸的是，在 (2.1.10) 中定义的带宽在应用时也存在一些问题：对于大多数在实际过程得到的数据来说，频谱的四阶矩不收敛。因此，这个定义的作用很有限，尽管它确实给出了数据在物理视角下的一种描述。

第二种是通过数据构造的解析函数 $z(t)$ (2.1.2) 来定义频率的均值：

$$\begin{aligned}\langle\omega\rangle &= \int z^*(t)\,\frac{1}{i}\frac{\mathrm{d}}{\mathrm{d}t}\,z(t)\,\mathrm{d}t \\ &= \int\left(\dot{\theta}(t) - i\,\frac{\dot{a(t)}}{a(t)}\right)a^2(t)\,\mathrm{d}t \\ &= \int\dot{\theta}(t)\,a^2(t)\mathrm{d}t\end{aligned} \tag{2.1.11}$$

在得到频率的均值后，带宽可以被定义为

$$\begin{aligned}\varepsilon^2 &= \frac{\langle\omega-\langle\omega\rangle\rangle^2}{\langle\omega\rangle^2} \\ &= \frac{1}{\langle\omega\rangle^2}\int z^*(t)\left(\frac{1}{i}\frac{\mathrm{d}}{\mathrm{d}t}-\langle\omega\rangle\right)^2 z(t)\,\mathrm{d}t \\ &= \frac{1}{\langle\omega\rangle^2}\left[\int\dot{a}^2(t)\,\mathrm{d}t + \int\left(\dot{\theta}(t)-\langle\omega\rangle\right)^2 a^2(t)\,\mathrm{d}t\right]\end{aligned} \tag{2.1.12}$$

从式 (2.1.12) 可见，带宽可以被表示为频谱的二次幂。那么对于一个窄带信号而言，意味着振幅和相位的变化都必须很小。以上的两个定义都为度量数据的带宽提供了一些提示。

相比之下，(2.1.10) 中的定义给出的物理描述更加清晰：在相邻过零点之间，只有一个极值点。因此，为了能将希尔伯特变换应用于数据分析，必须对数据进行一定的预处理以满足窄带条件。如 Longuet-Higgins（1957）和 Melville（1983）的文章所述，传统上研究者们曾采用窄带带通滤波器，从真实的数据中处理得到所需的窄带信号。虽然带通滤波得到的数据在大体上满足了过零点和极值点数量相等的要求，但这种窄带带通滤波会滤除所有的谐波并减弱幅度调制，因此不可逆地改变了信号的波形，使信号变为接近正弦波的波群。

为了使希尔伯特变换可以产生有意义的非负频率，确实需要对信号有一个更严格的定义，不能仅通过窄带或单分量。(2.1.5）中给出的正弦波叠加一个常数的例子表明，信号或波的均值应该为零才适用，并且波形相对于横轴对称。因此，我们提出本征模态函数（intrinsic mode function, IMF）这个全新的概念，并定义 IMF 为满足以下特征的任何函数：

(1) “单分量” 条件：极值点和过零点的数目相同，或者数目之差最多为 1；

(2) 零均值条件：上、下包络线对称，上（下）包络线是指能够通过所有横轴以上（下）局部极值的样条曲线。

虽然这个定义比"单分量"函数和窄带函数更严格，但它已是使得任何数据都能够得到有意义的瞬时频率的最低要求。本书后面将进一步讨论 Bedrosian（1963）和 Nuttall（1966）给出的更严格的数学约束。

希尔伯特变换具有一定的适用性和局限性，这促使我们进一步寻找计算瞬时频率的新方法。第三章要讨论的直接相位计算法（direct quadrature, DQ）就是为了摆脱这个局限性所提出的。实际上，无论最终采用什么方法，都需要对原始数据进行预处理，这是生成 IMF 前的第一步，也是必要的一步。接下来，大家将会具体了解本章的核心问题，即如何生成 IMF，它们的基本特性是什么，以及它对数据分析的贡献和价值。

2.2　经验模态分解：筛分过程

希尔伯特变换能够给出具有物理意义的非负频率以及调幅信息，相应的必要前提已在前文阐明，即需要找到一个基于本征模态函数 IMF 的具体分解方法。但实际的数据往往都不满足前文所述的两个条件，那么如何将常见的数据分解为多个具有以上理想特性的分量呢？最符合直觉的方法就是使得数据移动到零线（zero line）上，以消除非零均值带来的影响。由于 IMF 的必要条件是基于极值点给出，所以我们可以用极值点的个数来量化数据的波动。该方法最早由黄锷（Norden Huang）于 1998 年提出，并被命名为经验模态分解（empirical mode decomposition, EMD），这个分解步骤也被形象地称为筛分（sifting）过程。

举例而言，EMD 通过以下具体步骤实现：

对于如图 2.2.1(a) 中所示的示例数据，可以看到其中没有任何一个局部的波动是对称跨在零线上下的，即要么是相对于零线非对称，要么是在两个过零点之间存在多个极值点。

EMD 的第一步就是要确定所有的局部极值点，随后使用自然边界三次样条插值连接所有的局部极大值点作为上包络线（upper envelope），然后对所有的局部极小值点重复以上的插值过程，获得下包络线（lower envelope）。如图 2.2.1(b) 所示，理想上，所有原始数据都应该会在上下包络线之间。如果把上下包络线的均值序列定义为 $m_{1,1}$，那么原数据减去均值序列 $m_{1,1}$ 所得的差值信号就构造出了第一个雏形 IMF（proto-IMF, PIMF）成分，记为 $h_{1,1}$。

$$x(t) - m_{1,1} = h_{1,1} \tag{2.2.1}$$

经过上述操作，对于原始信号减去均值序列后得到的 PIMF($h_{1,1}$)，所有局部极大值都应该是正值，而所有的局部极小值都应该是负值。因此，图 2.2.1(c) 所示的这个 PIMF ($h_{1,1}$) 在理想情况下应该满足 IMF 的定义。然而事实上，尽管大多数波动都已经被移到零线附近，但仍有局部区域的情形并不满足 IMF 的定义。例如，在 500~550s 区间，由于某些拐点变成了局部极值点，导致相邻过零点之间仍然存在多个极值点，不满足 IMF 的第一个“单分量”条件；同时，上下包络也不充分对称，即不满足 IMF 的第二个零均值条件。为了消除这样的骑行波（riding waves）所带来的异常点，筛分过程可以根据需要重复多次。在后续的筛分过程中，可以将得到的 PIMF 作为原始数据按照上述操作进行迭代更新，即

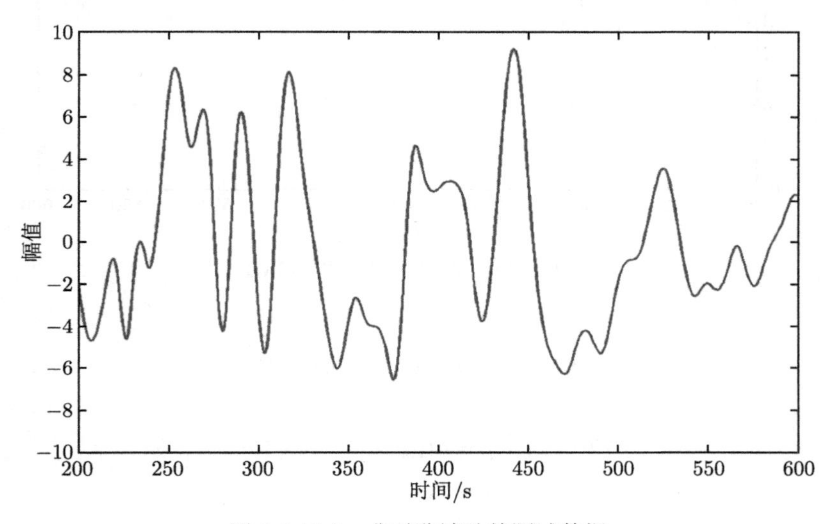

图 2.2.1(a) 非对称波动的测试数据

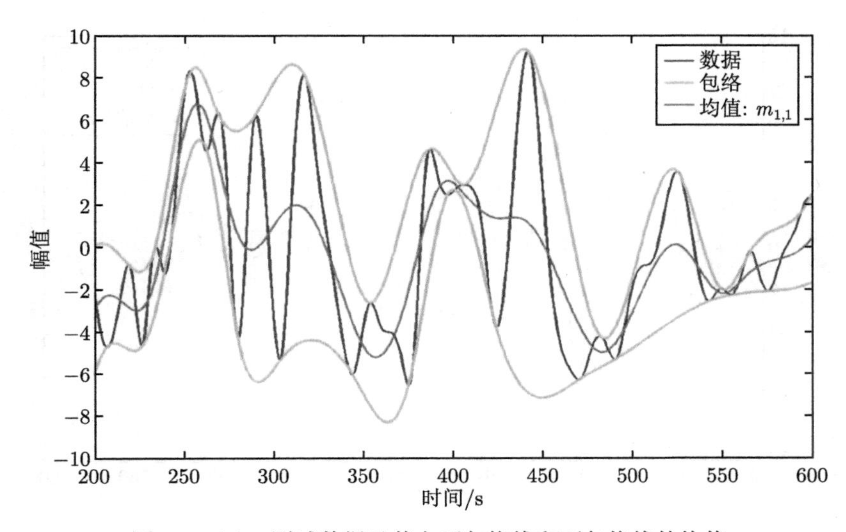

图 2.2.1(b) 测试数据及其上下包络线和两包络线的均值

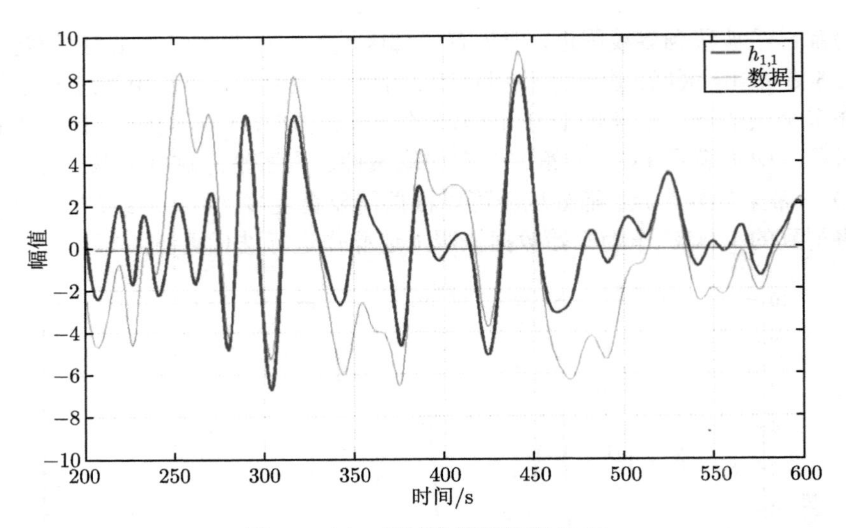

图 2.2.1(c)　测试数据的雏形 IMF

$$
\begin{gathered}
h_{1,1}(t) - m_{1,2}(t) = h_{1,2}(t) \\
\cdots \\
h_{1,k-1}(t) - m_{1,k}(t) = h_{1,k}(t) \\
\Rightarrow h_{1,k} = c_1(t)
\end{gathered}
\tag{2.2.2}
$$

其中 $m_{1,k}$ 和 $h_{1,k}$ 是第 k 步的均值和第 k 个雏形 IMF。

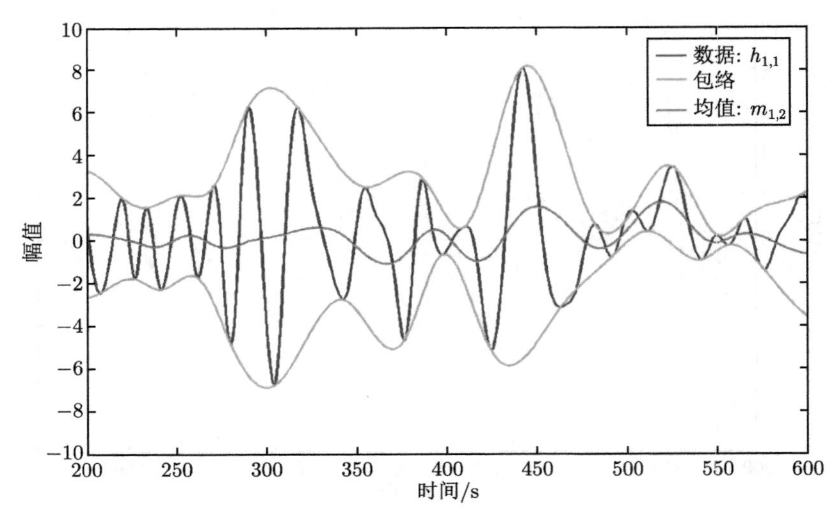

图 2.2.1(d)　测试数据的雏形 IMF 的再次筛分

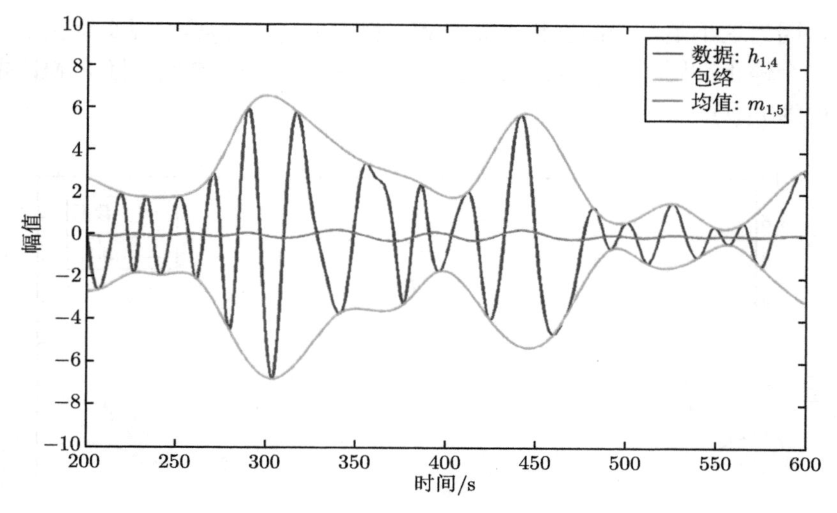

图 2.2.1(e) 测试数据的五次迭代筛分

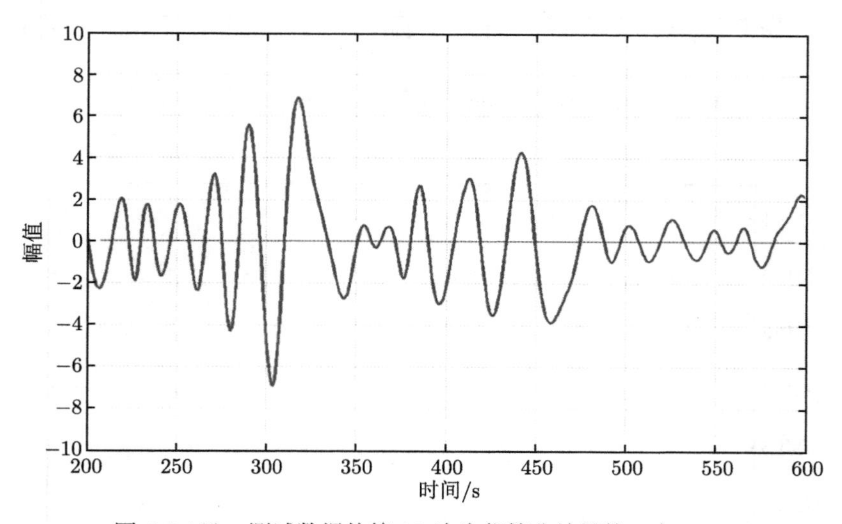

图 2.2.1(f) 测试数据的第 13 次失代筛分结果第一个 IMF

如图 2.2.1(d) 和 (e) 所示，通过观察迭代后的结果容易发现，多次迭代已明显使平均振荡的幅度减小，上下包络线也越来越对称。理论上，这种迭代可以无限地进行下去，使得上下包络线达到完全对称。后文也将说明，为了严格满足 IMF 定义的要求，迭代步骤必须重复无限多次。但是，无限次迭代得到的 IMF 将具有恒定的幅度（Wang 等, 2014），这样得到的 IMF 将失去物理意义。那么到底多少次迭代才能够获得最佳的分解效果呢？非常遗憾，目前我们并没有最佳的步数可以采用，因为这不是一个凸优化问题（Wu 和 Huang, 2004）。现实意义上，不得不设定一个停止准则（stoppage criterion）。如果满足停止准则，将 PIMF 指定为 IMF，记为 $c_1(t)$。

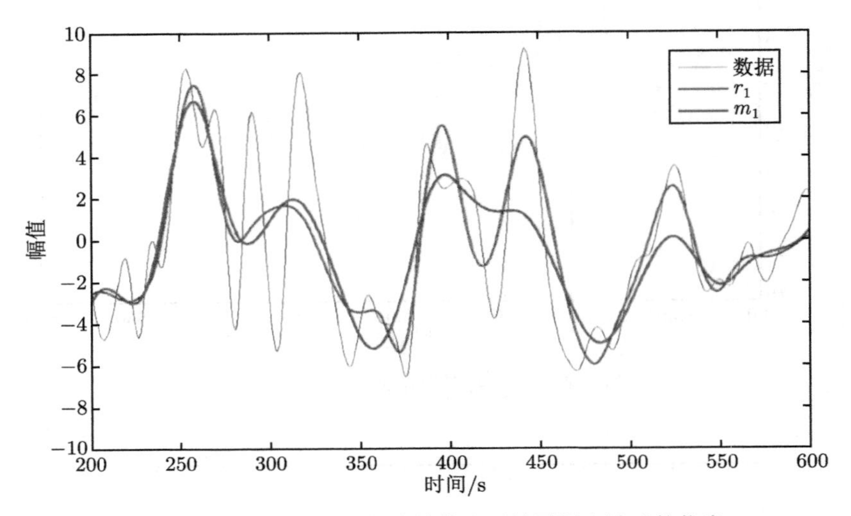

图 2.2.1(g)　测试数据的残差蕴含了长周期大波动的信息

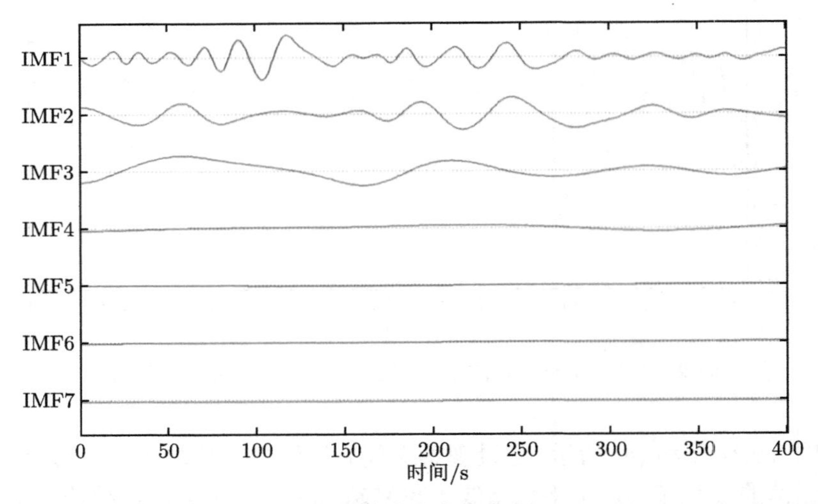

图 2.2.1(h)　测试数据筛分产生的多个 IMF，即 IMFS

Huang（1998, 2003），Flandrin（2004）以及 Wu 和 Huang（2004）等人先后提出了多种停止准则，而不同的准则会决定生成一个 IMF 所需筛分的次数，这对 EMD 方法的结果有较大影响，我们将在后面详细讨论这一点。除此之外，通过公

式 (2.2.3) 和图 2.2.1(f) 也能够容易发现，使用的样条函数对筛分得到的 IMF 也有不可忽略的影响。

$$\begin{gathered} x(t)-m_{1,1}=h_{1,1} \\ h_{1,2}(t)=h_{1,1}(t)-m_{1,2}(t)=x(t)-(m_{1,1}+m_{1,2}) \\ \cdots \\ h_{1,k}(t)=h_{1,k-1}-m_{1,k}(t)=x(t)-(m_{1,1}+m_{1,2}+\cdots+m_{1,k}) \\ \Rightarrow c_1(t)=x(t)-(m_{1,1}+m_{1,2}+\cdots+m_{1,k}) \end{gathered} \tag{2.2.3}$$

这是因为，$c_1(t)$ 是原始信号减去所有样条函数之和得到的结果，因此采用不同的样条曲线拟合方法，对筛分结果也将产生较大的影响。有趣的是，根据构造，$c_1(t)$ 从形式上讲应该是一个本征模态函数，即它有相同数量的极值点和过零点，也有对称的上、下包络线；然而，从谱矩标准（spectral moment criteria）来看，它不一定是窄带的。

实际上，IMF 是简单谐波函数（simple harmonic function）的泛化形式，即是简单线性振荡系统或相对简单的非线性振荡系统的解。这样的解同时包含了振幅调制和频率调制信息，这一特性对于后面要介绍的在频谱表示中区分加性和乘性过程尤其重要。由于 IMF 满足由希尔伯特变换所定义的瞬时频率的必要条件，我们完全可以把它看作一种“合格的”自适应基函数，这一点会在接下来详细解释。

从公式 (2.2.3) 中也可以看出，如果我们从原始数据中减去第一个 IMF $c_1(t)$，所得到的残差信号就是所有样条函数之和。

在数学上体现为

$$x(t)-c_1(t)=r_1(t)=\sum_{j=1}^{k}m_{1,j} \tag{2.2.4}$$

图 2.2.1(g) 中显示的残差曲线 $r_1(t)$ 很有趣，它其实蕴含了信号中的长周期大波动行为。通过比较初始均值序列和最终残差曲线，我们可以看到随着逐步迭代筛分，最终的残差将演变为一个很好的由“滑窗移动平均”（running mean）所得到的高频波动的参考线。

很明显，每次的迭代过程都能把趋势从包括一些拐点在内的最快波动中分离出来。这里的滑窗移动平均趋势线是由上下包络得到的，相当于由局部中位数组成的中线。值得指出的是，通过上下包络线已经帮助我们解决了一个关键的问题，即自动找到一个非平稳数据的局部均值序列。而以往这是需要通过在一个预先选定的时间段上进行积分才能获得。然而特别强调的是，对于一个非平稳时间序列，特征时间尺度是不可能预先确定的。在构造 IMF 的过程中，将包络线的中线当作局部均值序列，而不需要关心时间尺度。因此，这种策略可以应用于任何非平稳时间序列。对于理想状态下单周期变化的线性时间序列，或者是无能量损失、无外界干预的线性波（linear wave），平均数和中位数并没有区别。稍后将会看到，在实际信号分析的过程中，特别是波形中存在非线性扭曲时，中位数都是一个相对正确的选择。

残差 $r_1(t)$ 包含了原数据中除第一个 IMF $c_1(t)$ 以外的所有剩余信息，它完全由样条函数组成。为了进一步提取这个较长周期波动的信息，可以用 $r_1(t)$ 作为下一次待分解的数据重复上述筛分操作，并不断迭代这个过程，由此可以得到

$$\begin{gathered} r_1(t) - c_2(t) = r_2(t) \\ r_2(t) - c_3(t) = r_3(t) \\ \cdots \\ r_{n-1}(t) - c_n(t) = r_n(t) \\ \Rightarrow x(t) - \sum_{j=1}^{n} c_j(t) = r_n(t); \text{ 或 } x(t) = \sum_{j=1}^{n+1} c_j(t) \end{gathered} \tag{2.2.5}$$

通过对等式 (2.2.4) 和 (2.2.5) 进行求和，最终得到了 (2.2.5) 中的最后一个等式，这意味着数据可以被分解为若干个 IMF 和一个残差 $r_n(t)$ 的总和，而残差函数可以是一个常数、一个单调的平均趋势，或者是一条只有一个极值点的曲线。至此，我们已经成功地从原始数据中提取出多个 IMF，如图 2.2.1(h) 所示。

通过这种操作，很容易看出

$$c_i(t) = r_{i-1}(t) - r_i(t) = \sum_{j=1}^{k_1} m_{i-1,j} - \sum_{j=1}^{k_2} m_{i,j} \tag{2.2.6}$$

正如上文所描述的那样，所有的 IMF 都是样条函数的组合，也就意味着 EMD 会严重依赖于所选用的样条函数。这种筛分操作的结果是，每个得到的 IMF 都具有连续函数值、导数和曲率的平稳函数。

筛分过程对数据有什么适用性要求？那就是对数据序列的平滑程度有一定要求。当遇到局部的剧烈变化时，譬如阶跃函数和冲激函数，这样得到的 IMFs 将带有非局部影响的扰动。

另一方面，在希尔伯特变换的帮助下，方程 (2.2.5) 的结果也写成下面这种形式：

$$x(t) = R\left(\sum_{j=1}^{n} a_j(t)\,\mathrm{e}^{\mathrm{i}\int_t w_j(\tau)\mathrm{d}\tau}\right) \tag{2.2.7}$$

其中 $R(.)$ 表示复函数的实部，振幅和频率均随时间变化。

而与此相反，按照传统的傅里叶展开形式如下：

$$x(t) = R\left(\sum_{j=1}^{n} a_j \mathrm{e}^{\mathrm{i}w_j t}\right) \tag{2.2.8}$$

其中每项都具有不随时间变化的恒定幅度和频率。因此，EMD 冲破了恒定振幅和频率的枷锁，无需积分变换就实现了一种更为普适性的分解形式。它仅在时域内进行，并确保了分解得到的成分具有一定的物理意义。Flandrin 等（2004）和 Wu 和 Huang（2004）最近的研究表明，EMD 本质上是一个二进滤波器组，相当于一个自适应小波。由于每个 IMF 的产生完全是一个自适应分解过程，因此 EMD 先天没有了大多数传统方法必需使用先验基函数的约束，也就避免了采用先验基函数时会产生的杂乱谐波等数学伪影。由于表示方式是二进的，因此，一个序列分解后得到的 IMF 的最大数量为 $\log_2 N$，其中 N 为序列所含数据点的总数；因此，这种展开方式是一种稀疏表示。我们将在本章的后面部分专门讨论这种经验模态分解的详细特性。

在深入讨论之前，有必要指出相比于传统的分解方法，譬如傅里叶分解和小波分解，EMD 具有的一个重要特点，那就是 EMD 是在时域而不是在积分变换后的频域进行分解的。因此，EMD 展开过程中所使用的时间尺度比以前尝试过的任何时间尺度都要精细得多。那么不禁要问，EMD 这种在时域上进行的自适应精细分解会具有怎样的天生优势？

首先需要指出的一点是，从时域理解数据，本身就符合人类规律发现的习惯，即充分利用直观的感觉、天生的敏感和本能的洞察力，去洞悉数据背后潜在规律。Drazin（1992）曾主张将使用人眼观察作为数据分析的第一步。对于模态、趋势、周期性以及幅度和尺度这些变化，即使对于未经训练的普通人也是显而易见的，而对训练有素的专业人士而言，数据在时域上的特点就更容易被发现。例如，受过训练的医生，可以仅凭肉眼从时间序列上甄别一些细微的特征，如从脑电图数据和图像数据中发现病理特征用于临床诊断。虽然这种肉眼观察的结果是主观的，往往最终效果却有效。然而，在大多数情况下，即使是复杂的计算机程序，甚至当下流行的所谓人工智能算法也不能企及。尤其值得指出的是，仅仅强调数据驱动的黑盒子学习，而忽略可解释的特征挖掘，并不适用于证据链依赖的循证医学决策问题。

其次，EMD 采用了极值点作为时间序列的一个有效特征，这模仿了人眼对波动曲线上不同极值点之间的间距变化更为敏感的特性，从而为时间序列提供更多的细致度量和识别视角。

这是一个值得思考的关键问题：人的感官在一个时间序列中寻找的到底是什么？如果能够刻画或有效挖掘这些特征，那么就可以进一步利用计算机对人眼的观察情况进行归纳抽象，从而消除每个人视觉估计的主观性。

譬如，我们可以尝试将带宽作为时间序列的特征之一，来部分刻画人的感官接收到的外界信息。但是问题在于，简单依赖于式 (2.1.10) 定义的带宽是不现实的。因为，对带宽的计算依赖于式 (2.1.9) 定义的频谱四阶矩，然而前文已经指出，频谱四阶矩的计算要求数据是无限长的，但记录到的数据长度有限，而且频谱的计算明显与大脑处理外界信息的实时性相违背。

尽管数据在时域中的过零点数量是一个很容易计算的特征，甚至通过肉眼就能估计，但它的确是个过于粗糙的衡量依据。除非数据表现为真正的窄带信号，否则在两个相邻的过零点之间可能会有很多个极值点，这种局部的变异性并不总能被过零点很好捕捉。

正是出于以上经验的思考，我们决定采用极值和由它们所确定的上下包络线，尝试实现一种最为精细的信号时域分解方法。虽然 Huang 等（1999）指出，除了极值点之外，甚至还可以根据局部曲率变化实现时域分解。但是，对于由拐点引起的零曲率点的确定对眼睛来说并不直观。因此，除非需要特别处理，这样的细化也可能会引入不必要的复杂情况。

最后，对 EMD 的计算复杂度分析表明其具有实时运算的可能性，这对实际应用非常重要。相比傅里叶变换和小波变换，EMD 似乎非常耗时，但最近 Wang 等（2014）通过将整个分解过程拆分为不同类别的基础算术运算，包括加法、乘法、除法、比较和存储，分析了 EMD 及其变体在不同应用中的总计算时间。结果表明，EMD 的计算复杂度与傅里叶变换相当。从具有 N 个采样点的数据中提取出 M 个 IMF 所需的总时间 T 为

$$T = 0(M \cdot N \log N) \tag{2.2.9}$$

需要指出，在一般应用场景中，M 远小于 N。有了这个计算复杂度的估计，EMD 的实时运行不是大问题。

2.3 EMD 二进滤波器组以及 IMFs 的统计显著性

在介绍了 EMD 筛分步骤之后，让我们来研究得到的 IMFs 统计特性。这一点最好结合白噪声的数值实验来探讨。Wu 和 Huang（2004, 2005）与 Flandrin 等（2004，2005）一起证明并给出，EMD 实际上是一个二进滤波器组（dyadic filter bank），所有 IMF 成分都呈正态分布，且每个 IMF 的傅里叶谱呈现类似的形状，在半对数频率图中覆盖区域面积相同。

基于这些经验，Wu 和 Huang（2004, 2005）进一步推导出，IMF 的能量密度与其对应的平均周期的乘积为常数，且能量密度函数服从卡方分布。此外，还

推导出各 IMFs 的能量密度扩散函数（energy-density spread function）；并基于以上理解，建立了一种借助噪声数据来评估 IMFs 所含信息量的方法。

本节的大部分内容是基于 Wu 和 Huang（2004）的工作。采用的仿真数据是由计算机生成的百万点均匀分布的白噪声时间序列。这些白噪声数据通过 EMD 方法分解为相应的 IMFs（Huang 等, 1998, 1999）。分解过程中，筛分步骤迭代 5 次后，IMF 一般会满足 Huang 等（1998）提出的柯西条件，即使不断迭代，IMF 也不会发生显著变化。然而，增加迭代次数会改变相邻 IMF 分量之间的平均频率比。根据白噪声测试的经验性结果，迭代 10 次会使相邻 IMF 分量之间的平均频率比接近均匀的二进特性。为了保证所得 IMF 的稳定性、一致性和收敛性，我们统一采用 10 次迭代。为了研究统计学特征，将随后得到的 10^6 个数据点的 IMFs 分成许多不同长度的片段。由于白噪声的本身特性，每一段数据可以认为是独立的。

第一个统计特性是 IMFs 的平均周期可以通过统计函数中的局部极大值（local maxima）数量来确定，结果如表 2.3.1。其中，第二列给出了相应 IMF 中局部极大值点的总数，第三列相应给出了以周期内数据点数为单位的平均周期。

表 2.3.1 EMD 的二进滤波器特性

IMFs	峰值数量	平均周期
1	347042	2.881
2	168176	5.946
3	83456	11.98
4	41632	24.02
5	20877	47.90
6	10471	95.50
7	5290	189.0
8	2658	376.2
9	1348	741.8

注：由 10^6 个数据点组成的白噪声序列被分解成 IMF1～ 9，每层 IMF 的编号列在第一栏；第二栏是每个 IMF 中的峰值数量；第三栏是相应的平均周期。

上表列出了一百万个仿真数据点中每个 IMF 的极值点数量，可以观察到一个有趣的模式：当前 IMF 成分的平均周期几乎正好是上一个 IMF 的两倍，表明 EMD 确实是一个二进滤波器组。这一发现与 Flandrin 等（2004）的结果一致。

需要特别注意的是二进滤波器组（dyadic filter bank）这个术语。EMD 中的滤波器组是一个非线性的二进滤波器组，因为分解过程依据的是波的尺度，而不是波的形状。因此，无论谐波是否在二进频率的范围内，EMD 都会提取出一个囊括所有谐波成分的波形。而线性的分解方法，譬如傅里叶分解（Fourier, 1807），则会将这些谐波成分分解到其他的频段当中，这也是为什么线性分解方法在实际应用中会产生一些难以从物理角度理解的原因。

接下来，让我们以傅里叶谱来观察 IMF 能量随周期分布的详细情况，这也是大多数应用中常见的做法。如图 2.3.1 展示的是每个 IMF 的 200 个独立片段的平均傅里叶谱，其中每段 4000 个数据点。

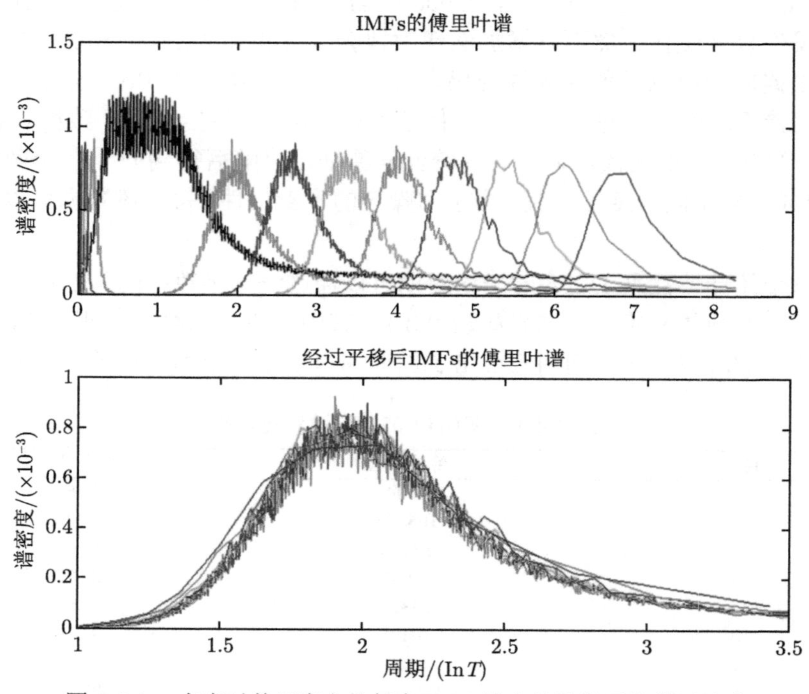

图 2.3.1　在半对数尺度上的每个 IMF 独立片段的平均傅里叶谱

可以发现，除第一个 IMF 的傅里叶谱之外，所有关于 $\ln T$ 的傅里叶谱形状几乎完全相同，其中 T 是每个 IMF 在傅里叶意义上的周期，定义为中心频率的倒数。从图中可以发现两点。第一，这些频谱重叠，且具有长尾特性。这些长尾的存在表明 IMF 不仅能覆盖单一频率，而且能覆盖所有的高频谐波。因此，该滤波器是完全非线性的。但是各频谱也有大量的重叠区域，说明 EMD 可能存在能量泄漏，这也许会导致模式混叠（mode mixing），此类问题在后文会认真解决。其次，很明显，相邻 IMF 频谱的平均周期之比几乎都等于 2，这与 Flandrin 等（2004, 2005）观察到相邻 IMF 的倍周期现象是一致的。基于以上的事实，即每个 IMF 频谱的形状和面积覆盖率是相同的，我们可以用一个积分表达式来表示任何 IMF（除第一个 IMF 外）的傅里叶谱，其近似的一阶表达式为

$$\int S_{\ln T,n}\mathrm{d}\ln T = 常数 \tag{2.3.1}$$

其中 $S_{\ln T,n}$ 是第 n 个 IMF 关于 $\ln T$ 的傅里叶谱函数。请注意，这个表达式并没有根据能量进行适当的缩放。考虑到频率在能量上有合适的缩放，我们需要采用总能量的表达式。那么，第 n 个 IMF 的能量可以写为

$$E_n = \int S_{\omega,n}\mathrm{d}\omega = \int S_{T,n}\frac{\mathrm{d}T}{T^2} = \int S_{\ln T,n}\frac{\mathrm{d}\ln T}{T} = \frac{\int S_{\ln T,n}\mathrm{d}\ln T}{\overline{T_n}} \tag{2.3.2}$$

其中，$S_{\omega,n}$、$S_{T,n}$、$S_{\ln T,n}$ 分别是第 n 个 IMF 的频率 ω、周期 T 和对数尺度周期 $\ln T$ 的傅里叶谱，这些都是通过一系列的变量转换导出的，即从频率到周期，从周期再到对数尺度周期。进一步援引均值定理，可以发现：

$$\overline{T_n} = \frac{\int S_{\ln T,n}\mathrm{d}\ln T}{\int S_{\ln T,n}\frac{\mathrm{d}\ln T}{T}} \tag{2.3.3}$$

其中，字母上方的横线表示平均值。

这个平均周期与表 2.3.1 中得到的结果相同。结合式 (2.3.1) 和式 (2.3.2)，我们最终得到

$$E_n\overline{T_n} = 常数 \quad 或者 \quad \ln\overline{E_n} + \ln\overline{T_n} = 0 \tag{2.3.4}$$

如图 2.3.2 所示是方程 (2.3.4) 的蒙特卡洛验证（Monte Carlo validation）。(John von Neumam, 1940) 这里使用的是随机生成的 10^6 个点的白噪声仿真数据，仿真数据被分为 1000 个长度相等的独立样本，每个样本的长度都是 1000 个数据点，随后将每个样本分解为相应的 IMFs。图 2.3.2 为这些 IMFs 的能量和平均周期。

黑色直线是由方程 (2.3.4) 得出的期望线，显然它也是这些散点的不错拟合结果，表明 IMF 的能量密度和它的平均周期遵循一个双曲线函数，这一结果呈现在 Wu 等人（2001）的研究中。

那么，很自然地想到，下一个有待量化的 IMF 特性就是各个 IMF 的概率密度分布，以及这些概率分布确定的扩散函数。图 2.3.3 绘制了由 50,000 个数据点样本分解得到的每个 IMF 的概率密度分布，显然，每个 IMF 都近似正态分布（红线）。

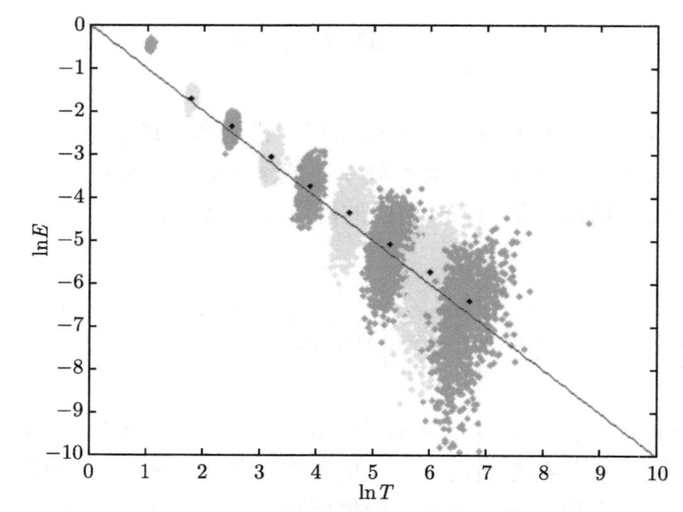

图 2.3.2　IMF 能量和周期的关系，颜色用于区分相邻 IMF 成分

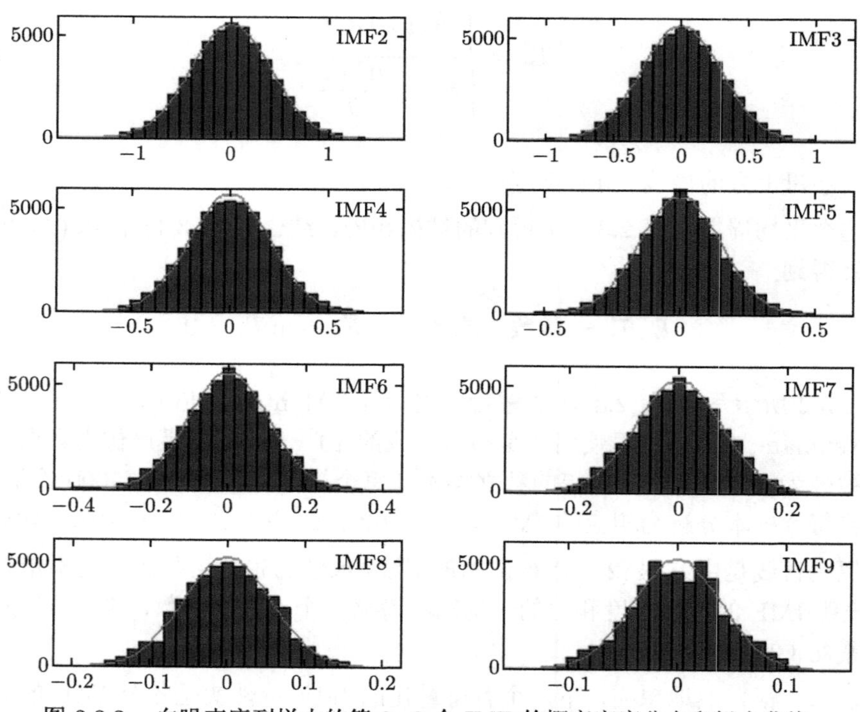

图 2.3.3　白噪声序列样本的第 2~9 个 IMF 的概率密度分布和拟合曲线

中心极限定理能为拟合结果给出合理的解释。事实上，IMF 概率密度分布与正态分布的偏差会随着模态数量的增加而增加。因为在靠后的迭代过程中产生的

模态将包含较少的振荡数。那么，随着振荡数的减少，自由度也减少，分布变得不那么平滑，与正态分布的差距也就更大。据此推测，如果数据样本较长时，分解产生的较高模态 IMF 将有更多的振荡，根据中心极限定理，其分布也将收敛为正态分布，但第一个 IMF 除外，由于波动频率接近采样率的二分之一，在减去一次均值后，该模态将只剩下大量在零轴上下波动的极大值和极小值点，其概率密度分布也将更接近于双峰分布。

根据概率密度函数理论（Papoulis, 1989），对于呈正态分布的时间序列，其能量应该呈卡方 (χ^2) 分布，且每个自由度下的分量会均分卡方分布的总能量。为了确定 IMFs 能量的卡方分布及其对应的自由度，我们可以进行如下推演：对于长度为 N 的白噪声序列，如果采用傅里叶分解，有 N 个（实部和虚部）的傅里叶分量来构成原始信号的完备表示。由于每个分量都有一个单位的自由度，所以一个 IMF 的自由度数实质上就是它所包含的傅里叶分量的个数之和。由于白噪声序列的能量均匀地分配在每个傅里叶分量上，那么可以认为每一个 IMF 中包含的能量占信号总能量的比例，与该 IMF 自由度占原信号的自由度的比例相同。对于具有单位总能量的归一化白噪声时间序列，第 n 个 IMF 的自由度应该等于 IMF 自身的能量。

因此，第 n 个 IMF 的能量概率分布 NE_n 应该为一个具有 r_n 个自由度的卡方分布，即

$$r_n = N\overline{E_n} \tag{2.3.5}$$

$$\rho(NE_n) = \left(N\overline{E_n}\right)^{\frac{NE_n}{2}-1} e^{-\frac{NE^2}{2}} \tag{2.3.6}$$

因此，E_n 的概率分布由以下公式给出：

$$\rho(E_n) = (E_n)^{\overline{\frac{E_n}{2}}-1} e^{-\frac{E_n}{2}} E_n \tag{2.3.7}$$

蒙特卡洛检验（John von Neumann, 1940）进一步证实了上述猜想。图 2.3.4 是 1000 个白噪声序列样本的各 IMF 的能量分布直方图，每个样本的长度为 1000 个数据点。红线是基于公式 (2.3.7) 的相对应 χ^2 分布。很明显，直方图结果与理论结果非常一致。

准备就绪，现在我们一起来推导长度为 N 的白噪声对于不同尺度 IMF 对应的能量传播或扩散（spread of the energy）规律。

首先，引入一个新的能量变量 y，

$$y = \ln E \tag{2.3.8}$$

为简单起见，省略了下标 n。因此，y 的分布是

$$\rho(y) = N\left(Ne^{y}\right)^{\frac{NE_\eta}{2}-1} e^{-\frac{NE_2}{2}} e^{y} = C\exp \tag{2.3.9}$$

其中 $C = N^{NE/2}$。

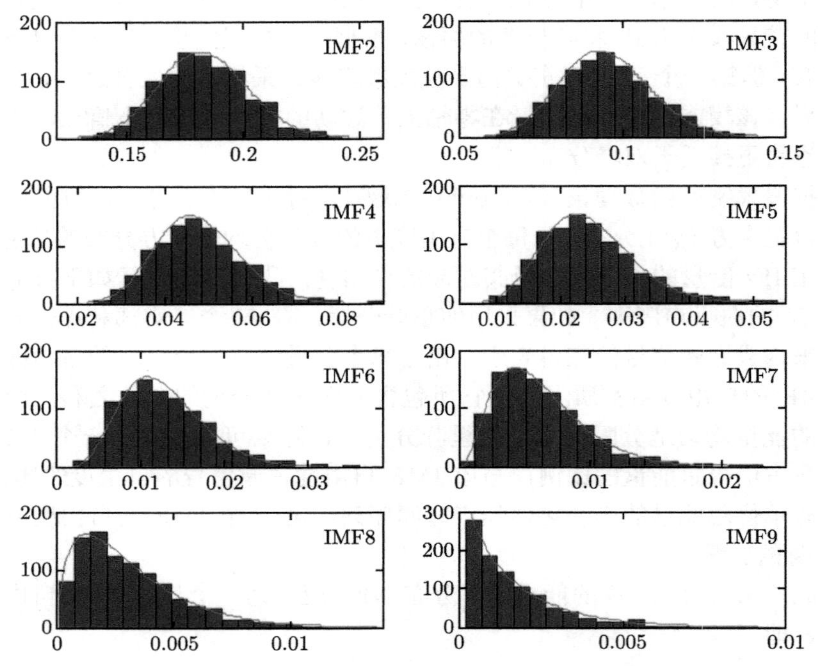

图 2.3.4　白噪声序列样本的第 2~9 个 IMF 的能量分布直方图

由于 $E = e^y$，

$$\frac{E}{\overline{E}} = e^{y-\overline{y}} = 1 + (y-\overline{y}) + \frac{(y-\overline{y})^2}{2!} + \frac{(y-\overline{y})^3}{3!} + \cdots \tag{2.3.10}$$

将方程 (2.3.10) 代入方程 (2.3.9)，可得

$$\begin{aligned} \rho(y) &= C\exp\left\{-\frac{\overline{E}}{2}\left[(1-\overline{y}) + \frac{(y-\overline{y})^2}{2!} + \frac{(y-\overline{y})^3}{3!} + \cdots\right]\right\} \\ &= C'\exp\left\{-\frac{\overline{E}}{2}\left[\frac{(y-\overline{y})^2}{2!} + \frac{(y-\overline{y})^3}{3!} + \cdots\right]\right\} \end{aligned} \tag{2.3.11}$$

其中 $C = \exp\left\{-\frac{\overline{E}}{2}(1-\overline{y})\right\}$.

当 $|y-\overline{y}| \ll 1$，(2.3.11) 近似于

$$\rho(y) = C\exp\left[-\frac{\overline{E}\,(y-\overline{y})^2}{2!}\right] \tag{2.3.12}$$

通过方程 (3.3.11) 或 (3.3.12) 就可以确定不同的置信区间，而白噪声的第 N 个 IMF 对应的能量函数可以被确定为 $\overline{E_n}$ 的函数。

对于 $|y-\overline{y}| \ll 1$ 的情况，E_n 的分布近似于高斯分布，其标准差是

$$\sigma^2 = \frac{2}{\overline{E_n}} = 2\overline{T_n} \tag{2.3.13}$$

相应地，能量函数 y 可以表示为加和形式：

$$y = -x \pm k\sqrt{2}e^{\frac{x}{2}},\ x = \ln\overline{T_n} \tag{2.3.14}$$

k 是一个由标准正态分布的百分位数决定的常数。例如，k 等于 -2.326、-0.675、和 0.675、2.326 时，分别对应正态分布的第 1、第 25、第 50、第 75 和第 99 百分位数。

图 2.3.5 所示黑色细虚线是基于方程 (2.3.14) 的第 1 和第 99 百分位数的能量扩散线。

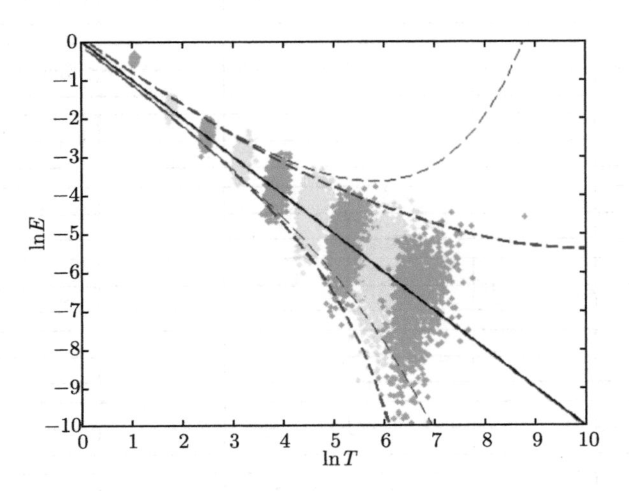

图 2.3.5 白噪声 IMF 的能量周期分布及置信区间

显然，当 $|y-\overline{y}| \ll 1$ 近乎满足时，基于方程 (2.3.14) 的简化计算与基于方程 (2.3.11) 的理论线（图 2.3.5 中的粗蓝虚线）非常一致。然而，方程 (2.3.11) 提供了更多的偏向低能量侧的偏态分布细节。以上结果提供了一个极其有用的显著性检验思路，即任何落在方程 (2.3.11) 所建立的理论界限内的数据，其统计属性应

该与白噪声无异；而任何落在理论界限外的数据，都可以被视为与白噪声有统计学上的显著差异，或者提示它们可能携带着重要的信息。

这种显著性检验的强大之处已经被 1935 年 1 月至 1997 年 12 月的南方涛动指数（southern oscillation index, SOI）真实数据集的实例分析充分体现（Trenberth, 1984）出来。SOI 是一个归一化的月度海平面压力指数，主要反映热带太平洋地区大气和海洋的大尺度动态耦合程度。SOI 中出现的大正峰或者大负峰一般以 2~7 年为一个周期，其中大正峰则对应拉尼娜事件，大负峰对应强厄尔尼诺事件。实际上，由于具有丰富的统计特性和重要的科学意义，SOI 是地球物理研究领域最著名的时间序列之一。有许多数据分析工具都曾将 SOI 时间序列作为分析对象，用以彰显和比较不同数据分析方法的功效（Wu 等, 2001; Ghil 等, 2002）。如图 2.3.6 所示是 SOI 及其分解得到的 IMFs。

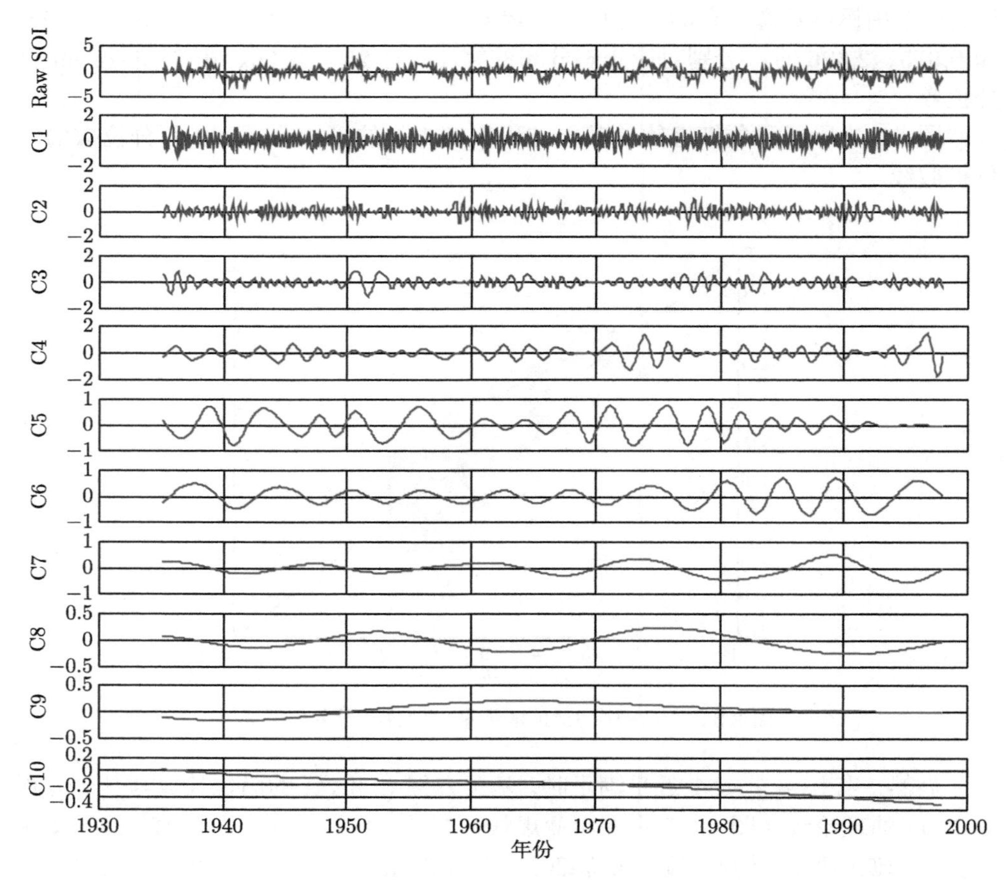

图 2.3.6　SOI 及其 IMFs

同样，我们也使用 SOI 数据测试 EMD 分解的功效。这里使用 10^6 个点的白噪声序列来生成的背景数据作为比对参考，如图 2.3.7 中所示。黑色实线是平均周期和能量对数值的理论期望曲线。蓝色虚线表示第 1 和 99 个百分位数的能量扩散理论线。

当 SOI 数据被分解为多个 IMF 以后，与白噪声比较平均周期和相应的能量扩散结果，以确定特定的 IMF 是否包含任何有统计意义的物理信息。其中，红点分别 SOI 中前 9 个 IMF 的平均周期和对应能量。很明显，有 4 个点处于 99%置信度之外，对应 IMF 的平均周期分别为 2.0 年、3.1 年、5.9 年和 11.9 年。

这些平均周期的测试结果与使用常规谱分析后进行统计检验得到的结果一致，表明 SOI 的年际峰值具有统计显著性。

不仅如此，EMD 结果还提供了以下几点额外的信息。首先，EMD 确定了统计显著的 IMF，每个 IMF 都有各自的特征时间尺度。由于 IMFs 是自适应的基函数，它们更有效地代表了内在的物理机制。此外，IMFs 隔离了不同时间尺度的物理过程，也反映出每个物理过程的时间动态变化，这个过程并不需要像傅里叶分解那样简单地采用线性假设。如 Huang 等（1998）和 Wu 等（2001）所述，由于不受谐波的数学伪影干扰，IMFs 能够体现出波形中的局部非线性畸变。最后，IMFs 可以用来构建希尔伯特谱（Hilbert spectrum）和 Holo 谱（Holo spectrum）（NE Huang, 2016）形式的时频分布和高维全息谱分布。其中，这些独特的时频分析能够用于更充分地刻画这些物理过程的时间变化以及不同尺度间相互作用的细节。

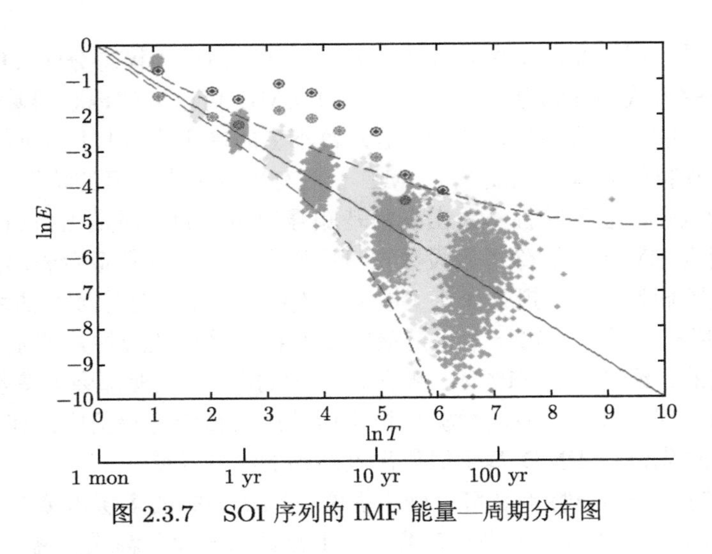

图 2.3.7 SOI 序列的 IMF 能量—周期分布图

另外，上述 EMD 方法可以通过重新缩放（re-scaling）步骤进一步完善。我们假设目标时间序列由信号和噪声两部分加性构成，并通过确定时间序列的噪声水平来对不同的 IMF 进行缩放处理。涉及的原理如下：如果能发现某个 IMF 的能量扩散分布在白噪声对应的 99 百分数线之内，即可认为这个 IMF 的能量完全来自于噪声，并推断它基本不含有有用信息；然后，就可以使用该信息量水平对其他的 IMF 进行重新缩放。相反，若发现某个 IMF 的能量水平高于白噪声对应的 99 百分数线，即可认为这个 IMF 中应该含有统计意义信息。这一点将在后文中论述。

如果重新缩放后的能量水平低于理论白噪声线，可以放心地认为它包含的有用信息很少。

对于 SOI 数据，第一个 IMF 的频谱范围很宽，相应的谱峰值也没发现有对应的实际物理过程，可以认定它是纯噪声。并且，我们还可以进一步用它作为参考来重新缩放其他 IMF 的能量密度，如图 2.3.7 中的蓝色菱形。可以发现，在这样的参考标准下，所有的 IMF 似乎都包含了一些有用的信息，即它们在 99%的置信水平下与白噪声相比都具有统计学显著性。

这种借助白噪声能量—周期分布的特点来推断和评估真实数据 IMF 是否具备有用信息的思路和策略，其合理性还被另外一个实例所验证，即全球海温变化（SST variability）的后验分析工作，详见 Wu 等（2011）的文章。以上新策略与仿真蒙特卡洛检验的结果非常一致，因此可适用各种含噪数据的实际分析应用。

2.4　本征模态函数的特性

理论上说，可以存在无限多种数据分解方式。而经验模态分解（EMD）方法只是众多分解方式中非常独特的一种，通过 EMD 可以方便地获得基于本征模态函数（IMF）的自适应基底。EMD 是为数不多的基于本征尺度的时域分解方法之一，这种独特的分解方式赋予了 IMF 一些有趣且令人惊喜的特性。IMFs 最耐人寻味的特点是，它的特性不是由先验基底强加而来的，而是由自适应分解过程产生的。因为 EMD 方法除了假设数据可以用自然样条函数拟合表示外，没有其他的任何先验假设。这种拟合保持了数据的连续性，特别是导数和曲率的连续性。在 IMF 的所有特性中，第一个也是最重要的特性是自适应性，即基底是数据驱动后验得出的；数据的任何改变，哪怕是一个数据点的改变都会改变基底的形式。这完全不同于现有几乎所有的数据分析中所使用的传统先验基底。在深入展开之前，让我们首先讨论 EMD 基于极值尺度准则的特殊性质。

EMD 的一个有趣特点是可以确定振幅—频率调制的多层次或多尺度骑行波（riding waves），并在时域上进行分解。对于数据的尺度分解或分离而言，最有效方式其实是从不断变动的局部最大值（或最小值）之间的距离入手。也可以说，极值是最有效体现波动信息的数据点：即使不使用波的任何其他数据，只用直线将相邻的最大值（或最小值）连接，也能提供波的定性描述，如波的频率和振幅的近似变化。相比之下，过零点只能提供一些关于波的频率变化的粗略信息，并不能提供波的振幅信息。对于包含许多骑行波的复杂数据，过零点甚至可能会产生误导。譬如在确定复杂信号的频率时，骑行波不一定会过零（例如含拐点的骑行波），如果只关注过零点则会丢掉这些变化信息。另一方面，极值点能够甄别出每一个波，无论它们是否骑在其他频率较低的波上。

此外，局部极值还是一个非常实用的约束条件，凭借它们可以唯一确定骑行波的包络线（Hou, 2009）。上下包络线能将所有数据点包含其间，并清晰地显示出幅度调制的情况。因此，从原信号中利用极值点信息，将骑行波分离出来是一种非常自然的选择，这样得到的骑行波有望承载数据中更多物理信息。这种基于极值点的时域操作，与偏微分方程或频谱分析方法（Deléchelle 等, 2005; Niang 等, 2010）有很大的不同，后者过分地追求二进滤波器组（dyadic filter bank）特性。基于极值点的方法虽然只能近似地满足二进滤波器组，但因为包络线只使用极值点而不考虑波的精细形状，因此，提取出来的所有 IMF 成分能够保留数据的全部信息，所有由波内非线性效应引起的谐波都一致地存在于同一个 IMF 分量中。从这个角度来看，EMD 是一个真正的非线性二进滤波器组。实际上，EMD 分解方法能够保留复杂的波形，从而使所得的 IMF 几乎可以囊括所有形状的函数（Hou 和 Shi, 2016）。而过分强调二进的频率特性，最终会使谐波与基波分离，从而遗漏甚至摧毁数据中包含的物理信息。值得强调的是，引入 IMF 的目的是为了从物理视角挖掘信号的潜在机制，而非仅仅是通过严格的数学形式来对信号进行完备表示。由于产生 IMF 的过程也取决于 EMD 算法选用的参数，接下来，有必要对这些参数进行详细讨论。

具体而言，我们应该考察 EMD 产生的“基底”是否符合传统基底的要求，如：

(1) 完备性（completeness）：这是对基底的基本要求，即要求基底可以在任何事先给定的精度上体现数据；

(2) 正交性（orthogonality）：保证能量独立地分配给每个成分，并遵守能量守恒定律，即总能量等于所有单个组成部分之和；

(3) 收敛性（convergence）：保证可以用有限步骤完成分解；

(4) 唯一性（uniqueness）：保证每次使用该分解方法都会产生相同的结果；

(5) 停止准则（stoppage criteria）：用 EMD 分解得到 IMF 的过程是迭代进行的，如何合理地停止迭代是一个必须要说明的问题；

(6) 端点效应（end effects）：实际数据是有限长的，所有数据分析方法都会多少受制于数据起点和终点的影响。

其中前四种性质在数学上都是众所周知的，可以根据既定的范式得出，且对于任何有效的基底，都必须根据如上要求建立。但是，由于 EMD 是通过自适应分解得出基底，只能凭借 EMD 的后验分解结果来评估其性质。而且，EMD 得到的基底是通过算法计算得到的，我们有必要去要研究算法选用的参数，譬如有关筛分过程的停止准则。基本上，EMD 的前提假设只有一个：数据是从一个连续物理过程中观测得来的，其本身的斜率和曲率都应该是连续的，只是采样过程使我们最终得到的数据离散化。因此我们可以用自然样条函数（natural spline functions）来表示数据及其组成成分。值得指出的是，在使用 EMD 分解的结果之前，我们的确应该先证明这些基底确实满足既定的数学规则，同时还要检查算法中使用的参数。接下来，我们将对上述特性进行具体讨论。

2.4.1　完备性

根据定义，如果任何函数可以在基底上以任意精度表示而没有误差，那么该基底就是完备的。所有已知的传统基底，如傅里叶基和小波基都满足这一要求。假设经过 EMD 后，我们将最后的趋势成分作为一个分量，那么方程 (2.2.5) 对应的 EMD 分解过程其实就是个代数恒等式，所有分解得到的结果可以完整地表示原信号而不存在误差，因此 EMD 的完备性得到了证明。根据经验，我们也发现各个自适应基底之和在舍入误差范围内与原始数据一致。

虽然 EMD 分解是完备的，但不能将 EMD 分解得到的每个成分都扩展为 IMFs。通常，这是因为可能还存在一个代表最大的趋势成分，从严格意义上，这个成分不是 IMF，因为它不满足 IMF 的定义。事实上，这个现象使得 EMD 分解更具有普遍性，同时也更具有物理意义。我们以傅里叶展开为例，除了正弦函数外，只能存在一个常数项，因此，即使一个函数没有周期性，傅里叶分解也只能强制按照正弦函数对其进行周期性展开，即便是对于一个零均值的线性趋势函数，傅里叶分解也会对其进行周期性展开。这样会导致展开式中包含一个平均值项和大量谐波分量，虽然这些项在数学上有一定的意义，却没什么物理意义且存在误导性。与此相反，EMD 倒是能更为清晰地处理这种只有趋势的情况。

$$x\left(t\right)-\sum_{j=1}^{n}c_j\left(t\right)=r_n\left(t\right)\ \text{或}\ x\left(t\right)=\sum_{j=1}^{n+1}c_j(t) \tag{2.4.1}$$

公式 (2.4.1) 中的数学表达式表明，即使趋势包含在展开式中，EMD 分解仍能给出函数的完备表示。

2.4.2　正交性

数学上，定义两个向量 $\boldsymbol{a}$ 和 $\boldsymbol{b}$ 为正交，这意味着它们相互垂直，换句话说它们的内积为零。

$\boldsymbol{a}=(a_1,a_2,a_3,\cdots,a_n)$ 和 $\boldsymbol{b}=(b_1,b_2,b_3,\cdots,b_n)$ 是正交的, 如果

$$\boldsymbol{a}\cdot\boldsymbol{b}=\sum_{j=1}^{n}a_jb_j=0 \tag{2.4.2}$$

在统计学上，正交意味着不相关，但并不代表相互独立。此外，正交性是保证能量守恒的必要条件。EMD 是建立在尺度分离的基础上，设计之初其实并没有考虑正交性。但我们可以借鉴湍流统计量中的雷诺分解（Reynolds decomposition）（Osborne Reynolds, 1886）的原则，来考虑 EMD 分解的正交性。如公式 2.4.3 所示，雷诺分解将速度分量分为均值和波动两个部分，而 EMD 分解恰好有着对数据的相似理解方式，即信号等于表示波动的 IMFs 与趋势之和。

$$u(t)=\overline{u(t)}+u'(t),\quad \text{当 } \overline{u'(t)}=0 \text{ 时} \tag{2.4.3}$$

但需要指出的是，雷诺分解中的平均速度分量是全局的，而在 EMD 中的均值序列则是局部的，因为 EMD 分解得到的所有 IMF 成分，均是通过信号值减去局部均值提取出来的。基于雷诺分解定义的正交性如下：

$$\overline{c(t)\cdot\overline{c(t)}}=0 \tag{2.4.4}$$

其中 $c(t)$ 是任何一个 IMF，$\overline{c(t)}$ 表示该 IMF 的均值。由于 EMD 是将信号的波动从包络线均值求得的趋势中分离出来，因此每个 IMF 都是局部零均值的，这表示它们只带有自身的变化和扰动，而不含外界趋势带来的改变，因此可以认为满足正交性。但式 (2.4.2) 和 (2.4.4) 并不严格正确，因为局部均值是通过上下包络线求得的，如果信号存在非线性畸变，那么求得的均值并不是数据本身真实的均值。对于线性情况，中位数和平均值应该是一致的，后文中将会说明中位数才的确是我们期盼的属性。由于存在这些近似，数据非线性引起在正交性上的能量泄漏是不可避免的，但任何泄漏都应该满足充分小，小到可以忽略。

值得强调的是，正交性虽然听起来很吸引人，但它只对线性系统有效。对于非线性系统来说，很难保证 EMD 分解后的成分完全相互正交。以频率为 1 和 2 的两列深水表面波（deep water surface wave）为例，每一列水波可以通过傅里叶变换表示成基波和倍频谐波的和，这些谐波作为一个整体，以与基波相同的相位速度运动。现在我们来看这两列深水表面波的正交性，按照式 (2.4.2) 的定义，两列深水表面波相乘后，由于它们所含的谐波相位均相同，乘积会在频率的公倍数处出现谐波的平方项，即这个乘积不等于零，因此这两列深水表面波并不正交。EMD 可以轻易地将这两列深水表面波分到两个 IMF 中，每个 IMF 包含其中一列深水表面波的基波和完整的谐波。那么基于以上结果就能看到，这两个 IMF 相乘并不为零，说明 EMD 分解也并非是完全正交的。

实际上，EMD 分量的正交性也可以按以下更为直观的方式在数值上进行检验。具体而言，我们定义了一个评价基底正交性的指标。首先计算信号的平方，即

$$x^2(t)=\sum_{j=1}^{n+1}c_j^2(t)+\sum_{j=1}^{n+1}\sum_{k=1;k\neq j}^{n+1}c_j(t)\,c_k(t) \tag{2.4.5}$$

如果 EMD 分解所得的成分是相互正交的，那么等式右边第二部分交叉项的值应该为零。借助这个表达式，正交指数（orthogonality index, OI）就可以被定义为

$$\mathrm{OI}=\frac{\sum\limits_{j=1}^{n+1}\sum\limits_{k=1;k\neq j}^{n+1}c_j(t)\,c_k(t)}{x^2(t)} \tag{2.4.6}$$

此外，也可以为任意两个 IMF 分量 c_f 和 c_g 定义正交性。在这种情况下，正交性的度量是

$$\mathrm{OI}_{fg}=\frac{c_f\cdot c_g}{c_f^2+c_g^2} \tag{2.4.7}$$

应当注意，尽管此处给出的正交性定义似乎是全局的，但实际应用中可以拓展到局部。对于某些特殊的数据，其相邻尺度的成分会在不同时间段内携带相同频率成分的信息。但在局部，任何两个分量在雷诺分解的意义上都应该是正交的。实际上，由于数据长度有限，即使是不同频率的纯正弦分量也不可能完全正交。

此外，稀疏性也是一个需要考虑的因素。Hou 和 Shi（2010, 2011）等尝试使用稀疏性作为条件，通过非线性优化和基追踪方法来定义等效的 IMF。常用的连续 Morlet 小波（Dennis Gabor, 1946）是不稀疏的，也是不正交的。对于 EMD 方法，我们发现能量的泄漏程度通常都很小。对于极短的数据，虽然泄漏量可能高达 10%，但也比一组相同数据长度的纯正弦波的泄漏量小，这是因为傅里叶分解的正交性只在无限数据长度上才成立，或者在假定整段数据会无限重复下的情况才成立。对于 EMD 分解而言，典型的正交指数 OI 都低于 10%。当使用 EMD 分解时，使用者的确应该时刻留意分解结果是否满足正交性条件，并剔除一些正交指数 OI 超过 10%的分解结果。通过以上考虑和分析，可以认为 EMD 分解产生的 IMF 满足足够的正交性要求。

2.4.3　收敛性

在数学上，收敛意味着一个函数或序列会逐渐逼近一个极限。在 EMD 分解中，收敛性意味着分解能够在有限的步骤内停止。根据经验，EMD 总能在数值上满足收敛条件。实际上，EMD 的收敛性可以从其操作过程中窥见，筛分过程是基于当前步骤得到的包络计算下一个 IMF 分量或成分。由于包络线总是比数据更平滑，换句话说极值更少，因此，筛分过程应该在有限的迭代中结束，因为极值点

的个数是有限的。受此启发，研究者还尝试了不同的等效 EMD 分解方法，Hou 等人（2011, 2013, 2016）通过基追踪（basis pursue）的方法；Delechelle（2005）和 Niang（2010）等使用偏微分方程方法。这些方法都论证了 EMD 的收敛性。其中，Hou 和 Shi 定义了一种新的局部均值计算方法，即穿过相邻极值中值的样条曲线（从最大值到下一个最小值，或从最小值到下一个最大值）。这种方法似乎与目前 EMD 采用的实现方式相似，但其优点只是计算一个样条曲线均值，而不用分别求上、下极值的包络线。采用上下包络线的平均值实现的 EMD，在某种程度上消除了不收敛的条件。坦率地说，尽管筛分过程收敛性的严格数学证明并不充分，但经验和实践意义上，EMD 分解过程总是收敛的。

2.4.4　唯一性

尽管从理论上讲，任何数据都有无限多种分解方式，但选择不同的基底决定投影分解的结果。例如，一个时间序列可以被展开为傅里叶级数，也可以被分解为厄米特多项式（Charles Hermite, 1864）、勒让德多项式（Adrien-Marie Legendre, 1787）等。这些传统分解方法的唯一性都是建立在先验基底上的。因此，唯一性只依赖先验选定的投影方式。但是，这类分解的意义是什么呢？实际上，分解得到的投影系数只揭示了时间序列与基底之间的相关性。因此，对于不同的基底，分解结果也不同，可能有完全不同的解释。

那么，为数据分解定义一个物理唯一性是否可取，是否可能呢？抑或是由于在物理视角来看数据很容易受影响，所以除了在线性和稳态假设下由数学能够提供的框架之外，并没有其他的确定属性？这些触及的都是更为深刻的哲学问题，值得我们进一步思考和关注，这已经超出了本书的范畴。究竟哪一种分解方法是最好的？没有人知道。但至少没有人会狂妄地宣称真理是建立在先验确定的基底上，当然，还是应该让数据来说明一切。

基于以上的讨论，我们应该可以在一定程度上修改或更新对分解结果唯一性的认知。即换一个角度，顺其自然，从多种可能的分解结果中，选择出一种最接近物理现实的分解方式，将结果的判断和解释交给使用者。在 EMD 中，基底是后验生成的，在 EMD 执行之前并不存在事先确定的基底对现象进行唯一的投影度量。

事实上，EMD 可以将每个数据分解成无限多种可能的成分，这取决于算法的一些参数配置，例如算法选取的样条函数拟合方式，或者是算法选用的停止准则。如果这些参数都是固定的，那么 EMD 就会给出一个唯一的结果。而在 EMD 参数不确定的情况下，将会得到很多答案。后面，我们将会细致地介绍 Huang 等（2003）基于三次样条但停止准则不同的置信极限 (confidence limit) 研究，这在相当程度上解决了上述的非唯一性问题。他们的研究发现，采用不同停止准则得到的不同结果，其实都会被锁定在一个很狭窄的范围内，那么容易想到的是，可以将真实值定义为不同准则下得到的所有结果的平均值，而唯一性问题也就被转化为由不同停止准则产生的 IMF 集合的极限。从某种意义上说，这为一大类相似的问题提供了一个最优停止准则的估计策略，即寻找不同参数配置下结果变异范围的平均。后文将对停止准则进行详细的讨论。

值得指出的是，唯一性问题是所有后验方法的共性问题。例如，在经验正交函数（empirical orthogonal function, EOF）分析中，时空数据的协方差矩阵（covariance matrix）用于获得正交基（Monahan 等, 2009）。虽然 EOF 分析产生的也是后验基，但它引入的却是一个数学量而非物理量，即通过协方差矩阵来确定一个完整的正交基，在产生后验基的过程中，也并没有进行物理方面的考虑。由于协方差矩阵是在数据的全局时空域上计算得来的，因此 EOF 分析的结果往往对时域或空域范围的选择相当敏感。

基于以上讨论，可以看出 EMD 并未引入任何苛刻的数学约束，而是仅仅依赖物理直觉来提供物理唯一性的表示。从这个意义上讲，EMD 是一种分解复杂信号基本成分的独特物理分解策略。在各个分解成分中包含的振幅调制和频率调制信息，能够反映由于非线性相互作用，以及非平稳外力导致的物理复杂性。

2.4.5　停止准则

筛分过程的作用如下：① 消除骑行波，骑行波是指两个过零点之间存在多个极大值或者极小值的情况，② 使上下包络的均值尽可能接近零。而筛分过程的副作用是它容易使波的振幅更加均匀，而且筛分次数的增加往往会导致产生更多的 IMF 分量。

停止准则决定了筛分过程的迭代次数，然后将某个雏形 IMF(PIMF) 指定为最终的 IMF。迭代次数的确定自 EMD 方法提出之始就一直是一个令人困扰的问题。停止准则最初是通过近似值来定义的，即当两个连续筛分过程之间的差异小到可以忽略不计时，就认为满足了迭代的停止条件。

$$\text{差异} = \frac{\sum \left(h_{1,k-1}(t) - h_{1,k}(t)\right)^2}{\sum \left(h_{1,k-1}(t)\right)^2} \tag{2.4.8}$$

如果上述函数本身有一个明确的极小值的话，从数学上说，它就是一个凸问题，其筛分次数的确定可以看作是对凸函数的最优值求解问题。然而遗憾的是，筛分过程并不是一个凸问题，因为公式 2.4.8 并没有规定差值小到什么程度才算足够小。而且，如果应用严格的数学定义，并将停止准则确定为差值为零，那么所有的 IMF 都会趋向于具有恒定常数的振幅，这一点已经被 Wang 等（2010）在数学上严格证明。换句话说，过多的筛分次数将导致 IMF 分量具有较为恒定的振幅和调制的频率，从而致使相应成分的物理意义缺失。但如果筛分的次数不足，则又会导致产生的成分不符合 IMF 的定义，具体如 Huang 等 (2004) 的讨论。以往的工作主要集中在如何平衡两种相悖的需求，即选取一个适当的筛分次数，尽可能地保留 IMF 中所含的物理意义，而不是一味地满足“单分量”和零均值条件。从这个意义上讲，分解得到的结果只能近似地满足 IMF 的定义，与此同时，IMF 很大程度上取决于停止准则，Wu 和 Huang(2010) 的工作对这一问题进行了详细讨论。

对比公式 (1.1.1) 和 (2.2.7)，容易联想到 EMD 可能是傅里叶变换的更为一般化的形式。由此人们曾推测傅里叶变换可能是 EMD 分解中具有恒定振幅和频率的一种特例。遗憾的是，作为一个非线性的二进滤波器组（Flandrin, 2004; Wu 和 Huang, 2004, 2005），EMD 分解可能无法将数据分解为具有较小频差的恒定振幅和频率的分量。故现有的证据还不能充分支持将傅里叶变换视为 EMD 的一种特例。

在前人的工作中，仅有个别案例使用较多的筛分次数进行 EMD 分解。例如，在首次使用 EMD 分解由两个具有恒定周期（周期为 32 和 34 个数据点）和单位振幅正弦波之和的信号时，Huang 等 (1998) 使用的筛分次数为 3000，在这个相对较高的筛分次数下，将两个正弦波实现了定性分离。现在，我们将具体研究 EMD 在高的筛分次数下表现出的特征。为了说明筛分次数的变化对分解结果产生的影响，这里给出了 Huang 等（1998）使用不同筛分次数（10、1000 和 100000）来分解两个正弦波之和的仿真数据结果，如图 2.4.1 所示。

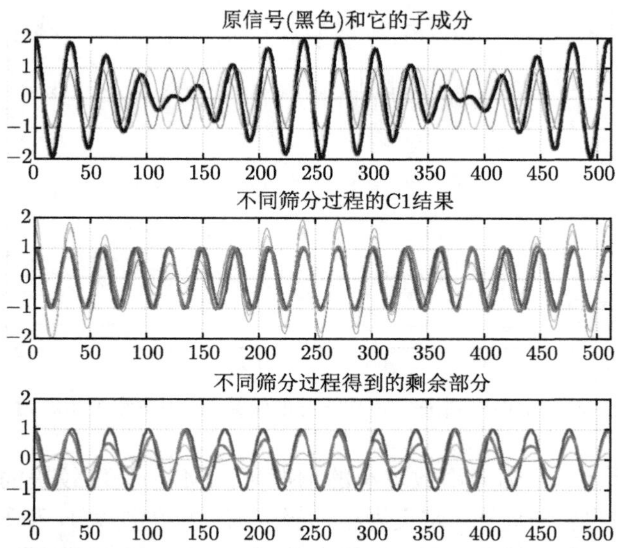

图 2.4.1 （上）仿真合成信号及其组成，其中黑线为原始合成信号，绿色和蓝色分别为两个不同频率的正弦信号；（中）不同次数筛分得到的雏形 IMF，其中红线为原始仿真信号，绿线为 10 次筛分，粉红线为 1000 次筛分，蓝线为 100000 次筛分；（下）经历不同次数筛分后剩下的残差信号

从图中可以明显看出，当筛分次数较小时，合成信号被当成了是一个调幅信号，载波频率是两个正弦波的平均值。当筛分次数增大时，振幅的调制被平滑直至消失，得到的第一个 IMF 分量几乎接近较短周期的分量（图中粉红色实线所示）；与此同时，残差也接近于较长周期的分量。容易猜测，更多的筛分次数可能会完美地分离两个正弦波。但究竟 IMF 在较大的筛选次数下会发生什么样的情况，仍是一个值得研究的有趣问题。

接下来，让我们考虑白噪声的分解，这部分的结果已经由 Flandrin 等（2004）和 Wu 和 Huang（2004, 2005）进行了报道。在较短的时间长度下，相同长度白噪声的不同序列的特征可能并不相同。因此，为了使白噪声分解的结果具有更一般的特征，这里使用了 2^{16} 个数据点的白噪声序列，并设定筛分次数为 2^m $(m = 3, \cdots 16)$，分别对白噪声序列进行 EMD 分解。图 2.4.2 (a) 和 (b) 分别显示了随机选取 256 个数据点白噪声时间序列在筛分次数为 2^3 和 2^{12} 的情况下的 EMD 分解结果。显然，不同的筛分次数产生了不同的分解结果。

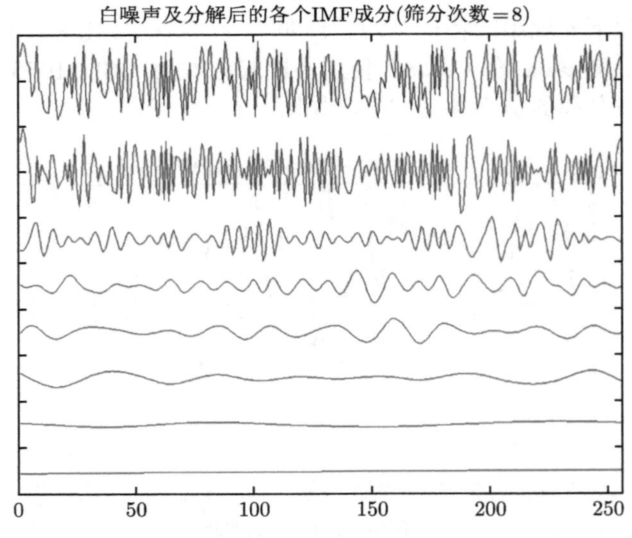

图 2.4.2(a) 对白噪声序列进行 8 次筛分的结果, 其中黑线表示原始白噪声序列

正如预期所示, 在筛分次数较小的情况下, IMFs 呈现较快的幅度调制变化, 且相邻 IMFs 大约呈倍周期（定义为相邻极大值之间的距离），正如 Wu 和 Huang（2004）以及 Flandrin 等（2004）所报道的那样，每一个 IMF 分量内仍然包含有高度的不规则性。在筛分次数较大的情况下，EMD 分解出了更多的 IMF 分量，但调幅效果变得不明显。IMFs 甚至看起来更为扁平，即振幅的不规则性大大降低，但在一定程度上保留了频率的变化。除了上述差异之外，在筛分次数较大的

情况下，EMD 中 IMF 个数增多，相邻 IMF 的平均周期变得更为接近。趋势正如预期的那样：随着筛分次数的增加，振幅将变得均匀，只有频率保留了一些不规则性，此时 IMF 分量与常规正弦波有着惊人的相似性。这个相似性引来了一个问题：EMD 是否可以通过无限次的筛分来接近傅里叶变换？或者说傅里叶变换可能是 EMD 的一个特例？

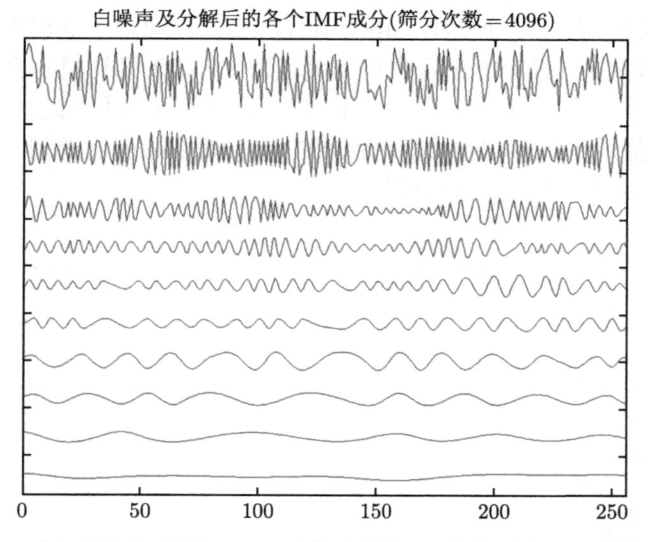

图 2.4.2(b) 对白噪声序列进行 4096 次筛分的结果, 其中黑线表示原始白噪声序列

我们对这个问题的回答是否定的，一个假想实验就可以表明上述看法并不合理。假设一个信号由两个具有单位幅值的频率调制成分之和构成，EMD 能实现的最理想效果是把两个调频信号分别提取出来作为两个独立的 IMF。但对于傅里叶变换而言，并不会分解得到这两个构造的调频信号，因为傅里叶分解只会对乘性信号依照加法进行分解。

现在，让我们回顾一下白噪声分解时相邻 IMF 的平均周期之比。正如 Flandrin 等人（2004）、Wu 和 Huang（2004, 2005）的研究所示，在较小的筛分次数下，白噪声相邻 IMF 的平均周期比值是一个常数，大约为 2。值得思考的一个问题是，不同筛分次数的 EMD 分解是否都会存在这样一个常数比值？图 2.4.3 给出了各种筛分次数下 $(2^m, m=3,\cdots 16)$ 分解得到的相邻 IMF 分量的平均周期比 $\overline{T}_{k+1}/\overline{T}_k$。

从这些结果可以发现，当筛分次数发生变化时，比值的确会相应发生变化。例如，当筛分次数为 2^3 时，平均周期比略高于 2。随着筛分次数的增加，平均周期比会降低：筛分次数为 2^{12} 时，平均周期比为 1.44；筛分次数为 2^{16} 时，平均周期比为约为 1.35。平均周期比的一个明显特点是随着筛分次数的增加，比值递减的速度会逐渐变小。由于 EMD 是一种优先提取局部高频振荡的算法，因此平均周期比不能小于 1。故随着筛分次数从小增加到无穷大，平均周期比也将逐渐逼近 1（Wu 和 Huang, 2010）。当 IMFs 的个数达到数据点的一半时，IMF 是否就变成了傅里叶分解？答案是否定的。在白噪声的案例上可以看到，随着筛分次数的增加，生成的 IMF 带宽越来越窄，平均周期比趋近于 1。但是并不是所有信号都会满足这个规律，譬如一个鸟鸣 chirp 信号，尽管它的频率是在不断变化的，即变调频信号（FM），但它的包络线却是个常数，EMD 到这里也会终止。那么即便筛分次数再多，生成的 IMF 也能保留 FM 信息，因此不会是单一的正弦信号。很显然，自然界的复杂数据一定存在某种方式下的不同程度调制，因此并不能将傅里叶变换视为 EMD 的一种极限情况。

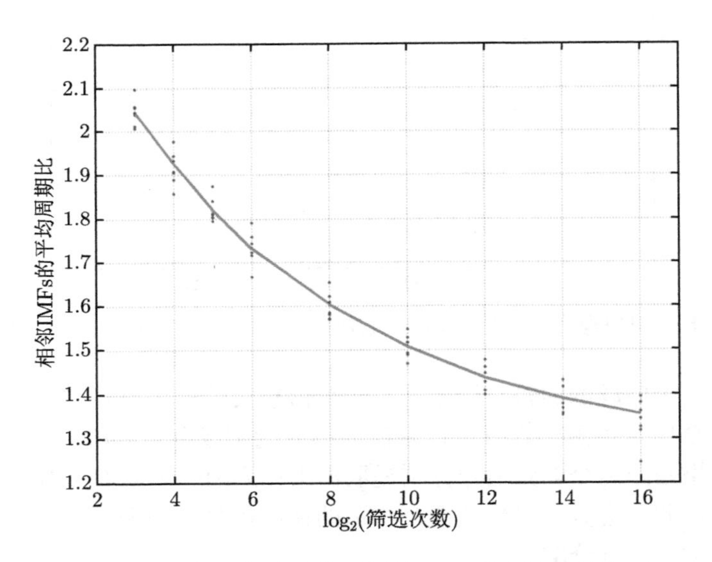

图 2.4.3　不同筛分次数下相邻 IMF 的平均周期比

为了对周期变化有一定的了解，图 2.4.4 中绘制了仿真信号各个 IMF 成分对应的周期概率密度函数（probability density function），即统计直方图，这里的周期是指 IMF 中相邻极大值之间的距离（横轴为对数周期，纵轴为频数）。

可以看到，靠后的 IMF 成分（图 2.4.4 的右侧）的周期概率密度函数的波动相对较大，这主要是由于给定长度的白噪声经过多次分解后振荡事件的样本量变少或自由度变小。从图 2.4.4 中还可以得出结论，在同一筛分次数下，不同 IMF 在对数周期下的概率密度函数带宽近似相同；且随着筛分次数的增加，概率密度函数的带宽变小。

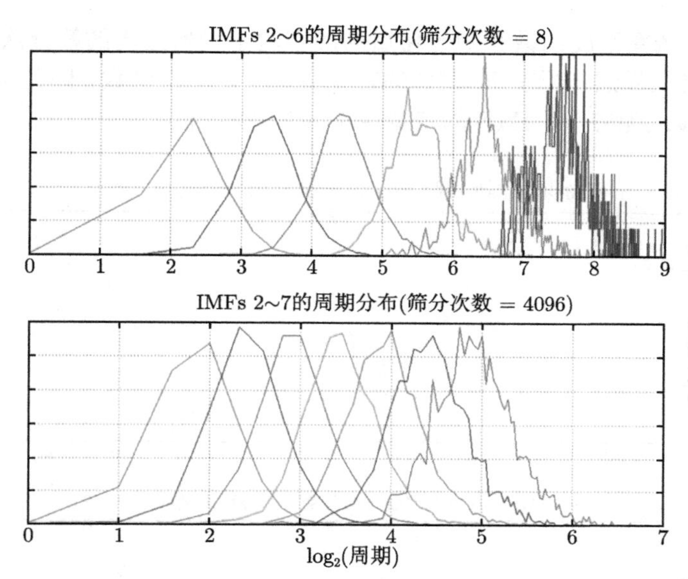

图 2.4.4 某个仿真信号在不同筛分次数下，各个 IMF 分量的周期的概率密度函数

那么，每个 IMF 的带宽在无限次筛分下是否会减少到接近于冲激函数（delta function）呢，或者说变为单频信号呢？这的确是另一个有趣的问题，答案是否定的。这里以冲激函数作为一个例子进行说明。Flandrin（2004, 2005）以及 Wu 和 Huang（2004 和 2005）的相关结果如图 2.4.5(a) 和 (b) 所示，从中可以发现

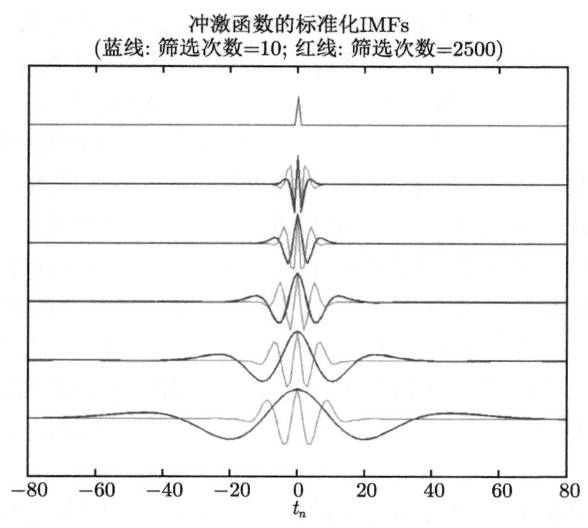

图 2.4.5(a) 冲激函数在不同筛分次数下归一化缩放的 IMFs

IMFs 的周期概率密度函数在归一化后的形态对于任何给定的筛分次数而言都是固定的，而且很显然该形态下 IMF 的带宽肯定不是冲激函数。因此可以推断，即便筛分次数接近无穷次，IMF 的带宽也不会是冲激函数。

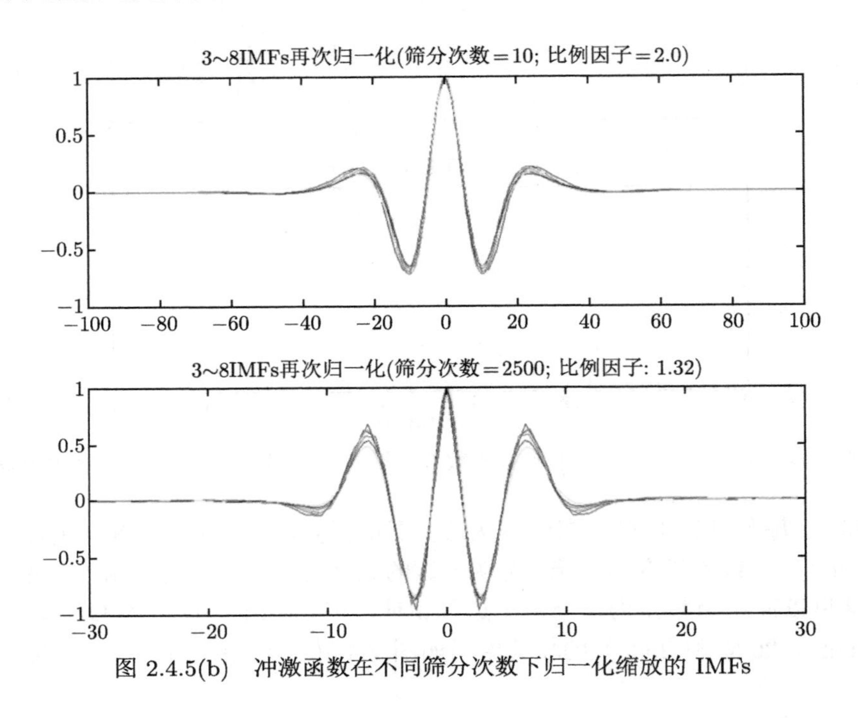

图 2.4.5(b)　冲激函数在不同筛分次数下归一化缩放的 IMFs

如果一个 IMF 的带宽随相邻 IMF 平均周期比的减小而减小，且相邻 IMF 覆盖频带的重合度也逐渐减小，似乎直觉上可以将傅里叶变换视为 EMD 的一个特例，因为在这种情况下，每一个 IMF 近乎是恒定振幅的窄带信号，可以等效于一个傅里叶正弦成分。但不幸的是，如上一节所示，对于冲激函数而言，IMF 的周期概率密度函数的带宽对于任何特定的筛分次数而言几乎为一个常数，且带宽有下降的趋势，这说明 IMF 永远不会接近白噪声的傅里叶谱。

冲激函数的例子进一步说明了 EMD 的局部属性：它永远不会将局部冲激函数扩散为白噪声那样的宽谱分量。所以，直觉上将傅里叶分解视为 EMD 的特例的想法并不成立。然而，对于一个单一频率、恒定振幅的正弦信号，EMD 分解将只产生一个 IMF，即这个正弦信号本身，这时 EMD 分解似乎又接近于傅里叶分解，而采用 EEMD 则会产生于此不同的效果（Wu 和 Huang, 2009），本书稍后会做讨论。

通过上述有关筛分次数的详细讨论，可以回顾一下现有的不同停止准则。实际上，不同研究者提出和使用的停止准则有很多，比如：① 最初由 Huang 等

(1998）提出的柯西型准则（Cauchy type criteria），如前文公式 (2.4.8) 所示；② 另一种柯西型变种准则，利用局部均值的变化，由 Flandrin(2004) 提出，如公式 (2.4.9) 所示，其中 m 为上下包络线的均值；③ Huang 等提出的 S-number (2004)；④ 为了保持二进滤波器组的特性，固定筛分次数为 10(Wu 和 Huang, 2010)。

$$m_{1,k}(t) \ll 1 \tag{2.4.9}$$

正如 Huang 等人（2003）的讨论，所有的停止准则本身的目的都是为了提供一种优化的目标；因此，对于这些准则的考虑或多或少都显得有些先验随意。停止准则 (1) 和 (2) 相似，但满足这些条件并能不保证极值数和过零点数相等。经验表明，当差值为 1/10 时，所产生的 IMF 成分就已经非常接近或满足 IMF 条件。S-number 法已被 Huang 等（1999 和 2004）广泛地研究。这种方法的考虑是，在 S 次连续筛分中，当过零点和极值点的数目相同时，就停止筛分，该方法必须提前指定 S 的值，例如 $S=1$。

值得指出的是，这样的停止准则为筛分过程提供了一个软边界，人们可以通过采用不同的 S，从一组给定的数据中获得稍有不同的分解结果。但在众多结果中，不可能严格地确定哪一个结果更好。Huang 等（2004）曾提出两种间接方法来选取最好的分解结果：第一种是检查 IMFs 的正交性，譬如 Huang 等（2004）在分析日长数据集（length of day, LOD）时，将计算出的正交性指数 OI 作为标准，并认为最好的分解结果为正交性最好的结果。结果如图 2.4.6 所示。

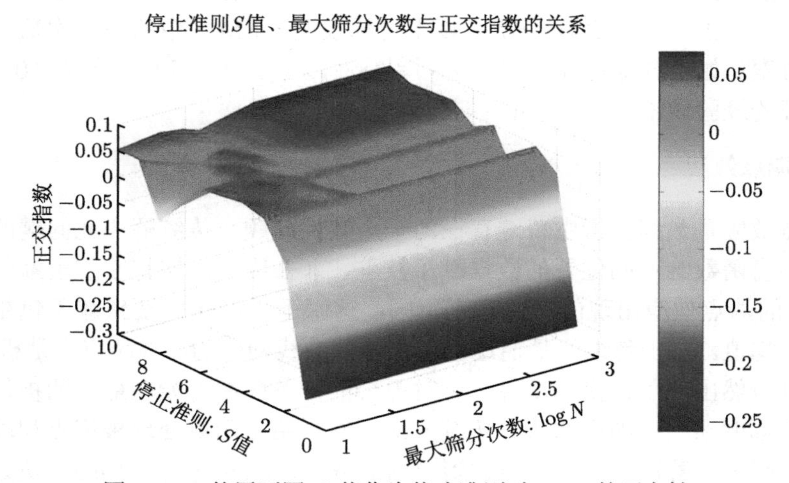

图 2.4.6 使用不同 S 值作为停止准则时 IMF 的正交性

根据这个迭代准则，可以很容易地看到，$S=1$ 不是一个可接受的标准。一旦 S 数大于 2，正交性的指标就会保持在 10%以下的相对稳定区域内。

第二种方法是根据以下的步骤计算：首先选择不同的筛分次数 N，得到不同的 IMF 集合。例如，如果选择 S_1 作为停止准则进行第一次计算。接下来，可以选择另一个数字 S_2 作为停止准则。当然，$h_{1,s1}$ 不一定等于 $h_{1,s2}$。因此，可以选择很多个 S，并产生尽可能多的 IMF 结果。这些 IMF 结果都有一定的正确性，但缺乏客观评价方法来确定哪一组 IMF 最好。唯一合乎逻辑的方法是将它们一视同仁，从中计算出这些 IMF 集合的平均值和标准差，作为筛分结果的统计度量。利用这种策略，也可能会遇到一些困难：不同 S 值的选取可能会产生不同数量的 IMF，从而导致无法构建 IMF 集合。这个困难可以通过计算时—频能量投影的集合来规避，譬如计算每个 S 值下 IMF 的希尔伯特–黄变换（Hilbert-Huang transform, HHT），通过每个时频能量单元来决定 S 的取值。

原则上来说 S 越小越好。在大量地球物理数据测试的基础上，Huang 等（2004）建议 S 数最佳选择为 2 到 3，且正交性测试排除了 $S = 1$ 的情况。这种方法的一个主要缺点是不同的筛分次数可能会产生不同的 IMF，因为高频 IMF 需要更大筛分次数来满足 S 数的要求。因此，相邻 IMF 的中心频率之比可能不同。

最后，固定筛分次数是一个明确而简单的选择（Wu 和 Huang, 2010）。利用该方法，筛分过程将等效为对所有分量进行二进过滤。我们也可以利用筛分次数来控制最终的得到 IMF 数量。这种方法的唯一缺点是，缺乏对最终结果是否满足 IMF 条件的检验。事实上，对于一个复杂的数据来说，较少的筛分次数会产生较少的雏形 IMF，即 PIMF，但这些 PIMF 并不一定满足 IMF 的定义。幸运的是，异常值只会占数据中很小的比例，因此在一定程度上也可以接受将 PIMF 视为 IMF，并以此进行后续的分析。以上讨论表明，EMD 中的筛分次数并没有最佳选取方案。如果要保持筛分的二进频率特性，应该设定筛分次数为 10，这也是我们推荐的经验做法。

2.4.6　端点效应

端点效应是数据分析中普遍存在的一个共性问题。传统解决此问题的方法是使用各种窗函数给不同位置的数据赋予权重，即在终端区域将它们渐渐归零。而 EMD 中的端点效应出现的形式略有不同，这源于 EMD 需要依赖于包络线来定义局部平均值。由于包络线是通过极值点样条曲线构建的，当端点不是极值点时，麻烦也就自然出现了，换句话说，此时拟合的样条曲线可能在最后的极值点和端点之间大幅度摆动。如果像所有传统方法一样采用窗函数处理极值点和端点之间的区域，则可以解决该问题。考虑到数据的缺乏，Huang 等（1998）决定引入一个时间窗，将数据稍微扩展到可用范围之外，通过补充一些端点附近的额外信息来消除端点效应。但这样也产生了一些问题：如何将端点以后的数据扩展到下一个极值点，这样才能在端点处确定一种合适的样条包络曲线。就目前而言，这仍是一个未解决的问题，而且在逻辑上也许是永远无法解决的问题，因为对观测数据以外的补充，只是出于人们的主观臆测，并不容易总是正确。

端点效应出现于数据的末端区域，而且其造成的影响会随着数据周期长度的增加而增加。这是因为寻找一个额外的极值点需要进行预测，而周期长度的增加会增加这种端点预测或数据扩展的难度。由于 EMD 是针对非平稳和非线性数据设计的，这也导致预测绝对正确是不可能的。因此，端点效应问题在数学上是病态的。

当然也存在一些有利因素：首先，端点预测将在 IMF 上实现，而不是在原始数据上。原始数据可能是非平稳的，但由于 EMD 的特殊性质，IMF 具有零均值、包络相对于零线对称、二进窄带的特性，使得端点以后的数据更加容易被预测；其次，端点预测不是在 IMFs 的数据上实现，而是通过 IMF 的包络实现，包络线比 IMF 本身更加平滑，其变化可能是有界的。结合这些有利因素带来的优势，不同的研究者提出了许多不同的方法，如：① 镜像：对端点采用简单镜像、带旋转的镜像进行延长；② 渐变：添加衰减函数，强制数据到端点时衰减为零；③ 加特征波形：额外加入的点由紧邻的 n 次振荡（通常 $n=3$）的平均振幅和周期决定；④ 在边界附近采用“线性样条插值”的拟合方法进行拓展；⑤ 与内部数据点进行模式比较；⑥ 广泛寻找内部扰动最小的点作为拓展模式；⑦ 保留功率谱形状的线性预测。所有的方法均只能对某些特定的应用有效，但没有一种方法能提供通用的解决方案。现将其中一些方法介绍如下。

其中，镜像是最显而易见的选择，但这种方法将端点直接指定为极值点是一种不总是合理的假设。添加特征波是 Huang 等（1998）最初使用的条件，实现方法很简单：只需计算最后三次振荡的平均振幅和周期，利用均值将极值点扩展到最后一个可用值之外。该方法的效果相当好，但当极值点总数有限时，确定均值就会有一定的困难。到目前为止，最为推荐的是 Wu 和 Huang（2009）提出的方案，即在接近端点的范围区间用“线性样条插值”的拟合方法扩展数据，即通过最后两个极大值（极小值）点拟合一条直线到边界。如果直线与边界的相交点比端点大（小），则使用相交点作为极值；如果相交点比数据点小（大），则使用数据点作为极值。整个操作过程如图 2.4.7 所示。

使用这种方法的优点很简单：用线性样条插值代替三次样条插值（cubic spline interpolation），稍加修改就可以实现。目前，“线性样条插值”的拟合方法已经在许多应用中得到了广泛的应用，并取得了一致的良好效果。

美国航天局在正式的应用软件 HHTDPS 1.4 版中使用了模式比较法 (Blank, 2005)。它依赖于在 IMF 内部区域中寻找与两端极值点分布相似的模式，并将该模式在两端重复。这种实现方式计算量大，并且结果不及上述基于线性样条的插值方法。

最后一种经验方法是遍历所有的端点处理方法，作为预测结果的集合，如特征波或线性样条近似法。然后，使用最靠近边界点的分解结果作为最终分解结果。这是一个合理的方法，但计算量很大。该方法只在有限的数据集中测试过，而从未被广泛使用。除了经验方法外，还有数学上有意义的线性预测法。同样，预测也是在包络线上操作的。但由于极值的间距并不均匀，这会造成一些困难，在此不再详细讨论。

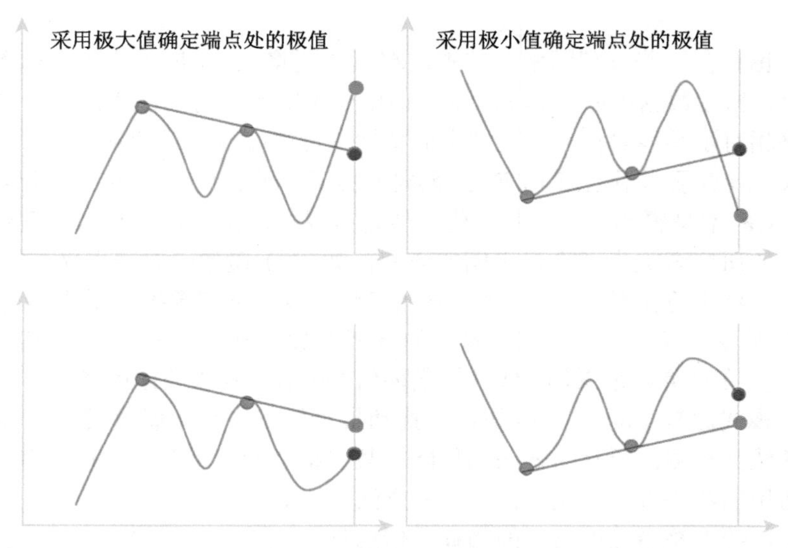

图 2.4.7 线性样条法确定边界的极值点位置
红色的点为最终采用的极值点

2.5 EMD 的变体

EMD 作为一种自适应数据分解的全新方法，尽管适用广泛，但仍有一些难题没有解决。在应用方面，早期 EMD 的一个主要缺点是经常出现模态混叠现象。模态混叠是指单一 IMF 中混有迥异尺度的信号，或是相似尺度的信号驻留在不同的 IMF 成分中。

实际上，模态混叠通常是信号间断导致的。正如 Huang（1998, 2004）所述，这种信号间断不仅模糊了单个 IMF 的物理意义，而且还会造成严重的时频分布失真。另外，模态混叠也会导致后面将会提及的基于振幅调制的全新的全息希尔伯特谱分析（Holo-Hilbert spectral analysis, HHSA）失去意义。

为了解决这一问题，近些年来有识之士提出了各种 EMD 的变体。这些最新的变体不仅丰富了 EMD 方法，而且也为 EMD 提供了不少有价值的理论基础。在这里我们介绍并讨论几个主要的变体。

2.5.1 间断检验

Huang（1999）提出了间断检验（intermittence test）方法，其基本思想是在一个时间尺度内限制相邻过零点之间的数据点个数。这种朴素的约束虽然可以缓解某些情形下的模态混叠，但是，间断检验方法本身还存在以下问题：首先，这种策略需要基于主观选择的尺度，导致 EMD 不再具有完全的自适应性。当然，使用者完全可以依据相邻尺度中心频率相隔二倍的原则来设置约束条件（make the selected scale dyadic），但这种强硬的原则本身也会导致分解结果中出现间断点，从而造成模态混叠。其次，如果数据中存在明确可分离的、可定义的时间尺度，那么主观选择尺度也许可行有效。但如果尺度不是清晰可分的，而是混杂在一个连续的时间范围内，例如大多数自然信号或人造信号，那么这种由主观界定时间尺度的间断检验方法往往不奏效。

2.5.2 集合经验模态分解

为了在无需主观间断检验方法的前提下实现尺度分离，我们提出了一种独特的噪声辅助 EMD 数据分析方法——集合经验模态分解（ensemble empirical mode decomposition, EEMD）。这种方法的基本思想是将一个最终估计的 IMF 成分定义为多次施加额外噪声后的集合平均结果。具体而言，每次试验所采用的信号是由原信号加上一个有限幅度的白噪声组成。通过集合平均策略，就可以自然明了地分离不同的尺度，而不需要任何先验的主观标准选择。这种新方法的灵感来自于 Gledhill（2004）、Flandrin（2005）提起的附加噪声分析以及 Wu 和 Huang（2004）对白噪声的研究。基于 2.3 节中所述的关于白噪声统计特性的研究（Wu 和 Huang, 2004）结果，即 EMD 在应用于白噪声分解时，实际上相当于是一个自适应的二进滤波器组。

最早利用噪声辅助数据分析的是 Press 和 Tukey（1956）提出的预白化（pre-whitening）策略，即通过加入白噪声来平滑狭窄的谱峰，以获得更好的谱估计。从那时起，预白化已经成为数据分析中普遍认可并采用的技术。例如，Fuenzalida 和 Rosenbluth（1990）通过添加噪声来处理气候数据；Link 和 Buckley（1993）、Zala（1995）使用噪声来改善声学信号；Strickland 和 Hahn（1997）使用小波和附加噪声来检测一般物体。Trucco（2001）使用噪声来辅助设计特殊的滤波器，并以试验方式检测海底嵌入物。其中涉及的不少一般性问题可参见在 Priestley（1991）、Kao（1992）、Politis（1993）和 Douglas（1999）的工作。

向数据中添加噪声还有另一个常见用途是进行数据分析，而不是协助人们从数据中提取信号。实际上，添加噪声这个操作有助于了解分析方法对噪声的敏感性和所得结果的稳健性。这种方法已被广泛使用，例如，Cichocki 和 Amari（2002）将噪声添加到各种数据中，以测试独立成分分析（independent component analysis,

ICA）算法的稳健性，De Lathauwer（2005）使用引入额外的噪声来确定 ICA 中的误差。除此之外，20 世纪 80 年代初 Benzi（1981）率先提出的随机共振（stochastic resonance）也是基于这一物理过程，在专门设计的非线性探测器的输入中加入噪声，从而有利于检测弱周期或准周期信号。关于随机共振理论的发展及其应用的细节，可以在 Gammaitoni（1998）的长篇评论文章中找到。需要指出的是，包括前面提到的过去大多数应用都没有意识到可以利用多个噪声信号集合平均带来的消噪效应来改进数据分析的功效。

在早期 EMD 研究过程中，Huang（2001）在地震数据中加入了极小量级的噪声，以防止低频模态向静止区（quiescent region）扩展，坦率地说，当时并没有充分意识到在 EMD 方法中加入噪声的价值和意义。而 EMD 方法的真正进展要等到 Flandrin 等人（2005）和 Gledhill（2004）的两项开创性工作。

Flandrin 用添加噪声的方法克服了早先 EMD 存在的模式混叠难题。由于 EMD 完全基于极值点，如果数据缺乏必要的极值，就不再适用。可以想象一个极端的例子是对冲激函数的分解，要知道冲激函数的整个数据中可是只有一个极值。为了克服这个麻烦，他们建议在冲激函数中加入振幅为非常小的噪声，从而使 EMD 算法具有可操作性。由于添加的噪声幅度都很小，集合平均后对原信号的影响完全可以忽略。这些结果证明了噪声在 EMD 过程中对数据分析的积极贡献。

理解 EEMD 的原理其实很简单：本质上，白噪声在整个时频空间中均匀地填充不同尺度的成分。当信号加入到这个均匀分布的白背景中时，不同尺度的信号会自动投射到由背景白噪声所构建的适当参考尺度上。

由于每次分解采用的信号，都是由原信号与附加的有限幅度的白噪声加和而成，所以每个单独的试验分解结果都可能会非常混乱。但是由于每个单独试验中使用的噪声都是相互独立的，所以在足够多试验的集合平均值中，噪声带来的影响会被抵消掉，从而集合平均的结果就可以被视为真正分解答案。因此，当随着越来越多的加噪试验结果被引入到集合中，最终唯一被保留的部分就将是信号本身的贡献。这里提出的关键概念是基于以下观察：

(1) 白噪声在进行集合平均时会相互抵消，只有信号才能在最终的集合均值中被保留并持续存在；

(2) 有限小幅度的白噪声是必要的，它能迫使集合遍历所有可能的解，并使不同尺度的信号驻留在相应的 IMF 中，并使得产生的集合均值被“打磨”地更有意义，这是由 EMD 的二进滤波特性决定的；

(3) 真正有物理意义的答案并不是直接由原始信号经 EMD 分解给出，而是原始信号经过多次加噪后的 EMD 分解后，对结果进行集合平均得到。

在 EEMD 中，数据 $x(t)$ 变为

$$x_j(t) = x(t) + w_j(t) \tag{2.5.1}$$

其中 j 表示第 j 个 IMF，$w_j(t)$ 是第 j 次试验中加入的独立白噪声。由 EEMD 给出最终 IMF 的估计结果是

$$c_j(t) = \lim_{N\to\infty} \frac{1}{N}\sum_{k=1}^{N}[c_j(t) + \alpha w_k(t)] \tag{2.5.2}$$

其中，

$$cn_j(t) = c_j(t) + \alpha w_k(t) \tag{2.5.3}$$

是加白噪声信号中第 j 个 IMF 的第 k 次试验，$\alpha w_k(t)$ 是白噪声对这个特定 IMF 成分贡献。因此，不加噪声（期望值）和加入白噪声后 IMFs 分解结果的残差应该是

$$= \sum_{j=1}^{m}\left[\sum_{t}\left(E\left\langle cn_j(t)\right\rangle - cn_j(t)\right)^2\right]^{1/2} \tag{2.5.4}$$

其中 $E\langle\cdots\rangle$ 为期望值。

考虑到 EMD 的特性，EEMD 可以通过如下步骤实现：

(1) 在待分析的目标数据序列中添加一个白噪声序列；

(2) 将添加了白噪声的数据分解为 IMFs；

(3) 不断重复步骤 (1) 和步骤 (2)，但是每次使用不同的白噪声序列；

(4) 将多个试次分解得到的相应 IMF 的集合平均值作为最终分解结果。

当然，使用 EEMD 进行分解也会存在负面影响，主要是添加的白噪声会导致分解结果在真实结果附近扰动。但幸运的是，由于每个白噪声都是相互独立的，所以在相应 IMF 的最终集合均值结果中，这些扰动会相互抵消。这里的不同之处在于，我们认为估计结果是集合的平均结果；而 Gledhill 则将未受扰动数据的分解结果看成估计结果。可以想象，如果数据中存在间断点，真实结果是无法从单纯的 EMD 分解中获得的。

在 EEMD 的具体实现中，有一些参数需要考虑，比如集合数量和噪声幅度。此外，由于多次 EMD 分解得到的相应 IMFs 的集合均值不一定满足 IMF 的条件，可能需要进行一些后处理。任意噪声的振幅 ε 和加入噪声的试验数量 N 对 EEMD 分解结果的影响服从传统的统计学规则：

$$\varepsilon_N = \frac{\varepsilon}{\sqrt{N}} \tag{2.5.5}$$

或

$$\ln\varepsilon_N + \frac{\varepsilon}{2}\ln N = 0 \tag{2.5.6}$$

事实上，使用白噪声进行 EEMD 分解的试验结果确实遵循了以上规律，如图 2.5.1 所示。

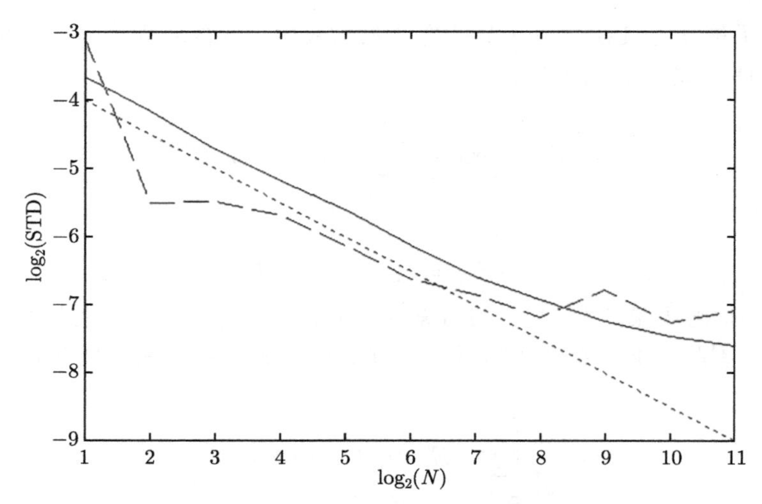

图 2.5.1　集合均值的标准差（STD）与试验次数（N）的关系

至于分解后处理过程，的确是与具体的问题背景有关。好在已有一个通用的经验规则，即在实际可行的前提下，噪声水平应该确保尽可能低，且集合数量的典型值一般小于 100。

最后，在使用 EEMD 的过程中，我们需要再次关注 EMD 之前一直存在的问题：端点效应（end effect）。EEMD 提供了另一个更好的置信区间测量方法，因为它对停止准则的敏感度，要比噪声对信号带来的扰动低得多。同时可以发现，添加噪声的处理策略有助于缓解信号间断下的分解这一麻烦，因为随着添加噪声数量的增加，最终的斜率会更加均匀地分布，最终的分解结果可以避免朝某个特定方向漂移。

EEMD 是对原有 EMD 方法的一次重大改进，并且迸发出强大的生命力，目前已被广泛采用。下面通过两个例子来体现 EEMD 方法的独到之处。

第一个例子是基于卫星辐射数据的大气温度推断估计。由于温度可以间接从辐射中推导而来，最终的分析结果主要取决于算法。虽然计算所得的温度值应该代表相同的大气现象，但不同数据简化分析算法结果之间的比较也具有一定的价值，尤其是有利于现象的观察和区分。

目前，有两套用于大气温度推断的常用数据集：一个由阿拉巴马大学研制的 UAH（University of Alabama at Huntsville）；另一个是由著名的卫星数据分析公司的 RSS（remote sensing system）开发。图 2.5.2 给出了 RSS 和 UAH 这两种数据集得到的部分推断温度结果：

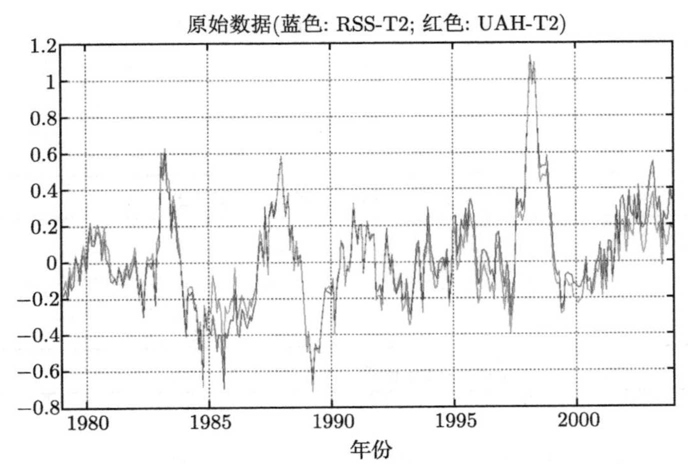

图 2.5.2 RSS 和 UAH 所用算法推断的大气温度

大体上，这两套算法给出的温度简略趋势图基本一致。然而，即使从原始数据中也可以看出，二者之间存在微小的差异。为了探究具体的统计分布，我们对两组数据都使用了 EMD 分解，结果如图 2.5.3 (a) 和 (b) 所示。可以明显看出，二者呈现出令人震惊的差异，尤其是在中间尺度上。那么哪种结果更值得相信？真正的尺度分布应该是什么呢？EMD 并没有提供有效的答案，反而是造成了混淆。

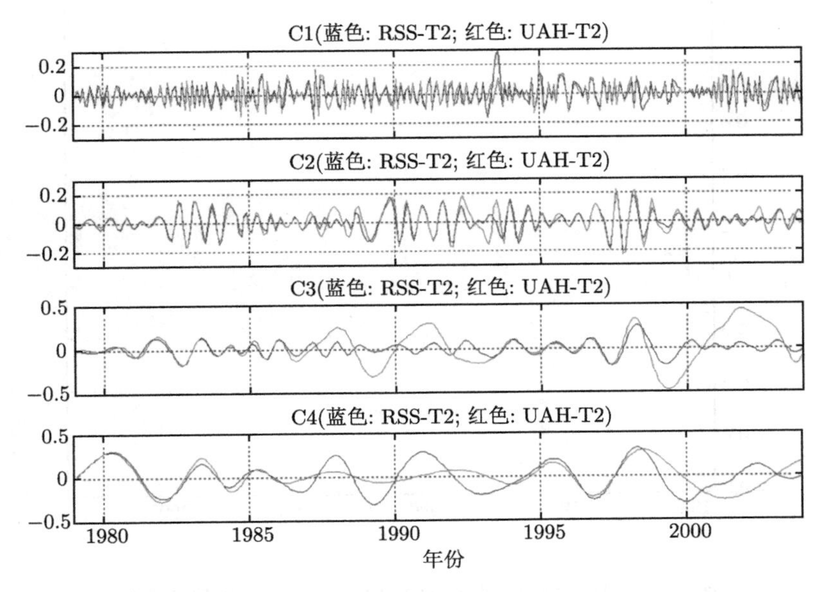

图 2.5.3 (a) RSS 和 UAH 推断温度曲线的 EMD 分解结果 (C1~C4)

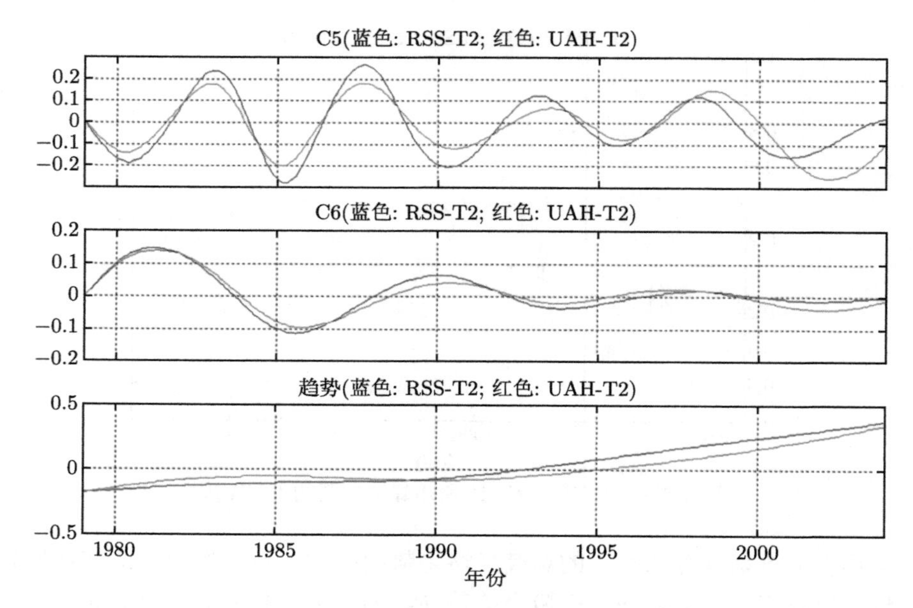

图 2.5.3 (b) RSS 和 UAH 推断温度曲线的 EMD 分解结果 (C5, C6, 趋势)

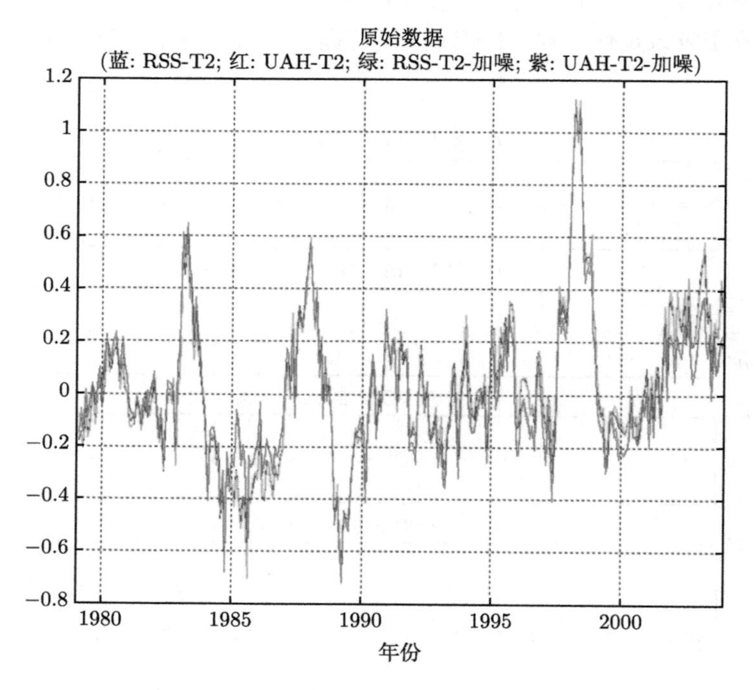

图 2.5.4 加入白噪声前后的 RSS 和 UAH 推断温度曲线

如图 2.5.4 所示，如果我们在两组数据中分别加入振幅为 0.2 RMS 值的白噪声，其波形与原始形态几乎相同。对这个添加噪声的数据进行 EMD 分解，图 2.5.5 (a) 和 (b) 给出了 100 次试验的集合平均 IMFs，这里两组数据的 IMFs 非常一致。

以上示例说明更为可信的估计结果不是直接 EMD 产生的 IMFs，而是由许多附加白噪声的扰动产生的集合平均值。为了考察添加噪声幅度大小的影响，我们进一步重复上述步骤，噪声的幅度设置分别为信号有效值的.(未添加)、0.1、0.2、0.4 和 1.0 倍。结果如图 2.5.6 (a)、(b) 和图 2.5.7 (a)、(b) 所示，有趣的是，估计结果对添加噪声的幅值不敏感。当然，残余噪声应该遵循公式 (2.5.6)。

以上示例说明更为可信的估计结果不是直接 EMD 产生的 IMFs，而是由许多附加白噪声的扰动产生的集合平均值。为了考察添加噪声幅度大小的影响，我们进一步重复上述步骤，噪声的幅度设置分别为信号有效值的.（未添加）、0.1、0.2、0.4 和 1.0 倍。结果如图 2.5.6 (a)、(b) 和图 2.5.7 (a)、(b) 所示，有趣的是，估计结果对添加噪声的幅值不敏感。当然，残余噪声应该遵循公式 (2.5.6)。

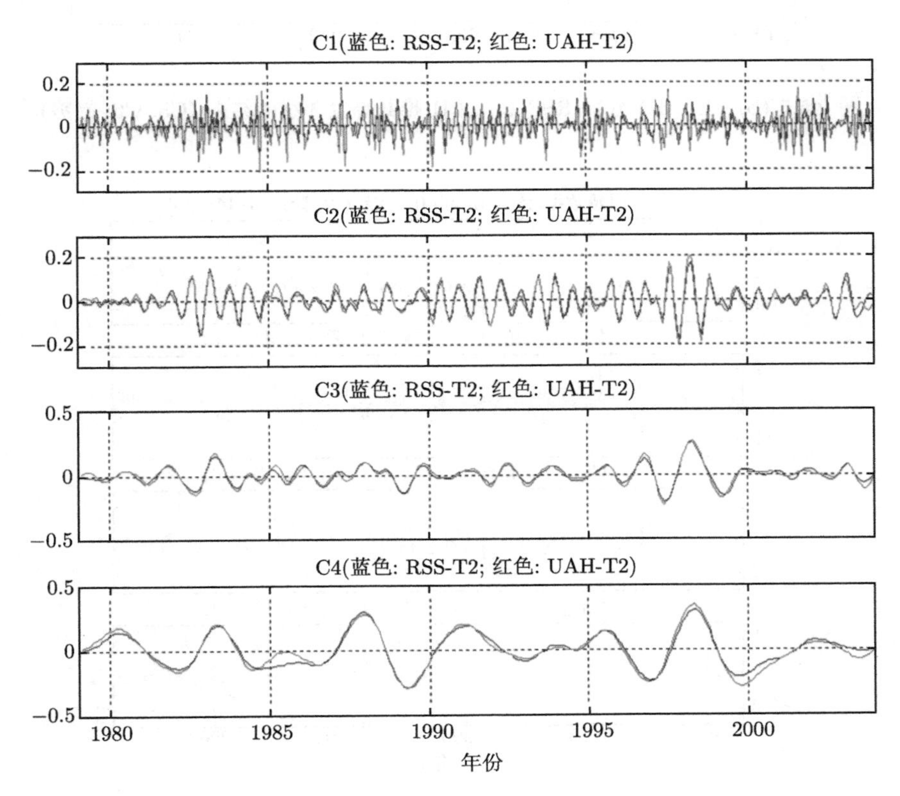

图 2.5.5 (a) EEMD 分解 RSS 和 UAH 推断温度曲线的结果 (C1～C4)

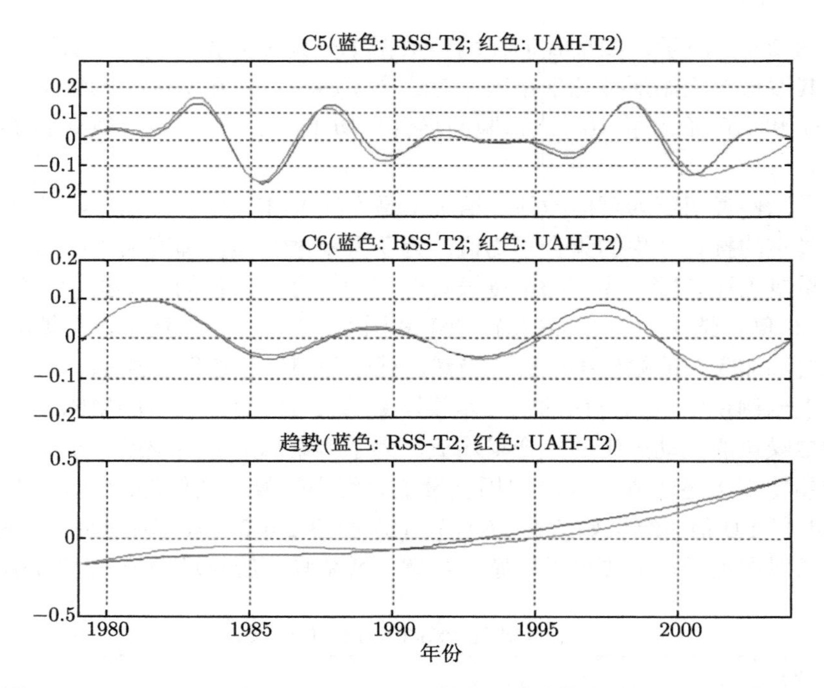

图 2.5.5 (b)　EEMD 分解 RSS 和 UAH 推断温度曲线的结果 (C5, C6, 趋势)

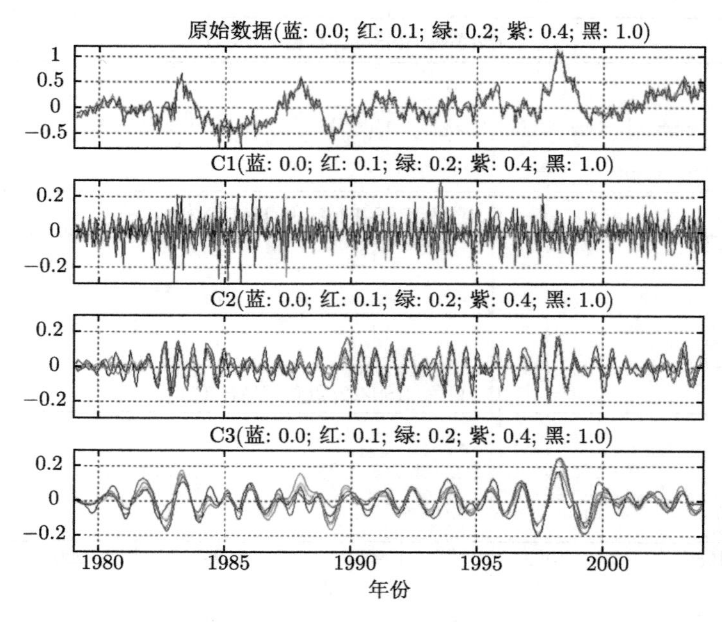

图 2.5.6 (a)　四种噪声强度的 EEMD 分解 RSS 推断温度曲线的结果 (原始数据, C1~C3)

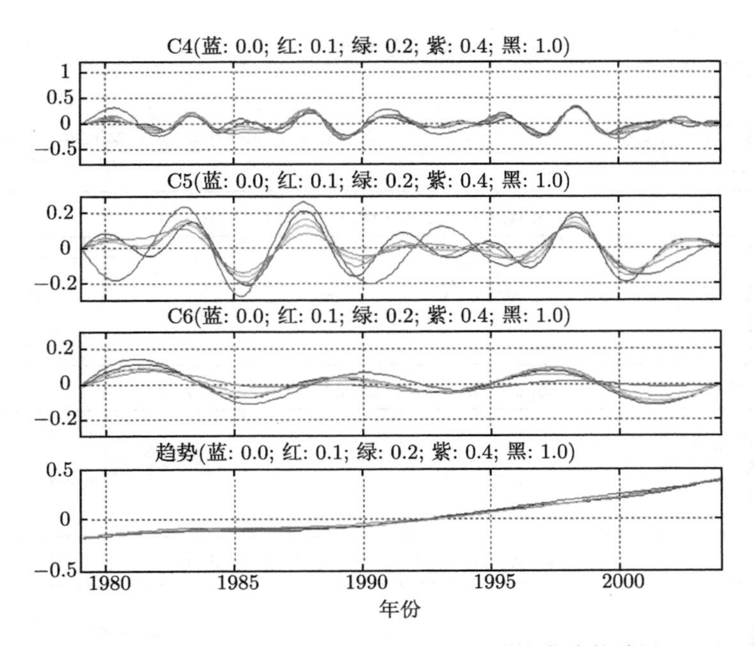

图 2.5.6 (b) 四种噪声强度的 EEMD 分解 RSS 推断温度曲线的结果 (C4~C6, 趋势)

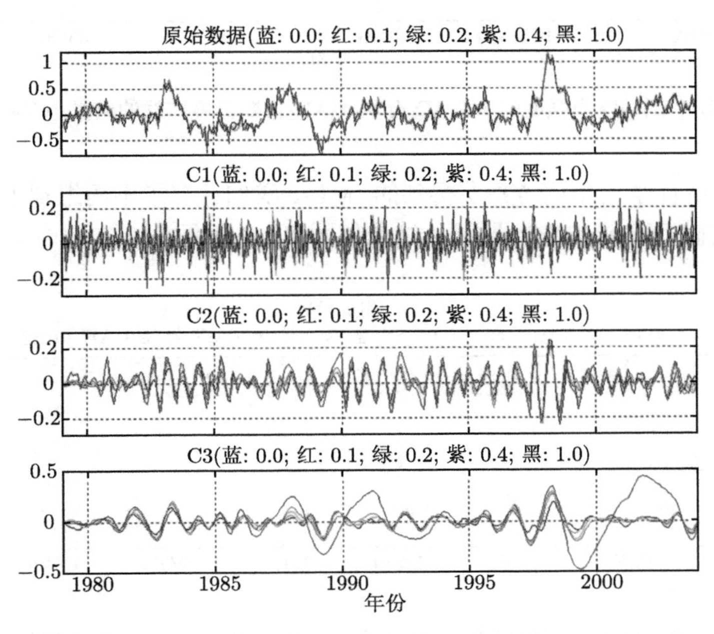

图 2.5.7 (a) 四种噪声强度的 EEMD 分解 UAH 推断温度曲线的结果 (原始数据, C1~C3)

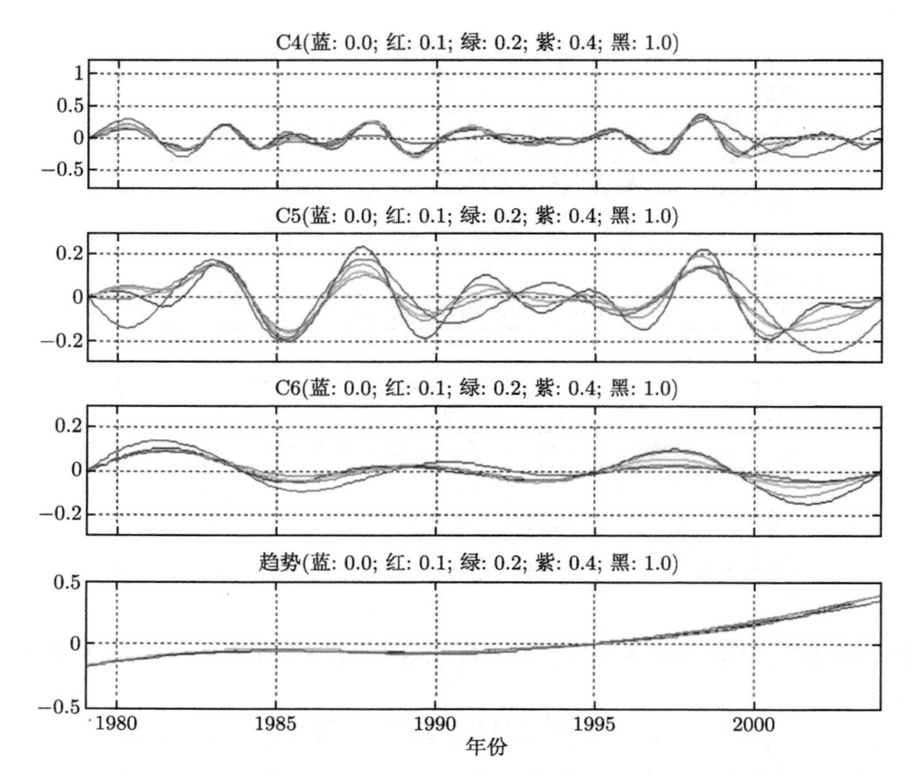

图 2.5.7 (b)　四种噪声强度的 EEMD 分解 UAH 推断温度曲线的结果 (C4∼C6, 趋势)

为了从统计学的角度考察所得到的 IMFs，我们计算了不同组别 IMFs 之间的相关性，类似 Chang(2010) 所述，结果如图 2.5.8 所示。

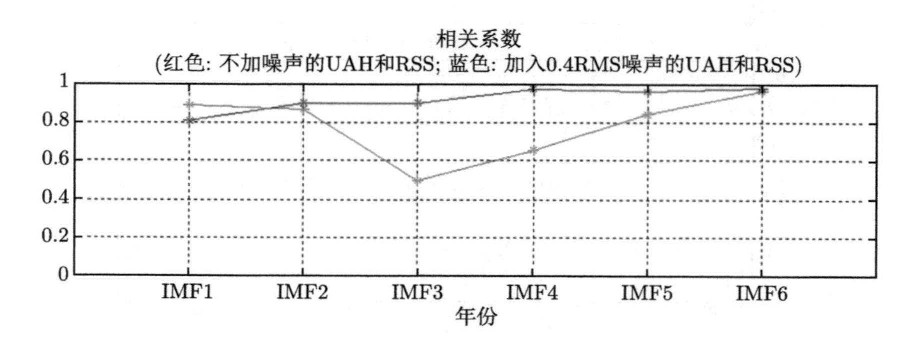

图 2.5.8　RSS 和 UAH 在不加噪声（红）和加入噪声（蓝）下 EEMD 分解得到的 IMFs 之间的相关性

不同 IMF 分量之间的相关系数清楚地表明，在使用 EEMD 的情况下，数值都接近于 1，这和两个数据集背后蕴含相同大气温度变化的事实相一致。另外可以看到，受到未加入噪声的 IMFs 的影响，中间尺度分量的相关系数可以降到 0.5 以下。

第二个例子针对的是语音信号。图 2.5.9 给出了以 40200Hz 采样的"Hello" 的声音。图 2.5.10(a) 和图 2.5.10(b) 所示分别是用 EMD 和 EEMD 获得的 IMF 分量。

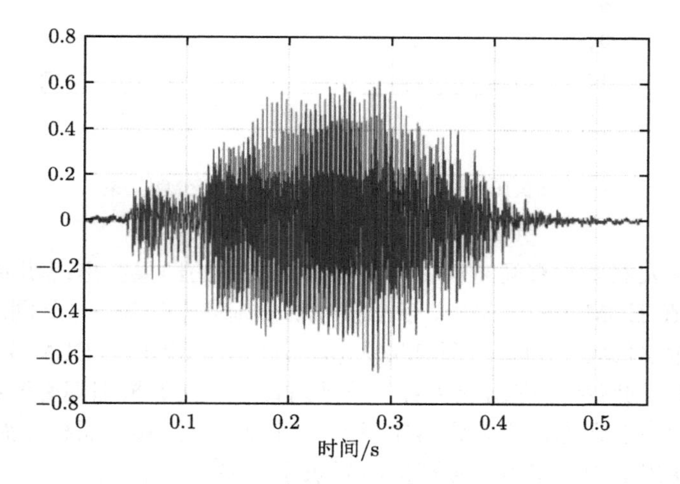

图 2.5.9 采样率为 40200Hz 的语音信号

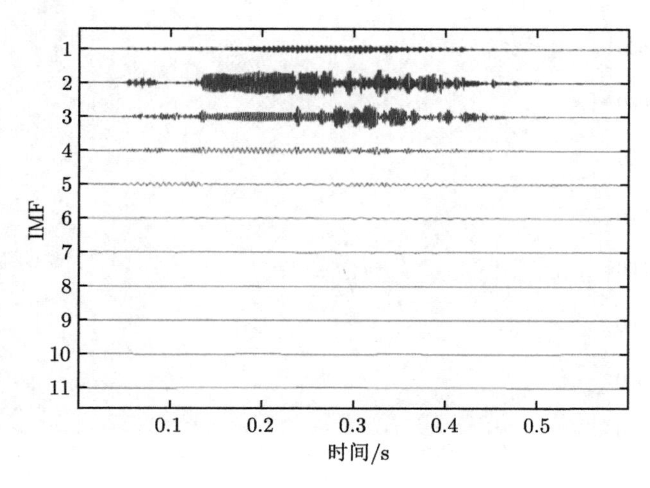

图 2.5.10(a) 对语音信号的 EMD 分解结果

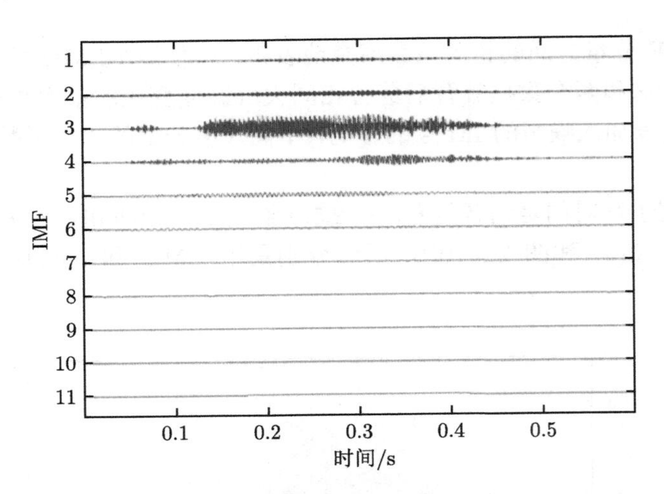

图 2.5.10(b)　对语音信号的 EEMD 分解结果

语音本身天然就具有间断性，这就使得 EMD 的结果会出现明显可见的模态混叠；然而，在 EEMD 的结果中，以上模态混叠则完全消失。与此同时，基于不同分解结果的希尔伯特时频谱（图 2.5.11 (a)(b)）也显现出了 EEMD 的显著功效：EMD 的 IMFs 的时频谱中出现了若干条远离物理意义的模态混叠谱线，这其实是由数据分析产生的伪像，因为语音本身并没有调频或频移。而相比而言，EEMD 的结果却呈现出清晰、平滑、连续的时频表示结果。

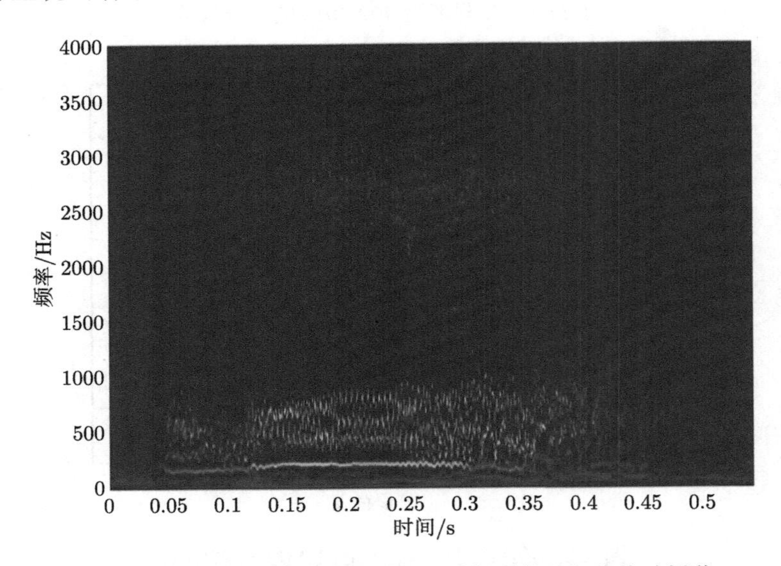

图 2.5.11(a)　对语音信号的 EMD 分解后的希尔伯特时频谱

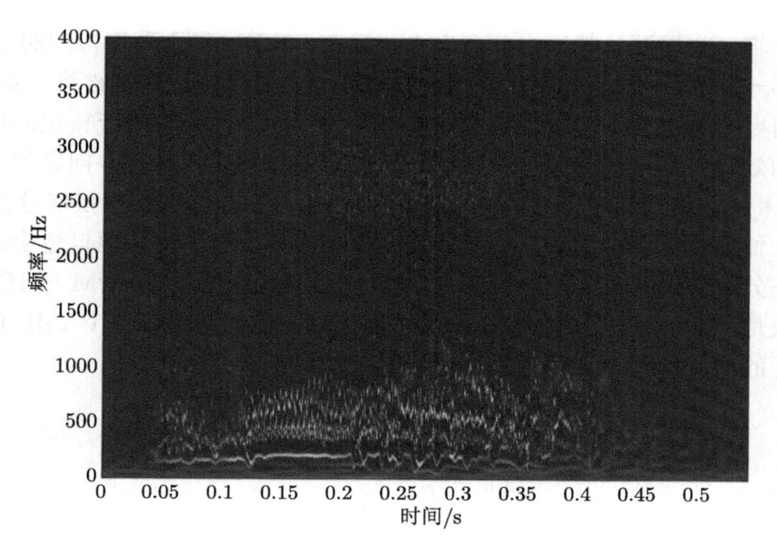

图 2.5.11(b) 对语音信号的 EEMD 分解后的希尔伯特时频谱

综上所述，EEMD 利用了白噪声的统计特性，使 EMD 方法对于任何数据而言都是真正的二进滤波器组。同时，通过加入有限幅度噪声，EEMD 在很大程度上消除了模态混叠问题，并保留了分解结果的物理唯一性。从这个意义上，EEMD 可谓是 EMD 方法的一次重大改进。

2.5.3 互补集合经验模式分解

互补集合经验模式分解（complementary ensemble empirical mode decomposition, CEEMD）（Yeh 和 Huang, 2010）本质上是在 EEMD 方法的基础上，更进一步使用带有正负噪声对（paired noise）来替换噪声样本集合。虽然这对噪声并不独立，但其优点是，在关心的 IMFs 数据的最终重构中，这种正负配对的噪声会倾向于完全抵消它们的残余噪声。由于 EMD 是一个非线性滤波器，人们不必对互补噪声的精确抵消抱有很大希望。因此，每个单独的 IMF 分量中的 RMS 噪声影响与原始的 EEMD 相当，但当集合数量较低时，CEEMD 可能会使 IMF 中的 RMS 噪声降至更低的水平。如果所需同样的计算时间，我们建议直接使用互补集合经验模式 CEEMD。

2.5.4 共轭自适应二进掩模经验模态分解

EEMD 是 EMD 方法发展的一个重要里程碑。但是，它的计算成本较高，为了得到统计学上有意义的平均结果而没有明显的残余噪声，一般 EEMD 的实现必须包括 100 次以上的试验，这意味着它比 EMD 慢了一百倍。EEMD 还有一些其他不容忽视的缺陷：首先，EEMD 有时仍然不能完全消除模态混叠；第二，它还倾向于将一些谐波从基频中分离出来；第三，IMFs 集合平均得到的雏形 IMF 极值点不一定符合 IMF 的定义，这个缺点在集合数量很大时会被进一步放大。

然而令人兴奋的是，通过将添加的噪声替代为一个先验的掩模也同样能取得较好的功效。使用掩模 EMD（masking EMD）来解决模态混叠问题的方法是由 Deering 和 Kaiser（2005）首次提出的。他们采用了一个单频正弦信号作为掩模，就能防止低频成分驻留在较高频的 IMF 中，该方法被称为共轭自适应二进掩模经验模态分解（conjugate adaptive dyadic masking EMD, CADM EMD）。由于掩模函数是已知的，在获得 IMF 后可将其去除。他们选择第一个 IMF 的二阶矩与一阶矩的比值作为掩模信号的频率 f_{m}：

$$f_{\mathrm{m}}=\frac{\displaystyle\int_T a_1(t)f_1^2(t)\mathrm{d}t}{\displaystyle\int_T a_1(t)f_1(t)\mathrm{d}t} \tag{2.5.7}$$

其中 a_1 和 f_1 为第一个 IMF 的瞬时振幅和瞬时频率。当第一个 IMF 分量的掩模信号 f_{m} 确定后，根据 EMD 的二进特性，将第 n 个 IMF 的掩模函数指定为

$$m(t;n)=a_0\sin\left(2\pi\frac{f_{\mathrm{m}}}{nf_{\mathrm{s}}}t\right) \tag{2.5.8}$$

其中 f_{s} 为采样频率，振幅 a_0 取相应 IMF 平均振幅的 1.6 倍。这种选择可以保证相邻 IMF 之间的频率间隔至少为 2。虽然这种方法非常接近自适应的思想，但在实现上存在很多缺点。首先，如果第一个 IMF 已经包含了模态混叠，那么公式 (2.5.8) 中给出的掩模频率可能已经被模态混叠所污染。其次，该算法相当繁琐，因为掩模函数必须通过 EMD 得到的 IMF 来确定。最后，因为加入了掩模信号，所得到的 IMF 需要被修正。

总的来说，早先的 EMD 方法及其变种有以下几个缺点：

(1) 如果数据序列有间断，EMD 可能存在模态混叠问题；

(2) 间断检验可以消除部分模态混叠，但主观性强，难以实施；

(3) EEMD 可以消除模态混叠，但计算成本较高，且结果中无法完全消除噪声带来的影响；

(4) CEEMD 与 EEMD 相似，只是在信号重建方面有所改进；

(5) 掩模 EMD 无法避免模态混叠对第一层 IMF 造成的污染。

为了克服这些缺点，我们在这里提出了新的共轭自适应二进掩模经验模态分解（conjugate adaptive dyadic masking EMD, CADM EMD）。它是不涉及噪声且不保持严格的二进滤波器组特性进行的直接分解操作。这种新方法的步骤如下：

(1) 取任意数据，进行一次 EMD 分解，得到第一个 IMF；

(2) 测量所得 IMF 的平均最高频率，以确定平均频率 ω_0 和平均振幅 a_0，如果存在间断，则应从包含最高频率振荡的部分来确定平均频率；

(3) 将下列振幅为 a_0、频率为 ω_0、相位不同的四个配对正弦波，作为共轭掩模函数加入数据中，

$$\pm a_0 \sin \omega_0 t \quad 和 \quad \pm a_0 \cos \omega_0 t \tag{2.5.9}$$

(4) 如果条件需要，还可以实现具有更精细相位分布的掩模函数。例如，我们可以有 $\pi/4$ 的相位差，给定为

$$\begin{aligned} \pm a_0 \sin \omega_0 t \quad &和 \quad \pm a_0 \cos \omega_0 t \\ \pm a_0 \sin(\omega_0 t + \pi/4) \quad &和 \quad \pm a_0 \cos(\omega_0 t + \pi/4) \end{aligned} \tag{2.5.10}$$

根据特殊情况的需要，还可以增加更为精细的相位分布 (相位差为 $\pi/8$ 甚至 $\pi/16$ ……)，这将使结果更加平滑。然而，计算成本会相应提高，但只是略微提高。考虑到计算成本，我们认为在大多数情况下，有 4 个配对正弦波就足够了；

(5) 用共轭掩模函数进行 EMD 分解，得到每个掩模信号的第一个 IMF。真正的 IMF 是所有不同掩模信号的 IMFs 之和除以使用的共轭函数的个数，即平均值。因为掩模函数是成对共轭的，它们的影响将相互抵消；

(6) 在为第二个 IMF 进行进一步的 EMD 分解之前，添加新的掩模函数。第二个 IMF 的掩模函数自动确定为

$$\pm \left(\frac{a_0}{2}\right) \sin \left(\frac{\omega_0}{2}\right) t, \ \pm \left(\frac{a_0}{2}\right) \cos \left(\frac{\omega_0}{2}\right) t \tag{2.5.11}$$

第二层 IMF 分量的基本频率和振幅应简单地用原值除以 2，以保证符合 Wu 和 Huang(2004) 所研究的白噪声特性；

(7) 对新的被掩模的信号进行 EMD 分解，得到第二个 IMF，具体步骤与第一个 IMF 相同；

(8) 重复上述步骤 (5) 和 (6)。在每一步中，应根据下列公式为第 n 个 IMF 自动修改掩模函数：

$$\pm \left(\frac{a_0}{2^{n-1}}\right) \sin \left(\frac{\omega_0}{2^{n-1}}\right) t, \quad \pm \left(\frac{a_0}{2^{n-1}}\right) \cos \left(\frac{\omega_0}{2^{n-1}}\right) t \tag{2.5.12}$$

以保证 EMD 滤波器组的二进特性；

(9) 在使用相位分布较为精细的 8 个掩模函数情况下，第 n 个 IMF 的掩模

函数应该修改为

$$\begin{aligned} &\pm\left(\frac{a_0}{2^{n-1}}\right)\sin\left(\frac{\omega_0}{2^{n-1}}\right)t,\quad \pm\left(\frac{a_0}{2^{n-1}}\right)\cos\left(\frac{\omega_0}{2^{n-1}}\right)t \\ &\pm\left(\frac{a_0}{2^{n-1}}\right)\sin\left(\frac{\omega_0}{2^{n-1}}+\frac{\pi}{4}\right)t,\quad \pm\left(\frac{a_0}{2^{n-1}}\right)\cos\left(\frac{\omega_0}{2^{n-1}}+\frac{\pi}{4}\right)t \end{aligned} \tag{2.5.13}$$

以保证 EMD 滤波器组的二进特性；

(10) 因此，我们连续对这些共轭自适应二进信号进行 EMD 分解，得到所有的 IMFs，直到残差变得单调。过程中所用的掩模函数自动修改，所得结果严格遵循其平均频率的二进比例，这就完成了 CADM EMD。

以上的 CADM EMD 的优势可以总结为以下几点：

(1) 掩模函数的参数由数据自身确定，所有的掩模函数都是根据公式自动生成，这与二进滤波器组的思想是一致的；

(2) 掩模函数是确定的、有规律的、共轭的，因此它们的负面影响被完全抵消；

(3) 掩模函数是严格的二进函数，这保证了所产生的 IMFs 符合二进频率特性；

(4) 共轭掩模函数的数量不限于一个，而是自动设置为一个小数量（根据数据的具体属性，限定为 4 个或 8 个）。这个选择由用户决定，其余算法自动调整。因此，计算成本很低，平均化过程不会带来任何复杂的问题。

这项新的改进得到了完全自适应的、直接的且无噪声干扰的对偶滤波器组，它将产生更为纯净的 IMF 用于进一步分析，特别是用于后面要提到的 Holo-Hilbert 频谱分析。

首先，我们尝试在白噪声数据集上使用 CADM EMD。图 2.5.12(a) 所示的是图 2.3.5 对应的能量周期分布。由于掩模的影响，数据聚集得极为紧密。各分量的傅里叶谱也与相应的 EMD 谱形状相似，但频谱宽度稍宽，尾部较长，如图 2.5.12(b) 所示。分数高斯噪声的 CADM EMD 结果在图 2.5.13 中给出，与 Flandrin（2004）产生的结果相似。通过对比图 2.3.2 不难发现，CADM EMD 分解得到的模态之间有着稳定的频率差异，各个模态之间基本上没有重叠的频率成分，这验证了掩模带来的二进滤波特性。

现在，让我们研究一些真实的数据。第一个例子是 1962 至 2012 年的每日时长（length of day, LOD）数据集，图 2.5.14 (a) 和 (b) 所示的是分别使用 EMD 和 EEMD 得到的 IMFs。在这里，EMD 和 EEMD 的结果仍然存在一些模态混叠。当然，通过微调 EEMD 中使用的参数，也可以得到更干净的结果，而使用 CADM EMD 很容易得到图 2.5.14(b) 所示的更干净的结果。

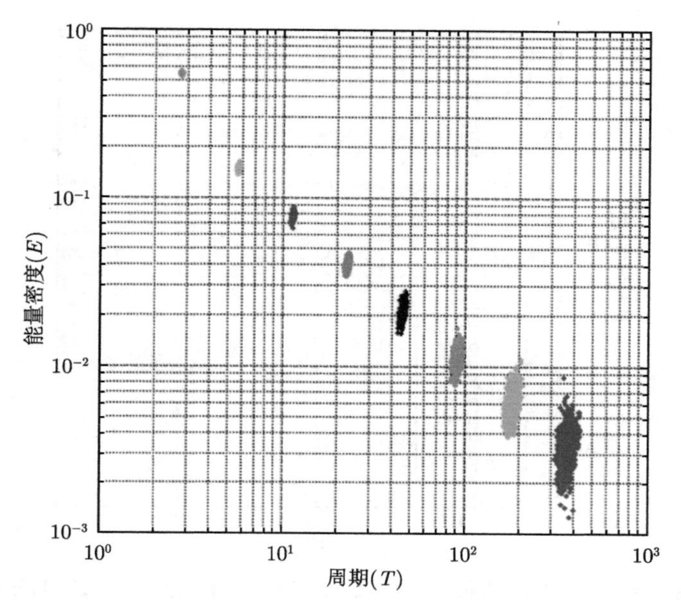

图 2.5.12(a) 白噪声 CADM EMD 分解得到的能量–周期分布

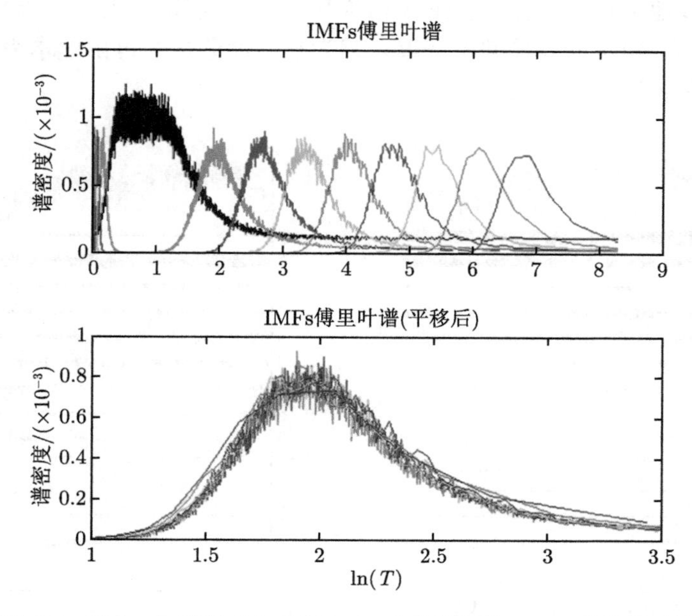

图 2.5.12(b) 白噪声 CADM EMD 分解得到的 IMFs 的傅里叶谱

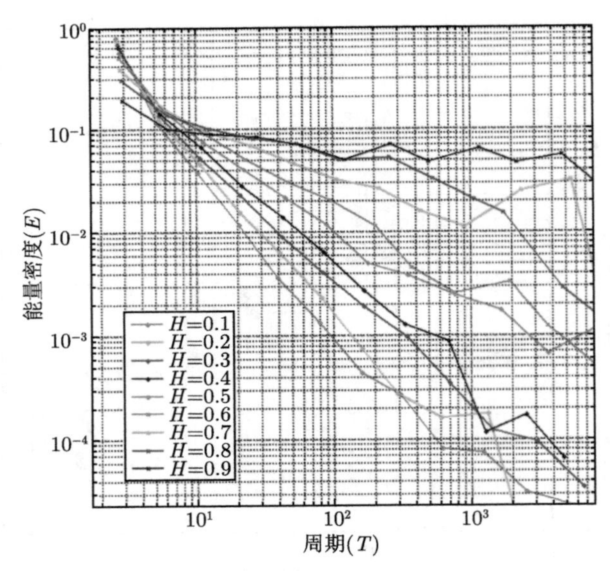

图 2.5.13　分数阶高斯噪声 CADM EMD 分解得到的能量周期分布

其 H 代表 Hurst 指数，可以看到不同种类的噪声能够被很好地区分开

通过细致地考察，容易发现在 4 相位和 8 相位掩模之间，较长周期分量有一些轻微的差异。但这种差异并不严重，因为长周期分量的自由度本来就很低，而且这些差异在统计上并不显著。

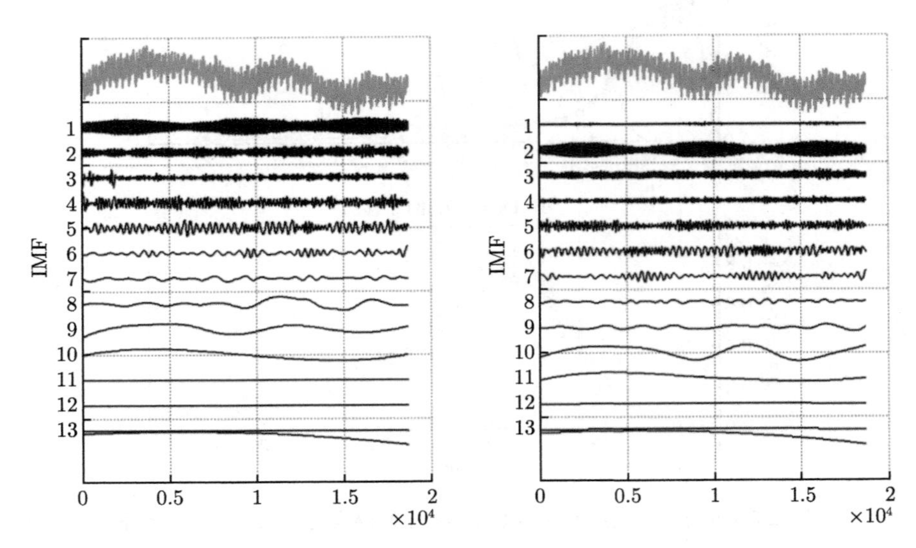

图 2.5.14(a)　每日时长的 EMD（左）和 EEMD（右）分解结果

红色为原始信号

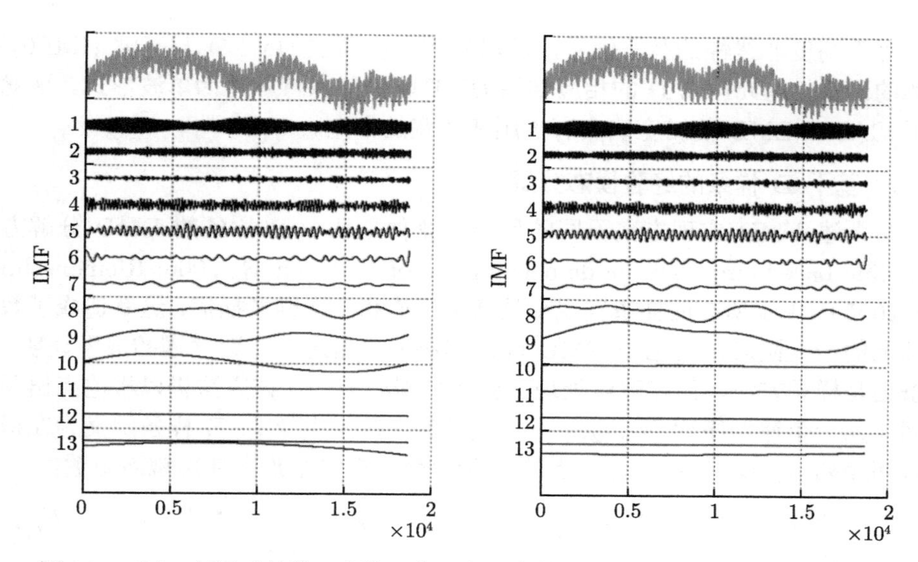

图 2.5.14(b) 每日时长的 4 相位（左）和 8 相位（右）CADM EMD 分解结果

红色为原始信号

最后，我们在桡动脉校准的脉压测量数据中应用 CADM EMD。图 2.5.15 给出了 EEMD 和 CADM EMD 的 IMF 结果。正如之前提到的，噪声数据使得 EEMD 中严格遵守二进分离的高次谐波不可避免地存在泄漏。事实上，在 EEMD

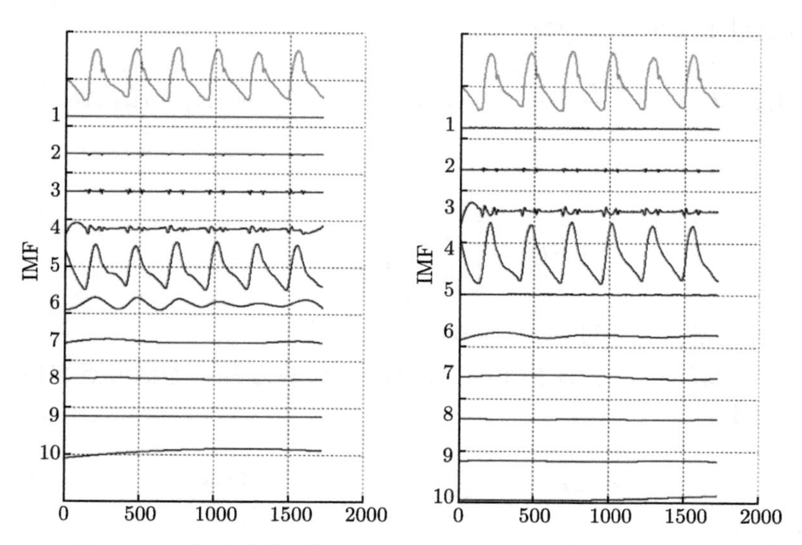

图 2.5.15 桡动脉脉压数据 EEMD 和 CADM EMD 分解结果

红色为原始信号

中，对于高度非线性的脉压信号，可以看到高次谐波 (IMF5) 与基波 (IMF6) 是分离的，而 CADM EMD 的相应结果 (IMF4) 仍能保持脉冲为单波形式。这就验证了 CADM EMD 的带宽确实有长尾和较宽的带宽。

2.5.5　基于 B 样条的经验模态分解

与上述 EMD 实现方案不同的另一个变种是基于 B 样条的 EMD 分解方法（B-spline based empirical mode decomposition）（Chen 等, 2006; Riemenschneider, 2005）。由于所有的样条实现都是基于极值和三次样条插值，这就造成了数学处理上的一些困难，这也是 EMD 尚待解决的难题之一，即严谨的数学证明。B 样条仍是样条方法，但在数学处理上会更加得心应手。该方法仍以极值点出现的时间作为一个递增序列 $(\tau_1, \tau_2, \cdots \tau_n)$，那么，第 j 个 k 阶 B 样条定义为在极值点时间序列 $[\tau_j, \tau_{j+1}, \cdots, \tau_{j+k}]$ 上的 k 阶差分，在每个点上使用截断函数：

$$B_{j,k,\tau}(t) := (\tau_{j+k} - \tau_j)\,[\tau_j \cdots \tau_{j+k}]\,(x-t)_+^{k-1} \tag{2.5.14}$$

其中 $(x-t)_+^{k-1}$, 当 $x < t$ 时为 0; 当 $x \geqslant t$ 时为 $(x-t)^{k-1}$

这些 B 样条构成了 k 阶样条空间的基，在 τ_j 处有节点。对于任何在此空间的函数 $s(t)$，存在唯一的标量集 a_j，使得

$$s(t) = \sum_{j \in Z} a_j B_{j,k,\tau}(t), \quad t \in R \tag{2.5.15}$$

B 样条满足以下递推公式 (De Boor, 1978)：

$$B_{j,k,\tau}(t) = \frac{t - \tau_j}{\tau_{j+k-1} - \tau_j} B_{j,k-1,\tau}(t) + \frac{\tau_{j+k} - t}{\tau_{j+k} - \tau_{j+1}} B_{j=1,k-1,\tau}(t)$$

以及

$$B_{j,1,\tau}(t) = \begin{cases} 1, & \tau_j \leqslant t < \tau_{j+1} \\ 0, & \text{其他} \end{cases} \tag{2.5.16}$$

这里的 B 样条函数已经过归一化处理。

为了在 EMD 中应用 B 样条插值函数，在计算过程中为极值点增加了一个线性二项平均算子：

$$\lambda_{j,k,\tau^s} : \frac{1}{2^{k-2}} \sum_{l=1}^{k-1} \begin{pmatrix} k-1 \\ l \end{pmatrix} s(\tau_{j+l}) \tag{2.5.17}$$

这样，包络线的平均数也就被相应替换为

$$M_{\tau^s,k^s} := \sum_j \lambda_{j,k,\tau^s}(s) B_{j,k,\tau^s} \tag{2.5.18}$$

由于 EMD 的一个最终目的是导出 IMF 来计算希尔伯特频谱的瞬时频率，这就涉及到微分，所以使用的 B 样条也受限于三次可微函数。由于 B 样条较易于数学处理，且 B 样条中的凹面近似具有变化减小的特性，即振幅恒为递减，因此它有助于间接建立 EMD 的收敛性。

实际上，尽管有这个好的特性，但 B 样条仍然存在一些困难。

首先，B 样条的实现需要一个二项平均算子（binominal averaging operator），而这个二项平均算子并不是局部的。其次，EMD 是通过中位数而不是平均数来实现的。第三，B 样条的参考值不是直接与极值对应，因此，由于这种平滑近似，第一个 IMF 成分包含着大量的波形变异。此外，正如 Riemanschneider（2005）所明确指出的，变异递减原则总是趋于降低较高阶 IMF 成分的振幅。正是由于这些挑战，B 样条方法在实际应用中并不常用。但是这些尝试带来的思考对 EMD 分解的理解却大有裨益。

2.5.6 基追踪和非线性优化

受近些年发展起来的压缩感知（compressed sensing）理论（Candes 和 Tao, 2006; Candes, 2006; Donoho, 2006）的启发，Hou 提出了一种基于基追踪和非线性优化 (basis pursue: nonlinear optimization) 的全新 EMD 方法（Hou 和 Shi, 2011; Hou 和 Shi, 2013; Hou 和 Shi, 2014; Hou, 2014）。这种方法不仅具有优美的数学结构，对数据也具有完全的适应性。它可以看作是压缩感知的非线性版本，为 EMD 类型的扩展提供了难得的数学基础。

尽管物理现象可能表现相当复杂，但对应的多尺度数据在时频域却具有内在稀疏结构，这也是自适应数据分析方法的一个重要的落脚点或者动机。而问题在于，这种稀疏结构只适合某些多尺度基函数，而这些基函数需要适应数据，并且是事先未知的。因此，真正的挑战是如何找到一类非线性多尺度基函数，使多尺度数据在这类基函数下能够具有充分的稀疏表示。这与目前的压缩感知问题有很大的不同，因为在压缩感知中能够使数据具有稀疏表示的基函数被假定先验已知。

传统上，自适应基函数是通过学习数据得出的，这种方法需要大量具有相似物理属性的数据样本，但在很多时候并不适用于我们关注的问题，因为人们往往只能获得很有限的信号数据样本。其次，这种方法的自适应性是通过采用尽可能大的字典来实现的，在随后的分解过程中并且需要有足够的自由度从这个字典中选择能够最佳匹配数据的基函数，其中需要权衡的是分解结果并不唯一。如此这般，问题就转换成为如何利用数据内在的稀疏结构，通过非线性优化，在所有可能的分解中选择最好的一种分解方式。

具体的自适应基函数学习的基本思想包括两个步骤。首先，我们需要构建一个高度冗余的字典：

$$D=\left\{a\left(t\right)\cos\theta\left(t\right):\theta^{'}\left(t\right)\geqslant 0,\ a\left(t\right)\text{ 比 }\cos\theta(t)\text{ 更平滑}\right\} \tag{2.5.19}$$

其中 $\theta'(t)$ 定义为瞬时频率。然后在这个字典上对信号进行分解，并寻找最稀疏的分解。通过求解一个非线性优化问题，可以得到最稀疏的分解：

$$\begin{aligned}&\text{目标: 最小化 } M\\&\text{使其满足}:\ f(t)=\sum_{k=1}^{M}a_k(t)\cos\theta_k(t),\ a_k(t)\cos\theta_k(t)\in D\\&\text{对所有 } k=1,2,\cdots,M\end{aligned} \tag{2.5.20}$$

该优化问题可以看作是 L_0 最小化问题的非线性版本，该问题在压缩感知文献中已经得到了广泛的研究（Candes 和 Tao, 2006）。上述非线性优化问题是十分具有挑战性的。为此，我们引入一种递归迭代方案来解决这个非线性优化问题。与 EMD 方法一样，首先将信号分解为局部中值 $a_0(x)$ 及波动 (IMF)：

$$a_1(t)\ \cos\left(\theta_1(t)\right),\ a_1\cos\left(\theta_1(t)\right)\ \in D \tag{2.5.21}$$

然后，利用分解的稀疏性约束，即最小化 M，来寻找最平稳的局部中值 a_0，使表达式 (2.5.21) 得到满足。对于一个给定的函数 $f(t)$，这里的目标是找到最平滑的 a_0，从而使：

$$f(t)=a_0+a_1\cos\left(\theta_1\right) \tag{2.5.22}$$

那么，有理由期待局部中值 a_0 可以被分解为最小数量的 IMFs：

$$a_j\cos\left(\theta_j\right)\ \text{对于所有 } j=2,\cdots,M\in D \tag{2.5.23}$$

这促使我们考虑采用一个递归的迭代方案来找到 $f(t)$ 在 D 上对其 IMF 的一个稀疏分解。然而，对于 EMD，还必须添加另一个平滑性约束条件，从而归结为以下优化问题:

$$\begin{aligned}&\text{寻找最光滑的 } a_0(t),\ \text{使其满足}:\ a_0(t)+a_1(t)\cos\left(\theta_1\right)=f(t)\\&\theta^{'}\left(t\right)\geqslant 0,\ a_1\left(t\right)\ \text{比}\cos(\theta_1)\ \text{更平滑}\end{aligned} \tag{2.5.24}$$

进一步考虑方程 (2.5.24) 中给出的所有平稳性要求，引入全变分 (total variation) 的正则构造方式，并将 n 阶全变分定义为

$$TV^n\left(g\right)=\int_x\left|g^{(n+1)}\left(x\right)\right|\,\mathrm{d}x \tag{2.5.25}$$

其中 $g^{(n+1)}(x)$ 是函数 g 的第 $(n+1)$ 次导数。为了考虑到方程 (2.5.24) 中给出的所有平稳性要求，进一步引入了一个拉格朗日乘数项，整个问题则可表述为

$$\begin{aligned}&\text{最小化 } TV^3(a_0(t)).+TV^3(a_1(t))\\&\text{使其满足：} a_0(t)+a_1(t)\cos(\theta_1)=f(t);\ \theta'(t)\geqslant 0\end{aligned} \tag{2.5.26}$$

具体的优化是通过迭代程序来实现的。其中有一个假设是 $g^1(x)$ 比 $g^2(x)$ 更平滑，也就是说包络比载波函数更平滑，显然这是一个完全合理的假设。

经测试发现该优化方案效果确实不错。后来 Hou 和 Shi（2013）将该问题概括为匹配追踪方法，计算效率高，复杂度与原 EMD 相当，为 $O(N\log N)$。此外，Hou（2014）还表明，每个 IMF 都可以关联到一个二阶常微分方程的解，其形式为

$$\ddot{x}+p(xt)\dot{x}+q(xt)=0 \tag{2.5.27}$$

IMF 和微分方程相关联，这在直观上是很容易理解的，因为 IMF 只是一个随时间变化的震荡函数，在不同的局部都可以由一个不同的二阶线性或弱非线性振子来拟合，但在全局上要用一个振子来表示时，这个方程就会是非线性的。事实上，根据这个对 IMF 的观察结果，为了对 EMD 有更多的数学理解，Sharply 和 Vatchev（2006）和 Niang（2007）以及 Niang 等（2010, 2012, 2013）已经尝试过用微分方程方法来分解数据，Hou 等（2014）证明了分解的收敛性。他们的另一大贡献是对以上问题采用局部变分公式开发了一种基于 L_1 的有效优化方法，并通过在多项式基底寻找 p 和 q 的稀疏表示来恢复 $p(x;t)$ 和 $q(x;t)$。与 Huang（2011）类似，他们也建立了一种量化方案，根据 $p(x;t)$ 和 $q(x;t)$ 的非线性形式来确定非线性的顺序。但由于难以找到波内的频率调制，无法像 Huang 等那样量化非线性程度。

Hou 及其小组的工作为建立 EMD 分解的数学基础做出了巨大贡献。尚待严格证明的仅剩唯一性和正交性。在 Hou 和 Shi（2013）的工作中，已经讨论了唯一性问题，并证明了在尺度分离条件约束下的唯一性要求：

$$a'(t)\ll\theta'(t);\ \theta''(t)\ll\theta'(t)^2,\ \theta''(t)<\infty \tag{2.5.28}$$

这些条件是合理的，因此，我们可以认为唯一性得到了证明。比较麻烦的问题是正交性。按照最初 EMD 的情况，可以证明分解的正交性是雷诺型。虽然 Hou 的方法在思想上遵循了雷诺分解的点点滴滴，我们仍期待更为严谨的术语来表达。

2.6　多变量和多维 EMD

上一节介绍了 EMD 的多种变体。实际上，EMD 能够处理的数据已经从例如时间序列的一维变量扩展到多变量，甚至是多维度的数据，这就是本节要介绍的主题。

2.6.1　多变量 EMD

首先需要指出的是，这里的多变量并不等同于多维度。在许多应用中，为了描述一个物理现象，往往需要不止一个变量。比如说，为了要描述某地的天气状况，我们需要温度、湿度、风速和大气压等变量。又例如，为了评估脑功能，通常用几个到 128 个电极来测量脑电信号。每个电极采集到的数据都是一个时间序列，它们在不同角度下共同描述同一个现象。因此，对这些数据的统一分析有利于保证结果的有效性和一致性。有一个非常实际的问题是对于不同的独立变量，例如不同脑电的时间序列，早先的 EMD 方法分解可能会得到不同数量的 IMF，而这将使得不同变量相互比较和相关计算时变得很困难。为了解决这些问题，多变量 EMD(multi-variant EMD, MVEMD) 应运而生。

MVEMD 最先是从双变量 EMD 等（bi-variant EMD, BVEMD）开始入手的（Tanaka 和 Mendic, 2007; Rilling, 2007）。一般来说，对于两个变量的联合变化（joint variation）可以设想为图 2.6.1(a) 所示的空间曲线。双变量的联合变化

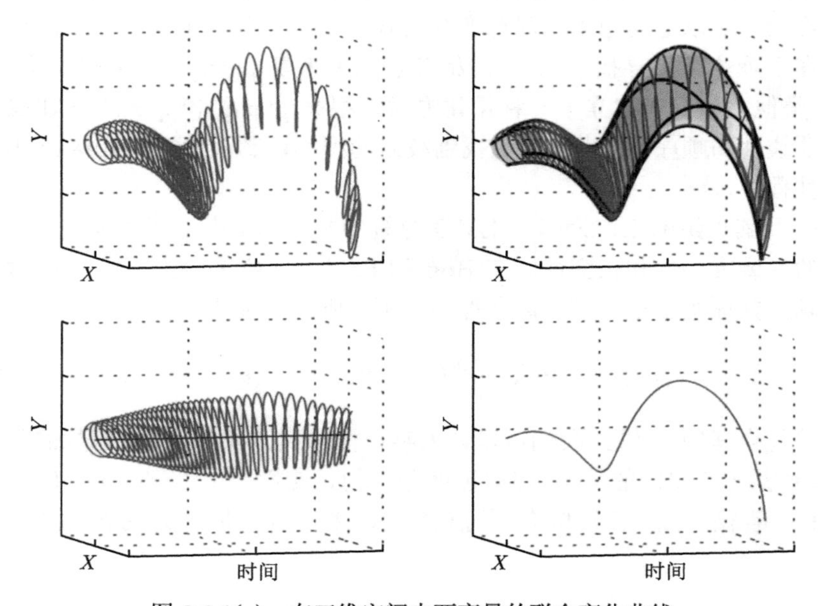

图 2.6.1(a)　在三维空间中两变量的联合变化曲线

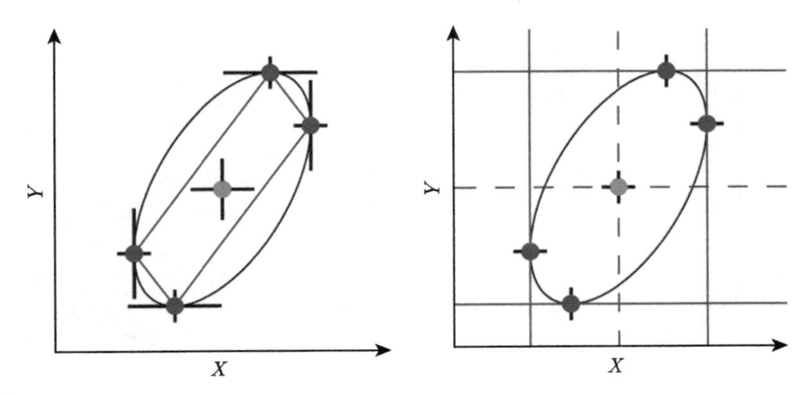

图 2.6.1(b) 投影法确定二维变量在空间中的联合变化的中心

呈现为这条曲线在三维空间中的舞动。如图 2.6.1(b) 所示，不同于寻找时间序列中的均值或中位数，BVEMD 寻找的是叠加在慢速旋转上的快速旋转，或局部旋转中心。

听上去似乎很容易，但是要想将这个想法在两个以上的变量情况下实现并不简单。

对于三变量 EMD 而言，根据 Rehman 和 Mandic（2010）的研究结果，三维数据集需要使用四元数（Quaternions）。因此，要想将 EMD 扩展到三变量以上，需要更加向前迈进一步。所幸的是，其中遇到的麻烦由 Rehman 和 Mandic（2010）很好地解决了。他们提出将多变量数据在超球面上沿多个方向进行多维实值投影来计算局部均值的思路。进而通过对这些投影信号的极值进行内插，得到信号的多维包络，最终将投影的平均值作为结果。这相当于生成一组多维旋转矢量，并寻找其平均值。这里还有一些需要克服的问题。超球面（hyperspheres）上的 n 维实值投影可以表示为

$$
\begin{aligned}
x_1 &= \cos(\theta_1),\\
x_2 &= \sin(\theta_1)\times\cos(\theta_2),\\
x_3 &= \sin(\theta_1)\times\sin(\theta_2)\times\cos(\theta_3),\\
&\cdots\\
x_{n-1} &= \sin(\theta_1)\times\sin(\theta_2)\times\cdots\times\sin(\theta_{n-2})\times\cos(\theta_{n-1}),\\
x_n &= \sin(\theta_1)\times\sin(\theta_2)\times\cdots\times\sin(\theta_{n-1})\times\cos(\theta_n)
\end{aligned}
\tag{2.6.1}
$$

这种超球面似乎很容易机械式地生成，但在这个超球面上的投影并不是均匀分布的（Rehman 和 Mandic Roy Soc, 2010）。为此，必须使用涉及 Halton 和 Hammersley 序列族的准蒙特卡罗方法（quasi-Monte Carlo methods）（Niederreite, 1992），其结果如图 2.6.2 所示。

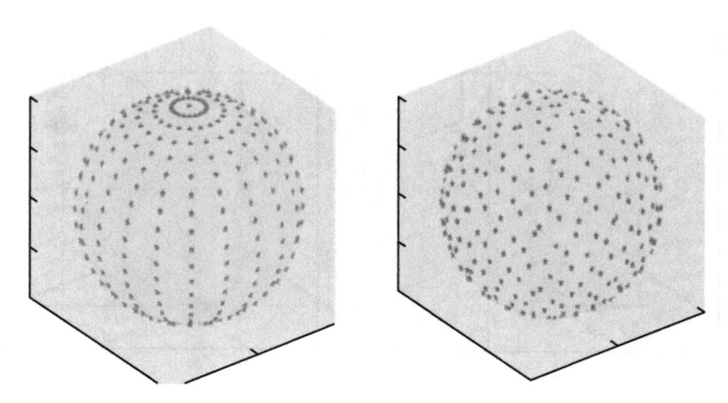

图 2.6.2　超球面及其在超球面上的投影示意图

根据 Rehman 和 Mandic(2010) 的研究结果，MVEMD 算法步骤如下所示：

(1) 选择一个合适的点集，在 $(n-1)$ 球面上进行采样。

(2) 对于所有 k(整个方向向量集)，沿方向向量 $x^{\theta k}$，计算输入信号 $\{v(t)\}_{t=1}^{T}$ 的投影，用 $p^{\theta k}(t)\}_{t=1}^{T}$ 表示；

(3) 在投影集 $p^{\theta k}(t)\}_{k=1}^{K}$ 中寻找其最大值所对应的时间序列 $\{t_i^{\theta k}\}$；

(4) 对时间序列和变量进行插值，得到多变量包络曲线 $e^{\theta_k}(t)\}_{k=1}^{K}$；

(5) 对于一组 K 方向矢量，包络曲线的平均值 $m(t)$ 计算如下：

$$m(t)=\frac{1}{K}\sum_{i=1}^{K}e^{\theta_k}(t);$$

(6) 根据 $d(t)=x(t)-m(t)$ 提取细节信息。如果细节 $d(t)$ 满足了多变量 IMF 的停止准则，则执行 $x(t)-d(t)$，否则将得到的 $d(t)$ 赋值于原 $d(t)$ 进一步迭代；

(7) 当 $x(t)-d(t)$ 为单调时停止。

这里 x 是我们的数据，共有 K 个变量，每个变量是时间 t 的函数。

MVEMD 仍然是有缺陷的，它继承了 EMD 分解后 IMFs 出现模态混叠的问题，这个问题在多变量时，特别是在不同变量在同一时刻有不同时间尺度时，甚至会被更一步放大。为了解决这个问题，Mandic 的研究小组借鉴了 EEMD(Wu 和 Huang, 2009) 中的噪音辅助数据分析方法，并发展了噪声辅助的 MVEMD(NAM-VEMD)，算法步骤如下所示：

(1) 创建一个与输入相同长度的非相关高斯白噪声时间序列 (m 个通道)；

(2) 将步骤 (1) 中建立的噪声通道 (m 个通道) 加到输入的多变量 (K 通道) 信号中，得到 $(m+K)$ 个通道信号；

(3) 用算法 1 中列出的 MVEMD 算法对得到的 $(m+K)$ 通道多变量信号进行处理，得到多个多变量 IMF；

(4) 从得到的 $(m+K)$ 变量 IMF 中，舍弃与噪声对应的通道，得到一组与原信号对应的 m 个通道的 IMF。

NAMVEMD 的一个主要优点是信号没有显式地与所添加的噪声混合，即信号和噪声存在于不同的通道中，共同组成一个多变量信号，在一定程度上可以避免噪声对信号的直接污染。但是，这种污染给信号分解带来的负面影响仍然是不可避免的，尽管噪声不会显式存在，但由于添加的噪声对于信号的均值已经产生了实质性影响，因此噪声对信号的影响永远不可能完全消除。图 2.6.3 给出了这样一个示例，该图是出自 Rehman 和 Mandic(2011) 发表的一篇文章中的图 7。

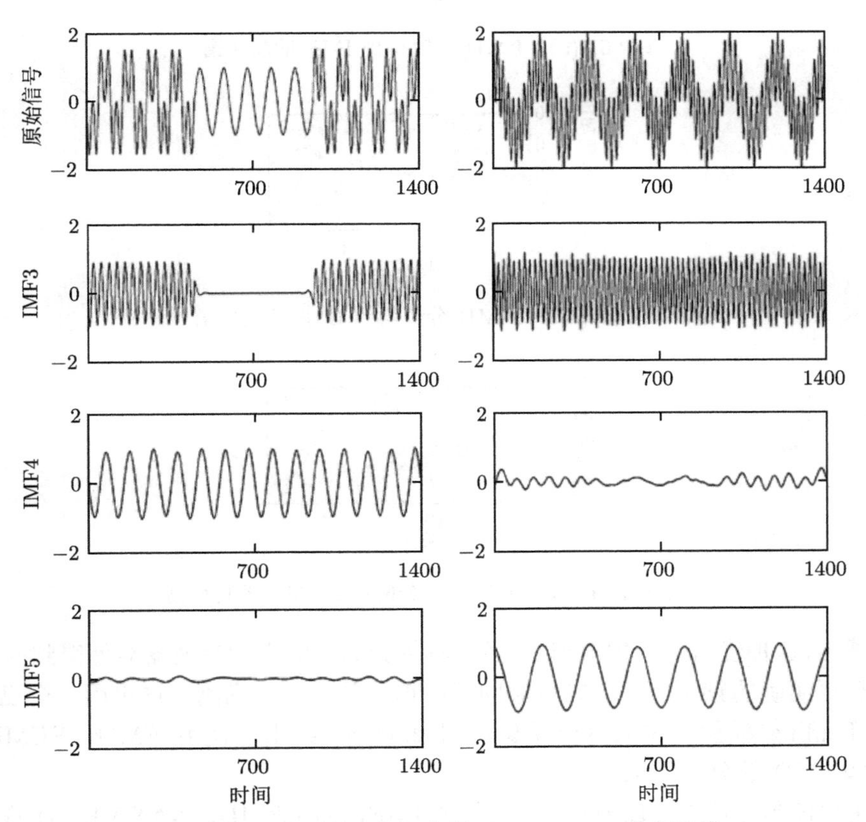

图 2.6.3 双变量的双音调信号 NAMVEMD 分解结果

从图中我们可以看到,NAMVEMD 确实会因为加入了噪声而产生额外的 IMF 分量 (左列的 IMF5，以及右列的 IMF4)，但这并不是想要看到的结果。因此，在仿真条件下，即有原始信号作为对比的情况下，建议读者最好计算原始信号和分解后最接近原始信号的 IMF 的残差，以评估加入噪声带来的影响。

NAMVEMD 的另一个看似有利的优势是，与 EMD 或 EEMD 相比，它的滤波器组在整个频率范围上具有更加清晰的频带分离的滤波器特性，如图 2.6.4 所示。相比 EMD，EEMD 和 NAMVEMD 都具有更加均衡的频带分离效果，不同 IMF 频率分布之间的距离更稳定，而且 NAMVEMD 能够覆盖整个频率范围。

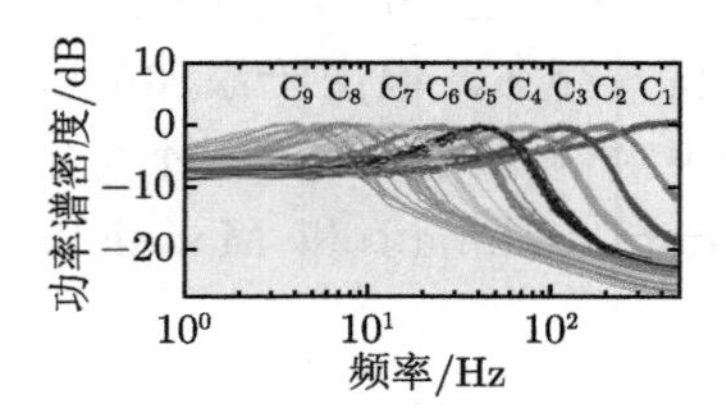

图 2.6.4(a) EMD 分解得到 IMF 的功率谱

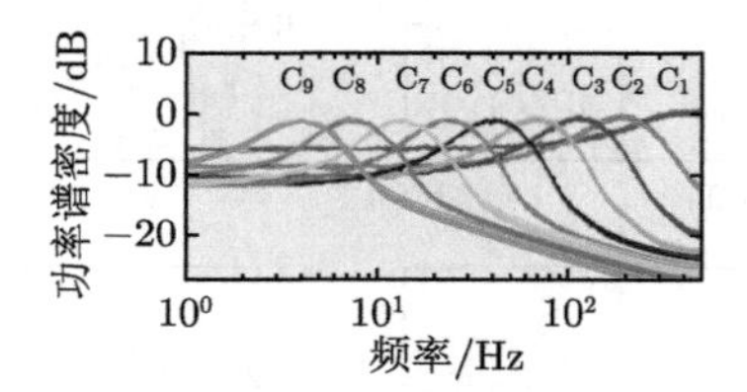

图 2.6.4(b) EEMD 分解得到 IMF 的功率谱

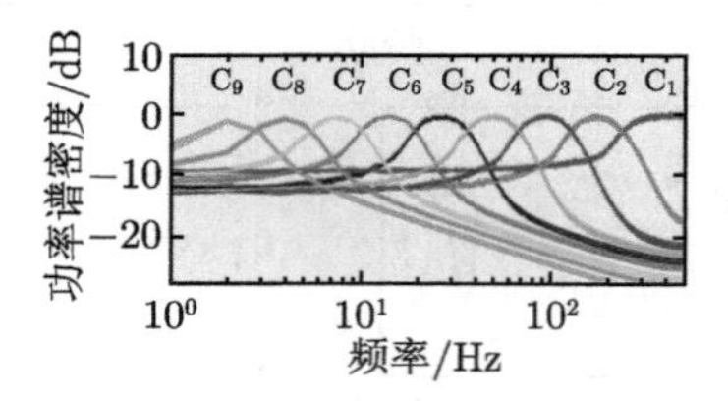

图 2.6.4(c) NAMVEMD 分解得到 IMF 的功率谱

然而,这种优势是一把双刃剑:虽然频带分离更清晰的滤波器会使得到的 IMF 限定在更明确的频带内，但它也倾向于将谐波从基波中剥离。这里用一个已知参数的 Duffing 模型来说明这一现象。图 2.6.5(a) 给出了使用 EMD、EEMD 和 NAMVEMD 的分解结果。

可以清楚地看到，EMD 只产生一个 IMF，而 EEMD、NAMVEMD 都多出一个谐波成分，显然这个谐波成分本应该属于 Duffing 模型的一部分，而不应该被单独拿出来作为一个孤立的成分。图 2.6.5(b) 中对应的希尔伯特时频谱再次证实了这一观察结果，提示加入噪声 NAMVEMD 也可能会导致谐波过于强烈，从而使其在分解的过程中被剥离出来，从而获得一个毫无物理意义的谐波成分。幸运的是，正交性检验容易会标记出这种异常，并提示应该将这两部分合并。

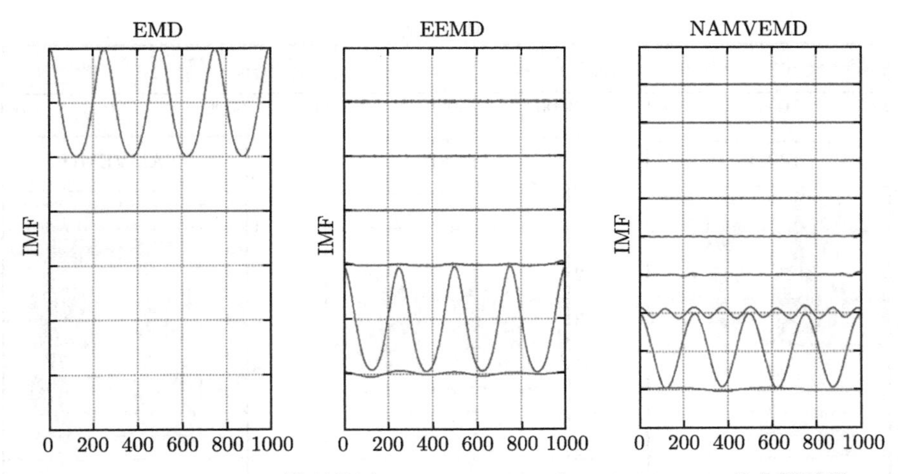

图 2.6.5(a) Duffing 模型使用 EMD、EEMD 和 NAMVEMD 的分解结果

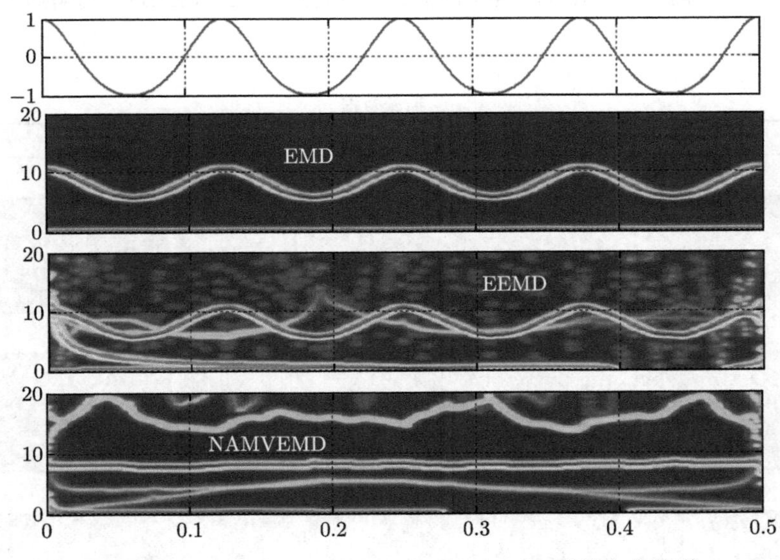

图 2.6.5(b) EMD、EEMD、NAMVEMD 的希尔伯特谱

但是,当信号变得更加复杂时,如在图 2.6.6(a) 和 (b) 中所示的一段真实 EEG 数据中,正交性检验并不一定能标记出上述异常。

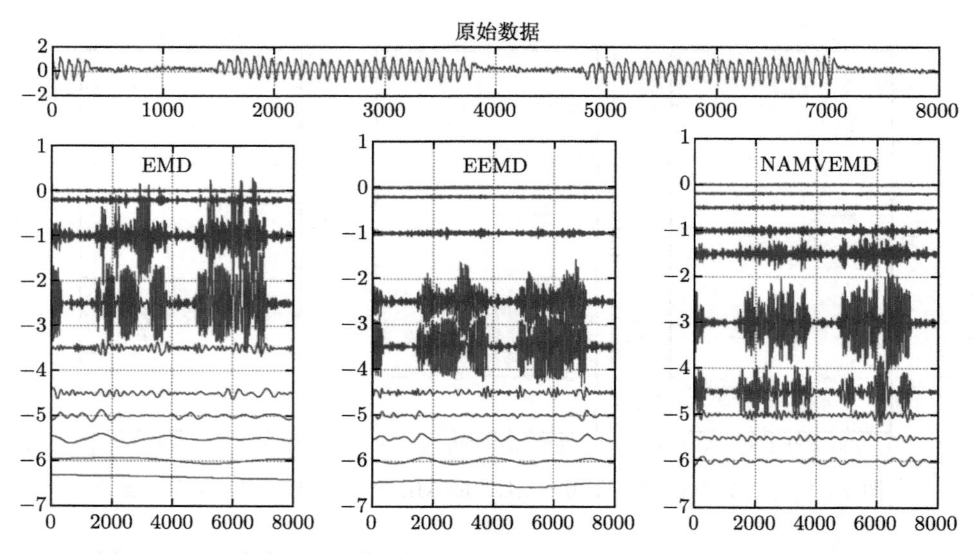

图 2.6.6(a)　真实 EEG 数据的 EMD、EEMD、NAMVEMD 的分解结果

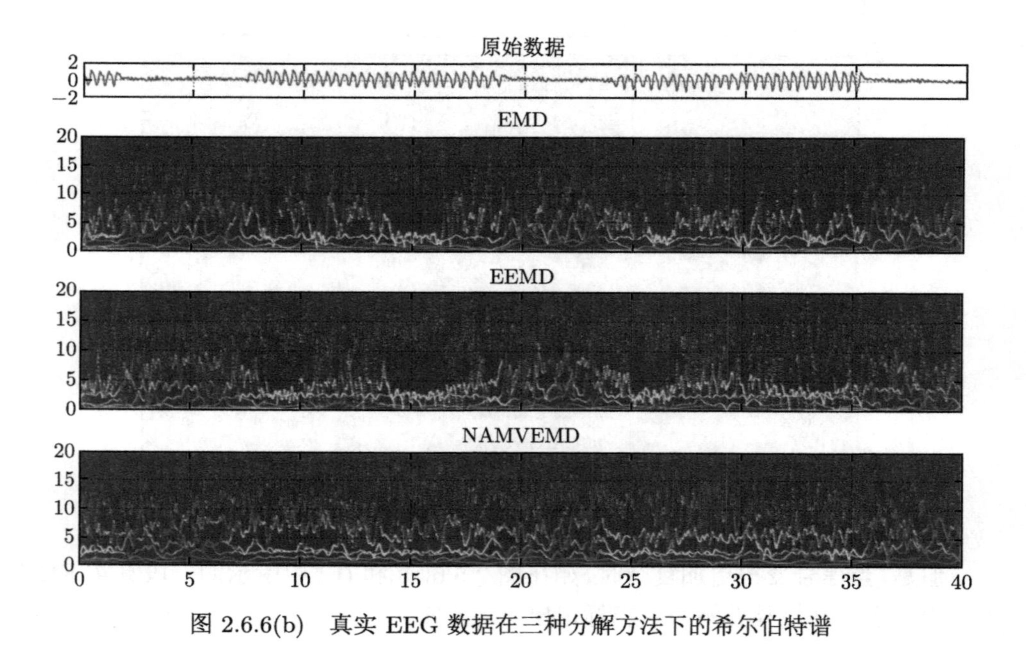

图 2.6.6(b)　真实 EEG 数据在三种分解方法下的希尔伯特谱

结果表明，相对于 EMD 和 EEMD，NAMVEMD 所得的 IMF 难以容纳波内的波形变形和调制，单个模态的变异程度较低，从希尔伯特频谱直观上看也更加线性。这种更明显的或许是虚假的趋线性化，使得单个 IMF 的瞬时频率变化

的范围缩小。因此，在线性系统的信号分析中，譬如电力工程信号，NAMVEMD 能够显出了它独特的优越性，但在其他情形下，当我们考虑使用 NAMVEMD 时，我们应该注意该方法对非线性波产生的畸变影响。

2.6.2 多维 EMD

到目前为止，关于 EMD 的讨论仅限于一维时间序列和多元数据，从技术上看 EMD 处理的数据都是一维的。值得肯定的是，EMD 方法的独特魅力也推动了图像分析的发展。这些发展的成果可以概括为以下几点：

(1) 将二维图像切成一维条带的集合，然后用一维 EMD 对每个条带进行分解。这是由 Huang（1998）在此方面最早展开的一次尝试。虽然这样做可以处理一些二维数据，但应该说是一种伪二维 EMD。这种思路后来被 Long（2005）应用在海洋的波浪数据处理上，获得了很好的表面波模式和统计特征。提示这种方法在处理一些预先明确主导方向的空间数据时，似乎能够得到不错的效果。但由于 EMD 对微小数据扰动、间断性和高变化的方向性很敏感，因此分解结果存在层间不连续的问题，这也是该方法的主要缺点。此外，早期的 EMD 得到的 IMF 数量还完全可能不同，从而导致不能实现图像重建。

(2) 直接将 EMD 的思想和算法移植到图像分解中，即确定包络面而不是包络线。目前已有很多种真正意义上的二维 EMD，每一种二维 EMD 都包含一个由特定方法确定的拟合曲面：Nunes（2003, 2005）使用径向基函数（radial basis function）表征曲面，并使用 Riesz 变换而不是希尔伯特变换来计算局部波数（local wave number）。Linderhed（2005, 2009）使用薄板样条函数（thin-plate spline）表征曲面，并发展出了基于二维 EMD 数据的图像压缩方案，事实证明，与使用其他各种小波基的数据压缩方案相比，这类方法能够达到更高的图像保真效果。Bhuiyan（2009）等人综述了各种方法的优点，计算成本和准确性。并指出，使用三次样条和薄板样条函数的径向基函数，以及高斯插值或反高次曲面样条方法在性能方面优于其他方法。除了目前已讨论困难之外，二维 EMD 的计算成本仍然非常高。

(3) 宋平舰（2001），Damerval（2005）和 Yuan（2009）使用了一种基于 Delaunay 三角剖分的方法。但是通过该方法得到的曲面并不光滑。为此，有学者进一步采用不同方法对结果进行了平滑处理以期改善效果。例如，Yuan（2009）利用 Bernstein-Bezier 拟合和基于分段三次多项式的插值方法，得到一个上表面和一个下表面，进而构造出一个光滑的包络面。Xu（2006）提出了一种基于有限元的 Delaunay 三角剖分网格拟合方法，将包络面看作一组用双三次样条插值平滑的二维线性基函数的线性组合。其中，基函数的系数是通过广义低通滤波器从数据的局部极值中获得。多维 EMD（multi-dimensional EMD, MDEMD）在应用于工程和科学等各个领域都取得了一定的成果。

总体而言，MDEMD 的第一个挑战是极值点的定义，即如何处理鞍点、脊和谷等结构？应该将它们视为最大值还是最小值？即使局部窗口策略可以在一定程度上解决以上问题，但脊和谷的问题本质上仍然没有解决。第二个难点是曲面拟合的计算成本很高。在许多情况下，涉及非常大的矩阵及其特征值计算，并且拟合仅能提供一个近似值，无法遍历所有实际极值；第三个难点，可能也是最麻烦的难点，那就是模态混叠，或者说是尺度混叠。最后，当面对考虑超曲面时，曲面拟合方法无法扩展到更高的维度。为了避开这些难点，Wu（2009）提出了一种新的多维集合 EMD（multi-dimensional ensemble EMD, MDEEMD），这才将 EMD 真正扩展到高维应用。

多维集合 EMD 基于伪二维 EEMD，是一种全新的重组策略。具体而言，对于任何给定的空间二维数据或图像 $f(x,y)$，可以将其视为一个 $M\times N$ 的矩阵 $f(m,n)$：

$$\boldsymbol{f}(m,n)=\begin{pmatrix} f_{1,1} & f_{1,2} & \cdots & f_{1,N} \\ f_{2,1} & f_{2,2} & \cdots & f_{2,N} \\ \cdots & \cdots & \cdots & \cdots \\ f_{M,1} & f_{M,2} & \cdots & f_{M,N} \end{pmatrix} \tag{2.6.2}$$

每一列都是一个包含 M 个元素的向量：

$$\boldsymbol{f}(\sim,n)=\begin{pmatrix} f_{1,n} \\ f_{2,n} \\ \cdots \\ f_{M,n} \end{pmatrix} \tag{2.6.3}$$

将 EEMD 应用到每列的一维数据，可以得到一个分解结果，为

$$\boldsymbol{f}(\sim,n)=\sum_{j=1}^{J}\boldsymbol{C}_j(\sim,n)=\sum_{j=1}^{J}\begin{pmatrix} f_{1,n,j} \\ f_{2,n,j} \\ \cdots \\ f_{M,n,j} \end{pmatrix} \tag{2.6.4}$$

再对所有的列分别进行 EEMD 后，将结果排列为 J 个矩阵：

$$\boldsymbol{g}_j(m,n)=\begin{pmatrix} c_{1,1,j} & c_{1,2,j} & \cdots & c_{1,N,j} \\ c_{2,1,j} & c_{2,2,j} & \cdots & c_{2,N,j} \\ \cdots & \cdots & \cdots & \cdots \\ c_{M,1,j} & c_{M,2,j} & \cdots & c_{M,N,j} \end{pmatrix} \tag{2.6.5}$$

值得说明的是，这里必须使用 EEMD 来消除模式混叠，同时也要控制所有分解过程中得到的 IMF 的数量 J。然后，对 $g_j(m,n)$ 的每一行使用 EEMD。为方便起见，将 $f(m,n)$ 的第 m 行第 j 个分量 $g_j(m,\sim)$ 写成

$$\boldsymbol{g}_j(m,\sim)=(c_{m,1,j}\ \ c_{m,2,j}\ \cdots\ c_{m,N,j}) \tag{2.6.6}$$

其 EEMD 分解结果为

$$\boldsymbol{g}_j(m,\sim)=\sum_{k=1}^{K}\boldsymbol{D}_{j,k}(m,\sim)=\sum_{k=1}^{K}(d_{m,1,j,k}\ \ d_{m,2,j,k}\ \cdots\ d_{m,N,j,k}) \tag{2.6.7}$$

该过程的整体流程如图 2.6.7 所示，分解结果如图 2.6.8 所示。

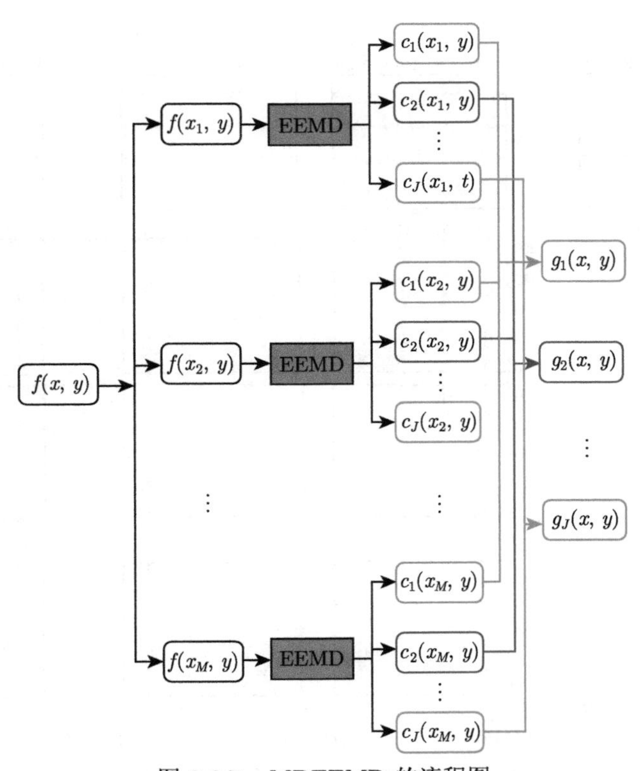

图 2.6.7 MDEEMD 的流程图

与伪二维的情况类似，所有的分解结果都可以重新排列为

$$\boldsymbol{h}_{j,k}(m,n)=\begin{pmatrix} d_{1,1,j,k} & d_{1,2,j,k} & \cdots & d_{1,N,j,k} \\ d_{2,1,j,k} & d_{2,2,j,k} & \cdots & d_{2,N,j,k} \\ \cdots & \cdots & \cdots & \cdots \\ d_{M,1,j,k} & d_{M,2,j,k} & \cdots & d_{M,N,j,k} \end{pmatrix} \tag{2.6.8}$$

因此，完整的分解结果将是

$$\boldsymbol{f}(m,n)=\sum_{k=1}^{K}\sum_{j=1}^{J}\boldsymbol{h}_{j,k}(m,n) \tag{2.6.9}$$

至此，上述方法与伪一维方法（逐行进行 EMD 分解，然后再进行逐列 EMD 分解）并没有太大区别，但巧妙之处在于重建。图 2.6.9 给出了图像重建的示意图，其中每行分量将具有近似相同的水平尺度，而每一列将具有近似相同的垂直尺度。

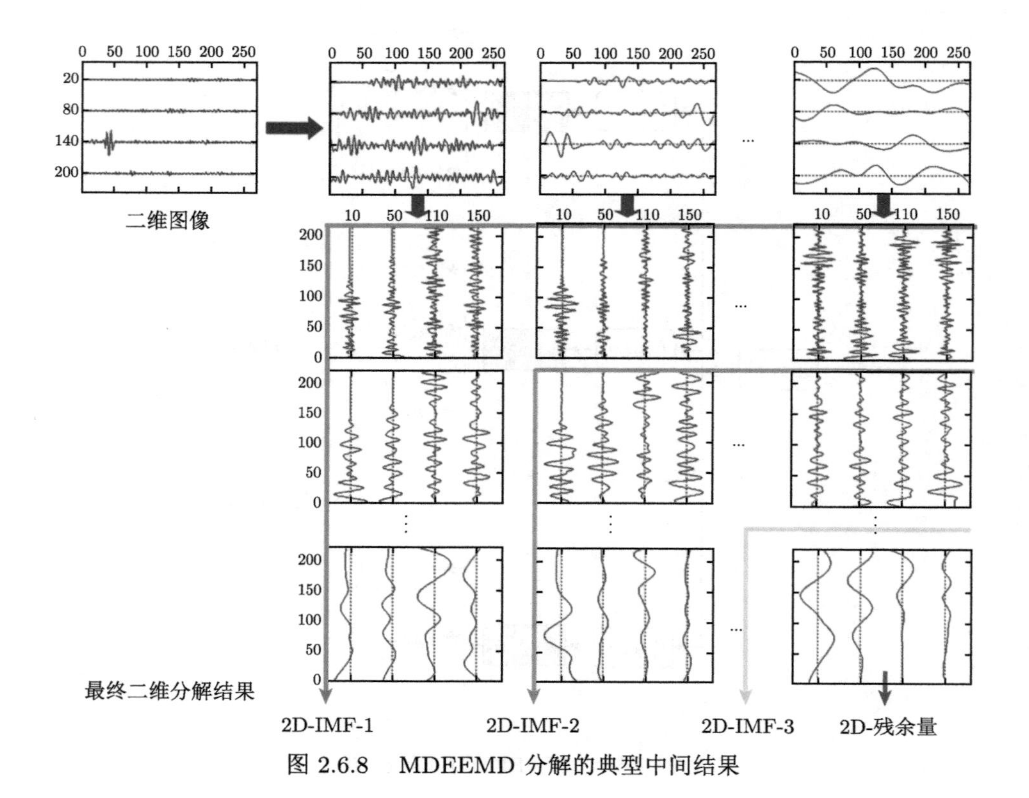

图 2.6.8　MDEEMD 分解的典型中间结果

$h_{1,1}$	$h_{1,2}$	…	$h_{1,K}$
$h_{2,1}$	$h_{2,2}$	…	$h_{2,K}$
…	…	…	…
$h_{K,1}$	$h_{K,2}$	…	$h_{K,K}$

图 2.6.9 MDEEMD 图像重建的示意图

事实上，通过这种新的重构方法将使我们能够分解更高维度的数据。图 2.6.10 所示为分解和重构示意图。

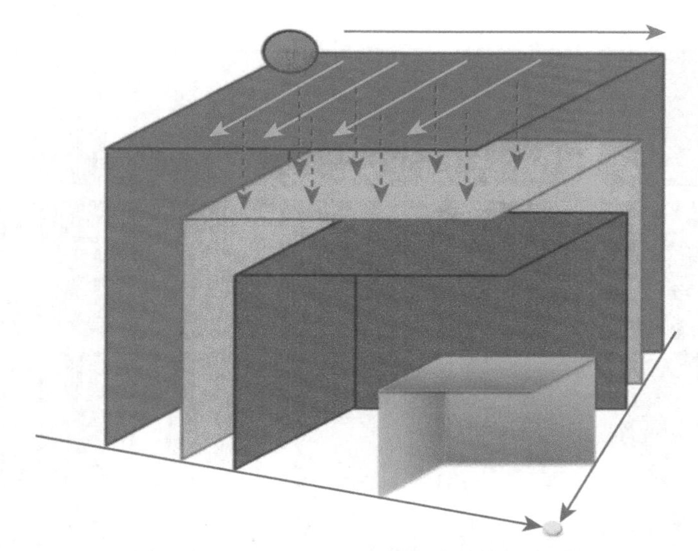

图 2.6.10 MDEEMD 分解和重构示意图

图 2.6.11 给出了 1992 年安德鲁飓风（hurricane Andrew）500hPa 水平（对流层中部附近）的数值模拟垂直速度图像数据，通过 MDEEMD 得到图 2.6.12 所示的完整分解结果：最上面的第一行表示水平方向上分解的成分；每一列代表进一步在垂直方向上的分解结果。

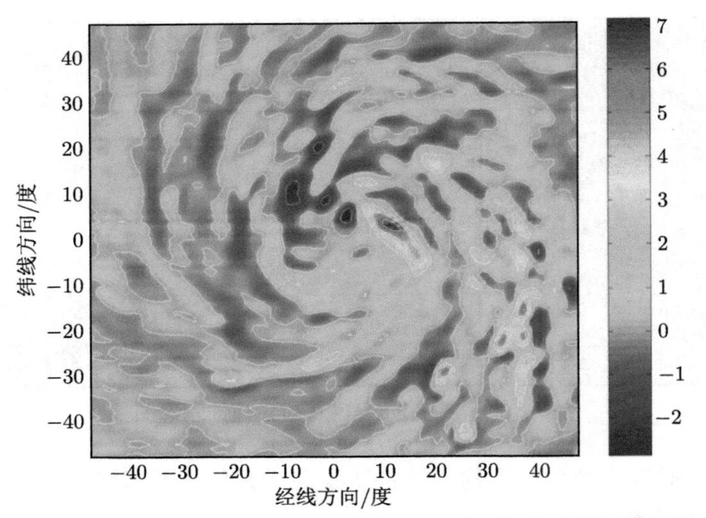

图 2.6.11　安德鲁飓风 500hPa 水平（对流层中部附近）数值模拟垂直速度

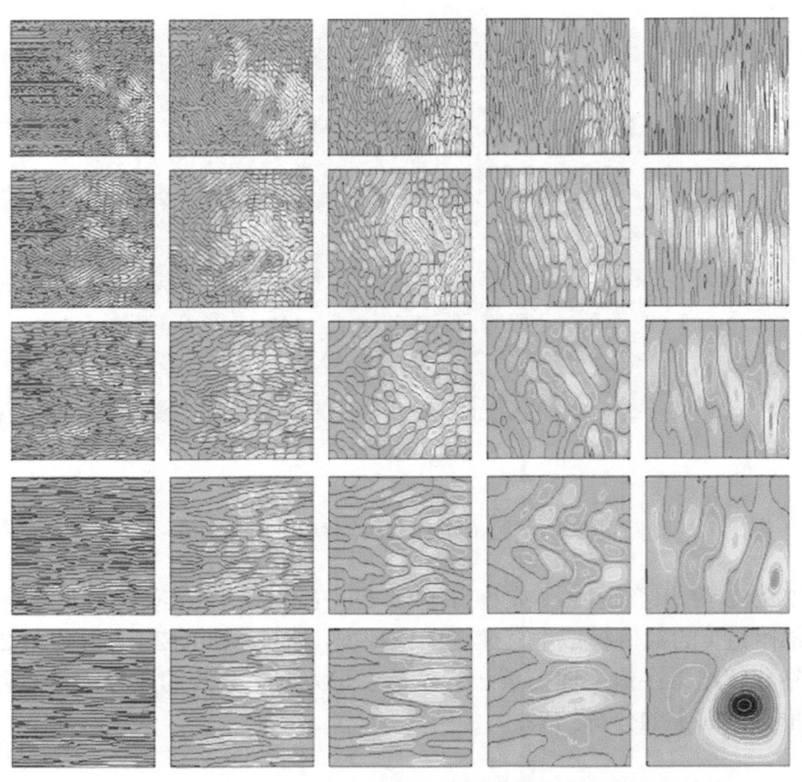

图 2.6.12　MDEEMD 对安德鲁飓风图像数据的完整分解结果

事实上，每个分量的构成除了表征出明确的方向性（不同方向上不同空间尺度的组合）外，并没有揭示飓风其他的任何信息；例如，$h_{1,5}$ 的零线几乎都是垂直的，而 $h_{5,1}$ 的零线都是水平的。而方向特征实际上正是二维分解中最重要的功能，能为最终的图像重构提供组成元素。

简要地说，二维图像分解和重建的最大挑战是图 2.6.13 中给出的具体线宽的矩形框这个案例。

显然，矩形框具有多个空间比例尺：线宽的空间比例尺较小，而不同边的长度空间比例尺较大。尽管上述的 MDEEMD 无法在任何一个成分中捕获整个矩形，但在与水平线宽和垂直线宽相近的尺度成分中，将分别包含所捕获的矩形的两条水平线和两条垂直线，这两个成分的组合就能反映整个矩形。这两个分量的共同特点是，它们的最小尺度是线的粗细。基于这一思想，我们可以提出一种新的重建策略，即最小相近尺度组合原则（comparable minimal scale combination principle）：在 MDEEMD 产生的两个正交方向上的所有成分中，具有最小尺度成分的组合将得到最有意义的结果。这种组合将提供一个单一的重组二维 IMF 成分，展示数据的实在特征。实际上，在图 2.6.12 展示的分量中，容易验证这种性质，每一行的分量将具有近似相同的水平尺度，而每一列将具有近似相同的垂直尺度。

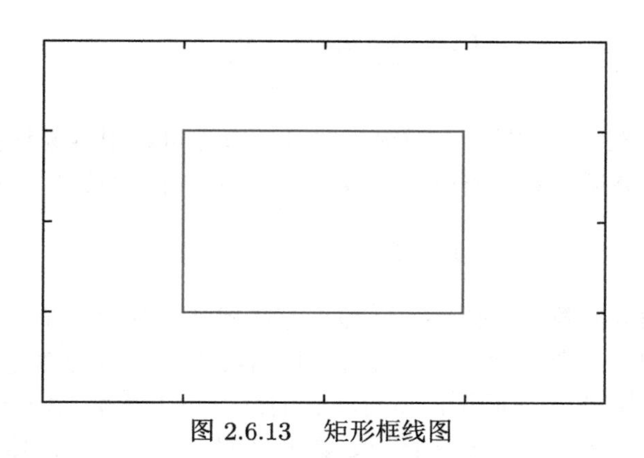

图 2.6.13　矩形框线图

在图 2.6.14 中展示了对图 2.6.12 中第一行分量和第一列分量沿着每行中心垂直线和水平线方向上的速率变化，其中垂直或水平方向的中心线是大小为 97×97 的图像中的第 49 列或第 49 行。

尽管每行的细节不同，但第一行 h_1, k 的最小空间尺度（水平方向）和第一列 $h_{j,1}$ 的最小空间尺度 (垂直方向) 基本一致，而第一行（列）的垂直（水平）尺度随着 $k(j)$ 的增加而增加。

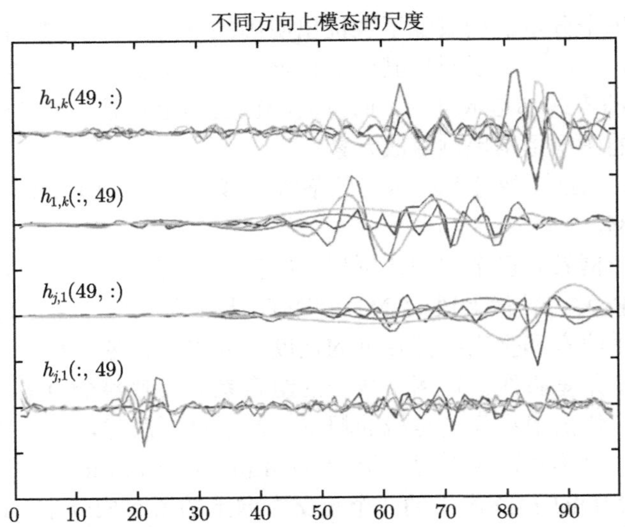

图 2.6.14　安德鲁飓风图像 MDEEMD 分解后第一行 (1,k)、第一列 (k,1) 每个模态沿水平 (49,:)、垂直 (:,49) 方向中心线的垂直速度，不同颜色对应的 k 值不同

因此，二维 IMF 模式的组合很简单：分解的最后第 i 个分量 C_i 应为

$$C_i = \sum_{k=i}^{K} h_{i,k} + \sum_{j=i+1}^{J} h_{j,i} \tag{2.6.10}$$

图 2.6.9 为详细示意图。上面提出的分解方法可以很容易地扩展到任何多维的数据，例如固体所具有的不同密度或其他可测量特性的数据，可以表示为

$$I = f(x_1, x_2, \cdots, x_n) \tag{2.6.11}$$

其中，n 表示维度的数量。分解的过程与上述相同：分解从第一个维度开始，再到第二个维度和第三个维度，直到分解完所有维度。分解仍然通过切片实现。三维数据的重建如图 2.6.10 所示。值得注意的是，对于基本上由一维 EEMD 的数据分析，实现并不困难。该方法将原始数据分解为一维切片，然后对每个一维切片使用 EEMD，关键在于根据最小尺度分量的组合原则来构建 IMF，这种方法被命名为 MDEEMD。

MDEEMD 是一种与传统二维 EMD 完全不同的视角。它绕开在极值确定、曲面拟合时遇到的主要麻烦。其中的一个显著的改进是消除了模态混叠，换句话说，在加入 EEMD 后，分解得到的结果不会包含虚假模态。MDEEMD 的另一个重大突破是，可以轻松地扩展到三维甚至是更高维空间。这种扩展对于传统的二维方法来说可是不容易做到，因为在高维度上拟合空间的离散数据涉及更高维的流形曲面，导致会失去直观的几何意义和计算可行性。而目前的切片策略则能够清晰明了地、系统性地实现。此外，高阶鞍点、脊和谷的等效性并不会成为难点。而要想在传统方法中克服所有这些困难是极具挑战性的。最后，切片方法由于已经将数据还原成一维数据段，可以很容易地使用希尔伯特变换进行波数的谱估计，并体现空间特征。

图 2.6.15 显示了飓风" 安德鲁" 图像的最终 MDEEMD 分解成分。对飓风" 安德鲁" 图像的分解结果揭示了其有趣的特征，例如飓风涡流（hurricane vortex）、重力波（gravity waves）和涡旋 Rossby 波（vortex Rossby waves）吸入的质量。第一个成分代表了直接观察原始垂直速度场所看不到的最精细的结构，第二个成分反映了原始垂直速度场的总体情况。这两个成分都显示出涡旋的卷吸结构（suck-in structure），与飓风的横扫雨带（对应向上运动带）一致。事实上，这些结果与飓风"安德鲁"的雷达反射信号的回归分析结果非常相似。成分 C3 与重力波有关，分量 4 和 5（其余部分）与原始风场中看不到的大尺度 Rossby 波有关，它们在飓风路径上具有极化特性，意味着很可能对确定飓风路径提供重要信息，并且可能为预测飓风路径提供一定的线索。图 2.6.15 中显示的结果对选择哪个方向先作第一层分解并不敏感，不管是选择先计算南北方向（上图中显示的垂直方向），或者东西方向（水平方向），结果几乎没有任何区别。最后结果所显示的飓风涡旋型结构及其最终结构意味着，MDEEMD 是一个完全自适应的方法，即使不需要人为提供先验知识，譬如分析的尺度范围以及格子大小，其结果中仍然存在很多具有实际物理意义的成分。Wu（2009）给出了更多示例。

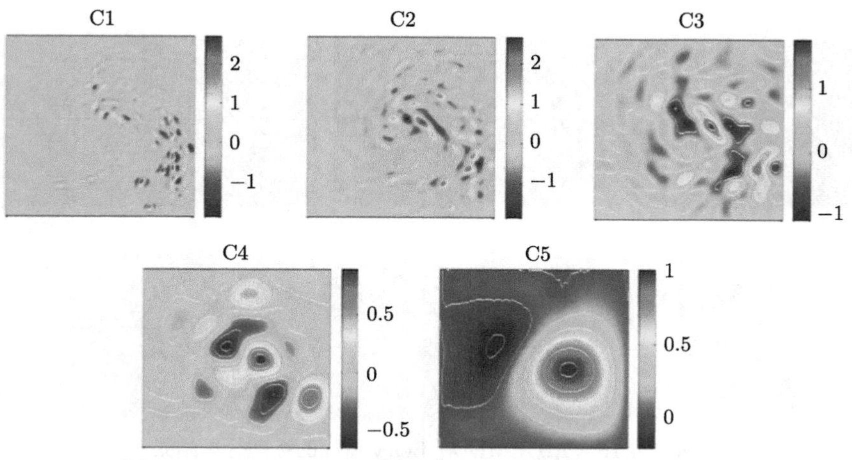

图 2.6.15　MDEEMD 分解后飓风" 安德鲁" 的最终组成

MDEMD 在图像分析中也有应用。图 2.6.16 给出了 MDEMD 对 Lena 图像的标准分析结果。根据 Ahmed 和 Mandic（2010）的研究工作，基于 EMD 的图像融合具有许多优点。最主要的一个优点是能减少“阴影框”（shaded box）效应，虚假的阴影或伪阴影是由尖锐的边缘变宽导致的，这种伪影在由非常多线条组成的印刷文本中格外明显。

还有一个与历史地震记录有关的有趣发现。除了预测地震之外，MDEMD 能够评估某一地点潜在的地震风险，这对于建筑规范要求的抗震性能、保险费率结构、风险评估和其他公共政策极为重要。众所周知，地震活动的主要原因是地壳运动或板块构造运动，次要原因是火山活动。其中板块运动的作用具有全球性，而火山活动则是局部的。板块运动与地球表层的复杂结构有关，所有板块运动过程的共同特征是断裂带，这些断裂带是由相对坚硬而脆的地壳的裂缝形成的，而裂缝则是由沿板块边界运动带来的各种复杂应力和应变造成的。这些断裂带可能与造山过程有关，肯定会产生碎片化的地形特征。那么，一个显而易见的问题是，是否具存在某个有效反映碎片化的特征，作为指示潜在板块构造过程或相关地震活动的指标？尽管断层线是过去和当前用于评估地震活动的良好指标，但断层线的存在也预示着未来可能发生的地震。在地震活跃的区域中，可能会存在多条断层线，从而导致极其复杂的表面特征。因此，与其定义断层线，不如定义断裂带。传统的地震活动研究却忽略了这些地形特征中的碎片性。基于以上的推理，我们认为碎片特征应该是地震活动的另一个明显指标。整个地质活动过程可以概括为挤压—愈合假说（crush-and-heal hypothesis）：地壳在板块构造过程中会发生碎裂，并产生相应的碎裂特征，当地震活动停止时，这些特征最终会通过静压和其他过程愈合。

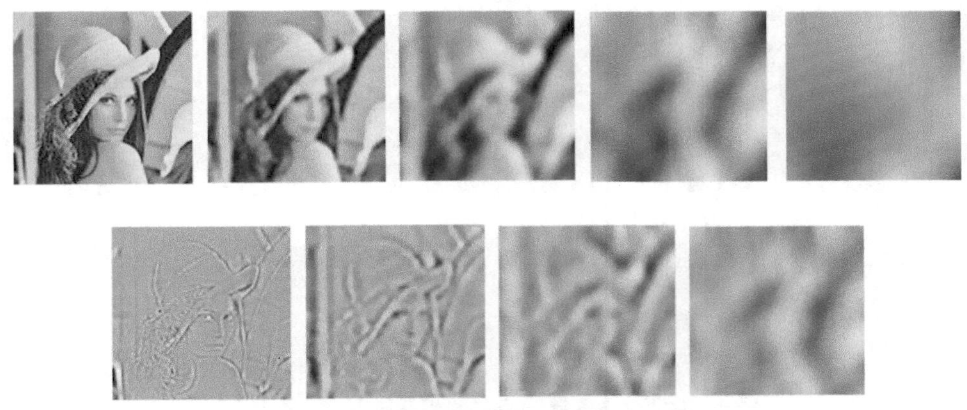

图 2.6.16　MDEMD 对 Lena 图像的标准分析结果

为了验证这一假设，我们尝试采用二维的集合经验模态分解对碎片特征进行量化（Wu, 2009）。第一次尝试使用的是 5 分分辨率（一个经纬度的十二分之一，在赤道地区，是九公里略多）的全球地形图“ETOPO5”。由于计算能力有限，考虑对地图进行降采样，并以 10 分钟的时间分辨率对全球地形进行特征分析。通过 100 次二维的 EEMD 分解后，获得了最小空间尺度对应的第一个 IMF 分量。

有趣的是，所有具有密集裂缝特征的区域都与美国地质勘探局的地震活动记录一致。由于最高的山脉和最深的海沟的地表高程值难以在一张图中呈现，因此我们对各个区域进行了详细的探究。图 2.6.17 显示了美国西部的大部分地区。这里的地震活动再次与地形碎片特征一致。

这一有趣的巧合值得进一步探究，以期确定断裂与当前地震活动之间的因果关系。显然，如图 2.6.18(a) 和 (b) 所示，虽然大部分地震活动与断裂相吻合，但也有断裂处并不对应任何地震活动。例如在某些情况下尽管存在断裂特征（此处断裂特征仅显示了南太平洋深海海脊的一部分），但并没有出现地震活动。我们猜测可能是观察记录相对较短导致的，因为一百年只是地质时间尺度上的一个短暂的瞬间，而断裂特征与历史上早期的地震活动有关。

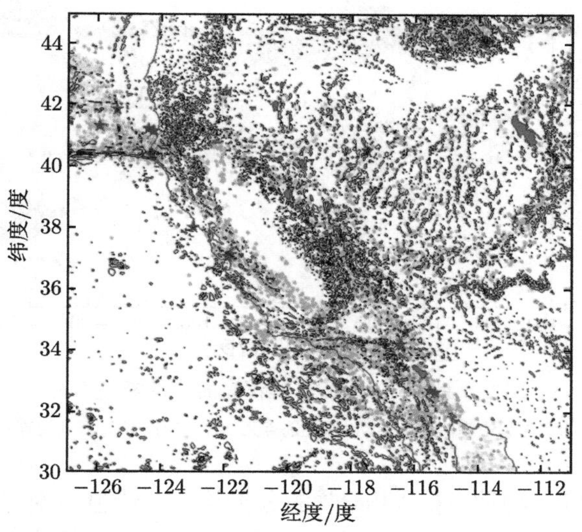

图 2.6.17 美国西部地区的地震活动图；彩色的点为记录到的地震活动

其中红色为频繁发生地震的区域，黄色次之，绿色最轻；黑色的点为 MDEMD 估计得到的碎片特征

另外，二维 EMD 的切片策略的计算具有高度的可重复性，使得它很容易适应于 Hu（2011）所示的并行计算。在最新的硬件实现中，使用 GPU 分析一张图像所需的时间可以减少到与传统时间序列分析相当。

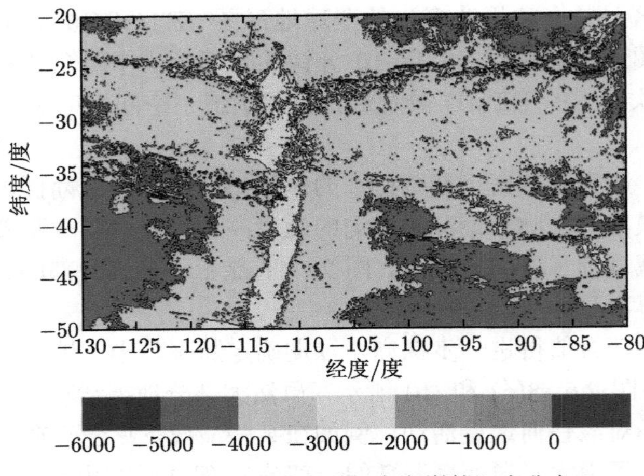

图 2.6.18 (a) 南太平洋深海海脊的深度分布

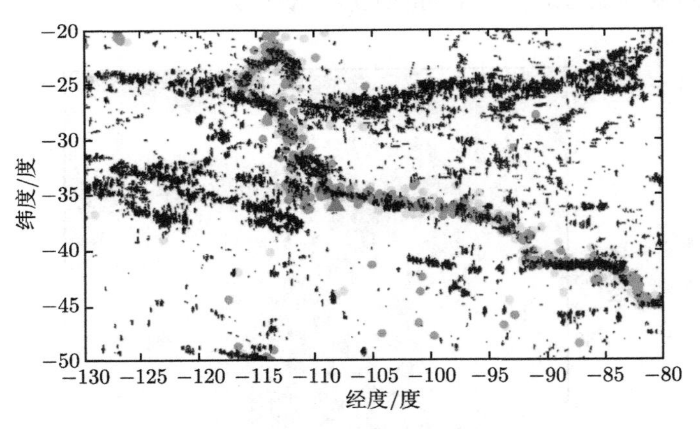

图 2.6.18 (b) 南太平洋深海海脊的断裂特征

彩色的点为记录到的地震活动, 黑色的点为 MDEMD 估计得到的碎片特征

总的来说，以上种种“看似巧合”的分析结果，恰恰说明了 EMD 在多变量、高维度序列分析的优势。自提出二十多年来，EMD 经历了多次迭代和算法优化，应用范围也从时间序列分析逐渐拓展到更多领域，而且都取得了不错的效果。相比傅里叶分解，EMD 是非常年轻的，读者在使用这些全新变体方法的同时，也需要思考这些新方法的适用性和局限性，并在必要的条件下对 EMD 作进一步的改进和发展，这样才会使 EMD 分解在使用中不断成长。

2.7 趋势、去趋势和回归

在数据分析的过程中，我们经常会遇到"趋势"（trend）和"去趋势"（detrend）这两个词。在从事金融和气候等特定领域的数据分析时，趋势更为重要，甚至可以说它是最关键的特征之一。在另一些诸如估计数据的相关性和谱分析这类问题中，从数据中去除趋势则是必要的常规步骤，这个过程被称为去趋势，用于防止数据的分析结果被非零均值和趋势项所掩盖；因此，如果想要得到真正有意义的相关性和谱分析结果，去趋势都是一个必要步骤。从数据中提取趋势以及去趋势既是两个永恒的热点话题，又是两个不可避免的工作。

既然如此，趋势到底是什么呢？趋势这个概念给人一种似乎不言自明的感觉，从字面上就可以理解趋势的意思，所以，绝大多数人根本没有把趋势当回事儿，也少有人愿意花功夫研究趋势的本质。举例来说，在统计学科和大量的数据分析工作中，趋势往往被理解为一个事件在整体倾向性，随着观测数据越来越多，可以借助这种整体倾向性对事件进行预测。在其他的一些分析工作中，趋势还被理解为去除数据中频率高于阈值的成分后的残差（Flandrin, 2005）。正如 Wu（2009）所指出，目前针对非线性非平稳数据，无论是趋势，还是相应的去趋势，都尚且缺乏一个足够严格的定义，这就导致一旦遇上了非线性非平稳数据，趋势的提取和去趋势就都只能临场发挥，随性所致了。

Wu（2007）指出，对趋势进行处理，有一种最简单的策略是，假设它来自数据外部（extrinsic），而且是一个被事先确定（predetermined）而可以预测的量。最常见的趋势就是一条数据拟合的直线；因此，最常见的去趋势过程通常是去掉与数据拟合效果最好的那条直线，得到零均值的残差。对于纯粹线性、平稳的问题，这样的趋势定义可能还算合适。然而，对于真实世界中的诸多实际应用场景，例如财经，气候数据分析，这种简化的趋势定义和去趋势方法很可能就不适用，因此在逻辑上也不能凭借这种对趋势的粗略理解挖掘潜在的物理意义。而在实际应用场景的研究中，趋势往往是最重要的定量诉求，而线性拟合出的趋势缺乏实际意义，因为非平稳场景中的内在机制本身就是非线性的。

另一个常用的趋势提取方法是将数据的移动平均作为趋势。实现移动平均自然需要预先确定时间尺度，即时间窗。其实，并没有什么合理依据能事先确定时间窗的尺度大小，尤其是在非平稳过程中，局部时间尺度这个先验信息是未知的。更复杂一些的趋势提取方法，比如回归分析方法或基于傅里叶的滤波方法，也往往要基于类似傅里叶分析必要的平稳和线性假设；因此，想要证明去趋势的合理性时，也会面临类似前文所述的基本挑战。即使在一些十分巧合的情况下，非线性回归方法提取出的趋势恰好会与数据拟合结果很一致，也仍然没有合理的办法来选取一个与时间无关，且能普遍应用在非平稳过程中的回归公式。

总体而言，所有由先验函数形式拟合出的趋势都带有强烈主观性和经验性，除非事先已经洞悉涉及的全部物理过程。这个主观性体现在通过数据探寻的内在机制需要遵循人为选定的简化函数形式，显然没有任何理论基础来支撑这个存在逻辑障碍的观点，尤其是函数形式的简化常常只是为了数学上的方便，有的甚至毫无道理可言。可见，上述讨论的趋势定义和去趋势的算法，一般都涉及到事先规定好的参数或函数，而这些参数或函数相对于分析的问题来说都是外在的、主观的。为了克服上述缺点，人们必须回答以下基本的问题，即在不依赖外在函数或简化假设的情况下，如何确定非平稳和非线性过程数据中的趋势。

Wu（2009）指出，在进一步讨论趋势之前，必须考虑趋势的几个微妙但十分重要的属性。首先，数据的趋势必须是数据的一个内在属性；趋势是数据的一个组成部分，所有数据的生成过程存在内在机制，而数据的趋势也正是由这个相同的内在机制，或是内在机制的一部分驱动产生的。既然是内在属性，就要求趋势的定义具有适应性，这样才能保证提取的趋势来源于数据，同时也基于数据。遗憾的是，目前报道的大多数方法都是通过使用非自适应的方法（如预先确定函数形式）来定义趋势的。其次，趋势应该存在于给定的数据时段跨度内，因此趋势的属性也就必须与数据跨度对应的时间尺度息息相关。在这个意义上，如果定义趋势的时间尺度比当前的数据跨度范围要短，那么即使持续添加新的数据到当前数据中，原来的趋势也不会受到影响。但实际上，持续追加新的数据很可能会产生影响：持续追加新数据会导致当前整体趋势延展扩大（extension），甚至会导致估计得到的趋势的时间尺度比当前数据跨度范围都要大。考虑到这一现象，就很容易理解，为什么 Stock 和 Watson（1988）说，把趋势和周期两个概念分开很难："在没有引入局部时间尺度时，一个经济学家眼中的趋势可能是另一个经济学家眼中的周期"。为了明确区分趋势和周期，趋势这个概念必须有一个明确的限定条件，即在给定的数据跨度范围内，趋势曲线至多包含一个极值。如果趋势的函数形式没有预先选定，那么确定趋势的过程就必须是自适应的，才能适用于非平稳和非线性的数据。因此，趋势必须被定义为一个由数据驱动，并具有内凛拟合性的单调函数（intrinsically fitted monotonic function），或者是在给定的数据跨度范围内最多只能有一个极值的函数。

经过以上的思考和推理，我们就可以重新定义趋势为：给定跨度的数据在去掉所有振荡成分后的残余。在这里的定义中，前文"给定数据时段跨度"可以是整个数据的长度，也可以是数据的部分长度。在严格定义了趋势之后，去趋势（detrending）和变化性（variability）这两个概念的定义就很容易相应给出：去趋势是指去除趋势的操作；变化性是指在给定的数据跨度范围内，去除趋势后的残留数据。谈到这里，已经很明显，我们在提倡找到一种自适应的方法来确定趋势。几乎与前人所有的分解方法都不同，EMD 是经验、直观、直接、自适应的，不需要任何事先设定基函数。从 EMD 的视角来看，全局趋势就是分解后最终的残差。因此，趋势是一个局部非震荡函数，它的局部时间尺度不长于局部完整震荡周期，时间尺度的上界可根据变化性包含的所有振荡中的最长震荡周期确定。

值得指出的是，基于以上定义的趋势和去趋势，相应的算法相当通用，完全可以应用于任何非平稳和非线性的数据。不过，我们在这里的目标不是为了预测，而是为了分析。这里需要再次指出我们的观点：预测与分析是截然不同的；预测模型必须是基于内在的物理过程，而不能是由数据驱动得到；而分析则强调挖掘和理解数据中的潜在规律，为建立预测模型提供基础。这一点与当下流行的基于数据拟合的机器学习或深度学习理念有所不同。即使在这个人工智能时代，机器学习的本质也是为了从数据中找出其变化的规律，从而可以利用这些规律进行预测。同时，本书的重点也不同于两位金融数据分析的开拓者 R.F.Engle 和 C.W.J.Granger（1987）的著作，他们的工作中尽管也介绍了在金融界常用的确定趋势和变化性的方法，重点是市场预测的模型，市场显然充满非平稳过程，想要建立市场预测的模型，挑战是不言而喻的。他们在书中提到，金融市场可以看作是一个特殊的差分整合滑动平均自回归（auto-regressive integrated moving average, ARIMA）过程，这个过程由一系列外部冲击和内部缓冲来调控，但他们同时也明确指出了局限性，即并非所有的非平稳数据都能满足这个线性平稳假设。事实上，现实世界中的绝大多数数据都具有非平稳和非线性的特性，可能根本不符合 ARIMA 预测模型。

在讨论了趋势的定义和提取趋势的方法后，以下将以气候变化数据为例，展示 Wu（2011）的分析方法和结果，来说明我们对趋势定义的优越性。通过观测数据得到的全球平均地表温度（global-mean surface temperature, GST）随时间的变化一直是“人类引起全球变暖”研究中的焦点。其中关注的重点就是长期趋势（secular trend, ST）的估计和溯源分析。

美国政府气候变化专门委员会（IPCC 2007）第四次评估报告（AR4）的技术摘要图 TS.6 展示了 GST 的四种不同的线性趋势估计，不同的线性趋势估计对应不同的时间尺度，全球变暖的趋势从过去 150 年的 0.045 ±0.012 摄氏度/十年，变化到最近 25 年间 0.177 ±0.052 摄氏度/十年（时间跨度均结束于 2003 年）。图 2.7.1 可以看出全球变暖的趋势，但趋势却随时间尺度之不同而变化。基于这个图所给的趋势，IPCC 得到的结论是：近些年来温度的上升速度越来越快。这似乎有力地支持了“温室气体激增导致全球变暖”的观点。

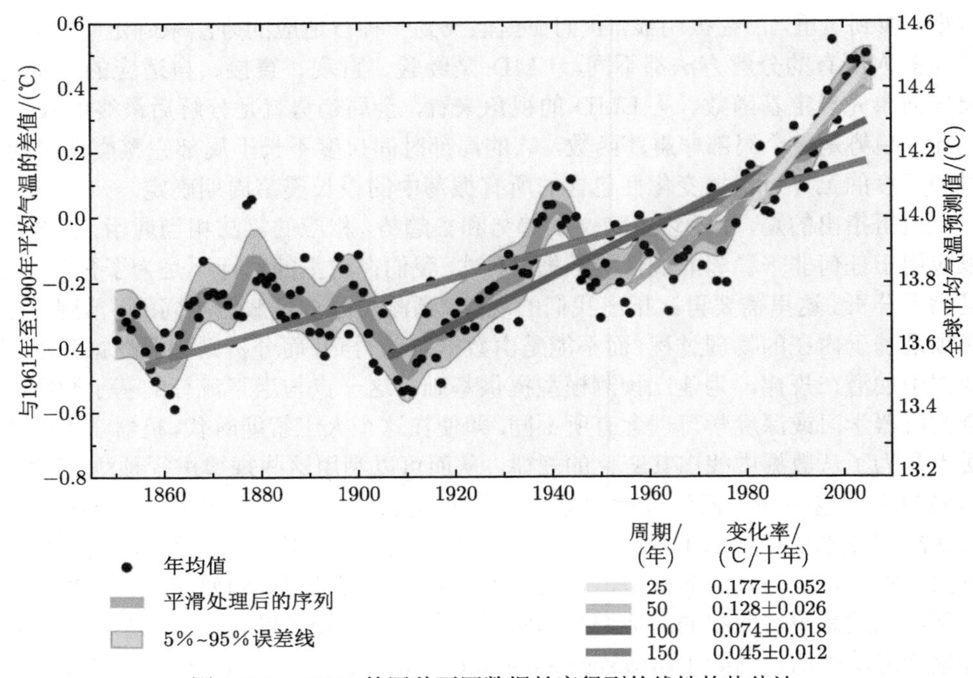

图 2.7.1　GST 的四种不同数据长度得到的线性趋势估计

有趣的是，我们可以用同样的数据、同样的线性趋势估计方法，来计算 25 年不同时段的趋势。正如图 2.7.2 所示（Wu, 2007)，全球变暖是以阶梯式方式进行的，1915 年至 1935 年和 1980 年至 1998 年的温度上升速度相对较快，而 1900 年和 1950 年前后的温度上升趋势则相对较弱，有时甚至是负增长。这些统计结果能够体现出，线性趋势估计方法对数据起点和终点的选择很敏感。短期线性趋势的估计要综合考虑长期趋势和波动，如果涉及到的时间跨度很大，就无法用传统的时间序列分析技术有效解决。

长久以来，区分时间序列的周期和随时间变化的长期趋势一直都是个让人困扰的问题。传统方法不得不采用人为暴力选取不同时间间隔、之后进行直线拟合的方法，或用其他预先设计好的曲线（如指数曲线、不同阶数的多项式）拟合的方法，并不能确保在使用预先设定好的分析函数的情况下，找到的规律模态可以与物理变化模态一致。因此，人们迫切需要有一种更加客观、非参数化的方法来量化时间序列（如 GST）的低频变化性。

现在，我们可以用完全不同的新策略面对并解决这个问题。如果从数据中提取的周期和长期趋势确实反映了给定时间内运行的物理过程，那么周期和长期趋势都应该体现时间局部性，即使加入了新的数据，给定时间内的相应物理解释也不应该发生任何变化，毕竟，物理系统的后续演化并不能改变已经发生的事实。事实上，时间上的局部性本就该是指导所有时间序列分析的首要准则。这一准则也恰恰对应了时间序列分析从傅里叶变换，到短时傅里叶变换（short-time Fourier transform, STFT）(Gabor, 1946)，再到小波分析（wavelet analysis）(Daubechies, 1992）的演化过程。可以验证，AR4（IPCC 2007）中拟合的线性趋势并不满足这个局部性原则，而 Wu（2007）定义的自适应趋势和使用 EEMD 方法提取的趋势（Wu 和 Huang, 2008; Wu 和 Huang, 2009）一开始就满足了局部性原则。因此，由数据自适应确定的长期趋势可以更好地反映内在物理规律，并解决趋势和叠加在趋势上的波动两者模棱两可的问题。

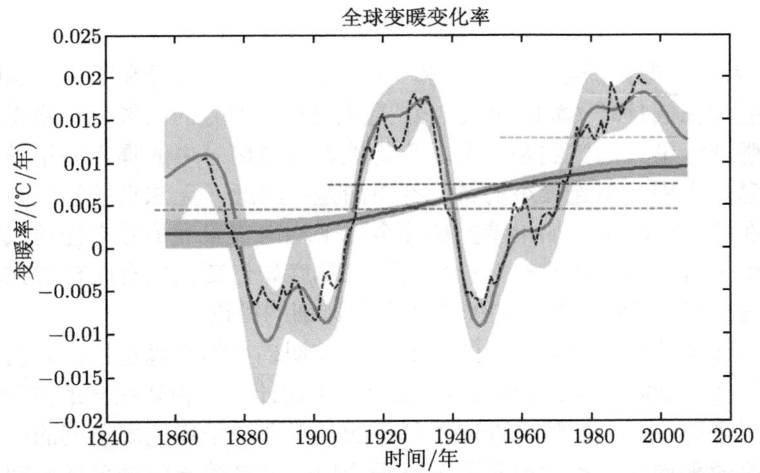

图 2.7.2　蓝色线条和阴影表示全球变暖非线性趋势的变化率，紫色线条和阴影是近 70 年的年代际变化（multi-decadal variation, MDV）非线性趋势的变化率，对其进行 25 年的滑动平均可以得到黑色的曲线，不同颜色的水平虚线是 IPCC 估计的温度变化率。

以上提到的研究中使用的数据包括以下几组：

(1) HadCRUT3v 数据集中的全球月度陆地和海洋表面温度（Jones, 1999; Rayner, 2003）；

(2) Goddard 空间研究所提供的全球月度陆地和海洋表面温度（GISTEMP）（Hansen, 1999）；

(3) 地表大气温度数据集（SAT），时间跨度从 1900 年到 2006 年 12 月，来自 Global Historical Climatology Network 第 3 版（Peterson 和 Vose, 1997）；SST 数据及来自 NOAA ERSST（Smith, 2008）；

(4) 国际海洋大气综合数据集（ICOADS），其中包含 5°×5° 网格框内的 SST 现场观测客观分析数据（Smith 和 Reynolds, 2005）；

(5) 可归因于火山作用力的全球平均地表温度变化的估计（Thompson, 2009）。

在深入考察 GST 的长期趋势之前，有必要再次讨论一个与确定趋势有关的问题，也就是第 2.4 节中讨论的 EMD 的“端点效应”。目前使用的任何方法都会受制于数据端点效应而产生不确定性因素。例如，傅里叶变换具有吉布斯效应，小波分析具有圆锥效应（cone of influence）（Torrence 和 Compo, 1998）。我们在这里使用的方法是第 2.4 节中概述的方法：利用筛分过程每次递归中，数据端部最近的两个极大值（极小值）的信息来预测包络线端点的值（Wu, 2009）。另一个相关的问题是，数据中包含的噪声可能会导致全球地表温度数据估计的 MDV 和长期趋势存在一定误差。一般来说，数据可以认为是信号和噪声的加和结果，即

$$x(t) = s(t) + n(t) \tag{2.7.1}$$

其中 $x(t)$ 为记录得到的数据，$s(t)$ 和 $n(t)$ 分别为真实信号和噪声。当噪声有相当一部分能量在低频时（如暖色噪声），毫无疑问，信号的低频分量将受到噪声低频部分的强烈污染。遗憾的是，全球平均地表温度信号中的噪声并不是一个已知的先验信息，人们甚至连噪声的特征都不清楚；因此，无法直接将噪声与真实信号分开。在这种情况下，如果希望估计全球平均地表温度信号中任何成分的统计显著性，就不得不基于我们对全球平均地表温度如何变化的有限理解来做出一个零假设，这一点在 Wu（2011）的工作中有详细的讨论。

为了估计全球地表平均温度的 MDV 和长期趋势的不确定性，我们分析了从 1850 年 1 月到 2008 年 12 月的 GST 数据，并设计了一种降采样的方法。在这个新的降采样方法中，我们随机选取了每年的月度全球平均地表温度的一个值来代表整个年度的平均数，也就得到了全球平均地表温度的年度降采样时间序列。理论上，这种方法可以得到 12^{159} 个不同的时间序列。其中，我们随机选取 1000 个序列，并对每个降采样的全球平均地表温度序列进行分解。然后，从这些分解后的信号中提取 MDV 的均值和趋势的均值，并计算两个均值之间的差值，作为不确定性的评估。结果显示，数据的端点效应只局限于距数据点十年内，而且都相当小，造成的误差也在不确定性范围内，这个结果会在本书中随后展示。

应该注意的是，这种新方法是由 Wu（2007）和 Huang（2009）提出的，通过这种新方法可以发现，时间尺度短于 20 年的年平均全球地表平均温度的各个 IMF 相加形成的时间序列与白噪声类似。用傅里叶滤波代替 EMD 分解，两者得到的结果可以互相印证。正如以前的研究（Wu 和 Huang, 2008; Wu 和 Huang, 2009）所证明的那样，EEMD 所产生的数据中的低频成分对时间上的局部扰动不敏感。这意味着，如果全球地表平均温度数据端点效应和固有噪声较小，那么纵使随意选取不同时间段的平均全球地表温度数据，其体现出的长期趋势以及年代际变化，也不应该像图 2.7.1 一样有较大的差异。

Wu（2007）将 EEMD 应用于全球地表平均温度年度时间序列中，分析结果说明了新方法估计长期趋势的合理性。在图 2.7.3 中，我们使用 EEMD 分解来自 HadCRUT3v 数据集的全球月度陆地和海洋表面温度时间序列，这个数据集记录了 1850 年 1 月至 2008 年 12 月的温度数据。每幅图中最上面一条曲线为原始变化曲线，以此往下为 EEMD 分解得到的 IMFs，其中 C_8 被定义为 MDV，C_9 被定义为 ST，所有曲线的尺度一致，均采用摄氏度表示。

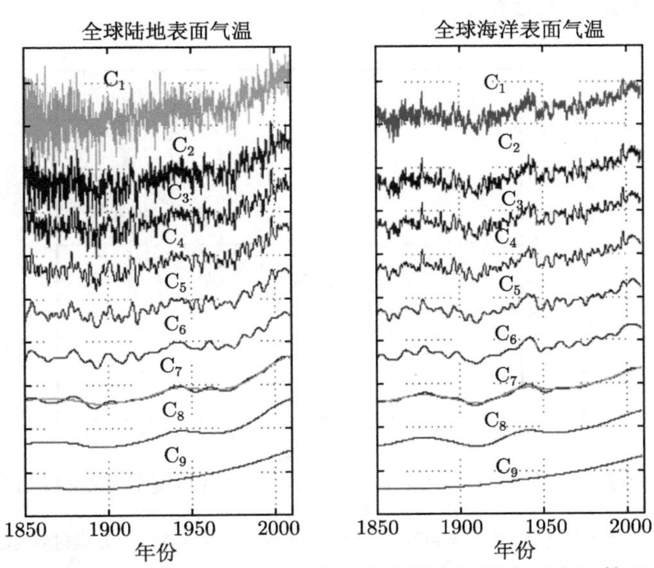

图 2.7.3　全球平均陆地表面空气温度（左）和海洋表面空气温度（右）的 EEMD 分解结果，红色曲线是数据经过该步 IMF 分解后的残余成分，它揭示了数据的残余成分可以作为高频骑行波的缓变背景的参照系。

在高频成分 C_1、C_2 和 C_3 中，陆地温度明显比海洋温度有更大的变化。当过滤掉这些高频成分后，陆地和海洋的时间序列变得更加相似，这一点可以从二者的分解结果之间存在高度正相关性得到印证（表 2.7.1）。

表 2.7.1　SST 和 SAT 相应成分之间的相关性比较

	C_1	C_2	C_3	C_4	C_5	C_6	C_7	C_8
SST & SAT	0.080	0.213	0.260	0.445	0.700	0.606	0.697	0.571

注：SST 表示海洋表面平均温度（the mean surface temperature over the oceans），SAT 表示陆地表面空气平均温度（the mean surface air temperature over the land）。

我们的分析结果和 Thompson（2010）的研究结果相一致：在低频时间尺度上，陆地和海洋温度时间序列之间具有很强的一致性。这项研究中最有趣的特征出现在底部的两条曲线中。最下面的一条是 C_9，C_9 正上方的曲线是 C_8 和 C_9

的加和。这项研究中后续的结果采用了类似的 EEMD 方法，对全球平均地表温度（GST）、陆地和海洋地表温度时间序列组合进行了进一步分析。已有研究表明，由 C_8 和 C_9 分别定义的 GST 的 MDV 和 ST（基于 HadCRUT3v 数据集），在 99%以上的置信度下，可与单变量红噪声区分开来，相对于“信号是单变量红噪声”的零假设具有统计显著差异（Wu, 2011）。图 2.7.4 显示了 GST 时间序列 EEMD 分解后 ST 的时间序列和 MDV 的时间序列，在这里使用的 GST 序列中，陆地和海洋的数据被融合在了一起。

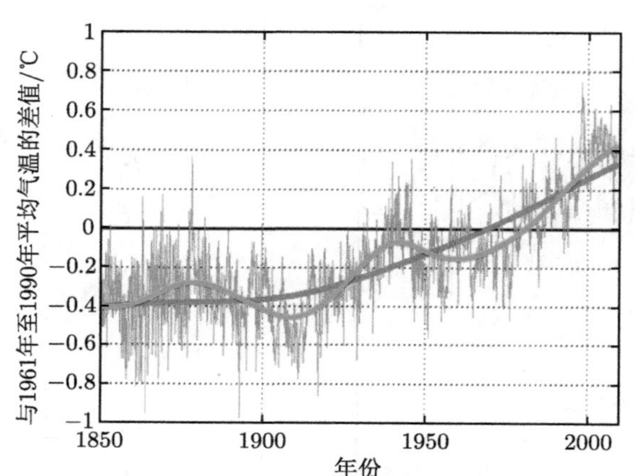

图 2.7.4 原始全球平均表面温度 GST 时间序列，以及对其使用 EEMD 分解并重构得到的变化趋势

其中红色为仅使用 ST 重构得到的趋势，绿色为使用 ST+MDV 重构得到的趋势

长期趋势 ST 的结果体现出从 1850 年至今的持续升温现象，累计升温 0.75° C，而年代际变化 MDV 则体现了 GST 时间序列具有阶梯性的特征，这两者都能够反映 GST 序列的基本变化特征。

图 2.7.5 显示了 1850~1983，1850~1988，1850~1993，1850~1998，1850~2003，和 1850~2008 时间跨度的结果。不同颜色的线是由时间跨度不同的 GST 时间序列计算产生的。譬如在两幅图中，天蓝色的线分别代表从 1949 到 2008 年 GST 时间序列的 ST 和 MDV。每幅图中的均值（黑色）和两倍标准差（红色）表示的范围是由 1850~2008 年 GST 时间序列进行 EEMD 分解产生的。

接下来我们讨论趋势估计对端点的敏感性。图 2.7.5 展示了不同时间跨度下对 ST 和 MDV 进行分解得到的趋势线，可以看到 20 世纪 40 年代以前的 ST(C_9) 和 MDV(C_8) 的估计值对端点相对不敏感，但在整个时间跨度的端点年份处，敏感性明显上升，这一点可以印证先前工作的观点 (Wu 和 Huang, 2009)。从这个意义上说，尽管在端点处存在不确定性，但 MDV 曲线和 ST 曲线的整体形状相对于端点处的变化还是比较稳定的。

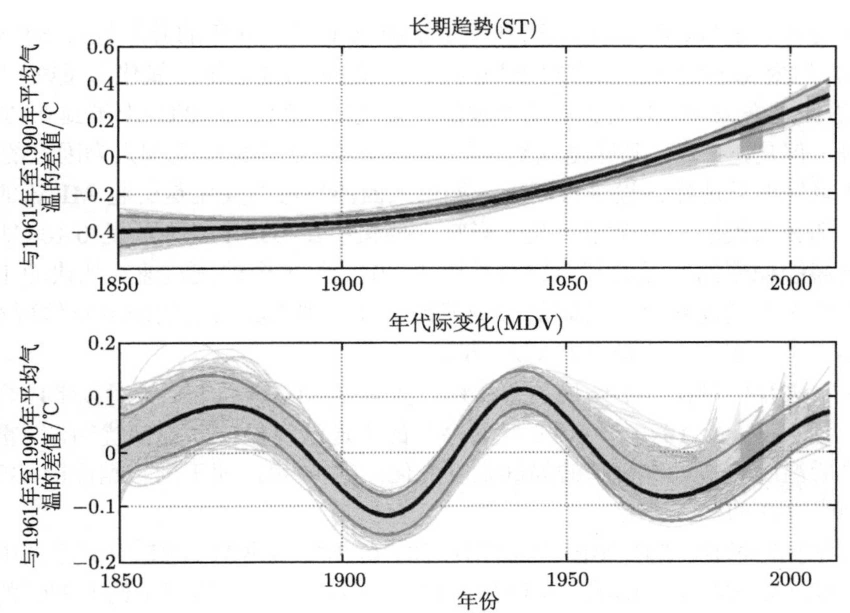

图 2.7.5 基于 EEMD 的长期趋势 ST（上）和年代际变化 MDV（下）对于 GST 数据长度的敏感度

表 2.7.2 比较了过去 150 年、100 年、50 年和 25 年 ST 和 MDV 对 GST 线性趋势的贡献。在表中，AR4 的线性趋势是根据观察到的截至 2003 年的 GST 时间序列计算得到的，我们的计算也针对了相同的 GST 时间序列，但是时间节点截至 2008 年。从 1998 年起 5 年的 GST 相对平稳，导致结果中过去 25 年和过去 50 年的平均趋势比 AR4 中的相对较小。在所有时间尺度上, 基于 ST 和 MDV 叠加形成的时间序列的趋势（即图 2.7.4 中的绿色曲线）与基于原始时间序列的趋势非常一致, 这与年平均 GST 的高频成分类似于白噪声的结果是一致的（Huang, 2009）。在过去 50 年 0.53℃ 的温度上升中，仅 ST 就占了 0.43℃，这与 AR4 摘要中的说法一致，即“观察到的变化 …… 支持这样的结论，即如果不引入外在的驱动力，过去 50 年的全球变化是完全超出人们的预期的，而且这种外在驱动力大概率不仅仅来自自然因素”。在过去 25 年中，用 ST 和 MDV 之和估计出的

表 2.7.2 不同时间跨度趋势的平均梯度（℃/十年）和相应的不确定度

	近 150 年	近 100 年	近 50 年	近 25 年
AR4	0.045±0.012	0.074±0.018	0.128±0.026	0.177±0.052
ST and MDV	0.051±0.040	0.086±0.039	0.105±0.041	0.148±0.051
ST	0.05±0.014	0.067±0.014	0.086±0.018	0.096±0.024

注：AR4 代表第四次评估报告（the fourth assessment report），ST 代表长期趋势，MDV 代表年代际变化，ST 和 MDV 是对 GST 陆地和海洋数据进行 EEMD 分析得到的。

升温率为 0.15±0.05℃/十年，其中，有 0.10±0.02℃/10 年的升温只与 ST 有关。

ST 的变化形状与化石燃料燃烧向大气中输入的全球年二氧化碳量密切相关。因此，估计过去 25 年内，人类活动造成的全球变暖大约在 0.10℃/十年到 0.15℃/十年不等。但是，MDV 到底是受到自然因素影响，还是更多受到人为因素的影响，其孰重孰轻就只能靠假设来推断了：如果大西洋环流的变化是引起 MDV 的主要因素，那么人类活动对全球变暖的影响主要集中在 ST 上，大约是 0.10℃/十年；如果气溶胶积聚的减缓或甚至逆转是造成 20 世纪末全球变暖速度加快的主要原因，那么人类活动对全球变暖的影响就比较高，则人类活动的影响将体现在 ST 和 MDV 上，因此大约是 0.15℃/十年。

接下来我们讨论以上结果的鲁棒性，尤其是 MDV 和 ST 针对以下内容的敏感性：① 突变，即 1945 年 GST 时间序列的不连续现象；② 局部扰动，即重大火山爆发后温度冷却过程引起的局部温度变化；③ 噪声，即不同数据库的 GST 时间序列中存在的些许差异。

首先我们讨论 1945 年由 HadCRUT3v 数据集得出的 GST 时间序列中的温度不连续现象对结果的影响。在该数据集中，1945 年 8 月出现了约 0.3°C 的温度突变。在当时，使用嵌入冷凝器进气口的温度计测量海面温度（SST）的美国海军舰队返回港口，而此时，英国海军舰队代替了美国，对 SST 进行桶式测量（bucket measurements），成为之后 SST 数据的主要来源（Thompson, 2008; Thompson, 2009）。2008 年人们发现这个温度不连续的问题；目前正在努力修正温度不连续造成的偏差，但截至目前，我们只知道该修正项在 1945 年之前为负数，1945 年之后为正数，有大约超过一年甚至几十年的温度数据仍需要进行修正（Thompson, 2008; Thompson, 2009）。前面已经证明，EEMD 是一种时域上的局部分析方法。如果误差被限制在一个相对较短的时间跨度内，例如不到十年，提取的 MDV 和 ST 理论上并不会受到明显影响。如果持续时间较长，例如几十年，预计 MDV 会有一些相位偏移。在这里，我们考虑用以下基于假设的综合方法对这种不连续性进行修正：具体操作为加入一个在 1945 年 8 月结束的振幅为 0.15℃ 的指数衰减函数（向着时间推移方向衰减），此外这个衰减函数还要减去一个在 1945 年 9 月开始的振幅为 0.15℃ 的指数函数（向着时间推移的反方向衰减）。两个指数函数的 e 折衰减时间（e-folding time）均为 15 年。原始 GST、GST 修正函数和修正后的 GST 显示在图 2.7.6 顶部的图中。

从图 2.7.6 底部的两幅图中可以清楚地看出，1925 年至 1975 年期间，原始数据和矫正后 GST 的 MDV 有一些差异。在矫正后的数据中，20 世纪 40 年代的 MDV 峰值提前了几年出现，而在 20 世纪 60 年代，原始数据中出现的 MDV 最小值稍低，并在时间上向前移动了约 10 年。矫正对 ST 的影响几乎看不出来。由以上结果可知，除非今后真实采用的 GST 矫正方法中，修正的时间跨度范围比我们假设的时间跨度长得多，否则 GST 不连续性的矫正不太可能对结果产生本质的影响。

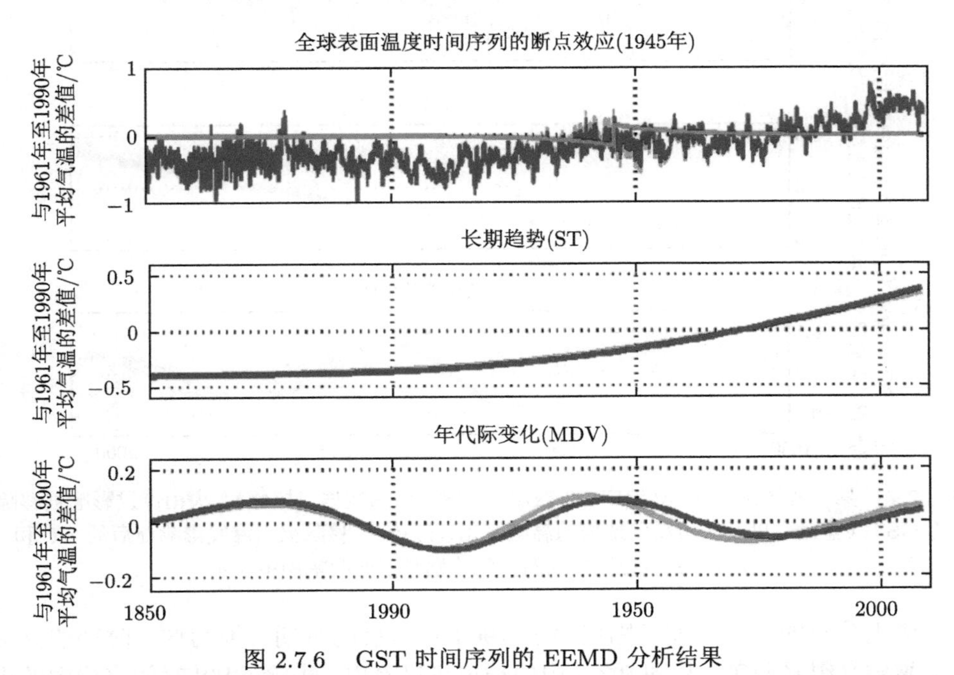

图 2.7.6 GST 时间序列的 EEMD 分析结果

最上面的曲线是从 HadCRUTv3 获得的原始 GST 数据（棕色）、矫正曲线（蓝色）以及采用的矫正函数（红色）。最下面两个依次是从原始数据得到的 ST 和 MDV、从矫正曲线得到的 ST 和 MDV

接下来我们考虑一下火山爆发对结果的潜在影响，火山爆发注入平流层的硫磺会凝结，形成长期存在的硫酸盐气溶胶层，从而减少到达地球表面的短波太阳辐射。由于海洋的热惯性，平流层中硫酸盐气溶胶层对 GST 的冷却作用会持续很久，比气溶胶层本身存在的时间还要长得多。由于火山喷发在整个全球海啸记录中断断续续地发生，而低纬度地区重大喷发后的降温现象可持续 5~10 年，因此可以想象，火山的喷发可能会影响估计的 MDV 和 ST 的准确性。为了定量推断这种偶发性火山喷发对估计的 MDV 和 ST 时间序列的影响程度，我们对 GST 时间序列进行了分解，去除了火山喷发的表面温度响应成分。为此，我们使用 Thompson（2009）的重建方法，其中 Santa Maria（1902）, Agung（1963）, El Chichon（1982），和 Pinatubo（1991）等低纬度的主要火山喷发特征最清晰，如图 2.7.7 顶部图红线所示。

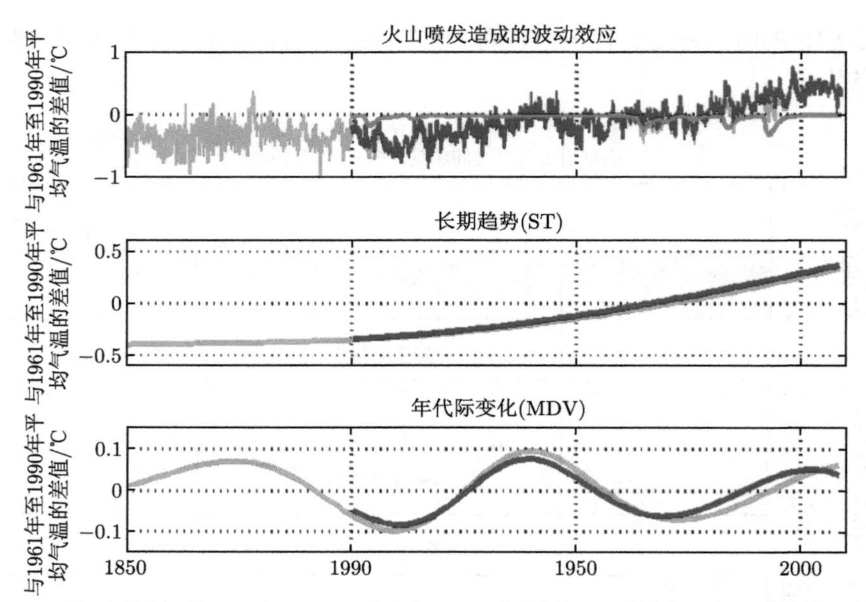

图 2.7.7　第一幅图是从 HadCRUTv3 获取的 GST 原始数据（棕色），火山爆发影响被移除的 GST（蓝色）以及火山爆发造成的温度变化（红色）。移除火山爆发影响前后的 ST 和 MDV 曲线通过相同的颜色分别在下面两幅图中表示

以上分析的时间跨度范围仅限于 1900 年以后的时期，因为这一时期的火山作用被定义得最明确。从图 2.7.7 中的结果可以看出，去除 GST 时间序列中的火山喷发成分对于估计 ST 来说影响很小，但对于估计 MDV 来说影响巨大。当去掉火山喷发的效应后，MDV 在 2000 年左右出现一个明显的峰值，之后迅速下降，这在原来的 MDV 估计结果中是不存在的。但无论去除还是保留火山爆发的效应，在 20 世纪 70/80/90 年代的大部分时间里，ST 都表现出明显的变暖趋势。

虽然各种版本的 HadCRUT（Jones, 1999; Rayner, 2003）是使用最广泛的地表温度分析数据库，但也存在其他的数据库，例如由 Goddard 空间研究所（GISTEMP）(Hansen, 2009）和 NOAA 国家气候数据中心（Smith, 2008）提供的数据库。由于不同的数据库采用了不同的方法对地表空气温度和海面温度观测值进行了均质化处理，因此这些数据库的分析结果都略有不同。例如，根据 HadCRUT，1998 年是最温暖的年份，而在 GISTEMP 中，2005 年和 1998 年一样温暖。此外，这些数据库都包含不同程度的噪声。由于没有足够的信息来评估这些数据库中哪一个是最准确的，我们只能评估对 GST 时间序列进行 EEMD 的结果是否对数据集的选择敏感。为此，如图 2.7.8，我们比较了从 GST 和 GISTEMP 数据中得到的 MDV 和 ST 的模态差异。

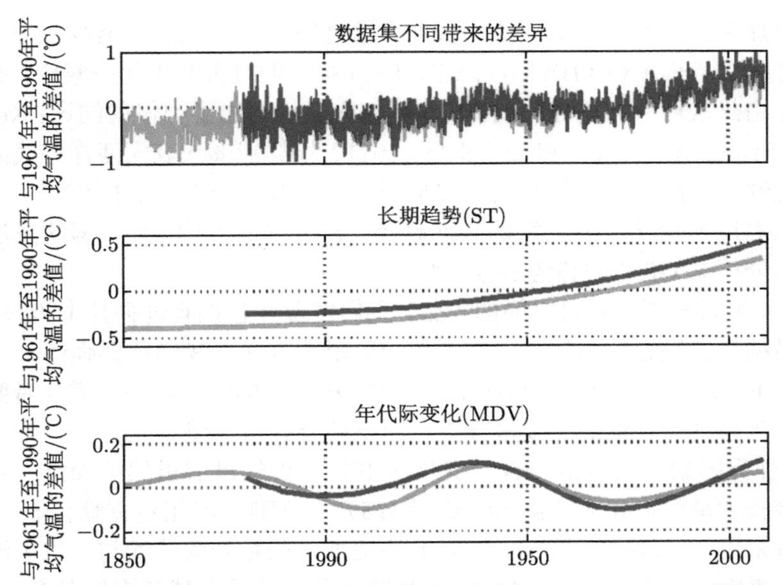

图 2.7.8 第一幅图是以月份记录的 GST 时间序列（棕色）和 GISTEMP（蓝色），后续两幅图分别是对 GST 以及 GISTEMP 时间序列进行 EEMD 分解得到的 ST 和 MDV

由于 GISTEMP 的温度是相对于 1950~1980 年这 30 年期间的平均年周期温度而言的, 而 GST 的温度则考察了相对于随后的 1960~1990（更温暖）年间气候的差异，所以 GISTEMP 比 GST 整体上温度更高。这种差异反映在两个不同数据库 ST 之间的绝对值差异上。然而，从 1950 年开始，两个数据库估计得到的 ST 几乎平行，这意味着 1950 年之后基于两个数据库估计出的结果的趋势几乎是相同的。两个数据库结果的主要区别在于估计出的 MDV 的前一部分，在这一时间跨度内，数据的详尽程度有所局限。从 1930 年开始，两条 ST 曲线非常相似。另一方面，从 GST 以及 GISTEMP 中提取的 MDV 和 ST 时间序列，在数据时间跨度的最后约十年到二十年间，都表现出比较大的上升趋势。

在本节所述的敏感性验证中，已经证明从 EEMD 中提取得到的 ST(C_9) 的模态对原始输入时间序列中的一些预先确定的扰动是稳定的。MDV(C_8) 的模态针对极值位置具有一定的敏感性，但在所有情况下，变化性的特征本质上十分相似，尤其值得注意的是，在所有变化性的分析中，20 世纪晚期都具有强烈的温度上升趋势，且这种上升趋势在 MDV 和 ST 中都有所体现。

另外，以上对基于 EEMD 的趋势和波动提取的详细讨论似乎表明，20 世纪 80 年代和 90 年代的长期变暖趋势并不像 AR4（IPCC，2007）中基于观测得到的 GST 估计出的线性趋势那样大。以上讨论也表明 20 世纪这种前所未有的升温，其实是多个数十年时间尺度的温度向上变化趋势的叠加效应，很可能是由热盐环流强度的增加和温室气体积聚导致的长期升温趋势共同造成的，至少部分原因是这样。我们估计，在 AR4（IPCC，2007）TS.6 报告的过去几十年变暖中，有三分之一可能是由热盐环流加速导致的。其他研究人员也得出了类似的结论：Keenlyside（2008）、Semenov（2010）和 Del-Sole（2011）根据能够代表大西洋经线方向翻转环流变化性的气候模型进行的数值实验得出了类似的结论 Wild（2007）依据的是地球表面温度日变化周期特征的长期趋势；Swanson（2009）依据的方法是利用线性判别分析对 GST 的趋势进行分割。

此外，通过分析 ST 对时间的导数，我们发现并意识到过去几十年来 GST 的长期升温趋势并没有急剧加大。在工作的局限性方面，我们需要强调：

(1) EEMD 所估计的 20 世纪后期 GST 的 ST 的时间导数，需要对照未来十年或二十年大气层升温的速度来分析，而可能会有所调整。

(2) 外界因素迫使气溶胶含量变化对 ST 的贡献目前仍然不确定，外界因素迫使气溶胶含量变化和大西洋 MDV 对 GST 的 MDV 的相对贡献目前也不确定。

总得来说，根据用 EEMD 从 GST 中提取的长期趋势曲线与大气中温室气体浓度的积累之间的相似性，以及与长期趋势相关的近乎全球范围的温度上升，都可以印证人类引起全球变暖这一现实。而且对方法稳定性的评估表明，基于 EEMD 分解的长期趋势并不容易受到突变点、局部扰动和噪声的干扰。另外，我们的结果还有助于强化大西洋数十年时间尺度上的变化在调节全球变暖速度方面的重要性。与此同时，结果表明，在 20 世纪的气候模拟和基于最近观测到的 GST 变化速率的归因溯源研究中，大西洋的变化值得进行更加深入的研究。

实际上，我们目前还完全触碰不到全球变暖速度的终极答案。近几年全球变暖是否有休止期呢？如果有，那么在休止期内的热量又去了哪里？最近的一些研究表明，深海其实起到了很大的作用。那么这些热量正流向太平洋还是大西洋？由于缺乏数据，目前的诸多见解会有所冲突。在可预见的未来，热量何去何从都将会是一个学术界争论的热点。一言以蔽之，全球变暖的趋势不可能仅仅用 IPCC 报告中的几条直线就全面刻画出来。

最后要指出的是，本节内容所反映的研究过程或许对读者也具有参考意义。实际上，所有在某一研究领域的发现主要是基于研究人员在本领域和相关领域的专业知识，而熟悉和运用甚至开发一种合适的分析方法只是起到辅助的作用。请各位读者以本节的研究为鉴，即一旦脱离了相关领域的专业知识，随性的数据处理是行不通的。而符合逻辑的定义、严谨的分析方法才是不二法门。一旦有了合适的数据分析方法，我们就能够从简单的时间序列中获取大量有用的信息，譬如这一章节所示的案例。此外需要指出的是，对于每一项科学研究涉及的数据分析工作，也都应该把相关专业领域的知识、常识以及规律理解摆在足够高的地位上。这也能很好地诠释为何数据分析会带有明确的交叉学科或是跨学科探索性质。

第 3 章　瞬时频率

本章将从物理视角重新诠释信号或时间序列的瞬时频率概念，并将“物理频率”这个新名称赋予瞬时频率，以便明确区别经典的傅里叶“数学频率”。

3.1　背　　景

在谈瞬时频率之前，我们先来思考——频率究竟是什么？在物理学上，频率被定义为在一个特定的时间间隔内发生的周期性事件的次数。因此，仅考虑周期性的事件时，在时域中，我们可以通过周期估计频率。假设事件的周期是 $\boldsymbol{p}$，则频率 $\boldsymbol{\omega}$ 为

$$\boldsymbol{\omega} = \frac{1}{\boldsymbol{p}} \tag{3.1.1}$$

以上关于频率的定义似乎很合理，但在实际应用中会遇到困难，因为很少有事件会以简单的周期性函数形式呈现。以每天或每年为间隔记录的温度为例，它们并没有表现出简单而有规律的周期性。如果考虑更复杂的情况，比如音乐的频率，计算频率本身当然可以，但很显然这样计算没有太多的实际意义，因为没有一首音乐作品具有严格的周期性。事实上，日常生活中的数据通常都是不同时间尺度的混合。为了计算周期或频率，我们就不得不使用一些数学工具。而无论我们使用什么工具，公式 (3.1.1) 中给出的定义都很粗糙，因为它仅取决于一个波的平均周期，即，它只是一个平均值。这种做法与把速度定义为距离除以时间很是相似，值得注意的是，按这样的定义得到的速度也只是一个平均值。自然界中的波往往不像理想的正弦波，有规律的波形和对称性。前人往往简单地用傅里叶变换就将这一类数据分解为一系列简单的谐波分量，这看似很美好，实则未必有物理意义。正是由于傅里叶变换非常容易操作，因此传统的频率定义大多基于傅里叶变换，即，任何给定的数据都可以表示为

$$x(t) = R\sum_{j} \boldsymbol{a_j} \mathrm{e}^{\mathrm{i}\boldsymbol{\omega_j} t} \tag{3.1.2}$$

其中振幅 $\boldsymbol{a_j}$ 和频率 $\boldsymbol{\omega_j}$ 都是常数。为了使这种傅里叶展开成立，那么信号就必须具备充分好的平稳性、线性和周期性。然而，无论是自然界的还是人为生成的信号，都很少能真正满足这些条件。不过，由于傅里叶展开的计算较为便利，它

一直被研究者们不假思索地直接应用在各种数据上。其实，前人也已意识到傅里叶展开在计算频率上的局限性，纵观前人工作，不难发现信号频率的估计方法还有很多，比如说：傅里叶展开和广义傅里叶展开，小波变换和维纳分布 (wavelet and Wigner-Ville)，动力学系统的哈密尔顿函数 (Hamiltonian)，Teager 能量算子 (Teager energy operator)，广义过零点 (generalized zero-crossings)，希尔伯特变换 (Hilbert transform)，正交化 (quadrature)。

以上有些方法是最近提出的，本章将对这些方法进行详细的讨论。总体上，现有的方法可以分为两大类：积分变换法和微分法。

傅里叶展开及其衍生方法均是以积分变换为基础。实际上，傅里叶分析 (Titchmarsh, 1948)，离散小波分析 (Daubechies, 1992)，都有很成熟的数学基础。傅里叶展开和离散小波分析都基于先验定义的基函数来实现，这些基函数包括傅里叶和 Wigner-Ville 变换所用的三角函数，以及各种小波函数。频率由以下形式的积分变换确定：

$$w(a,b;x,\phi) = |a|^{1/2}\int_{-\infty}^{\infty} x(t)\phi^*\left(\frac{t-b}{a}\right)\mathrm{d}t \tag{3.1.3}$$

其中，* 表示基函数 ϕ 的复函数；a 和 b 是预先定义的常数，具有时间维度。在小波分析中，b 表示时移，a 称为缩放。在傅里叶展开中，$b=0$，a 是周期，因此式 (3.1.1) 中的振幅函数可以写作：

$$a_j(\boldsymbol{\omega}) = \int_{-\infty}^{\infty} x(t)\mathrm{e}^{-\mathrm{i}\boldsymbol{\omega}_j t}\mathrm{d}t \tag{3.1.4}$$

在积分变换中，默认通过把现有的有限长信号进行了周期延拓，这显然强行引入了信号的周期性。

但是信号并没有那么容易满足傅里叶变换所需的线性要求，比如说如果想要表示一个尖峰点，那么需要无限多的锁相谐波。即使对于一个变化没那么剧烈、波形不规则的信号，同样需要大量谐波才可以将其表示。诚然，对于任意信号，傅里叶变换都可以从数学角度将其分解为一系列不同频率基函数的叠加，但鲜有人提问：用傅里叶变换得到的频率都确实对应有物理意义吗？

一般来说，在有先验基的积分变换过程中，谐波总是会产生的。谐波很可能是数学上的假象或伪影，并不是真正的物理实体反映。从傅里叶的角度看，三角基函数是频率不变的线性简谐振荡系统的解：

$$\frac{\mathrm{d}^2x}{\mathrm{d}t^2} + \omega^2 x = f(t) \tag{3.1.5}$$

其中 $f(t)$ 是一个外力函数 (forcing function)。如果系统比较复杂，如：

$$\frac{\mathrm{d}^2x}{\mathrm{d}t^2}+\omega^2x+\varepsilon x^{n+1}=f(t) \tag{3.1.6}$$

此时，频率将不再是恒定的，因为公式 (3.1.6) 可以改写为

$$\frac{\mathrm{d}^2x}{\mathrm{d}t^2}+\omega^2\left(1+\frac{\varepsilon}{\omega^2}x^n\right)x=f(t) \tag{3.1.7}$$

其中，括号中的项可以看作一个代表非线性振荡器的弹性常数，或者是非线性单摆中的摆长。由于这个量是位置的函数，所以振荡器的频率也是不断变化的，甚至在单次振荡内也是如此。这种波内频率调制是非线性振荡器特有的 (Huang 等, 1998, 1999)，其导致的结果是波形不再严格符合固定频率的三角函数——因此也可称之为波形变形。传统上，这种非线性现象用谐波来表示。由于在傅里叶分析中，波形变形可以用基波的谐波来拟合，所以从傅里叶的视角来看，波形变形的确可以看作是谐波重叠。然而，这种传统描述是将线性结构强加于非线性系统所导致的结果，即简谐函数的加权和，而其中每个简谐函数都是一个线性振荡器的解。这种线性叠加的总和尽管能完整给出非线性系统的准确表示，但也造成了一个显而易见的问题：需要无限多的简谐函数项来表一个突变点，但现实情况中很难找出分别对应大量简谐函数项的物理原因。从这个角度来看，即使能用傅里叶展开来获得不同谐波，得到的所有单个谐波项也大多只是数学上的假象，它们很可能并没有明确的物理意义。

根据公式 (3.1.5) 进行简单的类比不难发现：公式 (3.1.7) 所描述的振荡器的频率是可变的，它取决于功率 n 和幅度 ε。这里举一个简单的例子，比如：

$$x(t)=\cos(\omega t+\varepsilon\sin 2\omega t) \tag{3.1.8}$$

上式通过在相位函数中增加一项构造波形形变。事实上，相位周期性变化不应该改变波的基本周期或频率，正如图 3.1.1 所示。

然而，如果我们用傅里叶观点来研究这个波，我们会有以下结果 (Huang 等, 1998)：

$$\begin{aligned}x(t)&=\cos\omega t\cos(\varepsilon\sin 2\omega t)-\sin\omega t\sin(\varepsilon\sin 2\omega t)\\&=\left(1-\frac{1}{2}\varepsilon\right)\cos\omega t+\frac{1}{2}\varepsilon\cos 3\omega t+\cdots\end{aligned} \tag{3.1.9}$$

图 3.1.2 中给出了相应的傅里叶频谱，其中的谐波清晰可见。

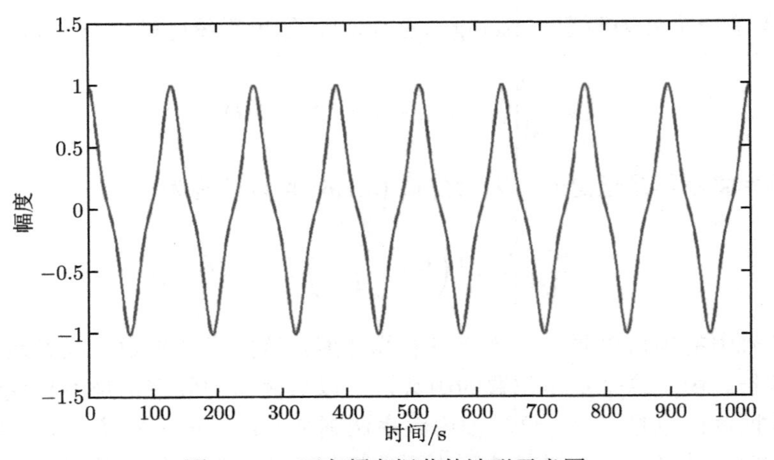

图 3.1.1　可变频率振荡的波形示意图

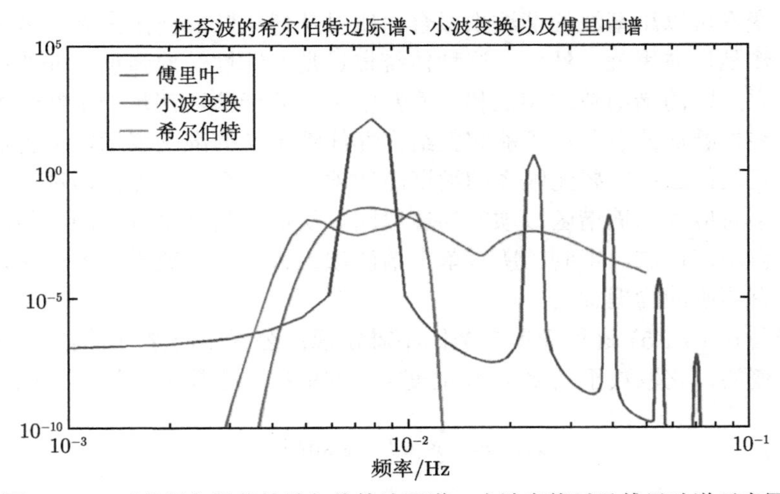

图 3.1.2　可变频率振荡的希尔伯特边际谱、小波变换以及傅里叶谱示意图

现在，如果想问公式 (3.1.9) 最后一个表达式所给出波形的平均频率是什么？我们的答案是，平均频率就是如下方法得出的加权平均数：

$$\bar{\omega}=\frac{\displaystyle\int_{\omega}\omega S(\omega)\mathrm{d}\omega}{\displaystyle\int_{\omega}S(\omega)\mathrm{d}\omega}=\frac{\left(1-\dfrac{\varepsilon}{2}\right)^{2}\omega+\dfrac{\varepsilon^{2}}{4}3\omega+\cdots}{\left(1-\dfrac{\varepsilon}{2}\right)^{2}+\dfrac{\varepsilon^{2}}{4}+\cdots}=\omega\frac{\left(1-\dfrac{\varepsilon}{2}\right)^{2}+\dfrac{3\varepsilon^{2}}{4}+\cdots}{\left(1-\dfrac{\varepsilon}{2}\right)^{2}+\dfrac{\varepsilon^{2}}{4}+\cdots}>\omega \tag{3.1.10}$$

于是加权平均后的频率就会比真实频率大。而实际上，合理的平均频率应该和简单余弦函数或者没有任何谐波的基波频率没有区别。加权平均后的频率和真实频率之间的误差，实际上是由于引入了虚假谐波，因此谐波在数学上是缺乏物理意义的。

在物理上，引入瞬时频率可以如实地表现非平稳和非线性过程数据的基本机制。显然，非平稳性是一个关键特征，正如 Huang 等人（1998）所阐述的，瞬时频率（instantaneous frequency, IF）的概念对于非平稳过程的物理解释是必不可少的：对于一个非平稳的过程，频率应该随时间不断变化。因此，对数据进行时频表示，让频率随时间变化是一个更合理的选择。一个现成的例子可以在 Huang 等人（1996, 1999）研究的水波案例中找到。在他们的文章中，会发现水波没有分散的谐波，它们在物理上并不存在，因此，谐波在水波问题上是没有物理意义的。

基于这些逻辑阐述，对于现实的数据分析而言，我们应该明确地摒弃基于傅里叶分析定义的数学频率。经典的物理波动理论普遍认为，频率的定义是基于相位函数的（Whitham 和 Gerald, 1974; Infeld 和 Rowlands, 1990）。接下来，我们首先假设波面由一个“缓慢”变化的函数表示，该函数由随时间变化的振幅 $a(x,t)$ 和相位 $\theta(x,t)$ 组成，这样，波形就是复值函数的实部：

$$\zeta(x,t)=R\left(a(x,t)\mathrm{e}^{\mathrm{i}\theta(x,t)}\right) \tag{3.1.11}$$

那么，频率 ω 和波数 k 定义为

$$\omega=-\frac{\partial\theta}{\partial t},\quad k=\frac{\partial\theta}{\partial x} \tag{3.1.12}$$

将频率和波数微分，可以立即得到时域对应的波频与空域对应的波数守恒方程：

$$\frac{\partial k}{\partial t}+\frac{\partial\omega}{\partial x}=0 \tag{3.1.13}$$

这个守恒方程描述了所有波动的基本规律。经典的波动理论的假设是普适的：如果存在一个“缓慢”变化的函数，我们就可以用复数形式，刻画出公式 (3.1.11) 所描述的波动。如果频率和波数可以按式 (3.1.12) 定义，那么它们必须是时间和空间变量的可微函数，只有这样，表达式 (3.1.13) 才能成立。因此，对于任何波的运动，除了极少数的不重要情况（例如频率恒定的正弦运动），频率的表达式中都应该体现出频率有瞬时值这一概念，而频率恒定的正弦运动情况也符合这个公式，只是频率随时间不变，且波数随空间不变。

遗憾的是，由于过去缺乏适当的方法来定义相位函数，人们对这些概念一直存在着严重的误解。因此，“瞬时频率”一词在数据分析和通信工程界总是引

起强烈的争论，例如，“将其永远从通信工程师的字典中删除（Shekel, 1953）”，“瞬时频率为非线性变形的波形赋予了物理意义，提出了概念创新（Huang 等, 1998）”，不一而足。在这些极端观点之间，也有很多比较温和的意见，他们强调需要找到一个大家愿意接受的定义，并找到可行的方法来计算瞬时频率。

无论如何，传统的频率分析方法大多基于积分形式的傅里叶变换，而傅里叶变换给出的振幅和频率值是时不变的。此外，傅里叶变换对相应的不确定性原理促使 Gröchenig（2001）断言：“不确定性原理使得瞬时频率的概念不可能存在”。由于傅里叶分析是数学中一门成熟的学科，所以这个反对瞬时频率的论调是值得严肃对待的。然而，这种看似严谨的反对意见其实是有缺陷的，因为不确定性原理是在通过傅里叶变换（或任何其他类型的积分变换，如小波分析）来对信号作时频表述时所带来的副作用，不确定性原理的约束也只适用于类似的积分变换。因此，在这种积分变换中，时间在积分区间上已不再被区分。如果我们在频率计算中能摒弃积分变换，超越傅里叶变换或其他积分变换，我们就有可能摆脱不确定性原理的约束。事实上，就如公式 (3.1.7) 中给出的动力学模型所显示的，频率本来就应该是时间的函数，这在数学和物理两个层面都显得更合理。

瞬时频率的概念其实并不新鲜。过去就有大量关于瞬时频率的文献，例如：Boashash（1992 a, b, c）, Kootsookos 等（1992）, Lovell 等（1993）, Cohen（1995）, Flandrin（1995）, Loughlin 和 Tracer（1996）, Picinbono（1997）。特别是 Boashash （1992 b, c）简要介绍了瞬时频率定义的演变历史。然而，这些文献大多把焦点集中在 Wigner-Ville 分布 (WVD) 和它的变种上，其中瞬时频率是通过不同成分在给定时间的平均矩来定义的。但 Wigner-Ville 分布本质上是基于傅里叶的。除了 Wigner-Ville 分布外，通过 Hilbert 变换生成解析信号（analytic signal, AS）进而计算瞬时频率的方法也广受关注。

Boashash （1992 a, b, c）的大部分讨论是针对单分量信号的。对于更复杂的信号，他再次建议利用 WVD 的矩。但是，没有先验信息表明，多分量信号在任何给定时间都应该有一个单一的瞬时频率值，且同时可以完整保留其原有物理意义。即使对于单分量信号，Wigner-Valle 方法仍然依赖于矩方法。Boashash 还建议引入参考信号来对信号进行交叉 WVD。如前面引言中所讨论的，当信噪比较高时，这种方法的效果将大打折扣。

瞬时频率最基本的一个混淆点起源于一种错误的观念，即对于信号的每一个瞬时频率值，在信号的傅里叶频谱中必须有一个相应的频率。事实上，信号的瞬时频率如果定义得当，就应该与傅里叶频谱中的频率具有完全不同的含义，这一点 Huang 等人（1998）已经讨论过。但是，关于瞬时频率的一些充满争议且难以理解的观点已经表明，这种错误的观点在人们心中已根深蒂固，它也直接导致人们难以真正理解瞬时频率这个概念，也很难对瞬时频率进行计算。关于瞬时频率的一些传统的反对意见，归根结底，这本质上是基于一个长期错误的假设和认知，即任何函数在任何瞬间都仅存在单一的瞬时频率。

在人们认识瞬时频率的历史上，有两次重大的进步：一次是 Huang 等人（1998）为分析非线性和非平稳过程的数据引入了经验模态分解（empirical mode decomposition, EMD）方法和本征模态函数（intrinsic mode function, IMF），从而进一步引进希尔伯特–黄变换（Hilbert-Huang transform, HHT）；另一次是如前一章所述，基于基追踪和非线性优化替代方法的提出（Hou, Shi, 2011, 2013, 2016; Hou 等, 2014）。这些方法提供了从任何数据集获得相位函数的办法，从而使瞬时频率的计算变得可行。

为了充分理解通过希尔伯特变换定义的瞬时频率的微妙之处，有必要简要介绍一下瞬时频率的历史，更详细的历史可以在其他文献，例如 Boashash（1992 a, b）中找到。完整起见，我们将简单追溯该方法出现至今的某些重要历史里程碑事件，如下所述。

非线性系统研究的先驱 Van der Pol（1946）在定义瞬时频率的工作上迈出了重要的第一步，他认真探讨了瞬时频率的概念。他首次提出了相位角可以由瞬时频率积分得到。Gabor （1946）进行了下一步重要工作，他引入了 Hilbert 变换，从真实数据中产生唯一的解析信号（analytical signal, AS），解决了以往用无限种振幅和相位对组合来表示一组数据的模糊不清问题。Gabor 的方法总结如下：对于变量 $x(t)$，它的希尔伯特变换 $y(t)$ 定义为

$$y(t)=\frac{1}{\pi}\boldsymbol{P}\int_{\tau}\frac{x(\tau)}{t-\tau}\mathrm{d}\tau \tag{3.1.14}$$

其中 $\boldsymbol{P}$ 表示复积分的柯西主值（Cauchy principal)。Hilbert 变换提供了实数数据的复数共轭 $y(t)$。因此，我们可以得到由以下公式给出的唯一的解析信号：

$$z(t)=x(t)+\mathrm{i}y(t)=A(t)\mathrm{e}^{\mathrm{i}\theta(t)} \tag{3.1.15}$$

其中

$$A(t)=\left\{x^2(t)+y^2(t)\right\}^{1/2},\quad \theta(t)=\tan^{-1}\frac{y(t)}{x(t)} \tag{3.1.16}$$

形成与 $x(t)$ 相关的正则对 $[A(t),\theta(t)]$。Gabor 甚至提出了一种通过两次傅里叶变换直接获得解析信号的方法。

$$z(t)=2\int_0^{\infty}F(\omega)\mathrm{e}^{\mathrm{i}\omega t}\mathrm{d}\omega \tag{3.1.17}$$

其中，$F(\omega)$ 是 $x(t)$ 的傅里叶变换。在这种表示方法中，原始数据 $x(t)$ 变成了：

$$x(t)=R\left\{A(t)\mathrm{e}^{\mathrm{i}\theta(t)}\right\}=A(t)\cos\theta(t) \tag{3.1.18}$$

应该指出的是，$[A(t), \theta(t)]$ 构成一个正则对，这个正则对在一般情况下会根据正交定义的复数形式不同而不同。瞬时频率可以定义为复数对的相位函数导数，即

$$\omega(t) = \frac{\mathrm{d}\theta(t)}{\mathrm{d}t} = \frac{1}{A^2}(xy' - yx') \tag{3.1.19}$$

一般来说，对于随机数据而言，相位函数是时间的函数。因此，瞬时频率也是时间的函数。这种频率的定义与经典波浪理论的定义有惊人的相似之处。由于对于 L^2 类的任何函数都存在 Hilbert 变换，因此有些人会误以为可以对任何函数进行上述运算，从而得到如 Hahn（1995）推崇的有物理意义的瞬时频率。这样的做法给一般的瞬时频率的意义带来了很大的迷惑性，特别是这与利用希尔伯特变换估计瞬时频率的思路背道而驰。我们以图 3.1.3 中给出的记录语音 “Hello” 的数据为例。通过 Hilbert 变换，图 3.1.4 给出的复相平面上绘制了相应的解析信号，可以看到其由许多看似随机的环路（random loops）构成。如果我们根据公式 (3.1.19) 将相位函数的导数指定为瞬时频率，可以得到如图 3.1.5 所示的结果。

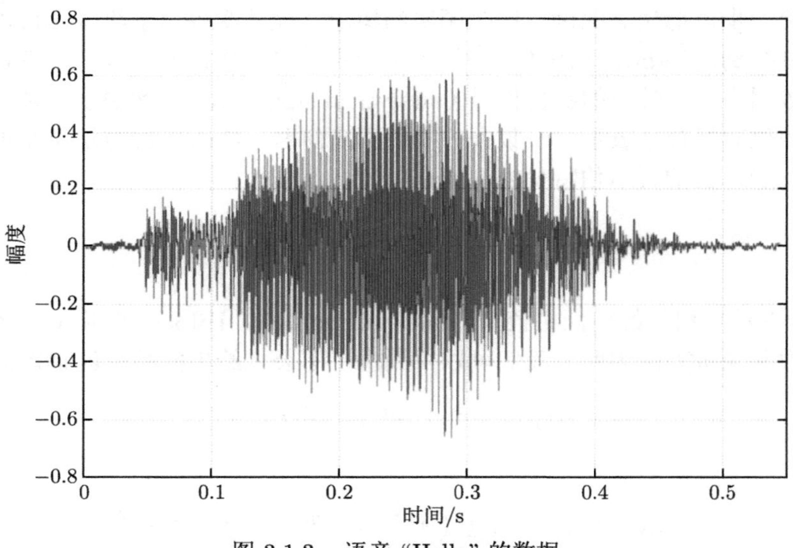

图 3.1.3 语音 “Hello” 的数据

显然，频率值散布的范围很广，而且有正值也有负值。此外，任何语音都可能有多分量的声音，但这种表示方法只给出了任意时间的单一频率，而忽略了共存的多分量。因此，这些数值无论是从瞬时还是其他方面来说，在物理上都没有任何意义。这里遇到的困难实际上可以通过一个更简单的例子来说明，比如使用 Huang 等人 (1998) 采用的简单函数：

$$x(t) = a + \cos \alpha t \tag{3.1.20}$$

其中 a 为任意常数。它的希尔伯特变换结果很简单：

$$y(t) = \sin \alpha t \tag{3.1.21}$$

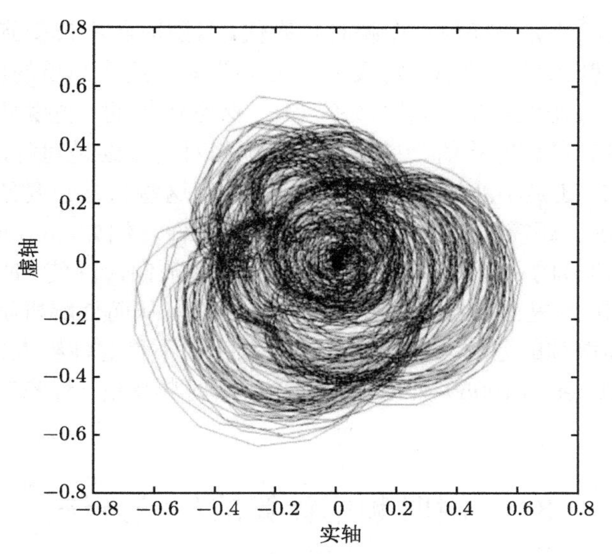

图 3.1.4 语音 “Hello” 的解析信号在复相位平面的表示

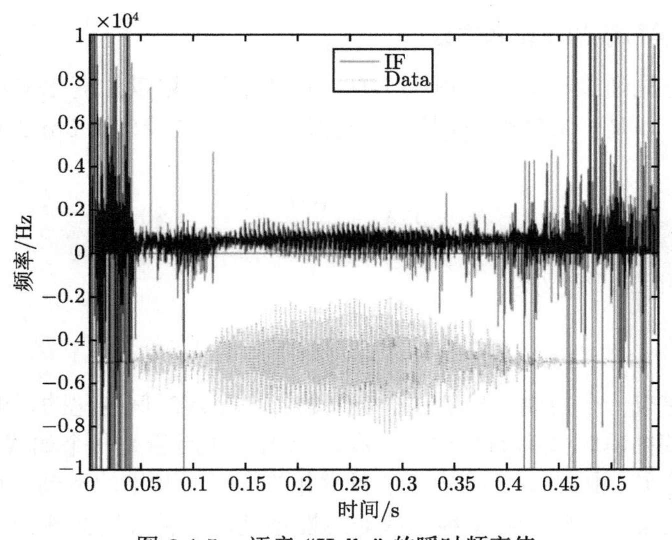

图 3.1.5 语音 “Hello” 的瞬时频率值

因此，根据公式 (3.1.19)，瞬时频率为

$$\omega = \frac{\alpha(1 + a\sin\alpha t)}{1 + 2a\cos\alpha t + a^2} \tag{3.1.22}$$

公式 (3.1.22) 可以计算出任何一个瞬时频率值，且瞬时频率仅受到常数 a 的影响。为了恢复输入正弦信号的频率，常数 a 值必须为零。这个简单的例子说明了解析信号方法给出具有物理意义的瞬时频率（IF) 必须满足的一些关键且必要的条件：函数必须单分量、局部零均值，并且波形必须相对于零线是对称的。以上这些条件，无论是 EMD 还是小波投影方法都能满足。但这些只是必要条件，AS 方法要产生有意义的 IF，还需要其他更细微和严格的条件。例如，Loughlin 和 Tracer（1996）提出了信号的调幅和调频需要满足的物理条件，以使 IF 具有物理意义；Picinbono （1997）提出了包络和载波的频谱特性，从而使解析函数的表达有效。事实上，调幅和调频的分解以及相应的瞬时频率的不稳定性给人们带来了极大的困扰，这促使 Cohen （1995）列出了若干关于瞬时频率的“悖论”。所有的悖论将在后面章节讨论。

3.2　瞬时频率计算的传统方法

在这一节中，我们来回顾在经验模态分解出现之前的一些计算瞬时频率的方案。

3.2.1　动力学系统的哈密顿方法

哈密顿方法通过计算哈密顿量 $H(q,p)$ 相对于作用量的变化来实现瞬时频率的估计，其中 $\boldsymbol{q}$ 是广义坐标，$\boldsymbol{p}$ 是广义动量（Goldstein 1980; Landau 和 Lifshitz, 1976)：

$$\omega(A) = \frac{\partial H(A)}{\partial A} \tag{3.2.1}$$

其中 A 是作用量，定义为

$$A = \oint p\mathrm{d}q \tag{3.2.2}$$

积分的区间对应一个周期。虽然这样定义的频率是随时间变化的，但其分辨率并不比一个周期内瞬时频率的平均值更高，原因是作用量是一个如式 (3.2.2) 所示的积分量。其实，由式 (3.2.1) 定义的频率相当于瞬时频率的滑动平均值，也就是频率的经典定义。不管是对于线性或非线性系统，这种方法在理论上有优雅的定义。只要系统使用哈密顿量表述的解可积，频率就可以被表示，但它的效用仅局限于相对简单的低维动力学系统。

3.2.2 Teager 能量算子（TEO）

Teager 能量算子（teager energy operator）（Kaiser, 1990; Quatieri, 2002）不涉及积分变换而是基于微分的瞬时频率计算方法。其基本想法基于如下形式的振荡信号

$$x(t) = a\sin\omega t \tag{3.2.3}$$

其能量算子可以被定义为

$$\psi(x) = \dot{x}^2 - x\ddot{x} \tag{3.2.4}$$

其中，符号上面的点代表 $x(t)$ 相对于时间的一阶和二阶导数。在物理学上，如果 x 代表位移，则算子 $\psi(x)$ 是动能和势能之和，大家把这个算子称作 Teager 能量算子。对于振幅和频率恒定的简谐振荡器，我们可以得到

$$\psi(x) = a^2\omega^2, \quad \psi(\dot{x}) = a^2\omega^4 \tag{3.2.5}$$

通过对方程 (3.2.5) 中的两项进行简单处理，容易得到

$$\omega = \sqrt{\frac{\psi(\dot{x})}{\psi(x)}}, \quad a = \frac{\psi(x)}{\sqrt{\psi(\dot{x})}} \tag{3.2.6}$$

上面的公式给出了通过能量算子获得的振幅和频率。Kaiser（1990）和 Maragos 等（1993 a, b）建议将能量算子方法应用到单分量连续函数的调频调幅信号，得到的振幅和频率都是随时间变化的函数。

实际上，能量算子的一大优势是其优秀的局部化特性，除了稍后会讨论到的直接四分相移估计法（direct quadrature, DQ）外，其他方法的局部化特性都比不上能量算子法。这种局部特性源于微分法：它最多只需要五个相邻的数据点来估计中心点的频率和振幅，而不需要像 Fourier 变换或 Hilbert 变换进行积分变换。但这种方法的缺点也很明显：从频率和振幅的定义中可以看出，该方法本身就只适用于单分量函数；因此，在找到有效的分解方法之前，该方法的应用仅限于窄带数据。如果采用傅里叶策略的滤波器，则滤波后的结果将全部简化为线性，而所有的非线性谐波大多都会被傅里叶滤波器去除。这就掩盖了一个更根本的问题：能量算子法只是基于单一谐波分量的线性模型。因此，当一个波段有任何波内调制或波形改变时，能量算子方法得到的近似结果的误差将变大，甚至大到无法接受的程度。在数学上，谐波的存在违反了 TEO 的基本假设。这些困难使 TEO 的应用受到了严重的限制。TEO 以前只被应用于基于傅里叶方法得到的窄带信号，在后面的章节中，这种具有严重缺点的方法的适用性将会被进一步讨论。在那里，利用 EMD 产生单分量 IMF（一种符合单分量定义的调频调幅波，见第 2 章）后，我们测试了 TEO 在非线性数据上的适用性，结论是非线性的存在和非线性变形

会引起 TEO 方法误差的急剧放大。从这个角度来说，TEO 方法尽管不是一个准确的瞬时频率计算方法，但它却是一种很好的非线性检测器，这一点将在后面被进一步讨论。

3.2.3 广义过零点（GZC）

过零点法是计算局部频率的最基本方法。长期以来，人们一直用它来计算窄带信号的平均周期或频率（Rice 1944 a, b; Rice, 1945 a, b）。当然，这种方法也只对单分量函数有意义，因为过零点法要求数据中过零点数目和极值的数目必须相等。遗憾的是，这种方法得到的结果比较粗糙。在广义过零点法中，我们可以通过利用所有可能的关键点，包括零点和极值点之间的时间间距作为周期的度量，例如局部极值之间的间距，过零点之间的间距，和相邻的极值点和过零点对，这样就能够提高时间分辨率到四分之一波周期的程度，如图 3.2.1 所示。

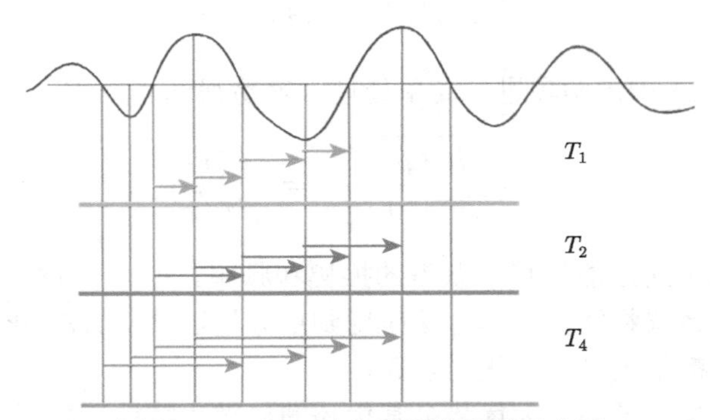

图 3.2.1 GZC 中各种周期度量示意图

在图 3.2.1 所示的广义化周期度量方法中，所有关键点两两之间的时间间隔可被视为一个完整或部分的波周期。例如，两个连续的向上（或向下）过零点或两个连续的极大值点（或极小值点）之间的时间间隔可以算作一个完整周期。基于这种视角，时间轴上的每个点都拥有四个不同的周期计算方法，即包含这个点的两个相邻极小值点的距离，两个相邻极大值点的距离，两个相邻的上行零点的距离，两个下行零点的距离。我们把这四个周期记作 T_{4j}，其中 $j=1, 2, 3, 4$。另一个视角来看，连续的两个过零点（从一个向上过零点到下一个向下过零点，或从一个向下过零点到下一个向上过零点），或连续的两个极值点（从一个极大值点到下一个极小值点，或从一个极小值点到下一个极大值点）之间的时间间隔都可以算作一个半周期。基于第二种视角，时间轴上的每一个点都可以计算出两个不同的周期值，表示为 T_{2j}，其中 $j=1, 2$。最后还有一种视角，从一个极值点到下一个过零点之间的时间间隔，或者从一个过零点到下一个极值点之间的时间间隔可以算作一个四分之一周期。这样，时间轴上每一个点都能计算出一个周期，表

示为 T_1。显然，四分之一周期尺度的 T_1 是局部性最强的，所以我们给它的权重系数为 4；半周期尺度的 T_2 是局部性较差的，所以我们给它的权重系数为 2；最后，整个周期尺度的 T_4 是局部性最差的，所以我们给它的权重系数为 1。总的来说，在时间轴上的任何一点，都将有 7 个不同的周期值，每个值都按它们的局部性程度加权。同理，每个点也会有 7 个相应的不同振幅值。时间轴上每一点的平均频率可以计算为

$$\bar{\omega} = \frac{1}{12}\left(\frac{4}{T_1} + \sum_{j=1}^{2}\frac{2}{T_{2j}} + \sum_{j=1}^{4}\frac{1}{T_{4j}}\right) \tag{3.2.7}$$

可以从上个公式中得到了局部平均频率，而且根据这七个不同的时间段所定义的频率也可以得到局部频率的标准差。在这里要强调的是计算标准差的方法基于公式 (3.1.1) 中给出的频率基本定义；这样定义得到的是最直接的、也是最准确和最有物理意义的平均局部频率：它的局部性可达四分之一周期 (或波长)；这种频率定义方法很直接，且鲁棒性好，不涉及任何变换或微分操作；此外，这种方法还能给出频率值分布的统计。但是该方法也存在不足，即它的局部性比较差，最多只能到四分之一波长；另一个缺点在于该方法不能刻画波形变形的细节，因为这种方法不支持谐波，且刻画波内调制的程度有限。当波形包含不对称性 (无论是上下还是左右) 时，这样计算的频率会包含一些波内频率调制，但不够细致。虽然存在这些局限性，但是对于大多数的实际应用来说，GZC 计算得到的平均频率能够具有四分之一波周期的局部性，已经优于目前广泛使用的傅里叶谱图。需要注意的一点是，这种方法并不能被直接用在复杂数据上，但是如果数据被分解为一组 IMF 的集合，GZC 的算法就变得极易被应用了。由于 GZC 对上述提到的所有类型的周期，或其中的一部分都进行了实际测算，因此得到的结果可以认为是相应时间跨度内最稳定的平均局部频率。在本书后文的比较中，我们将以 GZC 的结果作为参考和比对标准。如果任何其他方法得到的频率或振幅与 GZC 的平均值结果严重不符，那么该方法就根本不可能是正确的。因此，GZC 也是一种验证其他方法的手段。

在后几章，我们会定义和讨论非平稳度和非线性度，在那里，我们需要考虑整波的周期作为参考量，因此，在这里再定义一个完整周期波的瞬时频率：

$$\overline{\omega_o} = \frac{1}{4}\sum_{j=1}^{4}\frac{1}{T_{4j}} \tag{3.2.8}$$

在这个定义里，我们只考虑了波的一个完整周期。

在介绍了上述瞬时或局部频率计算方法后，我们可以介绍本书所推荐的主要方法，即基于相位函数微分的瞬时频率计算方法。

3.3　基于希尔伯特变换的方法

3.3.1　基于 Hilbert 的瞬时频率计算

理想情况下，任何单分量数据的瞬时频率都可以经过四分相移量 (quadrature) 来直接估计得到。在数据分析和信号处理领域，所谓四分相移量，就是对载波相位函数进行简单的 90°(即一个平面的四分之一的相位) 相移。因此，对于任何单分量数据，我们找到它的包络 $a(t)$ 和载波 $\cos\theta(t)$ 如下：

$$x(t) = a(t)\cos\theta(t) \tag{3.3.1}$$

其中 $\theta(t)$ 是相位函数，$a(t)$ 和 $\theta(t)$ 分别代表信号的 AM 和 FM 部分。其四分相移函数为

$$xq(t) = a(t)\sin\theta(t) \tag{3.3.2}$$

与实部相比，四分相移函数的变化仅限于相位。有了这些表达式，瞬时频率就可以像前面公式 (3.1.12) 给出的经典波理论方法那样，类似地进行计算。这些看似简单的步骤，在过去是不可能实现的。首先，并非所有的数据都是单分量的。即使现在可以通过小波分解 (Olhede 和 Walden, 2004; Wu 和 Daubechies, 2014) 或经验模态分解 (Huang 等, 1998) 将数据分解成单分量函数的集合，但仍然存在着难以解决的困难：找到唯一的一对 $[a(t), \theta(t)]$ 来表示数据，以及找到一种直接计算四分相位移动量的通用方法。

换句话说，(3.3.1) 中任何以 $a(t)$ 作为瞬时振幅和 $\cos\theta(t)$ 作为载波的表达式都不可能是被唯一定义 (Flandrin, 1999) 的，这是因为：

$$\text{对于任意 } |b(t)| < 1, \quad x(t) = a(t)\cos\theta(t) = \frac{a(t)}{b(t)}[b(t)\cos\theta(t)] \tag{3.3.3}$$

那么，上式也同样可以被表述为

$$c(t) = A(t)\cos\Theta(t) \tag{3.3.4}$$

其中，

$$A(t) = \frac{a(t)}{b(t)}, \quad \Theta(t) = \cos^{-1}[b(t)\cos\theta(t)] \tag{3.3.5}$$

很明显，这样做后：

$$\omega(t) = \frac{\mathrm{d}\Theta(t)}{\mathrm{d}t} \neq \frac{\mathrm{d}\Theta(t)}{\mathrm{d}t} = \frac{-1}{\sqrt{1-[b(t)\cos\theta(t)]^2}}\frac{\mathrm{d}[b(t)\cos\theta(t)]}{\mathrm{d}t} \tag{3.3.6}$$

以上关系对于幅值小于 1 的任意 $b(t)$ 均成立。因此，瞬时频率将不会是唯一的，公式 (3.3.1) 中的项就变得缺乏意义。然而，由于来源于 $a(t)\ \cos\theta(t)$ 种种形式的 $A(t)\ \cos\Theta(t)$ 都具有一个不变的物理特性：它们在任何给定的时间都应该具有相同的数值。根据这个物理特征，Huang 等人 (2013) 提出，如果满足真正的包络载波关系，则应该存在唯一的固有振幅和相位函数对 $[a(t),\theta(t)]$。在那篇文章中，他们也给出了一种用于从任何本征模态函数 (IMF) 中唯一确定这种振幅相位对的构造方法。因此，我们可以把任何 IMF 的 $[a(t),\theta(t)]$ 作为唯一定义的振幅相位对，所以瞬时频率也可以唯一地确定。我们用频率恒定为 ω 的单位振幅余弦波作为第一个例子：

$$c(t)=\cos\omega t \tag{3.3.7}$$

如果我们在等式 (3.3.3) 中对 $b(t)$ 采用常数 0.6，那么 (3.3.7) 就变成了

$$c(t)=\frac{1}{0.6}(0.6\cos\omega t) \tag{3.3.8}$$

图 3.3.1(a) 给出了公式 (3.3.7) 和 (3.3.8) 的值。显然，式 (3.3.8) 的振幅大于 1，因此，振幅和载波显然分离，不再保留包络与载波的紧密依存关系。如果我们通过直接四分相移估计法定义伪载波 (0.6 cos ωt) 的虚部，将得到图 3.3.1(b) 所示的四分相位移动量。在这里，实部被限制在 ±0.6 的范围内，不可能有值超过这个范围。在复平面上，相位函数不再是一个单位圆，而只保留一部分值。唯一真正的振幅和载波对是由式 (3.3.7) 给出的，除单位值常数外的任何乘数都会破坏这种特有的依存关系。

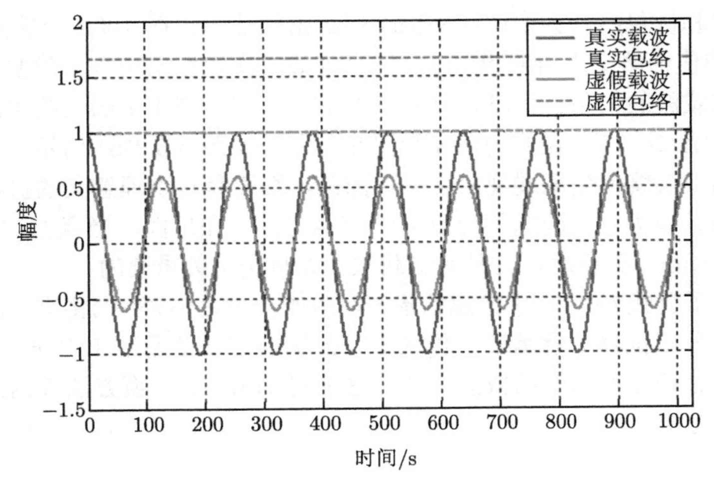

图 3.3.1(a) 真实和虚假的载波与包络关系

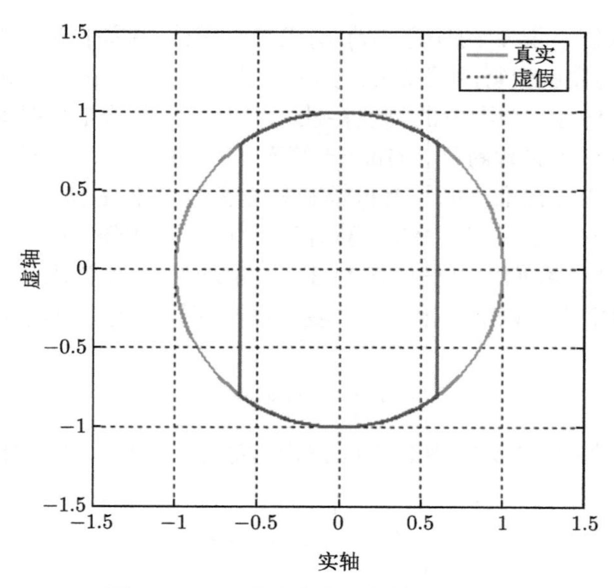

图 3.3.1(b)　真实和虚假包络的相位图

接下来，我们将以日长（length of day, LOD）时间序列中的半月潮分量为例来说明用公式 (3.3.4) 和 (3.3.5) 来定义瞬时频率的不合理性。由于海洋潮汐和大气运动的变化，地球转动惯量会变化，地球如果要服从角动量守恒规律，它的自转速度是不均匀的，应该会有变化，这种变化造成了地球自转一周的时间即日长的变化。如果我们采用

$$b(t) = 0.1 + 0.0005t \tag{3.3.9}$$

那么真包络和伪包络就会像图 3.3.2(a) 中给出的那样：在 1000 天的整个范围内，乘数 $b(t)$ 的值仍然小于所要求的 1。这个乘数再次使振幅函数与载波分离，不再维持包络与载波的关系。任何数值小于 1 的乘数都会使相平面上的实部不再覆盖整个 ± 1 的范围。相位函数也将不再是单位圆，如图 3.3.2(b) 所示。通过这些例子，乘数的效果就清楚地展现出来了。因此，真正具有物理意义的振幅载波对必须满足包络载波关系，即它们可以被唯一地定义。在后面，当我们讨论 Holo 谱（Holo-spectrum）分析时，这种包络载波关系将是至关重要的。

在确定了公式 (3.3.1) 中给出的形式具有唯一性之后，我们将进一步考虑如何寻找它的四分相位移动量函数。传统上，公认的方法是通过 Hilbert 变换（HT）作为寻找四分相位移动量函数的方法，这使得 Hilbert 变换方法成为定义瞬时频率最流行的方法。

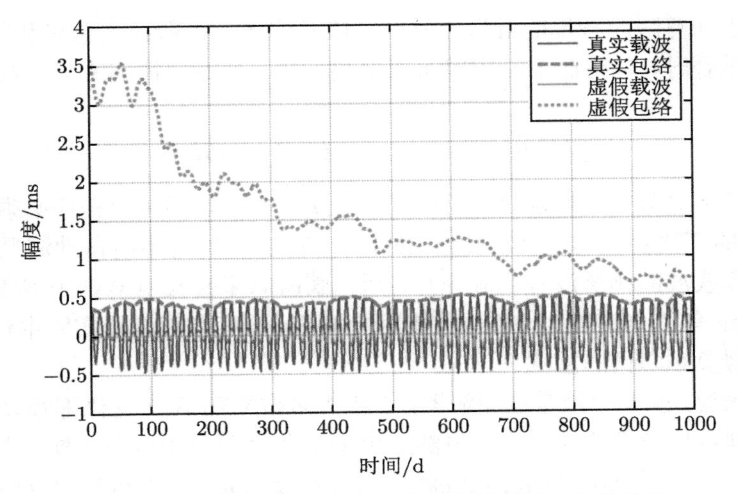

图 3.3.2(a) 日照时间数据的真实和虚假载波与包络关系

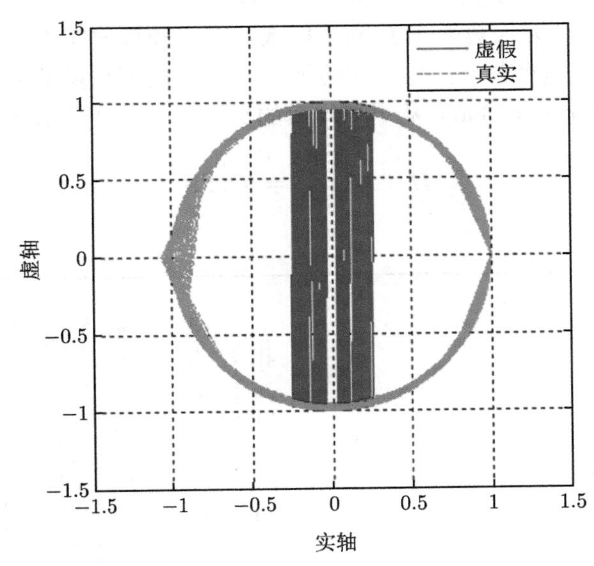

图 3.3.2(b) 日照时间数据的真实和虚假包络的相位图

然而，使用 HT 方法并非如想象中那么简单。除了一些非常简单的情况外，从 HT 得到的解析信号（AS）只是对四分相位移动量函数的近似。这个问题加上一些其他困难也部分导致了目前与瞬时频率相关的争议。事实上，从 HT 变换来得到四分相位移动量函数需要信号的包络和载波之间符合一些通用的条件，这些条件也已经被 Bedrosian（1963）和 Nuttall（1966）定理所总结。Bedrosian（1963）

提出了用于计算瞬时频率的解析信号的一般必要条件，即：当包络和载波的傅里叶谱没有重叠时，包络在 HT 中就可以分离出来，从而使得 HT 只对载波起作用，也即

$$H\{a(t)\cos\theta(t)\} = a(t)H\{\cos\theta(t)\} \tag{3.3.10}$$

这个必要条件对数据的要求比单纯的单分量要高得多，同时数据还必须是窄带的，否则 AM 的变化会影响 FM，就连 EMD 产生的 IMF 也不能自动满足这一要求。由于振幅和载波的频谱没有明确分开，所以瞬时频率会被 AM 变化所影响。这就导致 Huang 等人（1998, 1999）所使用的 Hilbert 变换在应用实践中仍然受到偶尔还会出现负频率值的困扰。

严格来说，除非使用带通滤波器，否则大多数局部 AM 变化都难以达到 Bedrosian 定理对信号函数的要求。虽然应用 HT 仍然可以得到一个实部与数据完全相同的 AS，但由于振幅调制对相位函数的影响，虚部将不再一样。正如图 3.3.3(a)、(b)、(c) 所举的例子，其中的计算结果完全不具有任何意义。在这个例子中，包络是一个阶跃函数，而载波是一个简单的单频三角函数。

Bedrosian 条件要求被做 HT 的数据满足包络和载波间不能有傅里叶谱的重叠，但即使满足了这个条件，也无法使得 HT 给出的解析函数能够被用来精确定义瞬时频率。Nuttall（1966）从更加本质的层面质疑了在什么条件下可以写出：

$$H\{\cos\theta(t)\} = \sin\theta(t) \tag{3.3.11}$$

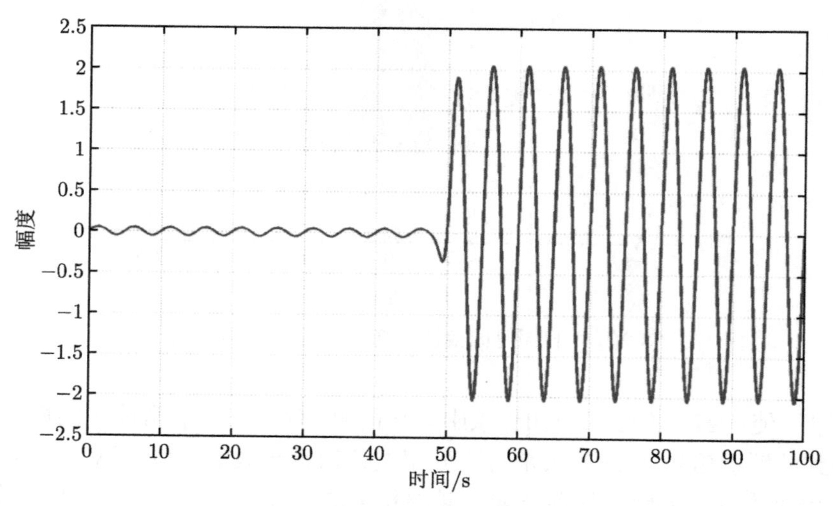

图 3.3.3(a)　带有载波的阶跃函数

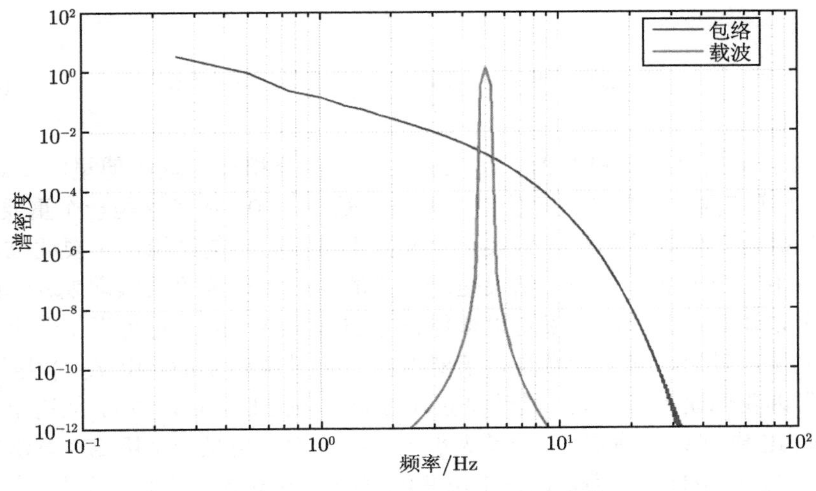

图 3.3.3(b) 包络和载波的傅里叶谱

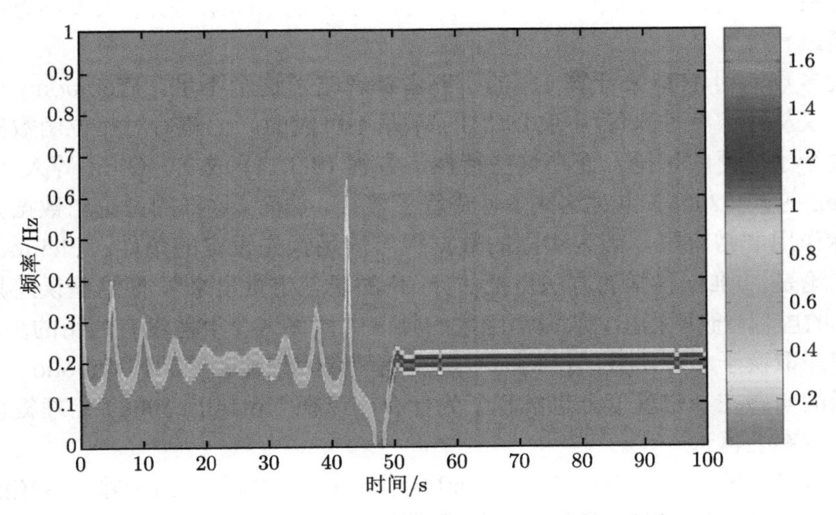

图 3.3.3(c) 带有载波的阶跃函数的希尔伯特谱

具体而言，对于任意函数而言，Nuttall(1966) 首先证明了以下理论结果：对于任意具有等式 (3.3.1) 形式的函数，其具有的 $a(t)$ 和 $\theta(t)$ 函数都必须是窄带函数，并且如果 $x(t)$ 的 Hilbert 变换为 $xh(t)$，而 $x(t)$ 的四分相移函数为 $xq(t)$ 的话，那么：

$$E = \int_{t=-\infty}^{\infty} [xh(t) - xq(t)]^2 \mathrm{d}t = 2\int_{-\infty}^{\omega_0} F_q(\omega) \mathrm{d}\omega \tag{3.3.12}$$

其中，

$$F_q(\omega) = F(\omega) + \mathrm{i}\int_{-\infty}^{\infty} a(t)\sin\theta(t)\mathrm{e}^{-\mathrm{i}\omega t}\mathrm{d}t \tag{3.3.13}$$

其中 $F(\omega)$ 是信号的傅里叶谱，$F_q(\omega)$ 是信号四分相移函数的傅里叶谱。因此，Hilbert 变换和四分相移函数等价的充要条件是 $E = 0$。尽管这是一个重要的，且具有里程碑意义的理论指引，但实际上又并不是很有用的结论。主要面临的困难来自于以下三个方面：首先，结果是用信号的四分相移函数的频谱来表示的，而这是一个未知量；其次，结果是以整体积分的形式给出的，它提供了一个全局性的差异度量；最后，误差指数是基于能量的，它只说明 $xh(t)$ 和 $xq(t)$ 是不同的，但没有告诉我们误差有多大，具体是正还是负（Picinbono, 1997）。从这个角度来看，Nuttall 定理只是确定 IF 误差大小的一次探索，也是一个用 AS 方法来精确得到 IF 的必要条件。然而，这些不足并没有削弱 Nuttall 定理的意义：它指出了将 Hilbert 变换和信号的四分相位移动量函数等价的局限性。因此，对于调频调幅信号来说，使用 Hilbert 变换来计算具有物理意义的瞬时频率大多会存在严重的问题。

大多数使用 HT 来计算 IF 的研究者都忽略了这个不足。Picinbono（1997）指出，仅从频谱特性来证明等式 (3.3.11) 是不可能的。他随后对相位函数的具体特性进行了广泛的讨论，而在这些特性下方程 (3.3.11) 成立。Qian 等人（2005）和 Chen 等人（2005）也对这些条件进行了概括。然而，这样的讨论在数据分析中的实际作用非常有限，因为实际的数据很难满足预先设定的条件。Picinbono 最后的结论是，“唯一科学的方法是把估计 IF 的误差定量出来”，而这些误差只存在于 AS 的虚部。他还指出，从振幅函数的频谱中计算这个误差没有通用的步骤，原因是误差取决于相位函数的结构而不是振幅函数的频谱特性。Picinbono （1997）所揭示的问题在一定程度上也解释了为什么难以在 Nuttall（1966）定理提供的部分解决方案上再进一步。

所有以上的重要结论在 20 世纪 60 年代末就已被揭示。由于除了传统的带通滤波器外缺乏一种令人满意的方法将数据分解成单分量函数，Bedrosian 和 Nuttall 设定的约束就很难在实际中应用。当然，带通信号可以做到滤波后的信号是线性和窄带的，且能自动满足上述的约束，但带通信号会抹掉数据许多有趣的非线性特性。因此，仅仅依赖带通方法，仍然不能让 “Hilbert 变换生成的 AS” 成为计算有物理意义的瞬时频率。因此，HT 方法仍然不是一种理想的计算瞬时频率方法，寻找一种全新的解决方案是迫切和必要的。

3.3.2 方案：一种经验性的 AM 和 FM 分解方法

Bedrosian 和 Nuttall 定理所阐述的两个约束都有坚实的理论基础且必须同时被满足。但大多的数据不满足这两个约束，为此，我们提出了一种新的归一化方案。这种方案是一种经验性的 AM 和 FM 分解方法，使我们能够经验性地、唯一地将任何 IMF 分离为包络（AM）和载波（FM）两部分。这种归一化分解方案有三个重要特性：首先，同样也是最重要的是，归一化载波使我们能够直接计算四分相位移动量函数；其次，归一化后载波的振幅为单位值，因此它自动满足 Bedrosian 定理；最后，归一化后载波能提供一个比 Nuttall 定理更清晰的基于局部能量的误差测量方法。在这里，我们把归一化的经验性 AM 和 FM 分解方法与 AS 方法结合来使用的方法称为，归一化希尔伯特变换（NHT）。

归一化方案通过对数据重复使用三次样条（cubic spline）曲线拟合来实现。首先，从图 3.3.4(a) 给定的 IMF 数据中，找出数据绝对值的所有局部最大值，如图 3.3.4(b) 所示。通过使用对绝对值数据的局部极大值的拟合，我们可以保证归一化后的数据相对于零轴是对称的。接下来，将所有最大值点用一条三次样条曲线连接起来。这个三次样条曲线被指定为数据的经验包络线 $e_1(t)$，如图 3.3.4(b) 所示。

一般来说，这条包络线与 AS 的模值不同。对于任何一个给定的真实数据，其极值都是确定的，我们称之为“经验包络”（empirical envelope）。因此这个经验包络也应该是确定的，而且是唯一定义的，不存在任何歧义。在通过三次样条曲线拟合得到经验包络后，我们可以用这个包络对数据 $x(t)$ 进行归一化：

$$y_1(t) = \frac{x(t)}{e_1(t)} \tag{3.3.14}$$

其中 $y_1(t)$ 为头一次归一化后的数据。理想情况下，$y_1(t)$ 包含的所有极值都应当为单位值。不幸的是，归一化数据的振幅偶尔会大于单位值，如图 3.3.4(c) 所示。

这是因为样条曲线只通过极大值点来拟合。在振幅变化较快的局部区域，包络样条曲线在通过极大值时，可能会略低于一些数据点。即使有这些缺陷，一次归一化方案已经相当有效地将振幅与载波分离。为了消除个别点的值大于单位值的问题，可以重复进行归一化步骤，例如将 $e_2(t)$ 定义为 $y_1(t)$ 的经验包络线，以此类推：

$$\begin{aligned} y_2(t) &= \frac{y_1(t)}{e_2(t)} \\ &\cdots \\ y_n(t) &= \frac{y_{n-1}(t)}{e_n(t)} \end{aligned} \tag{3.3.15}$$

在第 n 次迭代后，当 $y_n(t)$ 的所有值均小于或等于单位值时，归一化就完成了它就成了数据的经验 FM 部分，$F(t)$:

$$y_n(t) = \cos\phi(t) = F(t) \tag{3.3.16}$$

$F(t)$ 是一个纯频率调制的函数，振幅为单位值。在 FM 部分确定后，AM 部分 $A(t)$ 就可以从下面的公式中获得：

$$A(t) = \frac{x(t)}{F(t)} \tag{3.3.17}$$

因此，从公式 (3.3.16) 和 (3.3.17) 中，我们得到了：

$$x(t) = A(t) * F(t) = A(t)\cos\phi(t) \tag{3.3.18}$$

就这样，我们通过重复归一化完成了经验性的 FM 和 AM 分解。通常情况下，通过迭代得到 AM 和 FM 的收敛速度非常快，两三轮的迭代就可以使得所有数据点都等于或小于单位值。图 3.3.4(d) 中的例子给出了三次归一化的结果，由此得来的数据中没有一个点大于单位值。图 3.3.5 中绘制了数据中经验 AM 和 AS 的模值。很明显，经验 AM 比较平稳，没有出现 AS 模值那样的高频波动和过冲。前期经验也表明，样条曲线拟合的包络线是归一化操作的很好基础。

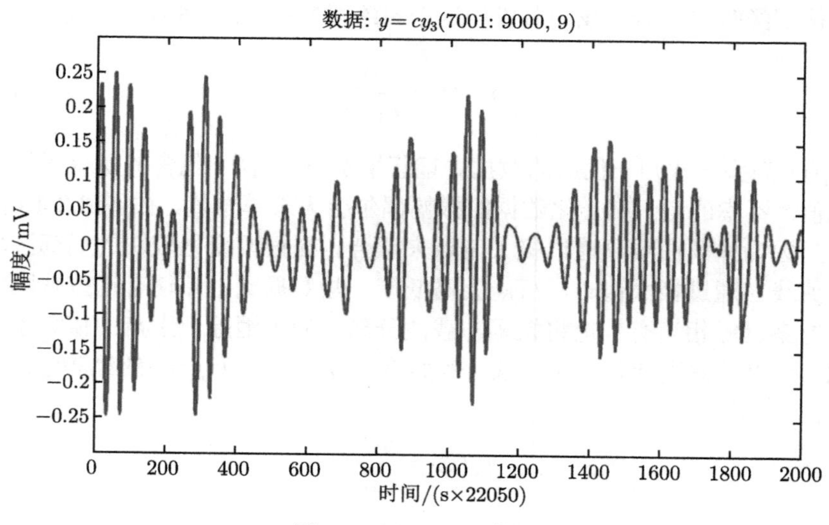

图 3.3.4(a) IMF 数据

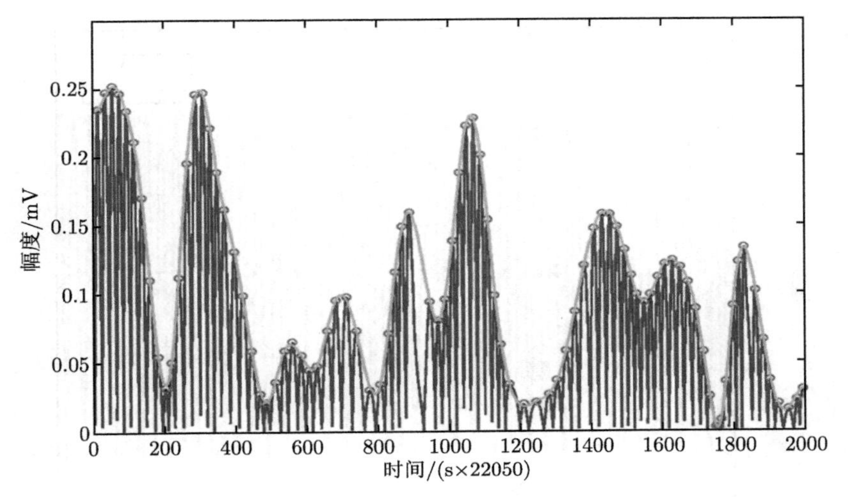

图 3.3.4(b) 构建三次样条包络

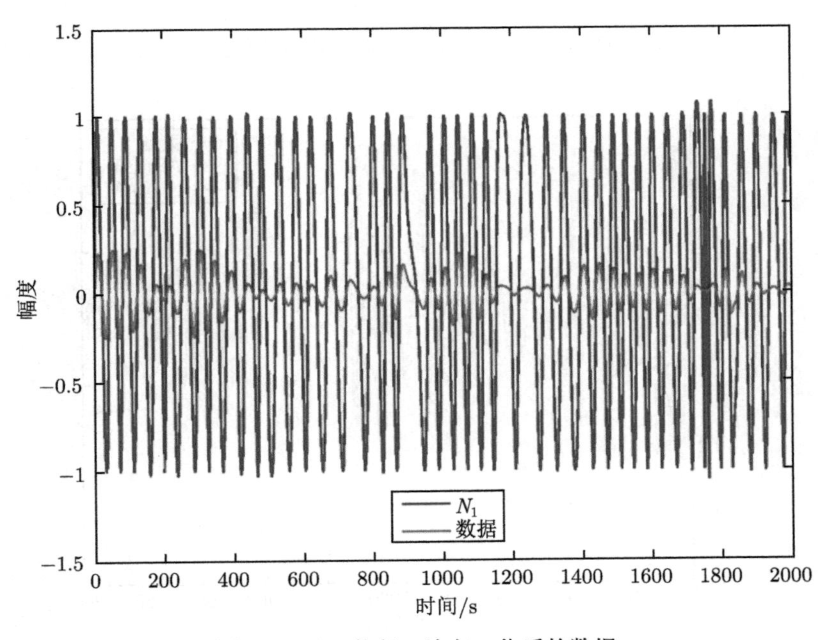

图 3.3.4(c) 执行一次归一化后的数据

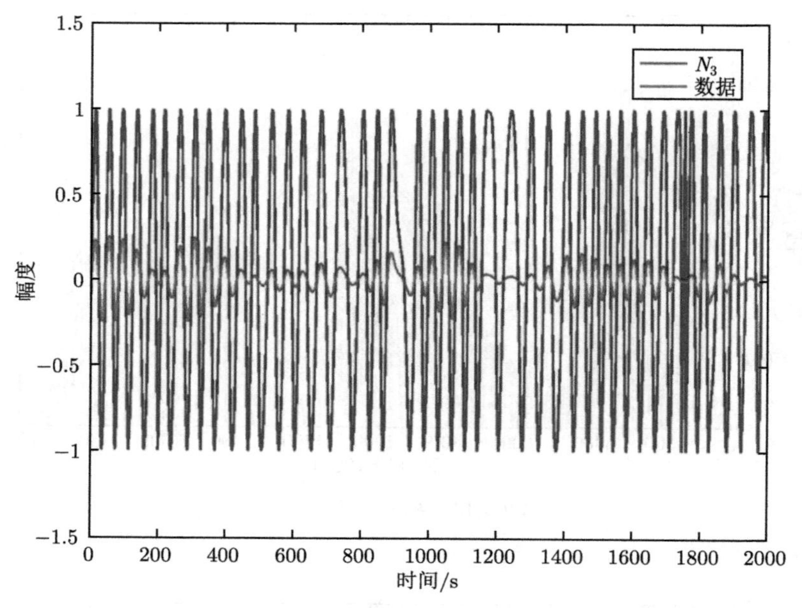

图 3.3.4(d)　执行三次归一化后的数据

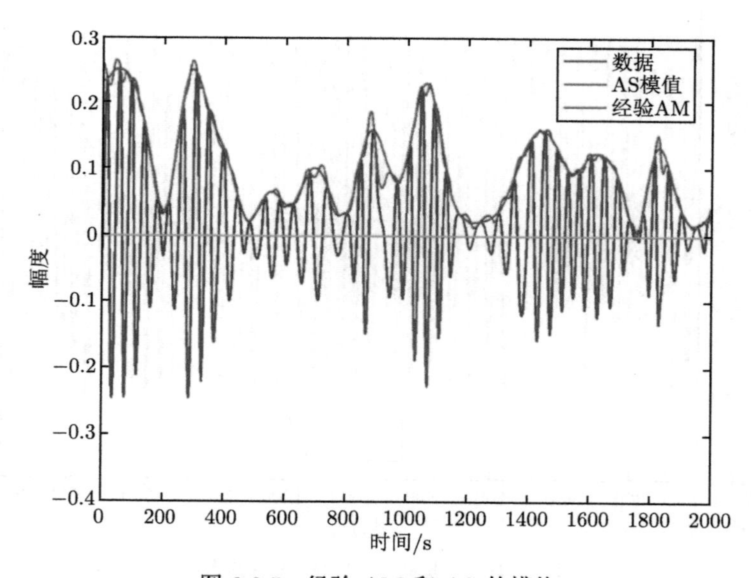

图 3.3.5　经验 AM 和 AS 的模值

与经验模态分解一样，归一化方法缺乏运算过程以及最终结果的解析表达式，这可能会妨碍得到理论证明过程中所需的表达的明确性。但需要指出的是，解析性并不是计算瞬时频率的必然要求，上面介绍的归一化方法就和 EMD 一样，可以直接且简单地实现。正如之前已经表明的，“经验包络”是唯一的，比通过 Hilbert 变换得到的 AS 信号的模值更平滑。我们还将表明，通过该方法所确定的 IF 值是完全基于相位函数的，没有任何近似。这些优点已经远远盖过了缺乏解析表达式所造成的不足。毕竟，在大多数情况下，实际数据的解析表达式并不存在。

当然，以上归一化过程可能会偶尔使原始数据局部极值点的时间位置产生小的变化，但这种变化是可以忽略不计的，尤其是过零点的时间位置保持不变，这在一定程度上充当了周期性的刚性控制点。正如上文所讨论的，另一种归一化 IMF 的方法是在归一化过程中使用 AS 的模值来代替样条曲线包络。这种方法当然可以避免包络线位于数据之下时发生向下偏移，但任何非线性变形的波形都可能伴随一个包含锯齿状的 AS 模值包络线，也可能会导致归一化数据中波形的变形更加严重。

支持经验包络的例子在计算动力学系统阻尼的应用中被提到多次。Salvino 和 Cawley（2003）使用 AS 的模量作为包络，在简单的近线性系统中得到了很好的效果。但在较复杂的振动中，波内振幅的变化使振幅的时间导数具有很强的振荡性，从而使得阻尼计算无法进行。Huang 等（2005）采用经验包络解决了这一难题。基于此考虑，我们决定不采用 AS 的模值作为归一化的基础。

3.3.3 归一化希尔伯特–黄变换（NHT）

由于经验 FM 信号的振幅均为单位值，因此在通过 Hilbert 变换计算 AS 时，不再受到 Bedrosian 定理的约束。图 3.3.6 也给出了 AS 方法用于归一化数据时计算出的瞬时频率。这个例子明显体现出了引入归一化方案所带来的改进：消除了振幅极小值附近非归一化数据的初始负 IF 值。归一化希尔伯特–黄变换（normalized Hilbert Huang transform, NHT）和后文要介绍的直接四分相移估计法（direct quadrature, DQ）之间唯一明显的差异都发生在波形有一定程度变形的地方附近。这些变形来源于数据不满足 Nuttall 定理所要求的条件。NHT 只能克服 Bedrosian 定理所描述的困难，因此只能给出一个估计值。

接下来，我们来定义一个比 Nuttall 定理更清晰的误差计算准则。其原理非常简单：如果 HT 确实获得了四分相位移动量函数，那么从经验包络得到的 AS 的模值就应该是 1。AS 的模值与 1 的任何偏差都是误差，因此我们可以使用基于能量的指标来衡量四分相位移动量函数和 HT 所获得的 AS 的模值之间的差异，这个指标可以简单定义为

$$E(t) = [abs(\text{解析信号}\ (z(t))) - 1]^2 \tag{3.3.19}$$

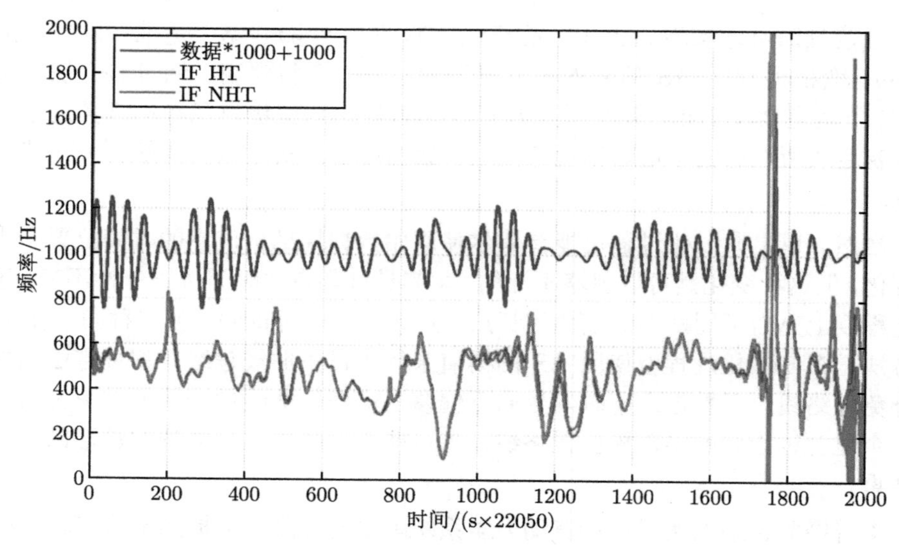

图 3.3.6　归一化数据计算出的瞬时频率 IF

这个误差指标是时间的函数，如图 3.3.7 所示，它给出了振幅误差的局部测量，而不是直接测量瞬时频率计算的误差（Picinbono, 1997）。尽管如此，这种间接的误差测量方法在逻辑和实践上都优于 Nuttall 定理建立的积分误差计算准则。如果四分相位移动量函数和 AS 是相同的，误差应该是零，但它们通常是不完全相同的。根据我们的经验，大部分的误差来自于以下两个方面：第一，对振幅急剧变化位置进行局部归一化时会导致数据变形，这个时候包络样条曲线拟合将不足以迅捷地包含所有的数据点，而是在一些数据点处出现包络低于数据的情况。尽管多次归一化可以消除归一化过程中出现的包络低于数据的状况，但也无法避免波形变形的情况，因为原来的极值位置可能会在多次归一化过程中发生偏移。当局部位置出现振幅很小的情况时，这种现象就更严重了，在这种情况下，任何误差都会因公式 (3.3.15) 归一化过程中使用的振幅过小而放大。这种情况下产生的误差通常是非常大的。第二，正如 Nuttall 定理所指出的，波形的非线性变形会导致相应的相位函数 $\theta(t)$ 变化。如 Hahn（1995）和 Huang 等（1998）所讨论的那样，当相位函数不是初等函数时，来自 AS 的相位函数和来自 DQ 的相位函数将不再一样，这也正是 Nuttall 定理所规定的条件。因此符合 Nuttall 定理的条件时的误差通常较小。

根据我们的经验，NHT 和 DQ 都可以用来程序化地给出有效的瞬时频率。NHT 的优点在于它的计算稳定性比 DQ 稍好，但 DQ 在任何情况下都能给出更准确的 IF。接下来，我们将讨论直接四分相移估计法。

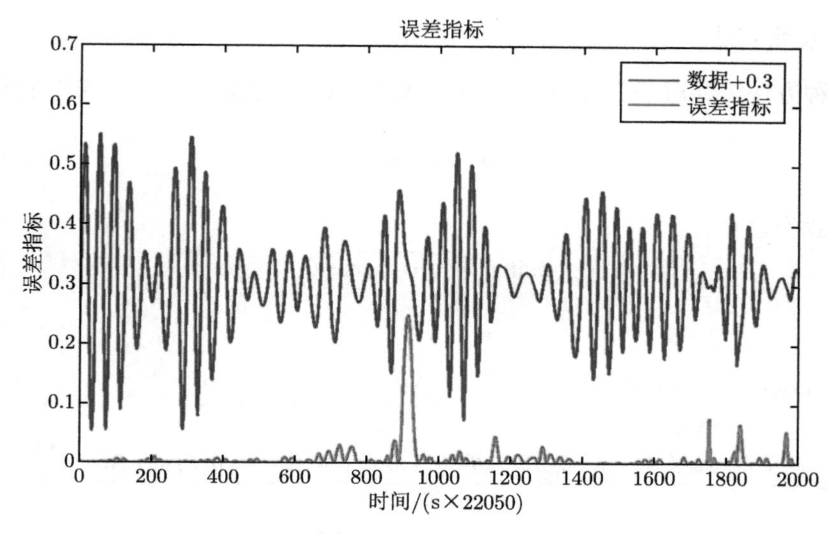

图 3.3.7 误差指标

3.4 直接四分相移估计法

有了经验 AM/FM 分解 (empirical AM/FM decomposition) 后，我们可以使用归一化 IMF 作为基底直接计算它的四分相位移动量并完全避免希尔伯特变换，从而避免希尔伯特变换所要求的严格线性运算和 Bedrosian 定理、Nuttall 定理所需的约束。有几种方法可以实现这一点。

3.4.1 无 AM/FM 分解的局部展开方法

让我们从 IMF 分量 $x(t)$ 开始。通过泰勒展开 $x(t)$，我们可以得到：

$$\begin{aligned} x\left(t_{j+1}\right) &= \left(a\left(t_j\right)+\Delta t a'\left(t_j\right)\right)\cos\left(\theta\left(t_j\right)+\Delta t\theta'\left(t_j\right)\right)+\cdots \\ x\left(t_{j-1}\right) &= \left(a\left(t_j\right)-\Delta t a'\left(t_j\right)\right)\cos\left(\theta\left(t_j\right)-\Delta t\theta'\left(t_j\right)\right)+\cdots \end{aligned} \tag{3.4.1}$$

于是，我们就有

$$\frac{x\left(t_{j+1}\right)+x\left(t_{j-1}\right)}{2x\left(t_j\right)}=\cos\left(\Delta t\theta'\left(t_j\right)\right)+o(\Delta t) \tag{3.4.2}$$

因此，瞬时频率作为相位函数的导数可由下式给出：

$$\theta'\left(t_j\right)=\frac{1}{\Delta t}\arccos\frac{x\left(t_{j+1}\right)+x\left(t_{j-1}\right)}{2x\left(t_j\right)} \tag{3.4.3}$$

该方法由 Hou 和 Shi(2012) 提出；这种局部展开法不需要对 IMF 做归一化处理。

3.4.2　反余弦法

这种方法需要对 IMF 进行归一化。AM/FM 分解完成后，我们就可以得到

$$x(t) = \cos\theta \tag{3.4.4}$$

同时，我们也有

$$\sin\theta = \sqrt{1-\cos^2\theta} \tag{3.4.5}$$

那么

$$\begin{aligned}\frac{\cos\theta_{i+1}-\cos\theta_{i-1}}{\sin\theta_i} &= \frac{|\cos(\theta_i+\Delta\theta)-\cos(\theta_i-\Delta\theta)|}{\sin\theta_i}\\ &= \frac{[\cos\theta_i\cos\Delta\theta-\sin\theta_i\sin\Delta\theta]-[\cos\theta_i\cos\Delta\theta+\sin\theta_i\sin\Delta\theta]}{\sin\theta_i}\\ &= 2\sin\Delta\theta\approx 2\Delta\theta.\end{aligned} \tag{3.4.6}$$

在这种方法中，虽然我们需要对 IMF 进行归一化，但我们不需要计算反余弦。

3.4.3　反正切法

经归一化处理后，经验 FM 信号 $F(t)$ 为数据的载波部分。假设数据是余弦函数，则它的四分相位移动量为

$$\sin\phi(t) = \sqrt{1-F(t)^2} \tag{3.4.7}$$

由数据及其直接四分相位移动量形成的复值对不一定是解析的，但这样的复值对完全是为了定义准确的相位函数而计算得到的，它们保留了原数据的相位函数，但不会像 AS 那样引起失真。这种直接计算四分相位移动量的方法有许多优点：它完全绕过了变换，因此，它不涉及任何积分区间；直接四分相移估计法得到的瞬时相位值不受相邻点的影响；瞬时频率计算仅基于微分，因此，它和其他计算瞬时频率的方法一样具有局部性。

根据正弦函数和余弦函数，我们可以计算相位角如下

$$\phi(t) = \arctan\frac{F(t)}{\sqrt{1-F^2(t)}} \tag{3.4.8}$$

此处 $F(t)$ 是经过多次归一化得到的完全归一化 IMF。这是非常关键的，因为任何超过单位值的数据值都会导致方程 (3.4.7) 中给出的公式变成虚数，而方程 (3.4.8) 在这种情况下无法成立。

尽管反余弦法和反正切法在数学上是等价的，但它们在计算上是不同的。在反正切法中，我们能够使用四个象限的反正切来唯一地确定相位函数的特定象限，而这对于相位函数的正确表示至关重要。此外，反正切法的计算稳定性也得到了很大的改善，这将在后面被演示。当数据包含跳变、急剧变化，特别是在极值点附近出现稀疏数据点等不规则情况时，反正切法仍有可能产生不稳定的结果。由于导数在计算过程中已经涉及到两个点，采用三点中值滤波（three-point medium filter）器可以大大提高计算的稳定性，且不会明显降低结果的质量。三点中值滤波器只覆盖稍宽的区域。在后续的计算中，除非另有说明，否则我们将反正切法和三点中值滤波器作为四分相位移动量法的默认操作。需要指出的是，Hou 和 Shi（2012）提出的反余弦法不是直接的反余弦计算；局部展开可以提高计算效率和稳定性。

由直接四分相移估计法以及前面讨论的 NHT 方法计算出的瞬时频率如图 3.4.1 所示。从中可以清楚地看到 DQ 所带来的改进：初始由非归一化 AS 在幅度极小值处求得的负 IF 消失了。这些在幅度极小值附近出现的负频率值，是信号不能满足 Bedrosian 定理所导致的结果。

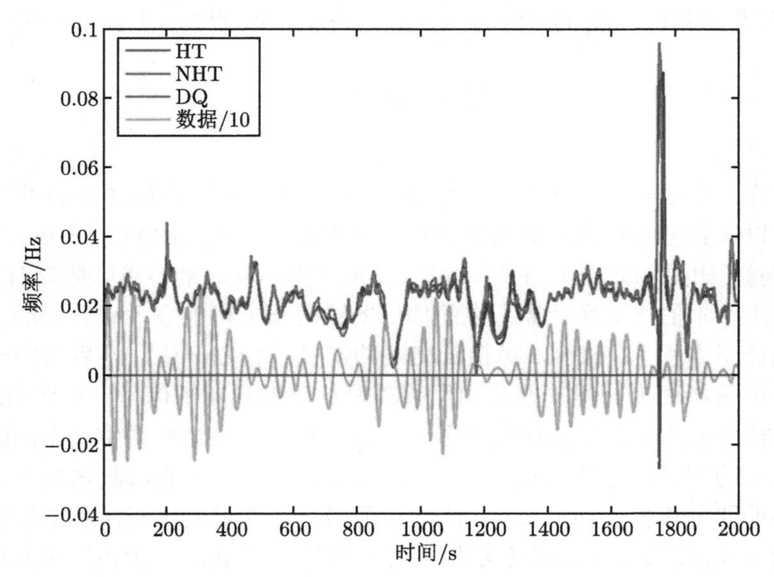

图 3.4.1 由直接四分相移估计法以及 NHT 方法计算的瞬时频率

消除了 Nuttall 定理的约束，基于 Nuttall 定理所定义的能量误差指数也将完全等于零。即使对于非常复杂的相位函数，DQ 也可以将其正确地计算出来。

3.5　不同方法间的结果比较和讨论

上面我们介绍了各种计算瞬时频率的一些方法，接下来我们对它们的优缺点进行比较。我们采用人工构造的理想数据和和从真实物理现象中采集的数据，来说明不同方法之间的差异。使用人工构造的理想数据的好处是我们知道数据的每一个细节，包括振幅和频率，从而能有一个精确的参照系来显示每种方法的细节和潜在的问题；而使用真实的数据，例如语音信号，则能展示不同方法在真实应用场景中的表现。在本节，我们要比较的用来计算瞬时频率的方法包括 Teager 能量算子法、广义过零点法、归一化希尔伯特变换法、和直接四分相移估计法，必要时，也会包括原始的希尔伯特变换法。

3.5.1　差异比较

第一个例子是频率变化的阻尼杜芬波 (damped Duffing wave) 模型。模型中的表达式给出了实际精确的频率，从而使我们能够定量地校对和检验每种方法。模型由

$$x(t)=\exp\left(-\frac{t}{256}\right)\cos\left(\frac{\pi}{64}\left(\frac{t^2}{512}+32\right)+0.3\sin\frac{\pi}{32}\left(\frac{t^2}{512}+32\right)\right)$$

$$当\ t\in(1,\ 1024) \tag{3.5.1}$$

给出。

对这样一个信号，如果采样率为 1Hz 的话，信号就如图 3.5.1(a) 所示。从图中我们可以看到包络和载波的大概形状。如果对它们相应的频谱用 Bedrosian 定理进行检验（如图 3.5.1(b)）的话就可以发现包络和载波的傅里叶频谱有重叠。因此，直接用希尔伯特变换计算得来的信号的瞬时频率可能会含有显著的误差。我们必须先使用方程 (3.3.14)，对指数衰减的幅值进行归一化，然后对归一化的数据使用希尔伯特变换获得其四分相位移动量从而得到解析信号（如图 3.5.1(c)）。不同方法得到的四分相位移动量由图 3.5.1(d) 给出。在这些图中，不同颜色的线条表示真实的四分相位移动量（红线），直接对未归一化的原数据做希尔伯特变换所得到的四分相位移动量（绿线），和用归一化希尔伯特变换所得到的四分相位移动量（天蓝线）。这里的希尔伯特变换是按照 Gabor（1946）的方法进行实现的，我们能很明显地看见在头尾两端的较大误差。归一化处理使得头尾的误差减小。

需要指出的是，我们从复相位图中能直观地看到，对于该杜芬模型，其真实的四分相位移动量和解析信号并不一致。因此，我们已经可以料到从解析信号方法计算得来的瞬时频率可能会有显著的误差。四分相位移动量与原载波由一个标

准的单位圆给出，换句话说，由原载波和其四分相位移动量构成的复解析信号模值应该处处都为 1。然而，从希尔伯特变换得来的解析信号的幅值却整体偏离了单位圆。这一偏离使得用解析信号来近似四分相位移动量包含了很大误差。事实上，真正的四分相位移动量信号和解析信号的虚部仍然非常不一样（见图 3.5.1(c)），与此相反，计算得到的四分相位移动量和用直接四分相移估计法中的公式理论推导得出的结果是几乎完全一样的。这也证实了直接四分相移估计法的有效性。

不同的方法求得的幅值见图 3.5.1(e)。除了因端点效应造成的起始点附近的幅值有显著的误差外，通过样条插值拟合得到的经验包络曲线（标为 NHT 的紫色线）几乎与理论值完全一样；同时，也只有经验包络曲线能与广义过零点法得到的包络在几乎整个时间范围内都吻合得很好。广义过零点法得到的阶跃值显示了该方法的局部化极限为波频率的四分之一。正如 Nuttall 定理所指出的那样，解析信号的幅值会受到复相位函数的强烈影响。在这些方法之中，表现最差的是 Teager 能量算子法；一旦波形有所变形，幅值马上就会下降，甚至会降到完全违背了实际情况。希尔伯特变换得到的相位在数据端点处表现不好，这也使我们便能清楚地看到 Bedrosian 定理和 Nuttall 定理的限制。

为了细致地评估 Bedrosian 定理带来的约束，我们计算了 AM 和 FM 信号的傅里叶谱，如图 3.5.1(b) 所示。尽管 AM 信号是以指数速率单调衰减的函数，从其功率谱密度上看其仍然是锯齿函数，有着很宽的频谱。因此，AM 和 FM 的频谱不能完全分离开来，这违背了 Bedrosian 定理的要求，因此解析信号的相位函数将会被幅值的变化所干扰。我们之后将会看到，单一 IMF 的 AM 和 FM 信号的傅里叶谱一般来说都是分不开的，除非信号已经过带通滤波器使得载波拥有窄谱而振幅缓变。微小但仍存在的傅里叶谱重叠区域意味着，在 AM 存在自身变化的情况下，用希尔伯特变换得到的解析信号的 FM 部分在绝大多数情况下只能是个近似值。

现在，让我们来检查图 3.5.1(f) 中的瞬时频率值。可以再一次看到，直接四分相移估计法得到的瞬时频率与事先给出的理论值几乎没有差异。为了更加细致地考察两者的差异，我们选取了其中一个片段进行放大，如图 3.5.1(g) 所示。在这个放大后的图像里，直接四分相移估计法给出的瞬时频率值与真实的理论值在每个波峰附近出现了一些差异，这些差异大多是由用反正切函数计算位相值时在数据的极值点附近有高敏感性所引起。不过，直接四分相移估计法总体的表现还是很好的。而正如 Huang 等（1998）所指出的那样，无论是非归一化还是归一化的希尔伯特变换求出的瞬时频率值的调制强度都比理论值要小。事实上，尽管归一化步骤带来的调制仍然不足，但还是得到了更加稳定的瞬时频率值。广义过零点法也正如我们所预想的那样，给出了略显阶梯状的、斜率恒定的均值。Teager 能量算子法又一次受到了波形非线性扭曲的干扰，以至于其得到的瞬时频率值完全不可靠。比较不同方法有效性的一个重要准则是从两方面检验误差。首先，我们将使用式 (3.3.19) 中基于能量的准则检验图 3.5.1(h) 的结果。从能量的角度来看，我们只能从归一化的信号中计算误差。直接四分相移估计法和广义过零点法给出的误差可以忽略不计，其中广义过零点法给出的包络几乎完美。而归一化希尔伯特变换的误差比起 Teager 能量算子法要小得多。其次，我们将通过直接比较各种方法求出的瞬时频率值与真实值的比来检验误差。结果如图 3.5.1(i) 所示，其中局部细节见图 3.5.1(j)。直接四分相移估计法的结果几乎和理论计算值完美吻合。唯一吻合得不那么好的地方出现在信号的开头，这是由于样条曲线拟合包络带来的端点效应所导致的。在结尾处，数字采样率不足也导致结果稍微偏离理论值，这在我们前面也讨论过了。归一化希尔伯特变换与直接的希尔伯特变换相比效果有所提升，这是因为归一化希尔伯特变换通过归一化处理后消除了 Bedrosian 定理所指出的影响。Nuttall 定理所述的影响能很清楚地在波内调频中看到。从比值来看，广义过零点法效果十分糟糕，它完全忽略了波内调频，不过它从均值上看仍然是对的。这些结果也证实了 Picinbono（1997）中的断言：瞬时频率估计的误差不能只由包络的频谱来衡量。不过，仍然值得指出的是，Teager 能量算子法与真实值的一致性最差，它的比值很多地方几乎为 0，而另一些地方又太大。

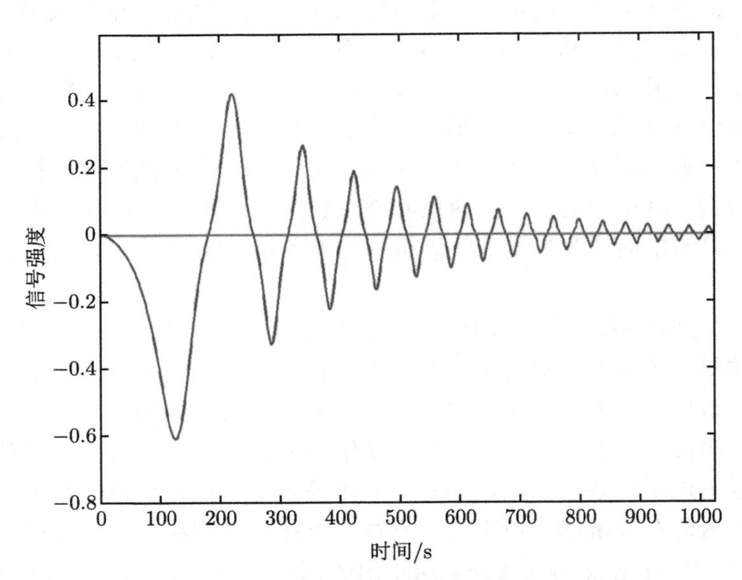

图 3.5.1 (a) 阻尼杜芬波模型的信号数值模拟结果

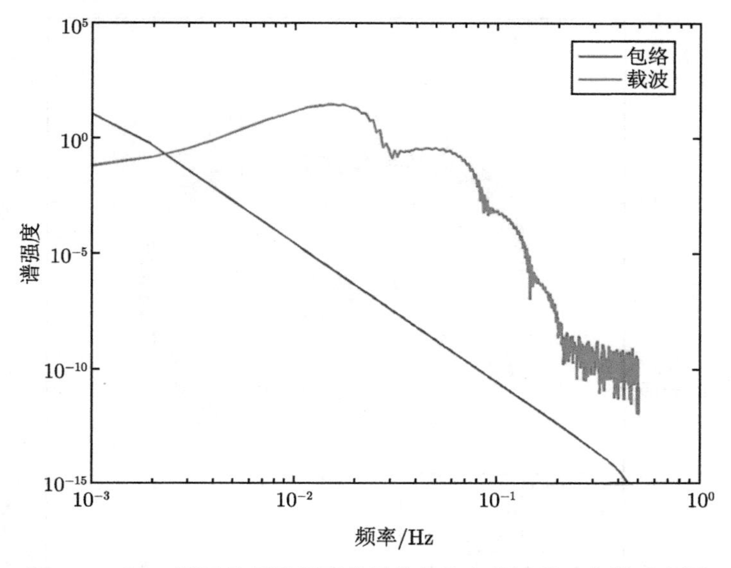

图 3.5.1 (b) 阻尼杜芬波模型信号的包络和载波的功率谱示意图

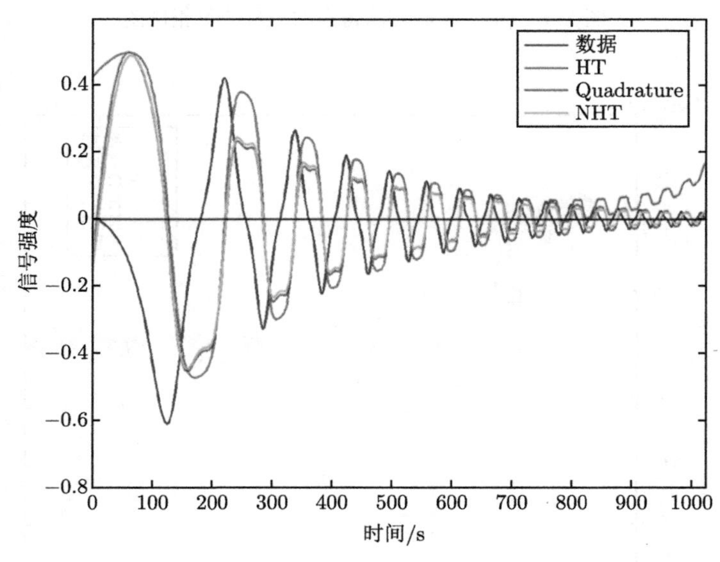

图 3.5.1 (c) 阻尼杜芬波模型信号的四分相位信号以及两种解析信号示意图

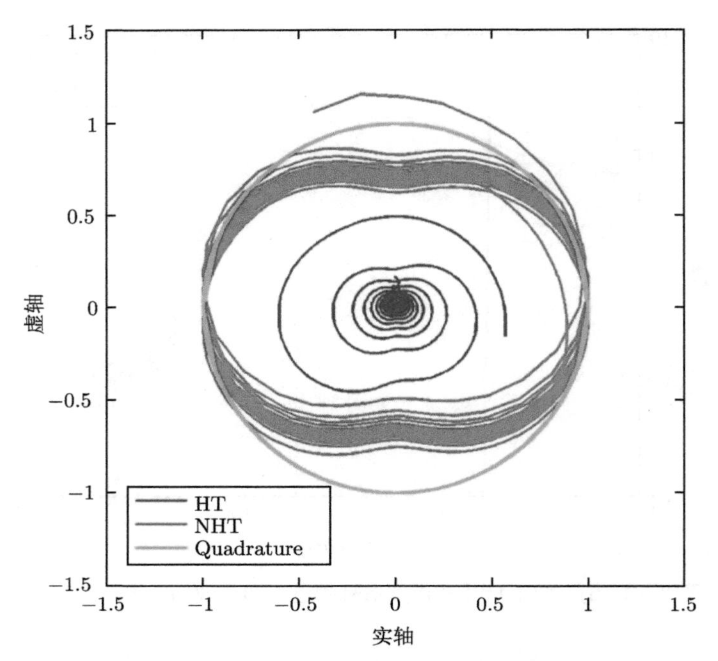

图 3.5.1 (d)　不同方法得到的信号的复相位图

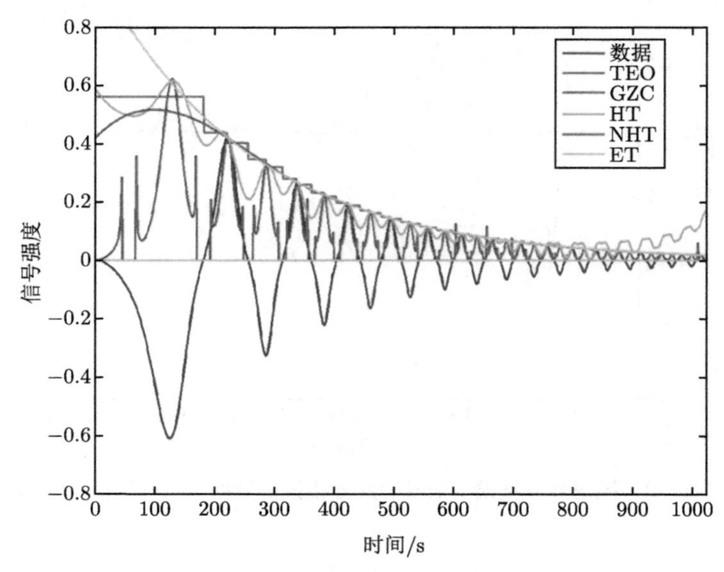

图 3.5.1 (e)　不同方法得到的阻尼杜芬模型信号的幅值示意图

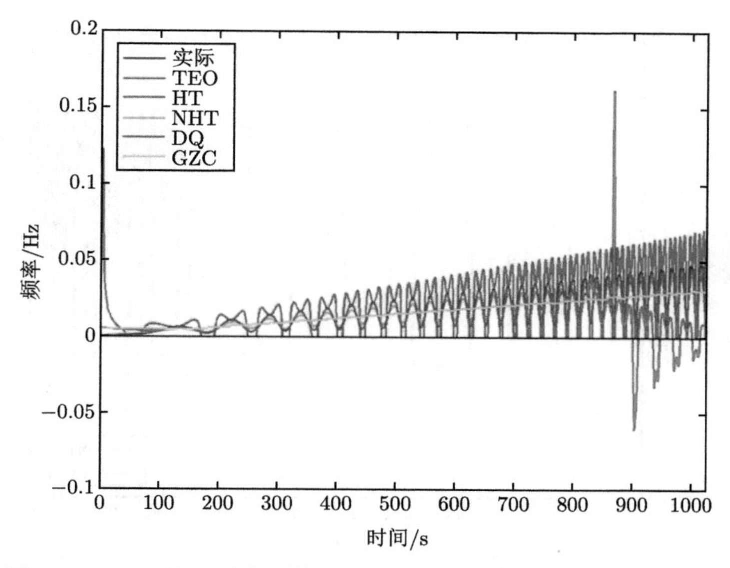

图 3.5.1 (f) 不同方法得到的阻尼杜芬波模型信号的瞬时频率示意图

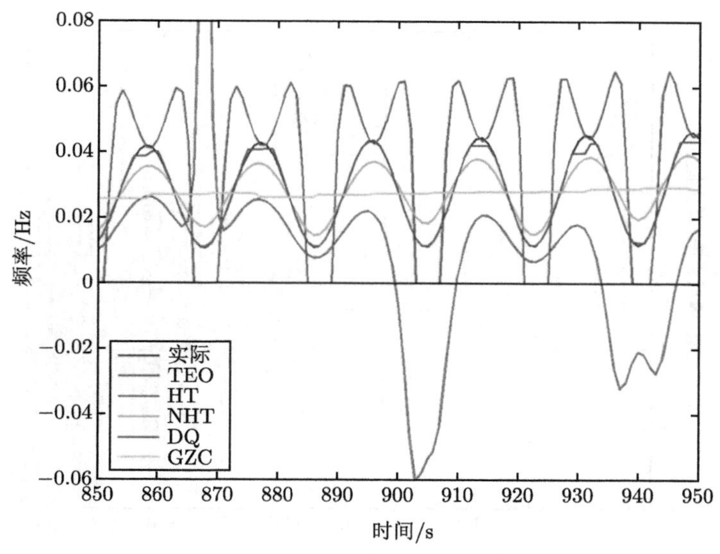

图 3.5.1 (g) 对图 3.5.1f 所示瞬时频率示意图进行局部放大

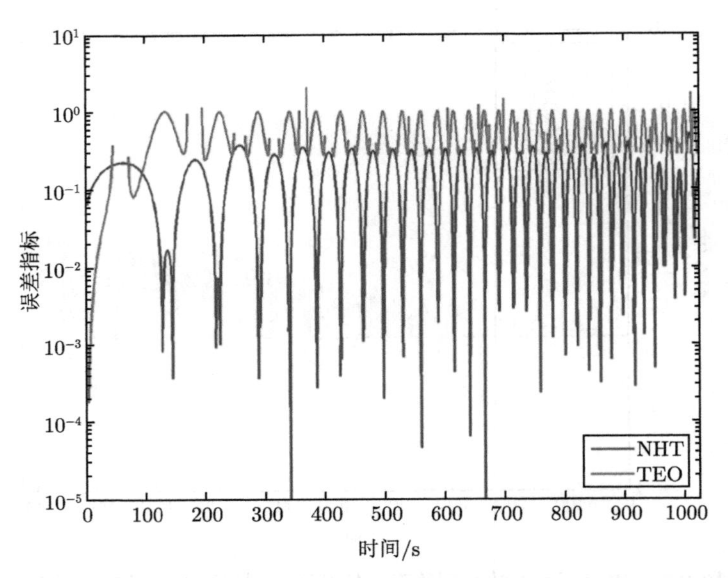

图 3.5.1 (h)　对标准希尔伯特变换和 Teager 能量算子计算基于能量的误差系数

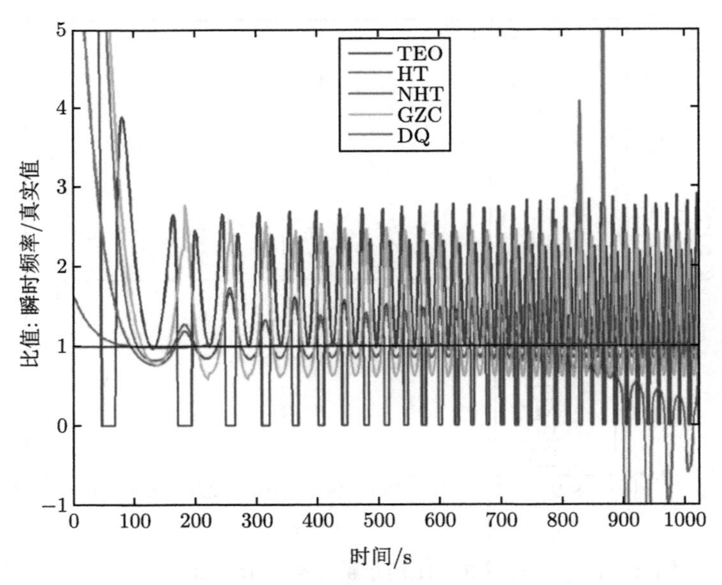

图 3.5.1 (i)　不同方法求得的瞬时频率与真实值的比值

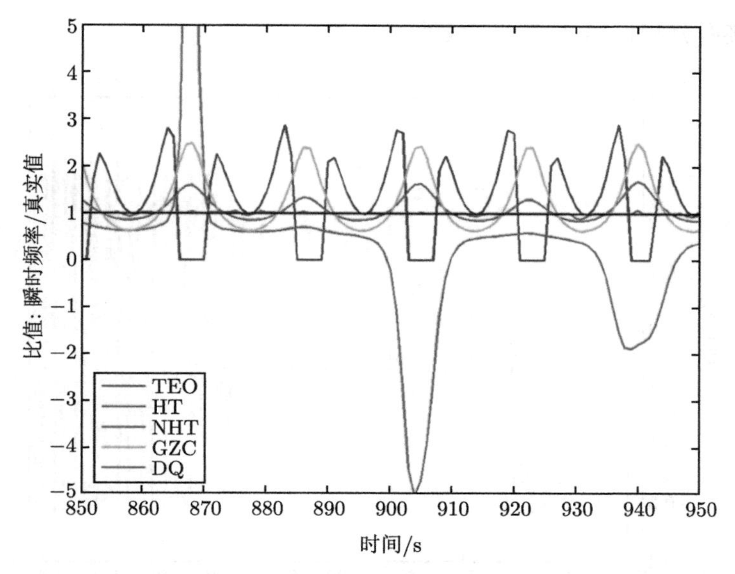

图 3.5.1 (j) 不同方法求得的瞬时频率与真实值的比值示意图的局部放大

最后，我们将对反余弦法和反正切法进行比较。使用反余弦法的困难主要在于相位展开，因为反余弦法只会给出 0 到 π 之间的相位值。因此，为了得到合适的相位表示，必须在相位展开前引入额外的步骤，给相位添上正负号；缺失了这一步会使计算出现错误。尽管给相位添上正负号并不麻烦，不过仍然不如四象限的反正切函数来得方便。图 3.5.2(a) 给出了通过反余弦法、反正切法求出的瞬时频率值和真实值。如果没有适当进行相位展开，直接反余弦法求出的结果包含负的频率值，而基于四象限反正切函数求出的结果和真实值吻合得很好。更细节的图如 3.5.2(b)，可以看到三点滑动平均滤波后的结果比起未经滤波的结果有了一定的提升。从图中还能看到极大值点附近采样稀疏带来的影响，这在我们前面也讨论过了。

正如之前所提到的，从定义上可以推论出基于能量的指标只是对包络的拟合结果敏感。因此，它只是瞬时频率的替代指标。在分析真实数据时，真正的频率总是未知的；可见，基于能量的误差指标是唯一可用的误差度量。如果误差过大，那一定有问题。有时尽管它很小，但瞬时频率的误差也不一定就小 (如广义过零点法的情况)。因此，基于能量的误差指标可能也不是瞬时频率值中误差的可靠指标，它仅为小错误提供了必要的检测条件。

通过上面的验证性示例可以发现：Teager 能量算子法仅仅适用于线性信号；广义过零点法能给出均值，却不能描述波内调频——而波内调频正是非线性信号的重要特征。这个例子也非常清楚地检验了归一化的希尔伯特变换法，以及更为重要的直接四分相移估计法的有效性。

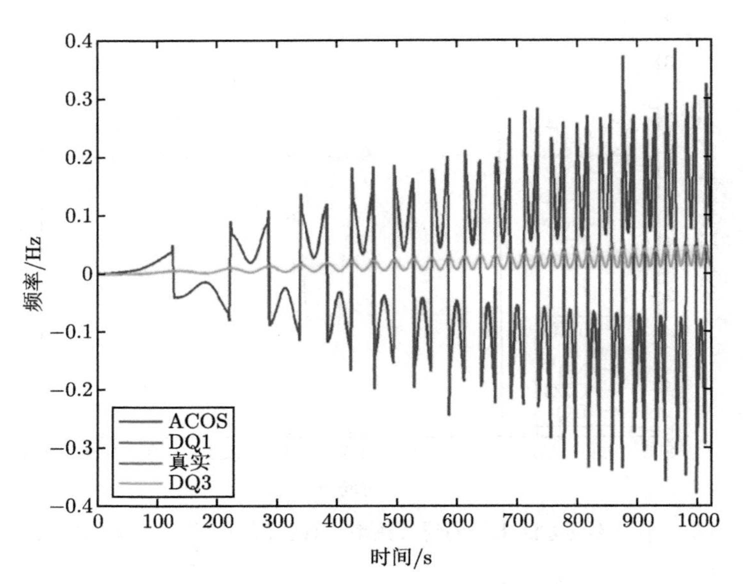

图 3.5.2 (a)　通过反余弦法和反正切法求出的瞬时频率值和真实值

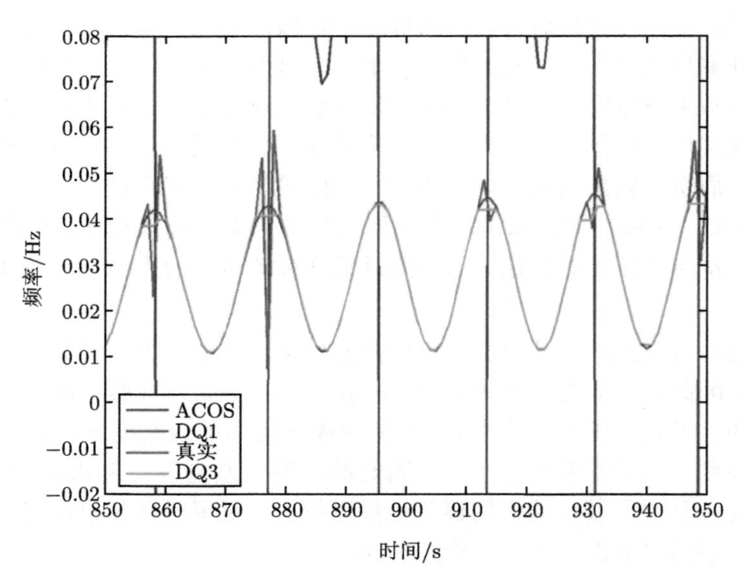

图 3.5.2 (b)　对图 3.5.2(a) 的局部放大

3.5.2 语音信号应用

现在，我们不妨来试着用不同的瞬时频率估计方法来分析复杂的实际数据，也来检验各个方法的效果。这里我们用的是一段语音信号 “Hello”。图 3.5.3(a) 是原始的 “Hello” 的语音信号，对其使用最原始的 EMD 方法得到的各个 IMF 成分如图 3.5.3(b)，其中最活跃的成分如图 3.5.3(c)。为了展示在数据分析中可能遇到的问题，在这里我们只使用了一般的 EMD 方法来分解得到各个 IMF。正如图 3.5.3(c) 所示，得到的 IMF 包含十分明显的模态混叠，使得信号的复杂性更强，更能比较和体现不同方法的性能优劣。首先，我们给出通过样条和希尔伯特变换拟合以及其他方法得到的包络，如图 3.5.3(d) 所示。整体来看，Teager 能量算子拟合结果的问题非常严重，在大部分时间点上，要不然比直观的包络大好几倍，要不然就是零。所有其他方法（希尔伯特变换法、样条法和广义过零点法）似乎都集中在一个窄带中，和数据的形状对称，这说明他们求出的包络在一定程度上都是合理的。

为了检验细节，我们选择放大 0.1 秒和 0.2 秒附近的两个子区域，见图 3.5.3(e) 和 3.5.3(f)。从这些图中我们立即就能发现，一旦波形变形，Teager 能量算子法得到的包络马上就变得十分糟糕。在知道了前面人工构造函数计算的结果的特征表现后，这个结果也是可以意料的；这也进一步说明了 Teager 能量算子法就是基于线性模型的。这样的不足从另一种意义上说也是一种优势——我们可以用它来检查波形中是否有非线性的变形。除了 Teager 能量算子求出的包络，其他所有包络之间都十分接近。经验样条法得到的包络是最平滑的，而用希尔伯特法得到的包络出现了一些比单个周期尺度小的波内浮动，这同样是由非线性波形变形所引起。由于广义过零点法给出了包络和周期最鲁棒的定义——尽管局部性比较差——经验包络和广义过零点法给出的包络和周期几乎在每一处都十分接近，这一点已经足够能打消我们对经验包络的疑虑。尤其是当幅值的变化非常小（如图 3.5.3(e)）时，广义过零点法的包络的平滑性还不够，但经验包络仍然具有一定的平滑性。

和之前一样，正如 Bedrosian 定理和 Nettall 定理所指出，希尔伯特变换法不能很好地拟合包络，表明它仍具有一定的局限性。为了检查 Bedrosian 定理的条件是否得到满足，我们把 FM（归一化的载波）和 AM(经验包络) 的傅里叶谱画到一张图上，如图 3.5.3(g)。很显然，他们不能被有效区分，这与有阻尼的杜芬模型结果类似。这个 AM/FM 的谱特征可以让我们预料到通过解析信号求出来的瞬时频率也会非常糟糕。当数据不满足 Bedrosian 定理的条件时，数据不适合进行希尔伯特变换。在这种情况下，使用一个窄窗并剔除窗内大的幅值浮动后，在局部得到数值为正的频率。但这种基于窄窗的做法其实很难实现。另一种更有效的选择是对 IMF 进行归一化，它能解决幅值变化的问题，也可以让误差大幅下降。

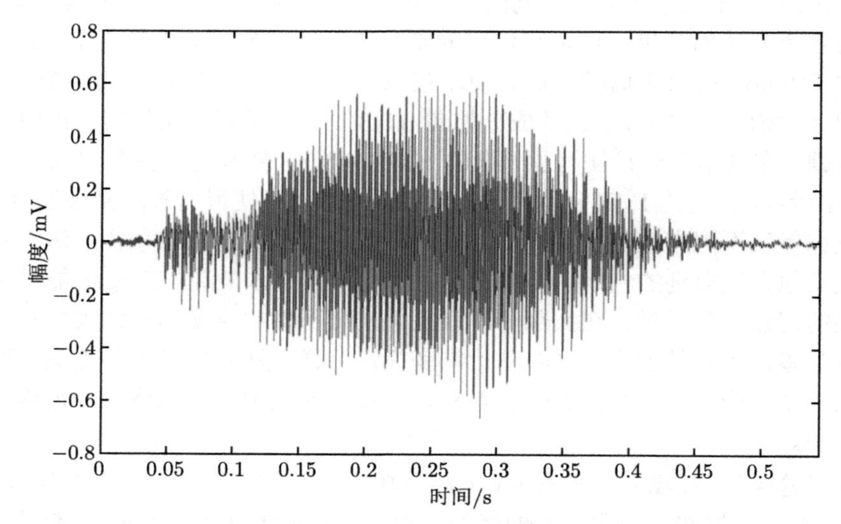

图 3.5.3 (a)　原始的“Hello”声音信号 (采样率 Fs=22050Hz)

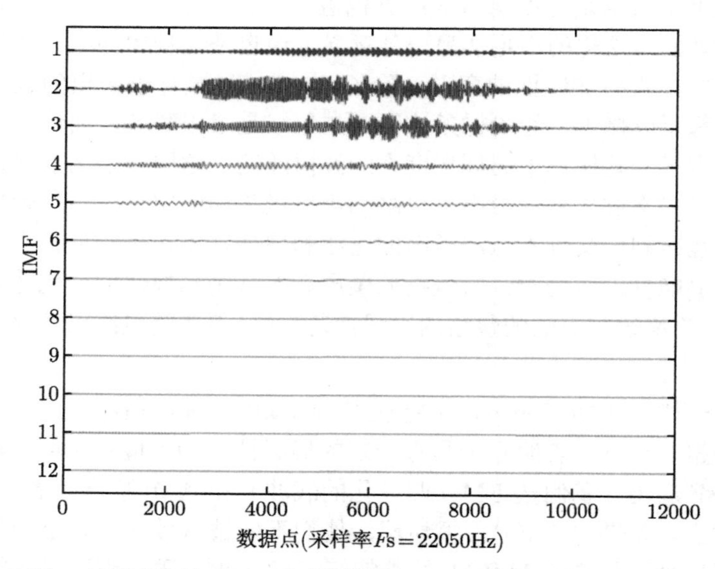

图 3.5.3 (b)　对声音信号“Hello”用原始 EMD 方法得到的各 IMF 成分示意图

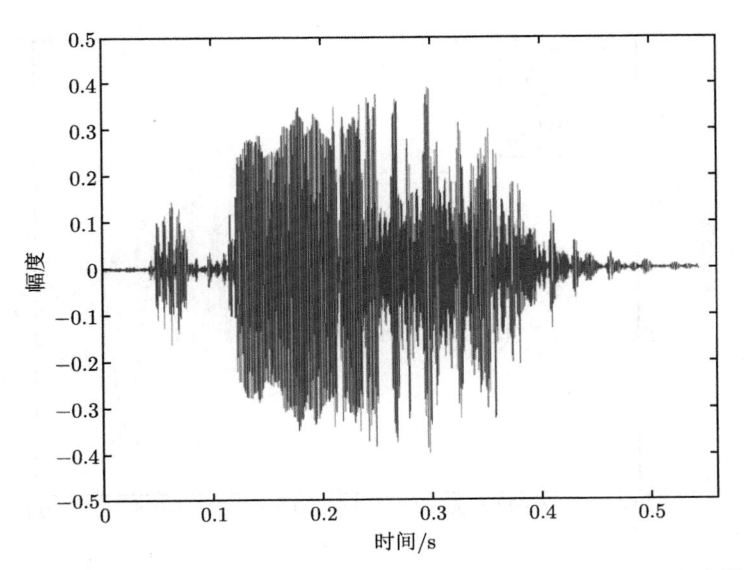

图 3.5.3 (c) 在图 3.5.3(b) 所示 IMF 分量中最活跃的成分 C2 示意图

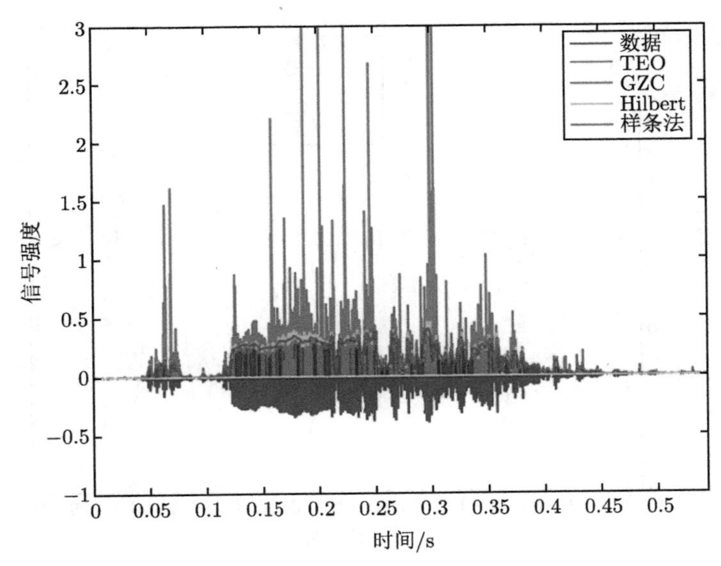

图 3.5.3 (d) 通过各种方法得到的包络

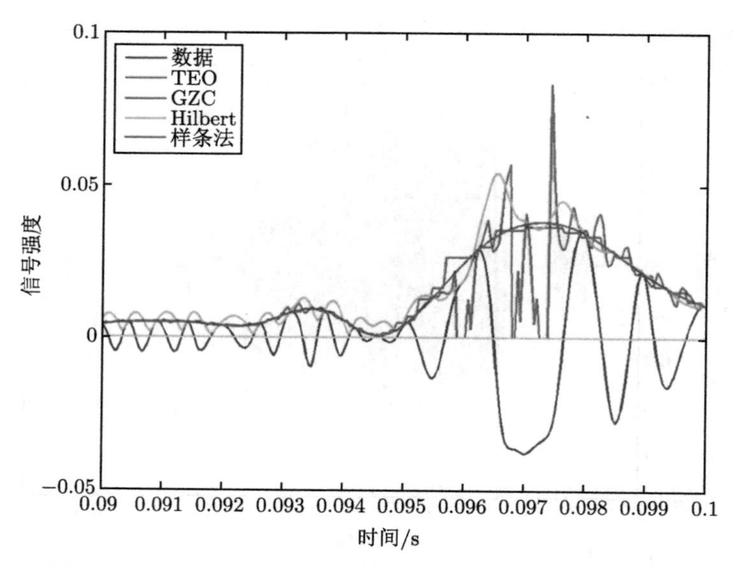

图 3.5.3 (e)　对于各种方法得到的包络在 0.1s 处的局部放大

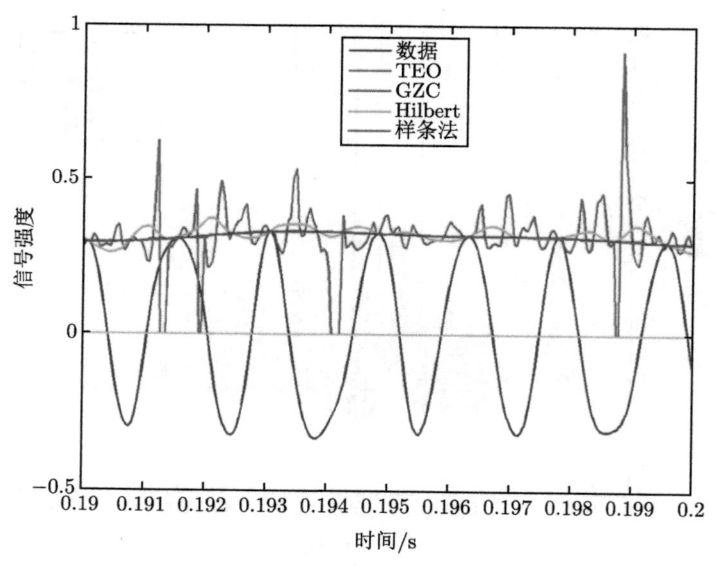

图 3.5.3 (f)　对于各种方法得到的包络在 0.2s 处的局部放大

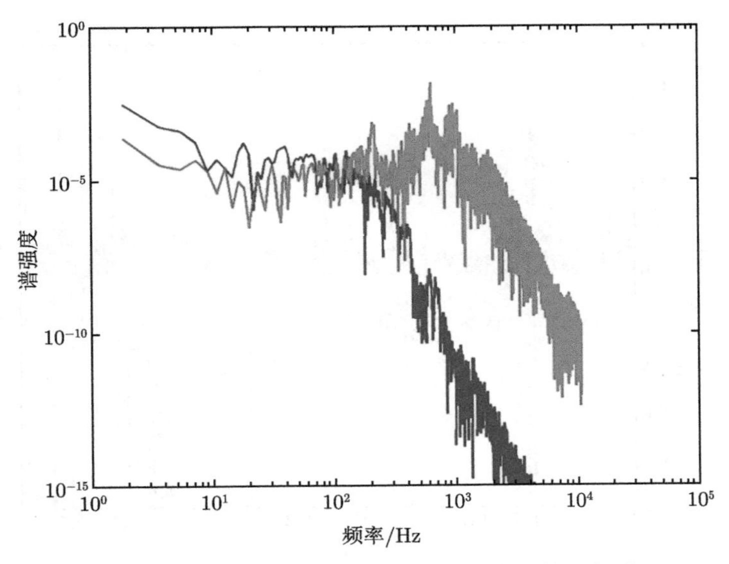

图 3.5.3 (g) 语音信号载波与包络的功率谱示意图

现在，我们将对瞬时频率进行检验。用不同方法后得到的结果在图 3.5.4(a) 中给出。两个特性非常明显：一是 Teager 能量算子的值非常频繁地跌到 0，很明显说明了这是个非线性过程；二是希尔伯特变换计算的瞬时频率有着很大的浮动，甚至会跳变到负值。这些混乱的跳变其实也是由于不满足 Bedrosian 定理的条件所致，而且问题都出在信号幅值很小且附近幅值变得很大的地方。而归一化希尔伯特变换得到的瞬时频率值，移除了所有的 AM 的浮动，显然这就使得其中的载波满足了 Bedrosian 定理的条件，也消除了简单的解析信号方法可能带来的异常情况。事实上，归一化希尔伯特变换求出的瞬时频率值从未降至 0 或者负值。我们还是和之前一样，分两个部分检查瞬时频率的细节，如图 3.5.4(b) 和 3.5.4(c)。从图 3.5.4(b) 中可以看到，一旦信号的幅值剧烈变化，希尔伯特变换法得到的瞬时频率值就非常不稳定。令人惊讶的是，Teager 能量算子法得到的瞬时频率在幅值变化时却相对稳定，不过他们在波形变形时仍然不太好。直接四分相移估计法和归一化希尔伯特变换法再一次给出了很好的结果，它们的结果都十分接近，和广义过零点法的值是一致的。与预想一致，同归一化希尔伯特变换法相比，用直接四分相移估计法得到的频率包含了更大程度的调制，尤其是在波形变形大的地方。尽管在这里我们无法确定真实值以进行绝对而精确的比较，但基于上面对杜芬模型的检验研究，我们相信直接四分相移估计法求出的结果与实际值更为一致。

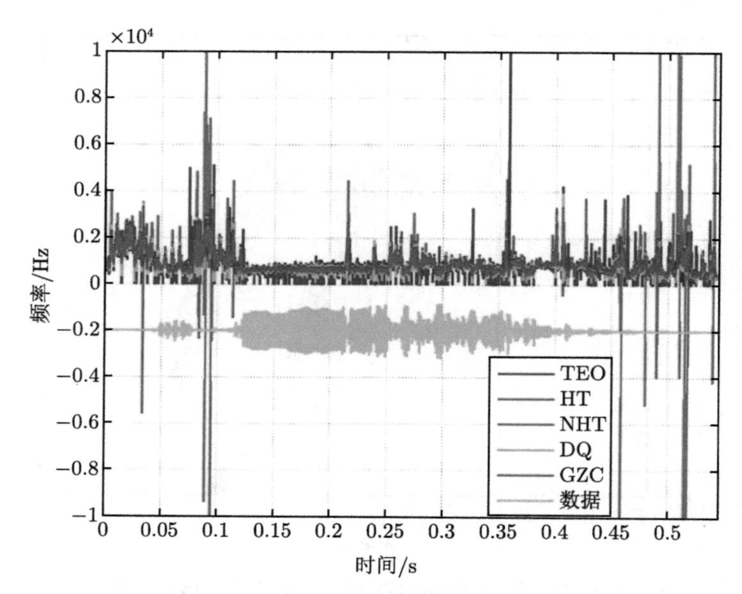

图 3.5.4 (a)　各种方法得到的瞬时频率示意图

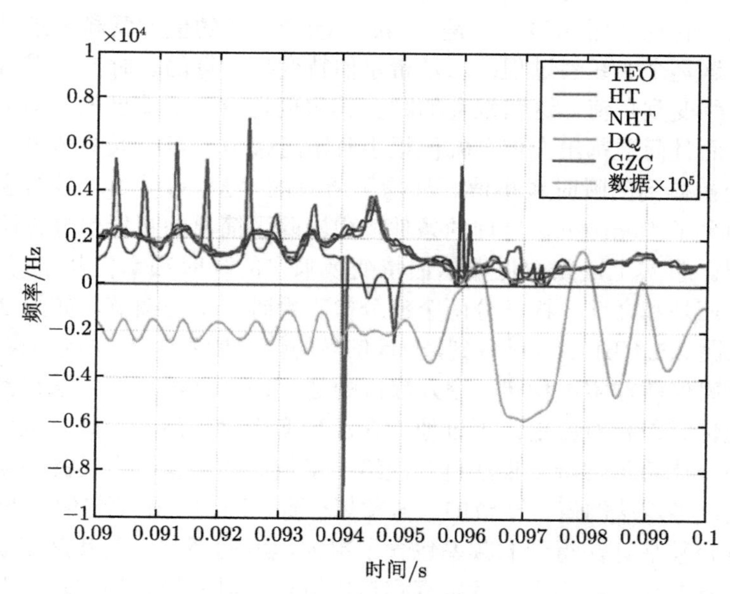

图 3.5.4 (b)　各种方法得到的瞬时频率在 0.1s 处的局部放大

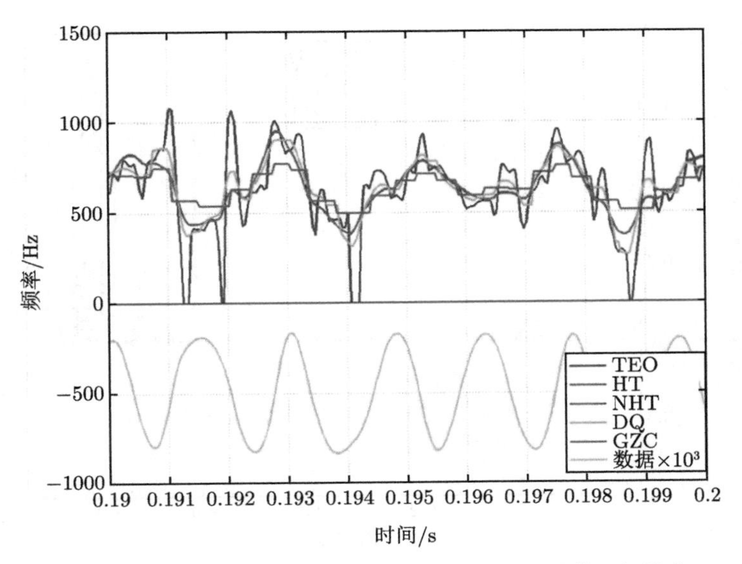

图 3.5.4 (c) 各种方法得到的瞬时频率在 0.2s 处的局部放大

最后，我们不妨来检查一下不同方法的误差。图 3.5.5(a) 给出了希尔伯特变换法、归一化希尔伯特变换法和直接四分相移估计法的误差指标，这里的希尔伯特变换法使用了非归一化解析信号的模值来进行归一化。结果表明，归一化的希尔伯特变换法的误差指标总是比希尔伯特变换法的要小，唯独在 0.4 秒附近有一处例外。对这一处例外我们也不妨将它放大做进一步研究（如图 3.5.5(b)）。我们发现归一化希尔伯特变换的包络在该点附近穿过了信号，而此刻的信号幅值很小，导致其波形变形。如果把解析信号的模值作为归一化的分母，就绝不可能出现包络在数据下方的情况。因此，采取这样的方式来进行归一化仍然只是初步的尝试。不过，正如前文讨论的那样，比较希尔伯特变换法和归一化希尔伯特变换法的整体表现，基于经验样条包络的归一化仍然是相对好的选择。归一化希尔伯特变换只在幅值小、能量密度几乎可以忽略不计的地方才出现大的误差，因此，即便误差很大，误差对于能量-时间-频率的频谱分布的影响也非常细微。从定义上看，直接四分相移估计法基于能量的误差指标总是 0。我们前面讨论过，这并非意味着瞬时频率的误差为 0，而只是给出了小误差的必要条件。

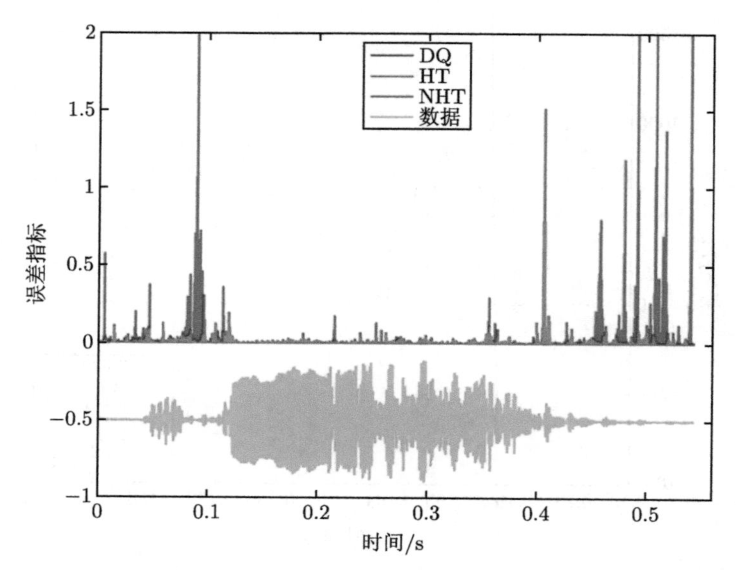

图 3.5.5 (a)　希尔伯特变换法、归一化希尔伯特变换法和直接四分相移估计法的误差指标

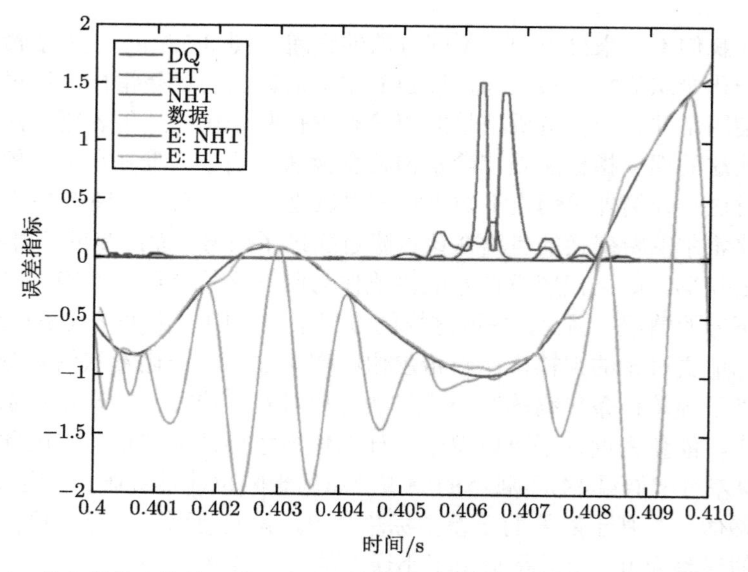

图 3.5.5 (b)　希尔伯特变换法、归一化希尔伯特变换法和直接四分相移估计法的误差指标在 0.4s 处的局部放大

3.5.3　数据中调幅和调频的表示

本书到目前为止，我们应用希尔伯特谱分析时主要关注数据中的调频（frequency modulation, FM）部分，即数据首先被分解为若干 IMF 的和，并通过解

析信号计算每个 IMF 的瞬时频率和幅度，进而构成希尔伯特谱，其中瞬时频率体现的是载波的频率。通过经验 AM/FM 分解，我们唯一地把 AM 部分和 FM 部分进行了解耦或分离。尽管幅值的调制，或者说包络的变化已经包括在希尔伯特谱中，目前仍然没有人对幅值的调制进行深入研究挖掘。

在 EMD 和希尔伯特谱分析中，不过多地将精力放在幅度调制上也是合理的，因为一旦存在模态混叠，混合的模态中幅值的变化的物理意义会变得模糊。模态混叠可以通过间断检验（intermittence test）（Huang 等，1999）、集合经验模态分解（ensemble EMD）（Wu 和 Huang, 2005; Wu 和 Huang, 2009）或共轭自适应二进掩蔽经验模态分解（conjugate adaptive dyadic masking empirical mode decomposition）(Huang 等, 2015）的方法来削弱。在任意采样率下，我们都能得到无模态混叠的 IMF 集合。进一步来看，包络的变化也会包含额外的信息，因为幅值的调制可能是由跨模态乘性交互作用（非线性相互作用）造成的。这个主题会在后续的希尔伯特全息谱分析中进行详细的讨论。现在我们暂且只讨论幅度调制中的时频分析，这种时频分析在某些特定的场合中可能会有用。

当我们拿到了更加复杂的数据（比如语音信号）时，同样能够通过对数据包络或者说 AM 部分的处理，来挖掘幅值变化的信息。当数据的经验包络通过 EMD 再一次进行分解时，得到的各个 IMF 如图 3.5.6(a)。进一步使用这些 IMF，我们就能构造数据 AM 部分的希尔伯特谱，如图 3.5.6(b)，同时我们也给出了对应的 FM 部分的希尔伯特谱作为对照。由于存在十分明显的间断，AM 频谱的物理意义并不像我们分析 FM 时那么清晰。当所有的间断都被消除后，AM 的频谱将会

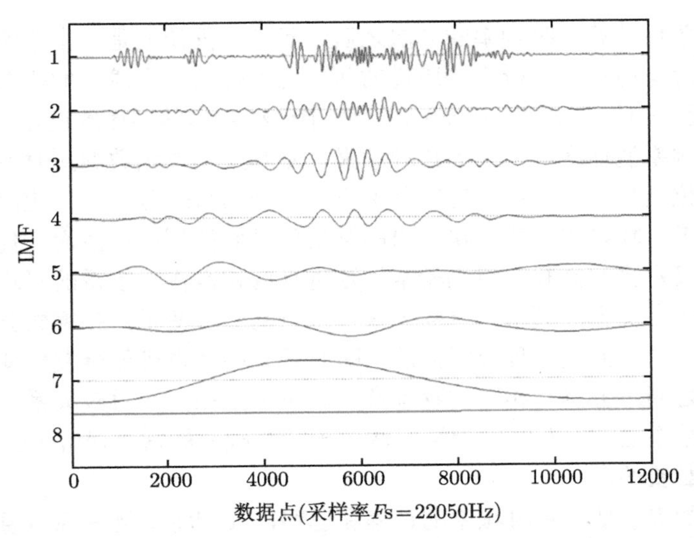

图 3.5.6 (a) 对语音信号的经验包络再次进行 EMD 得到的各 IMF 分量示意图

反映出非线性过程中乘性作用的强度。例如，在语音分析中，AM 的频谱会给出额外的关于停顿和语音模式等信息。当 AM 和 FM 被同时处理时，数据中所有的信息才能被完全反映出来，这将在第五章中被详细讨论。

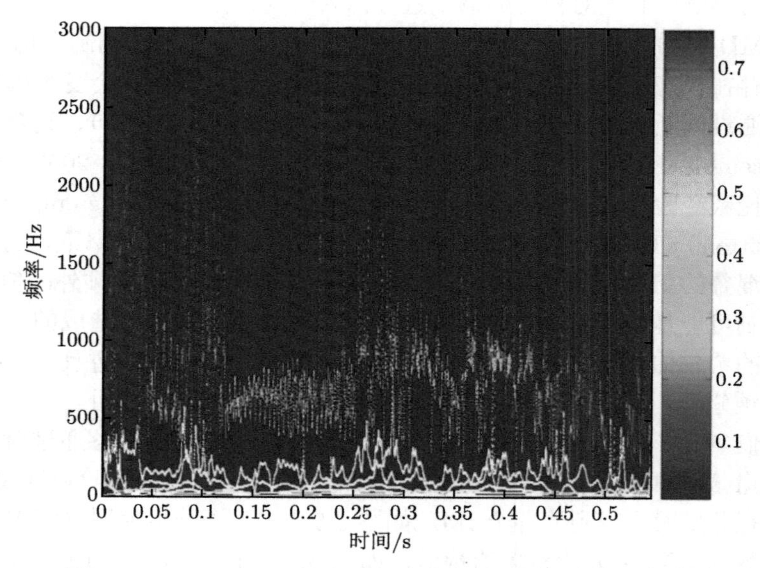

图 3.5.6 (b) 对 3.5.6(a) 中得到的 IMF 求 AM 希尔伯特谱

3.5.4 讨论

在给出各种计算瞬时频率的方法之后，我们想强调的是，本章所涉及到的瞬时频率的概念与傅里叶分析方法所说的从数据中提取频率成分的概念是截然不同不同的，而且在 Huang 等（1998）的工作中已经被非常详尽地进行了讨论。本章介绍的瞬时频率能体现信号中的物理意义，是基于相位函数的瞬时变化而定义出来的，而相位函数是通过在自适应分解方法得到的每个分量上，应用直接四分相移估计法或者计算希尔伯特变换求出的解析信号而得到的；然而，传统的傅里叶频率成分仅仅是将数据和一组先验基函数进行内积操作后求得的平均频率，这不过是一种数学意义上的频率。这样一来，一旦基函数变了，频率成分也会发生变化。类似地，当我们换一种分解方法，瞬时频率同样也可能会发生变化；不一样的瞬时频率之间不会具有相同的物理意义，也不存在一一对应关系。在讨论各种方法得到的结果之前，花时间澄清一些关于瞬时频率的常见误解（Cohen, 1995），这是十分有必要的。

为了更加突出估计瞬时频率的过程和思路，我们将由物理视角通过 EMD 分解得到的瞬时频率冠名为“物理频率”（physical frequency），而由数学视角通过傅里叶分解得到的频率称为“数学频率”（mathematical frequency）以示区分。

有必要指出的是，关于瞬时频率的最常见误解是，对于只有离散傅里叶频谱的数据，为什么其瞬时频率可以是连续取值的？或者换句话说，瞬时频率甚至可以取到不在离散的频谱刻度上的值。这个麻烦其实很容易解决：对于非线性的信号，计算瞬时频率的方法是把谐波带来的变形看作连续的波内调频；然而基于傅里叶变换的方法则将频率成分看作离散的谐波频谱线。在两个或者更多的谐波混合在一起的情况下，计算瞬时频率的方法会从振幅和频率调制的角度来审视数据，而傅里叶方法把每个组成的波看作分开的离散频率。尽管他们看起来不一样，但很容易影响大家的理解，其实只是通过两种不同的视角来看同样的数据。

另一个理解上的困难在于从解析信号中有时会得到负频率。Cohen（1995）中指出，根据 Gabor′s（1946）中的方法，解析信号通过两次傅里叶变换求得：先是把信号从时域转换至频域，然后丢弃频谱中的负频率部分，再做傅里叶逆变换（Cohen, 1995）。因此，所有的负频率成分已经被丢弃了，但为什么在瞬时频率中还有负值呢？提出这个问题的人其实完全误解了基于解析信号求瞬时频率这种方法的本质。造成解析信号中有负频率的直接原因，便是两个相邻过零点之间有多个极值点，这使得复相位平面有局部的围线积分，且没能以坐标原点为中心，Huang 等（1998）就指出了这个现象。即使在没有出现相邻过零点间有多极值点的情况下，如果幅值变化过大，解析信号相位的循环也可能会偏离原点（这也是不满足 Bedrosian 定理的后果），这时负频率也可能会出现。在任何情况下，负的瞬时频率值的出现都与 Gabor 求解析信号没有关系，这完全是因为数据违背了 Bedrosian 给出的理论条件。负的瞬时频率值能够通过直接四分相移估计法和归一化希尔伯特变换或者窗口法移除。

接下来，我们必须解决一个问题：如果在实数轴上进行希尔伯特变换，计算得到的瞬时频率的局部性会有多强呢？遗憾的是，这里并不能给出局部性的理论值。希尔伯特变换是被积函数在一个非常窄的窗口（衰减为 $1/t$）下的奇异积分。尽管在积分窗范围内幅值和频率值都会有一定程度的失真但从经验上看，希尔伯特变换实际上给出了局部性很强的瞬时频率表示（Huang 等，1998）。限制幅度变化意味着，在任意时刻下，一个振幅较大的波形经过 $1/t$ 速率的衰减后，仍然可能超过附近幅值低的波形，这就违背了 Bedrosian 定理。事实上我们尝试过一种窗口法，发现用短时的分段数据把窗内幅值的变化限制在一个事先给定的范围内能够提升效果。不过这只是小修小补，并没有给出真正的解决方案。由于直接四分相移估计法没有引入积分，因此直接四分相移估计法的局部性一定是最强的。

现在我们来讨论前面得到的结果。从以上例子中不难发现展示的所有方法都有不错的效果。然而，大多用来算瞬时频率的方法都只能应用于本征模态函数（intrinsic mode function, IMF）上，这是基于希尔伯特变换的方法以及所有其他方法的必要条件。这里将每种方法的优缺点总结如下：

Teager 能量算子法是局部性非常强的一种方法，因为它完全是基于微分算子的。然而，由于它基于线性假设，因此一旦出现明显的非线性（谐频）波形变形时，Teager 能量算子的结果就出问题了，即便在五点中值滤波后也仍然会给出瞬时频率为 0 的结果。以前，Teager 能量算子和信号的带通滤波一起使用，而传统的滤波基于线性的傅里叶分析，这便会破坏信号中的非线性特征。过去，Teager 能量算子在处理非线性信号时产生的问题并没有被意识到，而滤波后的数据同时又会给人留下一种错误的印象，即认为 Teager 能量算子能求出很好的瞬时频率。然而，前面的例子清晰地展现了 Teager 能量算子应用在非线性数据上时的缺陷。需要强调的是，尽管 Teager 能量算子包含了一些对数据的非线性处理，但它并不是一种非线性的方法（Quatieri, 2002），因为它是基于线性波模型的，因此也只能用来处理这些过程产生的数据。当然，正如 Huang 等（2005）所指出的那样，Teager 能量算子的缺陷也可以使它成为一种有用工具，例如，可以用来发现波形中的非线性变形。

接下来我们来看看广义过零点法。这个方法基于我们对频率最基本的定义，是物理上最直接但数学上不那么优美的一种方法。由于该方法只依赖区间中的关键点（包含极值点和过零点），因此它不能够解决非线性波形变形中细微的波内调频问题。通过关键点之间区间的不同组合，我们能够得到平均频率和偏离均值的标准差，但所有的值都被只有四分之一波周期的时间分辨率所平滑了。均值和标准差结合在一起，能给出整个或者一部分波相对平稳、相当精确且大致上平滑的平均频率。鉴于其稳定性，广义过零点法得到的瞬时频率可以在实际的比较中作为一个参照标准，任何方法得到的结果都应该与广义过零点方法提供的 IF 均值相近。对于许多工程中的应用，波形变形的细节信息并不是特别重要，此时广义过零点法因其稳定、直接和简洁的优势，可以作为一个很棒的备选方法。

诚然，通过希尔伯特变换得到解析信号是数学上最优美、直观上也最让人觉得赏心悦目的方法。然而在细节的检验中，我们发现解析信号法有着明确的局限性。从数学上来说，唯一能给出有物理意义结果的信号只能是单成分的，且必须满足 Bedrosian（1963）和 Nuttal（1666）给出的约束条件。当数据违背这些条件时，希尔伯特变换将会给出毫无物理意义的瞬时频率值。幸运的是，这只会在幅值变化非常剧烈的时候发生，且问题总是发生在局部包络值特别小的时候。正如前面所说，Bedrosian 定理也指出了希尔伯特变换并不完全是局部的，因为希尔伯特变换中频率并不完全只由载波频率决定。另外，Nuttal 定理还给出了运用解析信号法的一个更加根本的局限：并非所有从希尔伯特变换得到的解析对都和四分相位移动量一致。这样导致的后果是，通过希尔伯特变换求出的瞬时频率在大多数情形下都只能是近似值。不过即使存在局限性，实践表明，希尔伯特变换求出的结果也比大多数其他方法好。

如果我们像归一化希尔伯特变换那样使用归一化的数据，那么一旦幅值的浮动变大，其结果相比于希尔伯特变换将会有大幅的改进。而当幅值变化缓慢时，归一化和非归一化希尔伯特变换之间的不同几乎可以忽略不计。不过，当幅值很小而变化又很大的时候，归一化希尔伯特变化能给出更加稳定的瞬时频率结果。因此，如果要用到解析信号，归一化希尔伯特变换应该是更好的选择。它满足 Bedrosian 定理给出的约束，也能给出比 Nuttal 定理更好的局部误差度量。由于引入了归一化步骤来让求解有物理意义的解析信号不那么困难，因此相比而言，平滑的样条拟合及经验 AM/FM 分解法能给出更好的结果。

最后，直接四分相移估计法提供了一种计算 IMF 瞬时频率的简洁思路。有了四分相位移动量，我们就能够在不使用希尔伯特变换的情况下获得解析信号，于是所有和解析信号以及瞬时性有关的问题都会迎刃而解。只要适当对每个 IMF 都进行归一化，这些 IMF 的四分相位移动量就可以不通过任何积分变换计算出。除了计算上偶尔不太稳定这个缺点，直接四分相移估计法没有任何限制和近似，能给出最精确的局部瞬时频率，所以也被推荐作为计算瞬时频率的首选方案，因为直接四分相移估计法只依赖于一阶导数，因此得到的瞬时频率甚至可以比 Teager 能量算子法的结果更加局部。

自从经验模态分解和希尔伯特谱分析被 Huang 等（1996, 1998, 1999）引入以来，该方法越来越多地受到人们的关注。Flandrin 等（2003）、Wu 和 Huang（2004）揭示出 EMD 的本质是一组二进滤波器（dyadic filters）。不过，Flandrin 并没有使用基于希尔伯特变换的方法来计算瞬时频率。在本节的分析中，我们认为不采用希尔伯特变换得到解析信号的方法是完全合理的。为了使用解析信号计算有物理意义的瞬时频率，Bedrosian 和 Nuttall 定理给出了限制条件，这也正是计算瞬时频率的坚实理论基础。这里提出的信号的归一化步骤、归一化希尔伯特变换和直接四分相移估计法打破了传统自适应时频分析中瞬时频率计算的难题。最后，为了表述清晰，我们将“物理频率”（physical frequency）这个新名称赋予由物理视角 EMD 得到的瞬时频率。

3.5.5 小结

基于上面对所有瞬时（或局部）频率计算方法之间的充分比较和理论上的细节考虑，毫无疑问，直接四分相移估计法和归一化希尔伯特变换是用来计算瞬时频率更好的办法。当然，其他方法也能在某些特定的应用场景下、针对数据的特性和数据分析的目标给出让人满意的结果。

在介绍了通过样条拟合的归一化步骤进行经验 AM/FM 分解后，我们扫清了希尔伯特谱分析中最主要的一个障碍，从而让真正具有物理意义的时频分析变为可能。之后发展出的通过停止准则的变化确定置信上限（Huang 等, 2003; Wu 和 Huang, 2005）和集合 EMD（Wu 和 Huang 2005），以及对每个 IMF 所含信息的统计显著性测试（Flandrin 等, 2003; Wu 和 Huang, 2004）等手段，使得 EMD 和希尔伯特谱分析方法进一步走向了成熟。这样一来，尽管 EMD 来源于经验，并不是一种理论推导出的方法，但从实践的角度上看，EMD 已经给时频分析提供了坚实的基础。尤其是使用“物理频率”（physical frequency）这个新名称后，非线性数据分析的交流障碍也能被大幅度消除，取而代之的是一次真正的认知革命。

最后还有一些话需要在这里阐明。尽管时频分析是如今非平稳过程分析最主流的方法，但事实上时频分析这一方法本身目前还仅仅停留在频谱变换这个阶段上，且目前的方法也并不成熟。在第 5 章，我们将会展示能刻画完整谱信息的 N 维全息谱分析方法。

第 4 章　希尔伯特–黄变换

4.1　引　　言

为了给非线性和非平稳数据构建一个准确的时频表示方法，即希尔伯特谱表示，Huang 等人（1998）首次将经验模态分解和希尔伯特谱分析（Hilbert spectral analysis, HSA）相结合，提出了一种全新的自适应数据分析工具。目前，大部分的时频表示法并非完整的谱表示，无法像全息希尔伯特谱（Holo-Hilbert spectrum）那样提供高维的全谱信息。但不可否认的是，在一些非稳态的情况下，时频谱表示仍然是有价值的。接下来，我们将详细介绍希尔伯特谱表示。

从经验模态分解得到的结果出发，改进的希尔伯特谱（Huang 等, 1998）可以被定义为

$$H(\omega,t)=\sum_{j=1}^{n}a_j(t)\exp\left(\mathrm{i}\int\omega_j(t)\mathrm{d}t\right)\tag{4.1.1}$$

其中，$\omega_j(t)$ 为瞬时频率，是关于时间的函数，通过对第 j 个 IMF 的相位函数微分得到；$a_j(t)$ 为 $\omega_j(t)$ 对应的振幅。除了希尔伯特谱，Huang 等（1998）还引入了希尔伯特边际谱 $h(\omega)$，即对希尔伯特谱在时间轴上作积分得到的一个时间平均意义上的频谱，其定义如下：

$$h(\omega)=\int_0^T H(\omega,t)\mathrm{d}t\tag{4.1.2}$$

其中，T 为数据的总长度。

根据以上定义，希尔伯特谱的部分物理性质可以总结如下：

(1) 振幅的时频分布被称为希尔伯特幅度谱 $H(\omega,t)$，即希尔伯特谱。习惯上用幅度的平方来表示能量密度，这里如果用幅度平方代替希尔伯特谱中的幅度，将得到希尔伯特能量谱。

(2) 在概率意义上，希尔伯特边际谱表示整个数据长度上的累积振幅。

(3) 无论是在希尔伯特谱 $H(\omega,t)$ 中还是在边际谱 $h(\omega)$ 中，ω 都是瞬时频率，其意义与傅里叶谱分析中的频率完全不同。

上述只是希尔伯特谱的部分物理性质，目前，人们在这方面的探索和认识仍不充分。Wen 等人（2009）发现希尔伯特边际谱与相应的傅里叶谱之间存在差异，

他指出希尔伯特能量谱给出的是总能量，而不是傅里叶谱中的能量密度。这种差异使得我们很难对希尔伯特谱分析的结果进行解释，且几乎无法与傅里叶分析、小波分析的结果进行定量比较。事实上，这个问题可以通过对数据总能量进行归一化处理来解决。在数学上，Huang 等（2011）定义了与傅里叶谱具有相同谱密度的希尔伯特谱表示，本章将对此进行重点讨论。

4.1.1　希尔伯特谱的定义

希尔伯特幅度谱（后文简称希尔伯特谱）是指通过希尔伯特变换，对各个经验模态分量构建相应的复信号并计算出瞬时频率和瞬时幅度，在此基础上对时间频率进行网格化统计并绘制的时频谱，希尔伯特幅度谱对时间的积分称为希尔伯特幅度边际谱（后文简称希尔伯特边际谱）；如果改用瞬时幅度的平方，即用瞬时能量替换上述的瞬时幅度，则得到希尔伯特能量谱或希尔伯特能量边际谱。这种联合了经验模态分解和希尔伯特变换的分析方法被称为希尔伯特–黄变换（Hilbert-Huang transform, HHT）。

Huang 等人（1998）的研究表明，将数据 $x(t)$ 分解为本征模态函数（IMF）分量 $c_j(t)$，进一步推导可得以下结果：

$$
\begin{aligned}
x(t) &= \sum_{j=1}^{n} c_j(t) = \sum_{j=1}^{n} a_j(t)\cos\theta_j(t) \\
&\Rightarrow \sum_{j=1}^{n} a_j(t)\cos\left(\int_0^t \omega_j(\tau)\mathrm{d}\tau\right)
\end{aligned}
\tag{4.1.3}
$$

其中 $\theta_j(t)$ 为相位函数，其导数为瞬时频率，箭头表示相位空间向频率空间的变换。因此，原信号的平方可以表示为

$$
\begin{aligned}
x^2(t) &= \left(\sum_{j=1}^{n} c_j(t)\right)^2 = \sum_{j=1}^{n} c_j^2(t) + \sum_{k\neq j}^{n}\sum_{j=1}^{n} c_j(t)c_k(t) \\
&\Rightarrow \sum_{j=1}^{n} a_j^2(t)\cos^2\left(\int_0^t \omega_j(\tau)\mathrm{d}\tau\right)
\end{aligned}
\tag{4.1.4}
$$

其中，由于 IMF 的正交性，式 (4.1.4) 中第一行的二次求和项应该为零。

希尔伯特谱的总能量根据 Huang 等人（1998）给出的原始定义可以被定性表示，如示意图 4.1.1 所示。

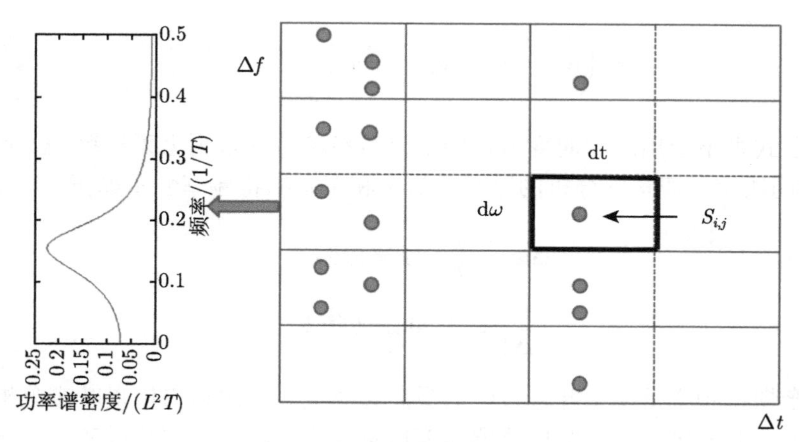

图 4.1.1 希尔伯特谱示意图

为了便于与傅里叶谱等其他方法进行比较，我们也需要从能量密度的角度定量地定义希尔伯特谱。希尔伯特谱的时间分辨率和频率分辨率均可自适应设置以满足具体任务，所以必须在每次使用时专门为其定义一组参数。

希尔伯特能量谱的定义是：在时间频率空间中，将能量密度分布划分为 $\Delta t\times\Delta\omega$ 的大小相等的区块 (bin)，每个区块中的值为时间 t 和瞬时频率 ω 对应的 $a^2(t)$。同样，希尔伯特谱可以定义为：在时间频率空间中，将振幅密度分布划分为 $\Delta t\times\Delta\omega$ 的大小相等的区块 (bin)，每个区块中的值为时间 t 和瞬时频率 ω 对应的振幅 $a(t)$。

为了满足上述定义，时间频率空间被划分为

$$
\begin{gathered}
t_0, t_0+\Delta t,\cdots, t_0+i\Delta t,\cdots, t_1\\
\omega_0,\omega_0+\Delta\omega,\cdots,\omega_0+j\Delta\omega,\cdots,\omega_1.\text{ 所以}\\
t_i=t_o+i\Delta t,\quad \omega_j=\omega_o+j\Delta\omega
\end{gathered}
\tag{4.1.5}
$$

此处可以任意选择 Δt 和 $\Delta\omega$，但需满足以下几个条件：

(1) t_0 和 t_1 必须位于数据长度 [0，T] 的区间内。

(2) Δt 不能小于采样率步长。

(3) ω_1 应小于下文定义的奈奎斯特频率。

通过对时间和频率的划分，可以得到希尔伯特能量密度谱 $S_{i,j}$，其定义为

$$
\begin{aligned}
S_{i,j}=&H\left(t_i,\omega_j\right)\\
=&\frac{1}{\Delta t\times\Delta\omega}H\left[\sum_{k=1}^{n}a_k^2(t): t\in\left(t_i-\frac{\Delta t}{2}, t_i+\frac{\Delta t}{2}\right)\right.
\end{aligned}
$$

$$\omega \in \left(\omega_j - \frac{\Delta\omega}{2}, \omega_j + \frac{\Delta\omega}{2}\right)\Bigg] \tag{4.1.6}$$

在公式中不会出现时间变量，频率分辨率和频率范围由采样率 Δt 和数据长度 T 共同决定。傅里叶分析的频率分辨率和奈奎斯特频率表示如下：

$$\begin{aligned} \Delta\omega &= \frac{1}{T}：\text{频率分辨率} \\ \frac{1}{2\Delta t} &= \text{奈奎斯特频率}, \omega_q \end{aligned} \tag{4.1.7}$$

奈奎斯特频率是傅里叶分析中的最高频率值。使用窗口傅里叶谱分析时，谱图中引入了时间维度，但窗口位置和窗口宽度都会影响时间分辨率，这一点将在后面讨论。

在式 (4.1.6) 定义的希尔伯特谱分析中，能量密度是高度变化的。从公式中，我们可以明确地看到时间和频率两个变量。采样率对 Δt 有限制，而频率分辨率 $\Delta\omega$ 则没有限制。需要注意的是，这里的频率分辨率与傅里叶分析中的频率分辨率有所不同。傅里叶频率被定义为频率分辨率 $\Delta\omega$ 的整数倍。因此，频率只能在 $n\Delta\omega$ 处有值。相反，希尔伯特谱中的频率值可以是连续尺度上的任何值。当然，希尔伯特谱中的最高频率值仍然受奈奎斯特频率的限制，这一点与傅里叶分析完全相同。对于给定 $1/\Delta t$ 的采样率，相邻数据点之间的最大相位变化表现为从极大值点变化到下一个极小值点，反之亦然。此时，总相位变化为 π，则最高频率应为

$$\omega_q = \frac{\pi}{\Delta t}\ (\text{弧度/秒}) = \left(\frac{1}{2\pi}\frac{\pi}{\Delta t}Hz\right) = \frac{1}{2\Delta t}Hz \tag{4.1.8}$$

上式给出的奈奎斯特频率与公式 (4.1.7) 中给出的结果完全一致。需要指出的是，如果使用希尔伯特变换的方法，瞬时频率可能会出现奇点或高于奈奎斯特频率的错误值。例如，当振幅恰好为零时，会出现奇点。此外，当局部振幅较小时，也会出现错误值。这些情况都没有物理意义，应该排除。

在给出希尔伯特能量密度谱的情况下，其边际能量谱定义如下

$$h(\omega_j) = \sum_{i=1}^{N} H(t_i, \omega_j) \times \Delta t = \left(\frac{1}{\Delta t \times \Delta\omega}\sum_{k=1}^{m} a_k^2(t)\right) \times \Delta t = \frac{1}{\Delta\omega}\sum_{k=1}^{m} a_k^2(t) \tag{4.1.9}$$

则对边际能量谱积分就能得到总能量

$$\int h(\omega_j)\,\mathrm{d}\omega = \left(\frac{1}{\Delta\omega}\sum_{k=1}^{m} a_k^2(t)\right) \times \Delta\omega = \sum_{k=1}^{m} a_k^2(t) = 2\sum_{i=1}^{N} x^2(t_i) = 2E \tag{4.1.10}$$

从上式中我们可以看到，希尔伯特能量谱的积分是总能量的两倍，即

$$E=\sum_{i=1}^{n}x^{2}\left(t_{i}\right)=\sum_{i=1}^{N}\sum_{j=1}^{n}c_{j}^{2}\left(t_{i}\right)=\frac{1}{2}\sum_{i=1}^{N}\sum_{j=1}^{n}a_{j}^{2}\left(t_{i}\right) \tag{4.1.11}$$

另外，根据傅里叶谱的定义，我们可以得到

$$\overline{x^{2}}=\int S(\omega)\mathrm{d}\omega \tag{4.1.12}$$

其中，$S(\omega)$ 是 $x(t)$ 的傅里叶谱，并且

$$\overline{x^{2}}=\frac{\sum\limits_{i=1}^{N}x^{2}\left(t_{i}\right)}{N} \tag{4.1.13}$$

N 为数据点的总长度。结合式 (4.1.11) 和式 (4.1.13)，我们可以得到

$$\sum_{i=1}^{N}x^{2}\left(t_{i}\right)=N\cdot x^{2}=N\cdot\sum_{j=1}^{n}S\left(\omega_{j}\right)\Delta\omega=\frac{N}{T}\sum_{j=1}^{n}S\left(\omega_{j}\right)=\frac{1}{2}\sum_{k=1}^{m}a_{k}^{2} \tag{4.1.14}$$

整理上式，我们最终可以得到

$$\frac{1}{2}\sum_{k=1}^{n}a_{k}^{2}=\frac{N}{T}\sum_{i=1}^{M}S\left(\omega_{i}\right) \tag{4.1.15}$$

即希尔伯特能量谱和傅里叶谱之间的转换因子是简单的 N/T。由于 T/N 是采样率，转换因子简单来说就是

$$\frac{1}{\text{采样率}} \tag{4.1.16}$$

根据公式 (4.1.15)，如果想将傅里叶谱密度转换为希尔伯特能量分布，则需要将傅里叶谱值乘以 N/T；反之，如果想要用傅里叶能量密度表示频谱，那么希尔伯特能量分布值需要乘以 T/N，即采样率，这个规律适用于包括奈奎斯特频率在内的所有频率范围。

希尔伯特谱分析的通用性和自由度使得频率分析具有放缩能力。与傅里叶分析不同的是，我们可以指定任意频率分辨率并对任意频率进行放大。这种自由度会带来一个复杂的问题，即转换因子会发生变化。假设将频率分辨率指定为 $\Delta\omega_a$，对应的希尔伯特谱和边际谱分别定义为 $S_{i,aj}$ 和 $h_a(\omega)$，我们将得到以下结果

$$h_{a}(\omega)=\frac{1}{\Delta\omega_{a}\times\Delta t}\sum_{i,aj}S_{i,aj}\Delta t=\frac{1}{\Delta\omega_{a}}\sum_{k=1}^{m}a_{k}^{2}=\frac{1}{\Delta\omega_{a}}(\Delta\omega h(\omega)) \tag{4.1.17}$$

那么根据 (4.1.16) 和 (4.1.17)，从 $h(\omega)$ 到 $h_a(\omega)$ 的转换因子就是 $\Delta\omega/\Delta\omega_a$，即：

$$h_a(\omega) = \frac{\Delta\omega}{\Delta\omega_a} h(\omega) \tag{4.1.18}$$

通过上述推导，我们建立起了傅里叶密度谱和希尔伯特能量谱之间的转换关系。实际上，希尔伯特谱分析允许我们在一定限制内选择任意时间分辨率和频率分辨率来达到放缩的目的，这个特性是优点但也同时带来了麻烦。自问世以来，希尔伯特谱分析为频率分析带来了前所未有的自由度，我们可以使用放缩特性来研究特殊频率范围内的细微变化。但随之而来的是，人们很难对频谱进行定量定义。上述分析首次建立了傅里叶密度谱和希尔伯特能量谱之间的明确转换关系。这种转换将使我们能够定量地比较希尔伯特谱分析和傅里叶谱分析的结果。

综上，上述内容简要概述为三点：

第一，傅里叶频谱分析中频率分辨率是由外部因素决定的，如数据总长度和采样率；而在希尔伯特谱分析中则不同，我们可以相对自由地选择时间和频率的分辨率。值得注意的是，希尔伯特谱分析中频率分辨率与采样率和数据长度无关，这与傅里叶频谱分析是不同的。希尔伯特谱由于满足任意精度的计算，所以可以计算瞬时频率，不受截断窗宽的限制。但是，瞬时频率的最大值也有上限，即不超过最小采样时间间隔的倒数 $1/\Delta t$。由于瞬时频率值是在连续的正实数轴上变化的，所以如果想要量化真实的瞬时频率，只要选择合适的分辨率即可。

第二，本节只专注于希尔伯特能量谱到傅里叶谱的转换而没有关注希尔伯特幅度谱的问题。之所以这样做，是因为傅里叶谱是以能量密度（或其他一些人偏好的功率谱）来表示的。最初我们在定义希尔伯特幅度谱时没有明确指出这一点，因此容易被误解。不过在某些应用情境中希尔伯特幅度谱更敏感，例如在本章示例的地震和稳定性研究中就表现出了这种高敏感性。

第三，本节集中讨论了频率分辨率，而没有关注时间分辨率。虽然时间变量在傅里叶谱分析中没有明确出现，但在谱图中，时间分辨率和频率分辨率是通过不确定性原理紧密联系在一起的，即无法同时获得精细的频率和时间分辨率。由于时间变量在傅里叶分析中没有出现，因此它在希尔伯特谱分析中的影响是隐含的。时间分辨率对瞬时能量的研究很重要，然而瞬时能量密度既不需要转换，也不需要与傅里叶分析进行比较。因此，这里不作强调。

在建立了傅里叶密度谱和希尔伯特能量谱之间的转换之后，还应该引入一种以谱图表示的傅里叶表示变种，该形式将傅里叶谱定义在一个被称为窗口 τ_w 的时域子空间中。因此，谱图被定义为

$$F(\omega_j, t_i) = S(\omega_j; t_i) : t_i \in \left(t_i - \frac{\tau_W}{2}, t_i + \frac{\tau_W}{2}\right) \tag{4.1.19}$$

上式中，谱图给出了其有效邻域的范围。时间分辨率上的增益是以频率分辨率降低为代价的。由于此时傅里叶变换是在窗口内进行的，因此频率分辨率仅为

$$\Delta\omega = \frac{1}{\tau_w} \tag{4.1.20}$$

这种情况下的奈奎斯特频率与公式 (4.1.7) 中给出的相同。比较公式 (4.1.7) 和公式 (4.1.20)，我们会立刻发现频率分辨率的下降程度与选择的窗口数成正比，时间分辨率越精细，频率分辨率就越差。这正是数据分析中所谓的"不确定性原理"(uncertainty principle)。需要指出的是，数据分析中的不确定性与物理学中的基本定律不能混为一谈，这是数据从时域空间转换到频率空间时使用的积分变换（在这里是指傅里叶变换）导致的。经过积分变换，时间分辨率在积分范围内被抹去。尽管谱图的分辨率很粗糙，但在引入小波和 Wigner-Ville 分布之前，谱图是唯一可用的时间频率表示方法。因此，在语音分析中，它仍然被大量使用，而且使用时几乎完全遵循传统方法。接下来，我们在一些具体的例子中演示一下希尔伯特谱和傅里叶谱之间的转换公式。

4.1.2 希尔伯特边际谱和傅里叶谱的关系

结合以下具体案例，我们将展示希尔伯特边际谱和傅里叶谱之间的转换关系。由于白噪声和冲激函数给许多使用者带来了麻烦，本书将对其着重讨论。此外，本书还将在一组地震数据上进行希尔伯特边际谱和傅里叶谱之间的转换。

(1) 白噪声

本书的第一个例子是白噪声，原因之一是大量的研究已经阐明了白噪声的统计特性，例如 Flandrin 等人（2004）与 Wu 和 Huang（2004）的工作。Gledhill（2004）的工作中有一个令人费解的实验结果，即白噪声的边际谱并不像傅里叶谱一样是平坦的。为此，她曾着手进行了一些尝试，以期使得频谱变得平坦，但最终都没有成功。如图 4.1.2 所示，取一个含 1000 个数据点的白噪声信号。假设采样率为 1Hz，那么奈奎斯特频率为 0.5Hz，并且傅里叶谱将有 500 条谱线。对白噪声使用 EMD，会得到 10 个 IMF，如图 4.1.3 所示。图 4.1.4 分别给出了对应于 10、20、50、100、300、500、600 和 800 个频率区块数的希尔伯特谱。通过大致观察，就会发现这些谱的细节信息并没有明显的相似之处。该信号的傅里叶谱由图 4.1.5 给出。

现在来比较白噪声的傅里叶谱与希尔伯特边际谱。图 4.1.6(a) 和 (b) 中展示了不同频率区块大小对应的不同边际谱。在不经过傅里叶变换的情况下，我们在计算边际谱之前还使用了一些 5×5 拉普拉斯滤波器来对希尔伯特谱进行平滑处理。这个操作可以平滑整个时频谱并生成更平滑的边际谱形式。从图 4.1.6 中可以看出，信号在希尔伯特和傅里叶表示中都显示出了相似的平坦频谱形式，在低频区域不存在丰富的能量分布，这与 Huang 等（1998）或 Gledhill（2004）所得

到的特征极为不同，我们稍后会讨论这个差异。基于这个例子，可以看出，白噪声的希尔伯特边际谱确实是平坦的，类似于白噪声做傅里叶变换后得到的频谱，见图 4.1.5。

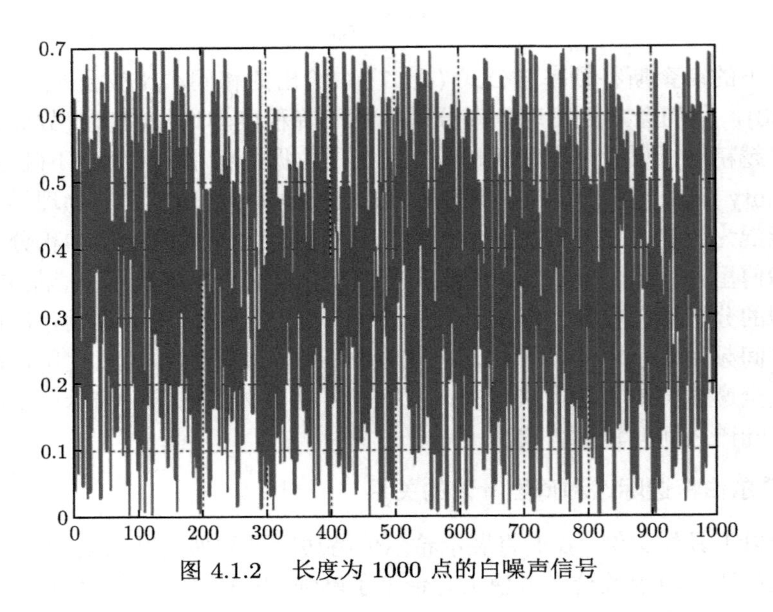

图 4.1.2　长度为 1000 点的白噪声信号

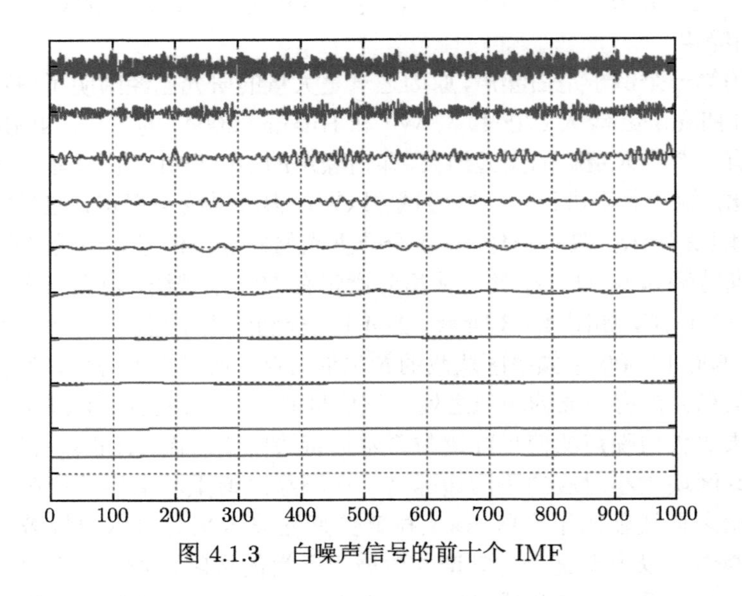

图 4.1.3　白噪声信号的前十个 IMF

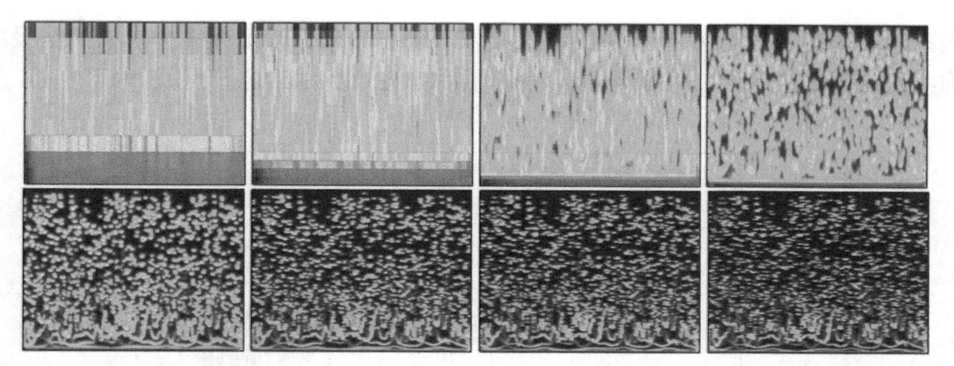

图 4.1.4　分别采用 10、20、50、100、300、500、600 和 800 个频率区块的相应希尔伯特谱

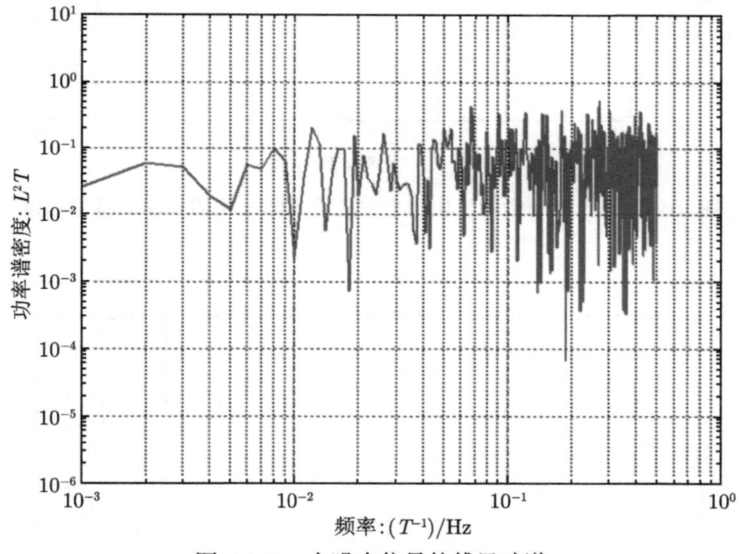

图 4.1.5　白噪声信号的傅里叶谱

需要指出的是，区块大小会很大程度影响频谱的分辨率。以 50 和 500 个区块的情况为例，由于奈奎斯特频率为 0.5Hz，在 50 和 500 个区块的情况下，频率分辨率分别为 0.01 和 0.001Hz。因此，50 个区块的情况下的第一个频谱值是 0.01Hz，500 个区块的情况下第一个的频谱值是 0.001Hz。如图 4.1.6(a) 和 (b) 所示，在频谱表示中，大尺寸区块失去了整整十倍的信息含量，从图 4.1.6(b) 可以很容易地发现这一趋势。

为了验证上面给出的希尔伯特边际谱确实可以有比离散傅里叶谱线更精细的频率分辨率，我们选择了 600 和 800 的区块数量。虽然这些具有更精细分辨率的频谱的整体趋势与 500 个区块的情况相似，但在具有更精细频率分辨率的结果中确实有额外的细节和细微的不同。我们稍后会进一步讨论这一点。

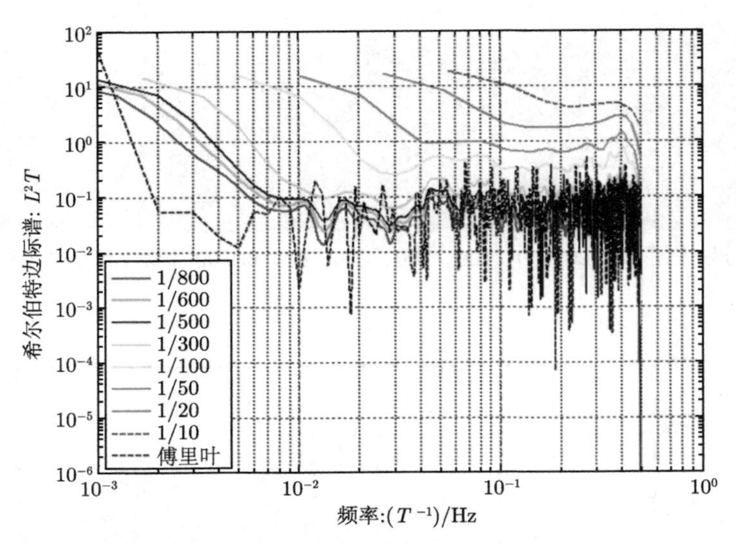

图 4.1.6 (a) 不同频率区块大小对应的未归一化的希尔伯特边际谱

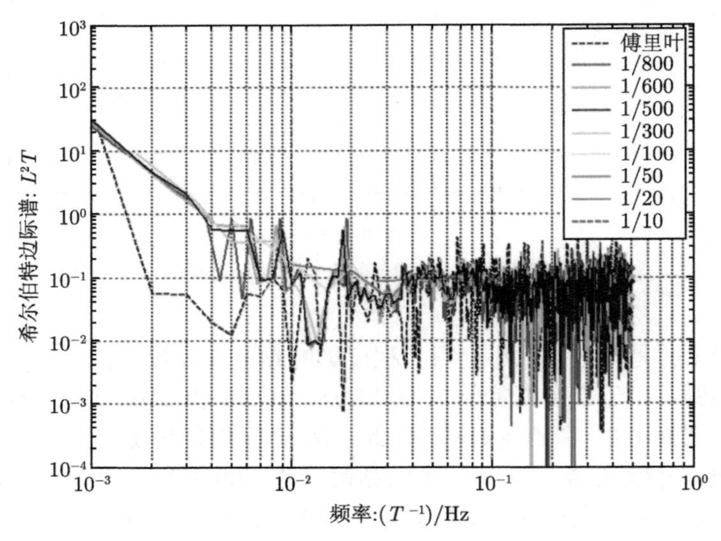

图 4.1.6 (b) 不同频率区块大小对应的归一化的希尔伯特边际谱

为了研究区块大小的影响及其与傅里叶窗口大小的关系,我们采用另一种 1024

时间点的均匀白噪声时间序列进行研究。图 4.1.7 和图 4.1.8 给出了不同窗口长度的傅里叶谱和不同区块数的希尔伯特边际谱的结果。很明显，傅里叶谱和希尔伯特谱的效果似乎非常相似，对于低频截止值来说尤其如此。其实这种表象下还藏有一个本质性的特征，傅里叶谱和希尔伯特谱的结果具有根本性的区别：在傅里叶分析中，短滑窗会使得谱图对长于窗口的波的频率分辨能力几乎完全消失，而对于希尔伯特谱分析，区块大小只作为一个平滑函数，其频率分辨能力仍能保留。

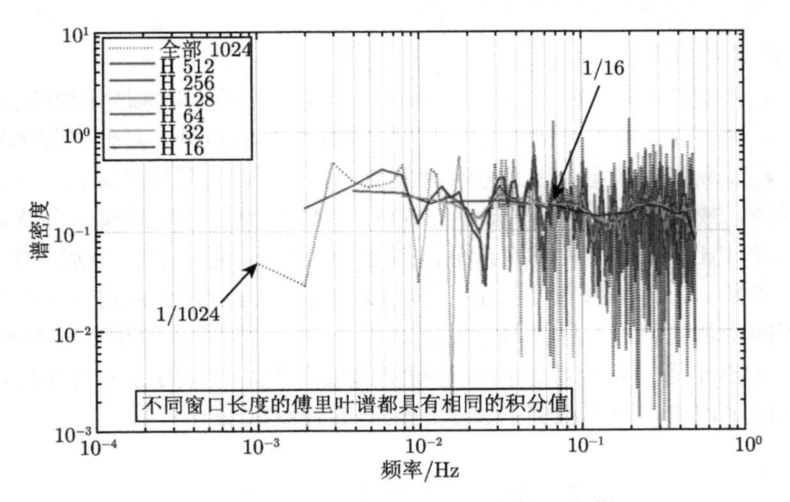

图 4.1.7 采用不同窗口长度的傅里叶谱

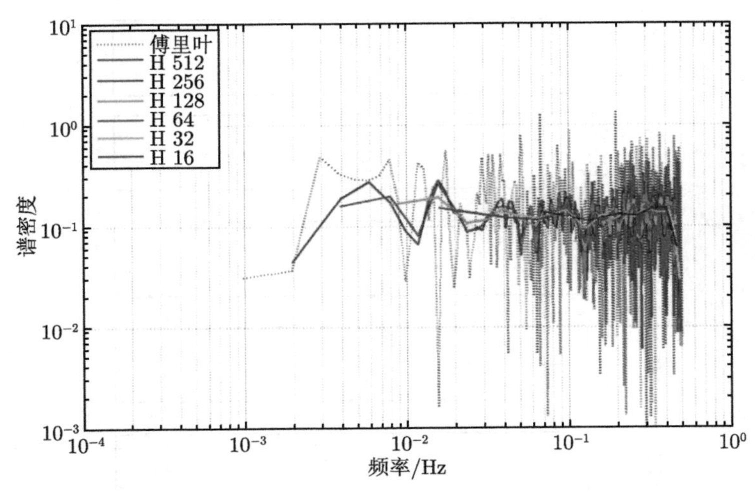

图 4.1.8 采用不同区块数的希尔伯特边际谱

最后，我们将研究图 4.1.8 中的希尔伯特边际谱的情况，其谱密度在整个频率范围内表现出的均匀斜率。这种在低频下的丰富幅度分布现象是由 Huang 等人（1998）发现的，Gledhill（2004）在试图通过经验乘数消除持续倾斜时也指出了这种现象。当然，我们所关注的问题不在于结果本身，而是两种截然不同的谱表示：傅里叶谱以能量密度（或功率密度）表示，而希尔伯特谱以幅度的大小并非平方功率来表示。如果我们关注低频范围，那么希尔伯特幅度谱无疑是有价值的。在低频区域内，丰富的谱密度更使人们更容易关注低频成分。所以，在选用不同方法前我们应该明确对结果的期待。

(2) 狄拉克函数

狄拉克函数具有极强的时间局部特性，也是一个检验时频分析方法有效性的有利工具。例如取 1000 个数据点，除了第 500 个时间点外，其他点都为零，就得到了一个经验狄拉克函数。为了分解狄拉克函数，我们必须像 Flandrin（2005）那样加入噪声，或者像 Wu 和 Huang（2009）那样使用集合经验模态分解。分解后得到的 5 个 IMF 和一个残差的结果如图 4.1.9 所示。然后我们分别采用 10、20、50、100、300、500、600 和 800 的不同区块数进行分析，于是得到了如图 4.1.10 所示的不同希尔伯特谱。尽管每个谱的时间分布十分有限，但频率分布都相当宽。图 4.1.11 中给出了由每个希尔伯特谱得出的边际谱，所有的边际谱都具有与傅里叶谱一致的平坦谱形，再次验证了上面给出的转换关系。

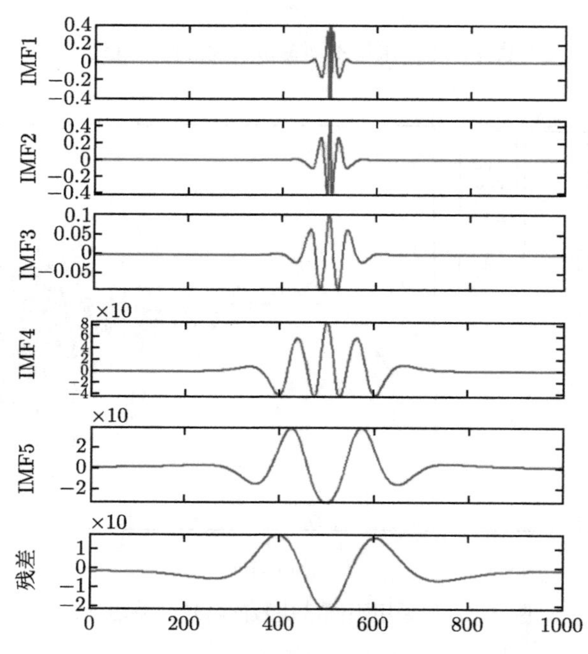

图 4.1.9　分解经验狄拉克函数得到的前五个 IMF 以及残差

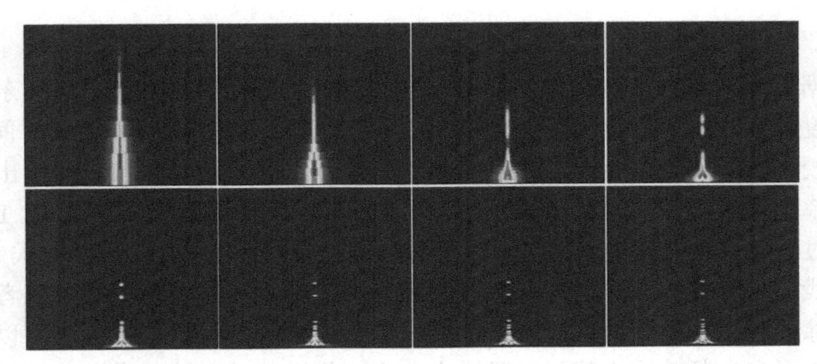

图 4.1.10 采用不同区块数得到的希尔伯特谱，第一排从左到右的区块数量为 10、20、50、100，第而排从左到右的区块数量为 300、500、600 和 800

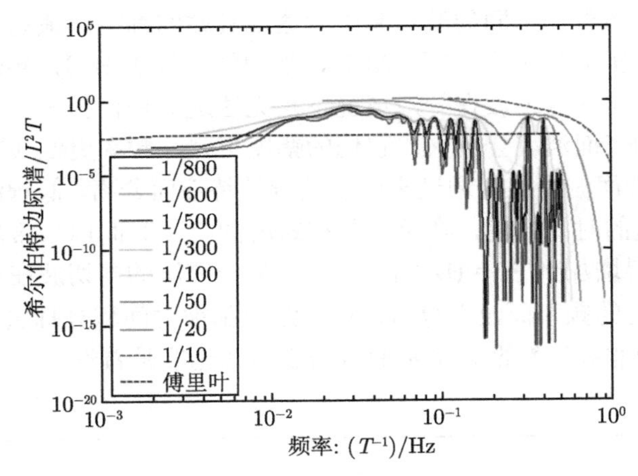

图 4.1.11 不同区块数对应的希尔伯特边际谱

(3) 应用于地震数据集

在确定了转换公式的有效性后，我们把该方法应用于地震数据集。地震都是瞬态的，因此也是非稳态的，同时强震产生的地壳运动明显是非线性的。因此，能想要合理分析地震数据，我们应该选择一种能够适应地震运动非平稳非线性特性的时间频率表示方法。HHT 正是满足这一需求的当仁不让之选。事实上，Huang 等人（2001）和 Loh 等人（2001）已经研究过地震信号，我们这里使用的数据与 Huang 等人（2001）相同。遗憾的是，Huang 等人（2001）在分析地震数据时使用了希尔伯特谱的默认定义，并将其与傅里叶谱、响应谱（response spectrum）进行比较。响应谱经常被应用于地震研究，虽然是利用线性系统在给定外力作用下的错位（misfit）来定义每个频率的能量，但它本质上也等同于傅里叶谱，这种比较是不合适的，不具有现实意义。现在我们将采用恰当的方式对希尔伯特能量谱和傅里叶谱进行比较。

数据集是采集自 1999 年 9 月 21 日台湾集集大地震时 TCU129 站东西方向的加速度数据，如图 4.1.12 所示。原始数据以 200Hz 为采样频率，持续时间 70 秒。使用常规 EMD 共得到 13 个 IMF 分量，如图 4.1.13 所示。图 4.1.14 给出了采用不同频率区块大小的希尔伯特谱。图 4.1.15(a) 所示为边际谱，而图 4.1.15(b) 中则是经过一定平滑处理的边际谱，这里边际谱的转换因子为 $2N/T$，如式 (4.1.13) 所示。我们可以将该因子与傅里叶谱相乘来得到希尔伯特能量分布，或者用希尔伯特谱除该因子来得到傅里叶能量密度。但无论如何，从图 4.1.15 中可以很容易看出，除了在高频范围内傅里叶频谱会包含虚假谐波外，边际谱与傅里叶频谱几乎完全相同。但是，由于地震数据是非平稳和非线性的，傅里叶频谱表示方法并不能完整地表示出如图 4.1.14 所示的较低频率的复杂运动情况。在希尔伯特谱中，人们可以很容易地看到不同的波从震中到达地震站的细节。最先到达的是振幅较小但频率较高的压缩波（从 10 到 20Hz，平均频率为 15Hz），到达时间在最初的 3 到 4 秒左右。这些压缩波在一般情况下是无法造成任何损害的。紧接着压缩波之后，剪切波和表面波就会到来，它们的幅度更强，频率更低（5Hz 以下能量最强）。剪切波和表面波最终会通过表面波的分散特性而分离。低频波到达的时间较早，高频波到达的时间较晚，在整个数据跨度的持续时间内，希尔伯特谱呈现出从 5Hz 左右缓慢增加到 8、9Hz 的能量带。另一震源的剪切波在整个时间跨度内维持在 4Hz 左右的频率而没有分散。这些细节都被时间积分抹去了。因此，对于真正的非平稳和非线性数据，希尔伯特谱表示法无疑是首选。

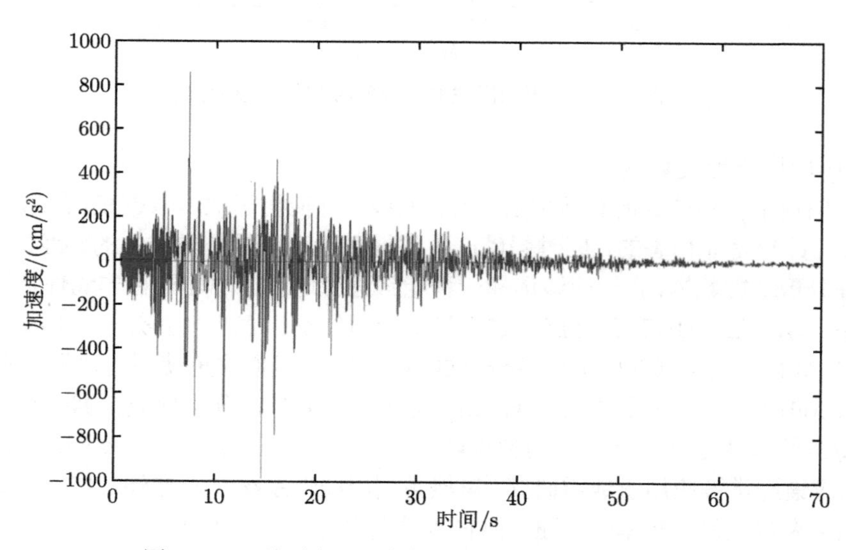

图 4.1.12　地震东西方向加速度数据 (采样率 200Hz)

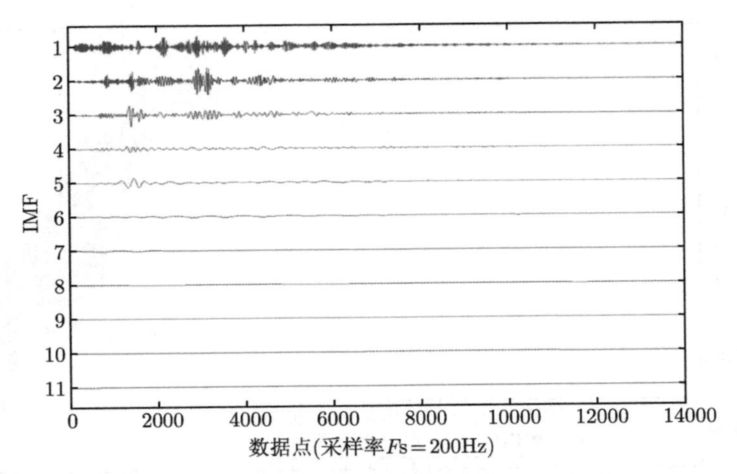

图 4.1.13　对地震数据求得的 13 个 IMF 分量

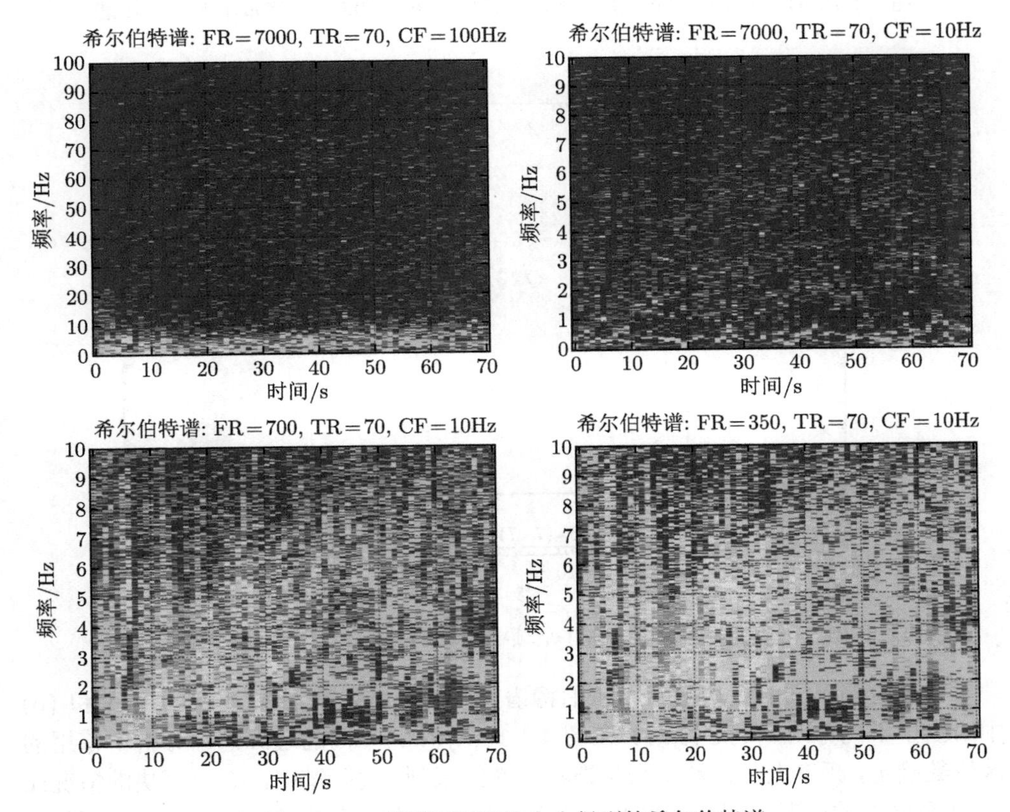

图 4.1.14　采用不同区块大小得到的希尔伯特谱

FR 代表频率分块数量，TR 代表时间分块数量，CF 代表最大频率

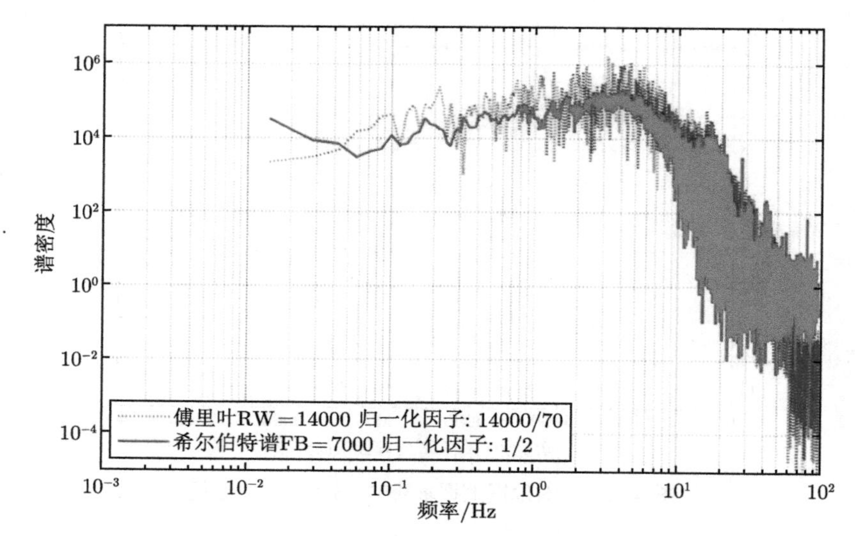

图 4.1.15(a)　傅里叶谱和采用 7000 个频率区块得到的归一化希尔伯特边际谱

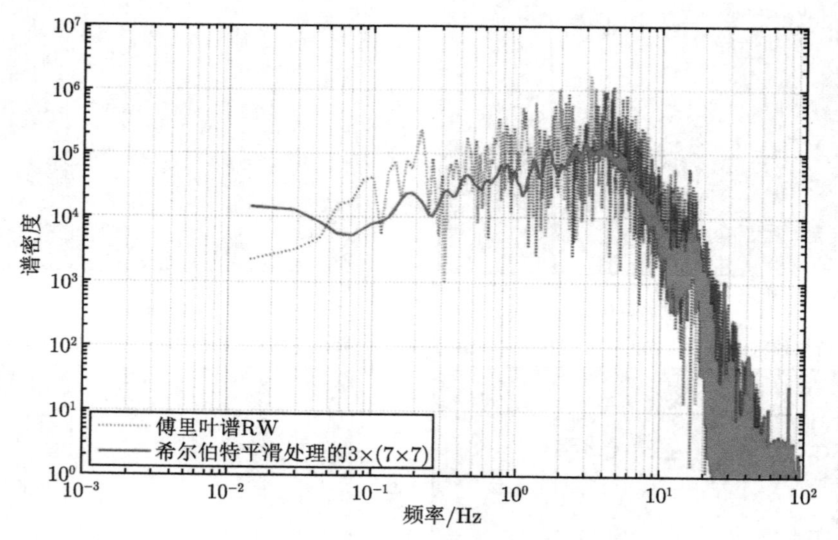

图 4.1.15(b)　傅里叶谱和采用 7000 个频率区块并经过平滑处理的希尔伯特边际谱

为了说明不同的区块数对希尔伯特谱分析的影响，我们在图 4.1.16(a) 和 (b) 中给出了不同分辨率的边际谱。在图 4.1.16(a) 中，不同的边际谱由分析中使用的区块数确定，频率上限仍然受奈奎斯特频率的限制。边际谱中，70 个区块的情况比 7000 个区块的情况要粗略 100 倍，因此，低频截止值相差了 100 倍。由于两种表示方式中的能量相同，70 个区块的能量分布密度会是 7000 个区块的 100 倍。有了这个概念，附加的归一化因子就会很容易理解，如图 4.1.16(b) 所示：对于 3500、1400、700、140 和 70 的区块数，对应转换因子分别为 2、5、10、50 和 100。

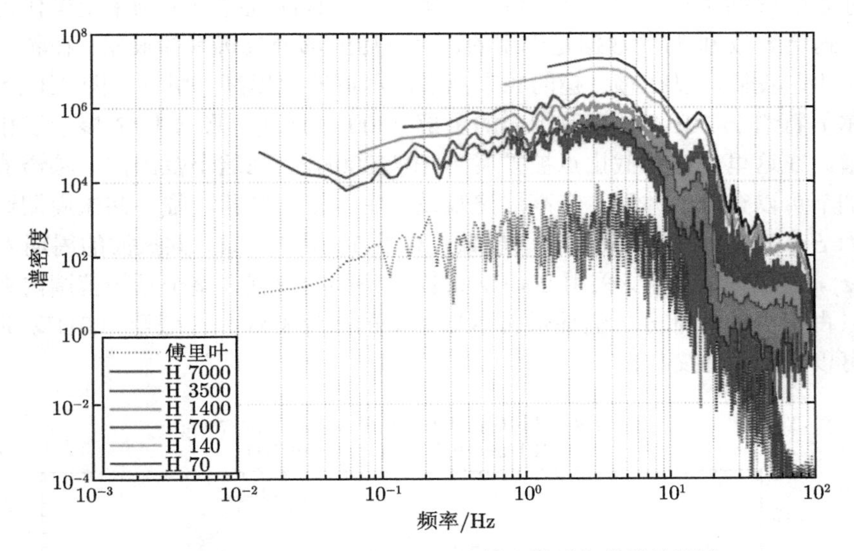

图 4.1.16(a)　傅里叶谱和不同分辨率的希尔伯特边际谱

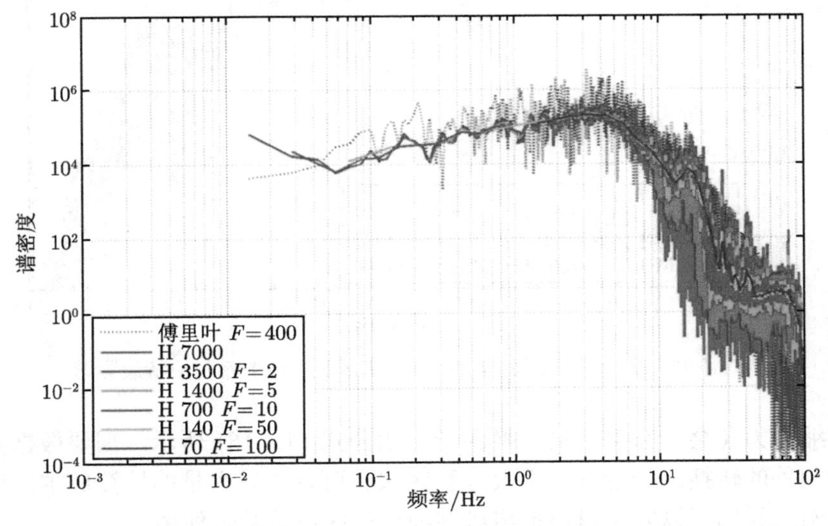

图 4.1.16(b)　傅里叶谱和归一化处理后不同分辨率的希尔伯特边际谱

接下来讨论放缩的效果。在很多应用中，会希望刻意放大一些特殊的频率范围。例如，在地震数据中，为了得到足够详细的数据，这里将采样率设置为 200Hz，则奈奎斯特值为 100Hz。但是对于工程应用来说，这 100Hz 频率范围内的大部分信息都是无用的，如图 4.1.16 (a) 和 (b) 所示。对于结构设计低于 10Hz 的频率范围才是研究的重点。对于傅里叶谱分析，我们只能选择整个频率范围作为研究对象。这会导致 90%的数据是无用的，而有用的部分分辨率却很差。在希尔伯特谱分析中，我们可以在感兴趣的频率范围内尽可能地提高分辨率。图 4.1.14 展示了希尔伯特谱在 10Hz 频率范围内的全部 7000 个区块。图 4.1.17 展示了相应的边际谱。在这里，低频截止点被扩展到 10/7000Hz。在这个范围内，频谱能量变化的细节可以充分的体现。在高层建筑设计中，根据经验，临界共振周期通常被设定为 $S/10$ 秒，S 为相关建筑的层数。对于 50 层的建筑，共振波的周期为 5 秒 (0.2Hz)。在这种情形下，采用 200Hz 采样率获得的数据在整个频带范围内有用的成分只占很少的一部分，但凭借希尔伯特谱的放缩特性，在低至 0.01Hz 的频率上也可以看到一些变化。

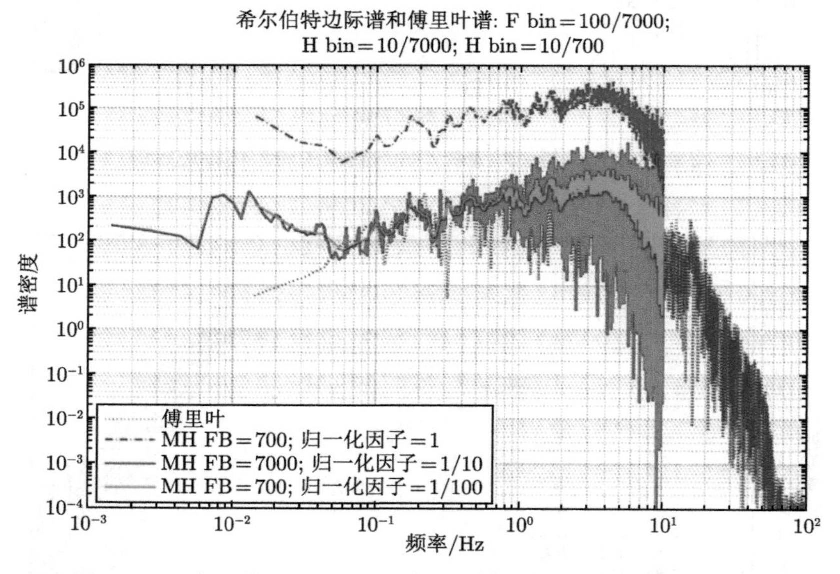

图 4.1.17 归一化处理后 7000 个频率区块对应的希尔伯特边际谱

放缩能力还会带来复杂的转换因子。如公式 (4.1.16) 所示，需要根据实际情况添加额外的转换因子选择放缩尺寸和区块数可以节省大量的计算成本。通过上面的示例，我们可以完全自由地将放缩和选择区块数结合使用。

4.1.3 各种时频谱的比较与讨论

在讨论了希尔伯特谱表示的通用性之后，我们将希尔伯特谱分析与目前一些常用的时频分析方法进行了比较。图 4.1.18 给出的信号是 "Hello" 这个词的语音录音，采样频率为 20400 Hz。

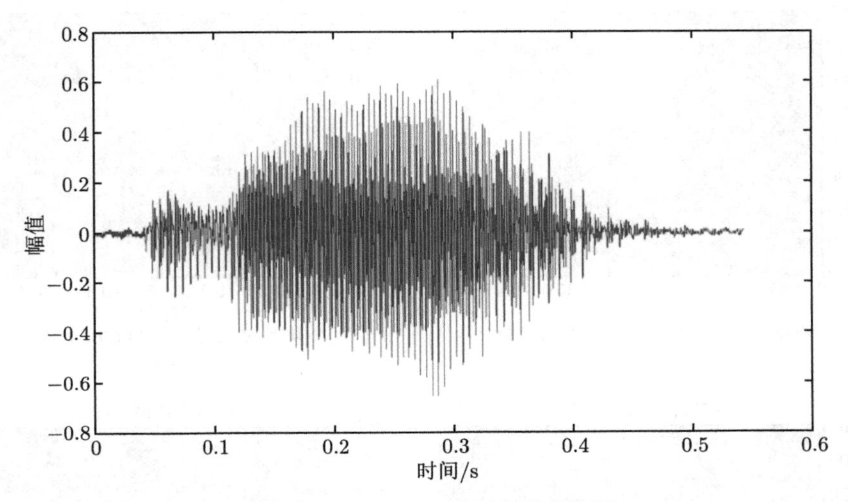

图 4.1.18 "Hello" 的语音录音数据

图 4.1.19(a)、(b)、(c)、(d) 给出了各种时频谱表示，第一个谱图是窄带表示 (窗口长度为 1024 个数据点)，参数的选择考虑了最大频率分辨率和一定程度的时间分辨率。在强调频率的情况下，我们可以看到规律的多频段谐波，正如 Huang 等人 (1998, 1999) 所讨论的那样，这些都是用线性傅里叶分析表示非线性语音信号所产生的数学伪迹。第二种谱图是宽频带表示 (窗口长度在 64 个数据点)，参数的选择考虑了最大时间分辨率和一定程度的频率分辨率。此时，时间步长更精确，但频率分辨率几乎无法使用。

在数据的时频分析中，无法同时在频率和时间上获得高分辨率，这一事实被称为数据分析中的 "不确定性原理"（uncertainty principle），即

$$\Delta t \times \Delta \omega \geqslant \frac{1}{2} \tag{4.1.21}$$

其中 Δt 和 $\Delta \omega$ 是最小的时间和频率步长，或者说是分辨率或精确程度。在物理学中，不确定性原理建立在合理的论证基础上并得到了实验观察的支持。而在数据分析中，"不确定性原理" 纯粹是在时频转换中使用积分变换带来的结果：积分操作会抹去积分范围内的时频分辨率。因此，不确定性原理是有工具依赖性的。如果我们在时频转换中避免积分运算，就不会有这样的限制。在希尔伯特谱分析中，频

率是由微分而不是积分变换决定的。因此，我们可以获得任意精度的时间和频率分辨率，其中只有时间分辨率受采样率的限制。这种方法最大程度地保留了信号的局部特性，因此，除了低频截止频率外，频率分辨率本身并不取决于数据长度。

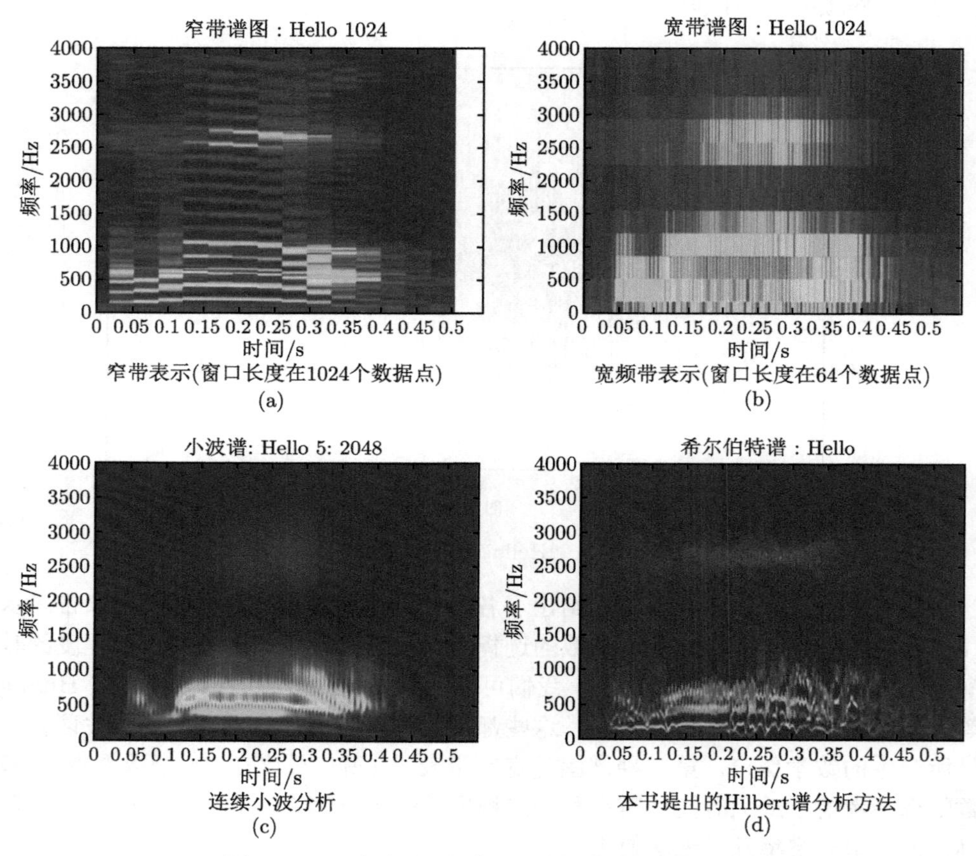

图 4.1.19 采用不同方法处理语音数据得到的谱图

除了傅里叶表示和希尔伯特谱表示外，第三种表示方法是连续小波分析（continuous wavelet analysis, CWA）。在这里我们可以看到小波分析中使用的可调窗口似乎改善了时频表示的视觉感观。但遗憾的是，实际的量化数值并不支持这种感观，因为在设计小波基时，我们不得不在时间分辨率和频率分辨率之间折衷，从而限制了频率分辨能力。由于连续小波的冗余度过高，因此无法进行定量分析。此外频率值也总是被过度平滑化。离散小波（discrete wavelet, DW）虽然在正交性上有所改善，但仍存在时频分辨能力差的问题。这是由于小波分析同样是基于积分变换的，因此必然也会受到不确定性原理的限制。综上，小波分析不被认为是理想的时频分析工具。

本章提出的改进希尔伯特谱分析方法具有很高的时频分辨能力，它可以获得任意精度的时频分辨率，其中只有时间分辨率受数据采样率的限制。瞬时频率的定义使我们突破了不确定性原理的限制，利用波内频率（intra-wave frequency）的瞬时频率方法完全消除了杂散谐波（spurious harmonics, SH）。综上所述，希尔伯特谱分析确实为我们提供了一个实用的、有物理意义的时频分析工具。

希尔伯特谱分析可以进一步通过集合 EMD 方法（Wu 和 Huang, 2009）或加上降采样（Huang, 2005）使其更具统计学意义。这些可选的方法使得希尔伯特谱分析成为真正通用的时频分析工具。

4.2 稳定性谱分析

4.2.1 稳定性谱简介

通常，我们不希望建筑物和机械设备出现异常振动。因为振动会带来额外的应力，也会引起不必要的能量消耗。在工程设计中，我们采用各种方法尽可能将振动降低。然而，大多数结构和机器都是动力学系统（dynamics system），振动是无法完全避免的。虽然大多数振动都是有害的，但它们是动力学的重要组成部分。因此，通过对振动信号进行监测和分析，可以获得除系统动力学特征之外的额外信息。例如，结构的固有频率与其刚度有关，在无损健康监测（non-destructive health monitoring NDHM）中常用振动频率作为确定刚度变化程度的诊断工具。

振动信号可以被用作诊断工具，来确定任意动力学系统阻尼特性的时频分布（Salvino 和 Cawley, 2003）。正如我们在前文提到的那样，在机械结构中，振动的出现不可避免，但振动并不总是自动消失。因此我们借鉴前人对振动信号的研究方法，提出了改良版的阻尼稳定性谱分析（damping stability spectral analysis）。在不稳定系统中，振动会不断加剧，甚至最终导致系统故障。著名的塔科马窄悬索桥就是负阻尼导致结构被破坏的著名案例。实际上，振动特性可以用来表明系统的稳定与否，也可以作为操作安全的实用评价指标。接下来工作核心是要阐明阻尼的定义，包括正阻尼（稳定）和负阻尼（不稳定），并改进阻尼的计算过程。

系统的稳定性意味着系统能够保持恒定的状态，稳定系统不会发生变化或恶化，同时系统内的位移也不会过大，即使在极端的状态下，系统也不会发生故障。对于振动系统，稳定性可以简单地定义为振幅不会放大。因此，振动幅值成为决定系统是否稳定的一个重要参数。计算振动幅值听起来很简单，但是在一个复杂的系统中，振幅估计其实并不容易。例如，传统的傅里叶方法只能给出具有恒定振幅的分量。带通滤波可能提供一些信息，但带通滤波这种方法本身存在争议。具体而言，如果一个系统处于不稳定阶段，那么它既不是平稳的，也不是线性的，而这个情况已经违背了傅里叶分析的前提条件，所以使用带通滤波也是收效甚微。面对这些问题，人们试图研究一种更简单的变量：阻尼。在结构中，稳定系统可以重新定义为一个具有强阻尼的系统，其中任意振动的振幅都会逐渐衰减。但是系统的平稳性和线性的问题仍然没有解决。

根据 Huang(1999, 2003) 对一般振动特性的研究成果，可以很容易地将任何复杂的振动分解为由振幅和频率调制的 IMF 分量。在此基础上，Salvino 和 Cawley(2003) 建立了一种阻尼谱分析 (damping spectral analysis, DSA) 方法 (Salvino 和 Cawley, 2003)。在这种分析方法中，系统阻尼的确定方法如下：在系统上安置传感器，通过传感器获得振动信号作为待研究的时间序列。利用经验模态分解 (Huang 等 1998)，将信号 $x(t)$ 分解为本征模态函数 (IMF)$c_j(t)$ 之和。经希尔伯特变换之后，Salvino 和 Cawley 将信号的阻尼定义为

$$\gamma_k(t) = -\frac{2}{a_k(t)}\frac{\mathrm{d}a_k(t)}{\mathrm{d}t} \tag{4.2.1}$$

其中，$a_k(t)$ 表示振幅函数。同样，也可以定义更细致的单个振动频率的阻尼损耗因子 (damping loss factor, DLF)：

$$\eta_k(t) = -\frac{2}{a_k(t)}\frac{\mathrm{d}a_k(t)}{\mathrm{d}t}\frac{1}{\omega_{0k}} \tag{4.2.2}$$

其中：

$$\omega_{0k} = \left[\omega_k^2(t) + \left(\frac{\gamma_k(t)}{2}\right)^2\right]^{1/2} \tag{4.2.3}$$

如式 (4.2.2) 所示，阻尼损耗因子是时间 t、频率 ω 的函数。Salvino 和 Cawley(2003) 进一步定义了阻尼谱 (damping spectrum)，即将所有阻尼损耗因子平方之和定义为时间和频率的函数：

$$\eta^2(\omega, t) = \frac{\left[\dfrac{-2\mathrm{d}a(\omega,t)}{a(\omega,t)\mathrm{d}t}\right]^2}{\omega^2 + \left[\dfrac{1\mathrm{d}a(\omega,t)}{a(\omega,t)\mathrm{d}t}\right]^2} \tag{4.2.4}$$

他们随即将时间段 T 上的均方根阻尼损失因子定义为

$$\eta(\omega, T) = \left[\frac{1}{T}\int_0^T \eta^2(\omega,t)\mathrm{d}t\right]^{1/2} \tag{4.2.5}$$

我们发现其中有四点不足之处需要改进：

第一，式 (4.2.4) 中给出的阻尼损耗因子谱忽略了正阻尼（对于稳定系统）和负阻尼（对于不稳定系统）之间的差异。因此，频谱和均方根值是动力学系统不同特征的混合。

第二，阻尼损耗因子不应按式 (4.2.1) 或式 (4.2.4) 的希尔伯特变换的方法确定包络，当系统非线性时，希尔伯特变换的包络线有周期内振荡，这将给出错误的正导数和负导数值。这种周期内振荡的频率和振幅的波动在非线性振动中特别明显，因此波内频率和振幅调制是非线性的指标。进一步，当系统的振动将要导致系统发生故障时，这种振动更有可能是非线性的。因此，对于式 (4.2.1) 和式 (4.2.4) 中所述的阻尼计算方法，周期内振幅调制不可避免地会造成误差。我们必须定义一个没有周期内调制的平滑包络。

第三，上一章讨论的 Bedrosian（1963）和 Nuttall（1966）定理给出了希尔伯特变换使用的限制：瞬时频率不应该直接由 Hilbert 变换计算出来。必须使用新的替代方法。

第四，考虑到阻尼谱对阻尼量化的局限性，需要定义一个稳定谱来推广阻尼谱这个概念。这个稳定谱将在振幅减少和增加时，清晰反映出当前的物理状态：振幅减小表示稳定，振幅增大表示不稳定。

在定义稳定谱之后，我们对 Salvino 和 Cawley（2003）提出的阻尼谱分析进行了以下改进：不再使用希尔伯特变换确定包络线，改为使用三次样条插值；定义正阻尼（表示系统稳定）和负阻尼（表示系统不稳定），并给出相应的结果；以及使用最精确的方法如直接正交法来计算瞬时频率。为了比较方便，我们还使用 Teager 能量算子（Teager energy operator, TEO）作为一个非线性的检测手段（Maragos, 1993），来检测振动变为非线性的时间段。事实上，正如在第 3 章中讨论的那样，我们也可以量化非线性的程度。最终，Huang 等人（Huang 等, 2006）提出了一种新的稳定性谱分析方法，这个谱分析方法也是接下来要讨论的主要内容。在接下来的两节中，我们将通过对航空结构测试翼（aerostructures test wing, ATW）数据的详细分析来演示稳定性谱分析的应用。

4.2.2 颤振数据的振动特性

机翼颤振及其稳定性的研究是新型飞机气动弹性设计（aeroelasticity design）的重要内容。通过引进先进材料和施工方法，气动弹性设计的新方法旨在使机翼重量更轻，刚度选取范围更灵活，性能更优越。刚度降低使结构更容易受到结构动力学问题的影响，尤其容易出现颤振和不稳定现象。因此，我们需要工具来预测适用于结构动力不稳定性（如颤振）的稳定裕度（stability margins）（Lind 和 Brenner, 1999, 2000, 2002）。尽管前人已经开发了各种模型，但若想要验证这些工具和模型的准确性，唯一的方法是通过飞行试验测试。而飞行试验的关键问题是如何根据飞行数据找到失稳状态是何时开始的。定位失稳状态在新型气动弹性结构中是一个极具挑战性的问题，而能否顺利定位失稳，对飞行的安全性也至关重要（Lind 等, 2003）。为此，NASA Dryden 飞行研究中心在马赫数介于 0.5 到

8.3 之间，高度介于 10000 英尺（3050 米）到 20000 英尺（6100 米）之间的情况下，进行了共计 21 次飞行测试。试验目的是验证飞行颤振预测技术（Lind 等, 2003）的可行性。测试样本是航空结构测试翼（aerostructures test wing, ATW），其为一种 NACA 65A004 翼型，机翼面积为 97 平方英寸（1271 平方厘米），展弦比为 3.28。翼皮由 3 层 0.015 英寸（0.0381 厘米）厚的玻璃纤维布制成，翼芯由硬质泡沫制成。在 30%弦线内部有一根单层圆木，厚度为 0.005 英寸（0.0127 厘米），顶端有厚的石墨环氧树脂，根处有 10 层，厚度为 0.05 英寸（0.127 厘米）。翅的半展距为 18 英寸（45.72 厘米），根弦为 33.53 厘米（13.2 英寸），叶尖弦为 8.7 英寸（22.10 厘米）。机翼的总重量为 2.66 磅（1.205 千克）。一个直径 1 英寸（2.54 厘米）的机翼，其臂长为 15 英寸（38.10 厘米），附着有石墨环氧树脂。吊杆内部有三个加速度计（响应频率为 12~30Hz），用于收集地面和飞行测试数据。试验翼被安装在一个飞行试验设备上，该设备由细长的矩形机身、椭圆形机头和钝尾组成。它的长度为 107 英寸（2.718 米），深度为 32 英寸（0.813 米），宽度为 8 英寸（0.203 米）。在这个飞行测试装置的隔间放置了一个用于数据调节和记录的电子元件，该装置连接在 F-15 飞机机身下的主塔架上。该飞行测试设备的模态频率（modal frequency）为 200Hz，模态频率不会干扰待测机翼正常运行。试验的细节可以在（Lind 和 Brenner, 1999, 2000, 2002; Lind 等, 2003）中找到。

ATW 的颤振设计速度接近 0.8 马赫。飞行包络线扩展测试遵循标准程序：在飞行器直线水平飞行 30 秒内收集气流数据，然后激活 ATW 上的激励系统并记录响应数据。在最后一次测试中，飞行器在以 0.83 马赫飞行、飞行高度 3050 米（10000 英尺）的情况下开始了颤振，测试机翼经历了剧烈的振荡并最终在靠近叶尖处断裂，吊杆和大约 20%的机翼损坏。整个颤振过程很短；机翼在颤振开始后约 5 秒内被摧毁。Lind 等人（2002）对数据的分析表明，18 Hz 时的弯曲模态和 24 Hz 时的扭转模态上发生颤振，弯曲阻尼负向增大、扭转阻尼越来越小。然而，视频清楚地显示了振幅很大但频率较低的弯曲运动，这在加速度计数据的标准分析中完全无法解释。虽然试验非常成功，但由于颤振事件的持续时间极短，同时非线性特性和未计算的低频弯曲模态存在耦合，传统分析方法没法来得到细致的支持这种耦合的证据。因此，我们采用希尔伯特黄变换来分析这些数据。

下面的例子使用了飞行试验的最后颤振事件的数据。数据如图 4.2.1 所示，采自 F-15B 飞行试验设备的飞行试验，采样率为 800Hz。很明显，颤振一开始就非常严重。振幅首先呈指数增长，然后达到饱和，最终导致翼尖的碎裂。有用的数据只包括翼尖损坏前的 94000 个时间点，也就是吊杆和传感器消失前的时间。这个时间跨度仅仅有 117.5 秒。通过简单的傅里叶谱图分析，如图 4.2.2 所示，在测试飞机加速到最终速度 0.83 马赫之后，数据中包含了强白噪声。在数据结束时，也有明显的谐波，说明波形是非线性扭曲的。颤振频率主要在 20Hz 以下的低频范围内，高采样率下大部分频率没有意义。为了研究颤振的起始和过渡阶段，我们先滤除白噪声。

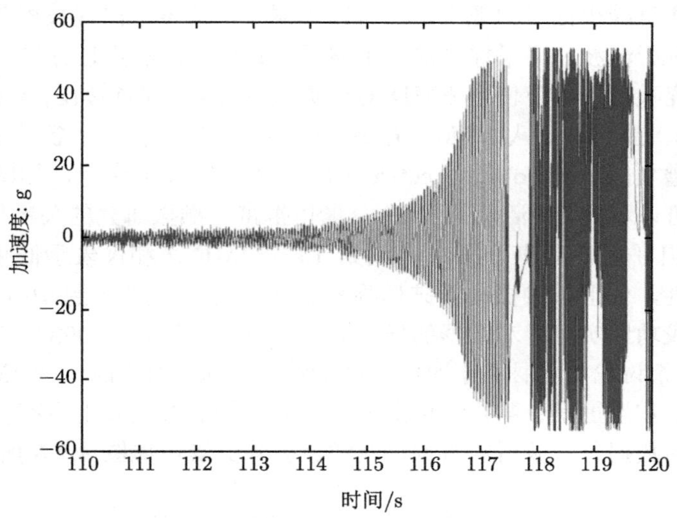

图 4.2.1 采自 F-15B 飞行试验设备的飞行试验数据，采样率为 800Hz

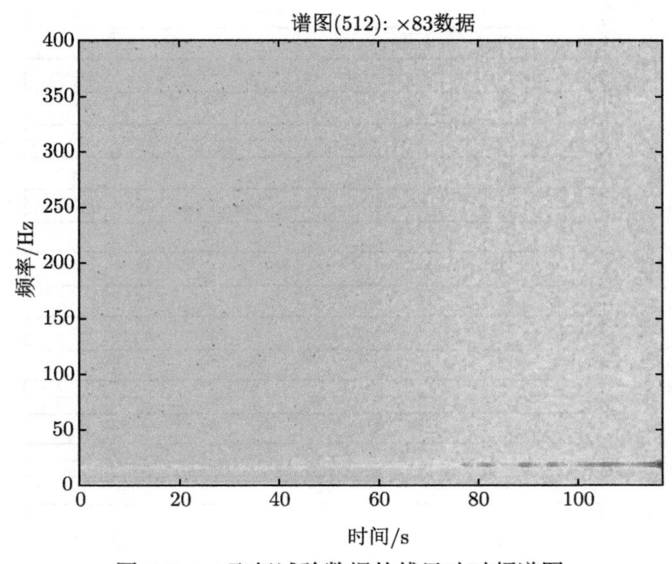

图 4.2.2 飞行试验数据的傅里叶时频谱图

由于 800Hz 的采样率远远超过分析颤振事件所需要的 30Hz，首先对数据降采样，以 100Hz 的采样率生成 8 组子数据。对于频率在 30Hz 以下的颤振事件进行研究，100Hz 采样率的分辨率是足够的。降采样过程带来了一个巨大优势：可以从单次测试中获得多组样本，从而在最终结果中进行统计检验。然而，降采样的过程必须注意减少信号的混叠，一旦发生混叠，信号会出现被覆盖的情况。除此之外，在进行滤波和降采样之前，也需要对数据中的噪声进行检测。

为了研究噪声，本节使用 EMD 对数据进行分解，得到如图 4.2.3 (a) 和 (b) 所示的 IMFs。显然，第八个 IMF 是最活跃的。我们还计算了各种 IMFs 组合的傅里叶功率谱（fourier power spectra, FPS）来展示噪声含量，如图 4.2.4 所示。从这些谱中可以看到，最活跃的 IMF 分量也携带了颤振研究的关键信息。前 7 个 IMF 的总和几乎是白噪声。第 9 个到第 19 个 IMF 之和仅表示低频振荡。为了评估颤振特性，保证低频振动不破坏临界条件，所以保留 8 到 19 的所有 IMFs。这样处理也成功地实现了对数据的低通滤波。Huang 等人（1999）和 Flandrin 等人（2004) 详细讨论了这种基于时间尺度的滤波方法。由于前 7 个 IMF 分量之和的傅里叶频谱本质上是白噪声，因此基于 HHT 的滤波实际上没有丢弃任何有用的信息。原始数据、滤波后的数据以及滤波去除的噪声如图 4.2.5 所示。

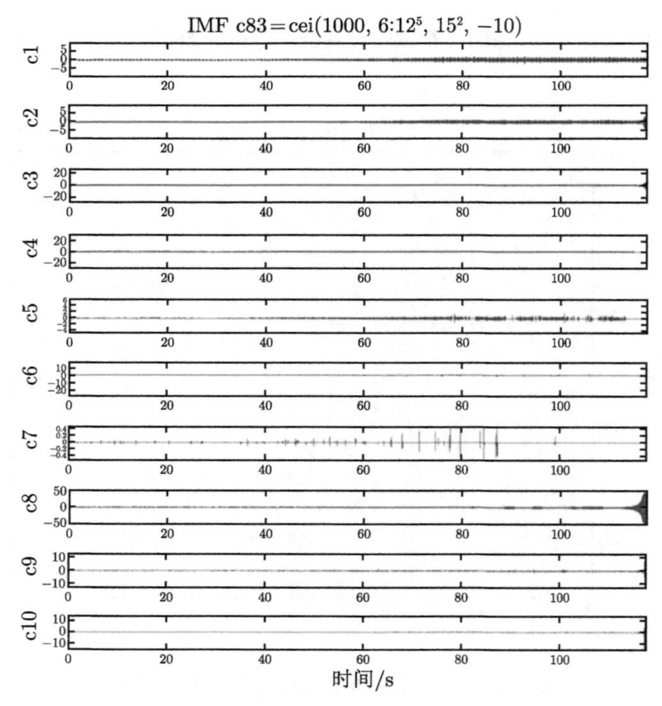

图 4.2.3(a)　使用 EMD 对飞行试验数据进行分解 (IMF1～10)

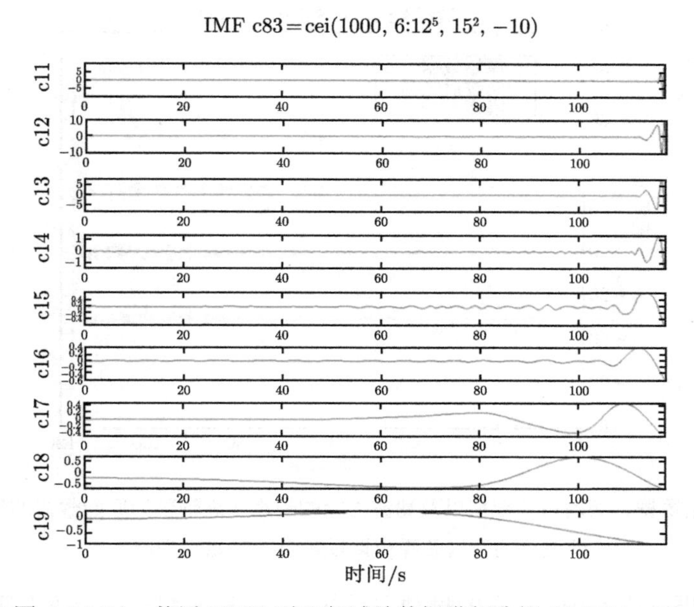

图 4.2.3(b) 使用 EMD 对飞行试验数据进行分解 (IMF11~19)

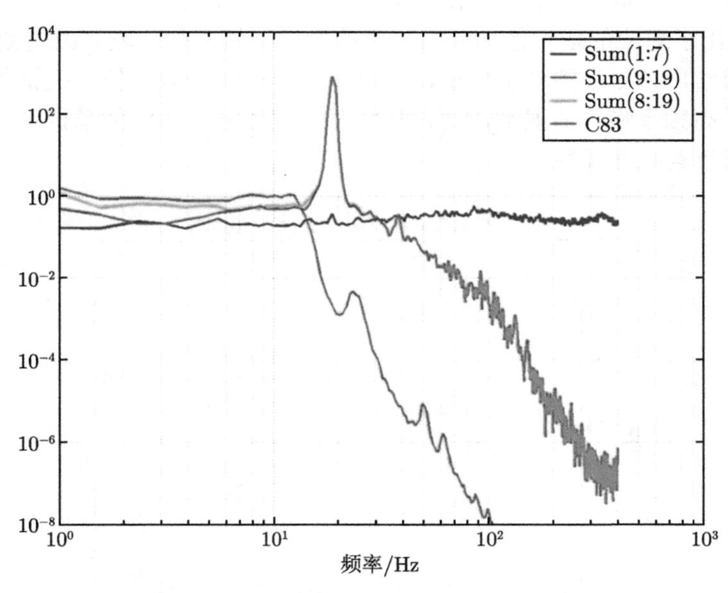

图 4.2.4 各种 IMFs 组合的傅里叶功率谱

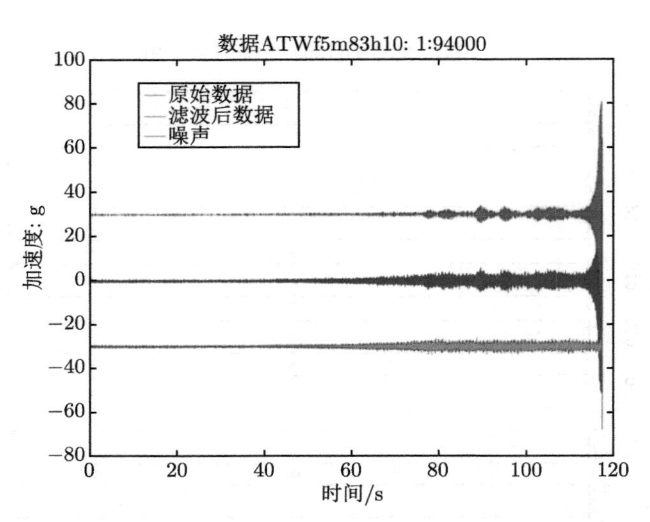

图 4.2.5 原始数据、滤波后的数据以及滤波去除的噪声（纵轴仅为原始数据的加速度参考值，滤波后的数据和噪声请以各自的起始点为准）

由于颤振是由 20Hz 左右的振动主导的，降采样方案理论上不会影响结果，同时还能获取一个更准确的平均值和更好的数据分布。降采样过程产生 8 个子样本；每个子样本可以生成各自的希尔伯特谱。图 4.2.6 给出了 8 个希尔伯特谱的均值，图 4.2.7 给出了对应的边际谱，并与对应的傅里叶谱进行比较。改进效果很明显：希尔伯特谱给出了更高的动态范围，也显示了一个次谐波峰值。关键的是，希尔伯特谱不受高频率噪声的限制，而这种情况下高频噪声很可能是谐波。次谐波的存在表明可能存在非线性。

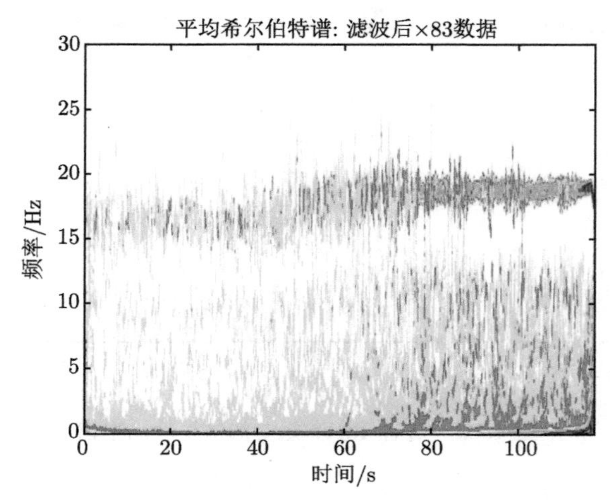

图 4.2.6 降采样过程产生 8 个子样本希尔伯特谱的均值

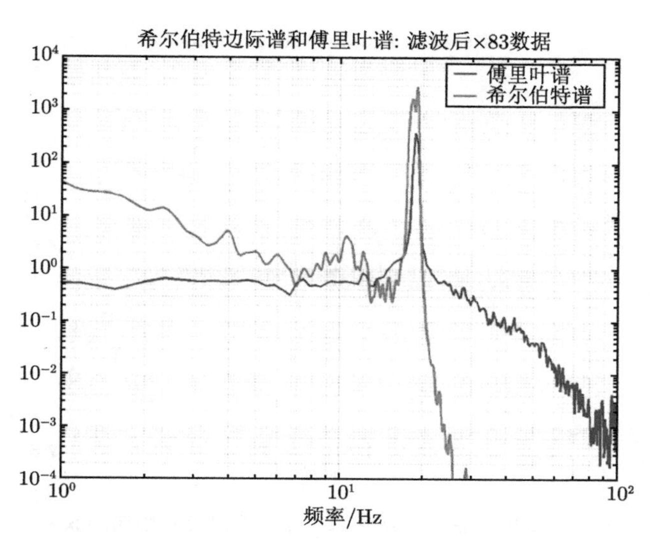

图 4.2.7 傅里叶谱与图 4.2.6 中希尔伯特谱对应的边际谱进行比较

基于这些子样本，我们得到了各子样本颤振主分量的瞬时频率。结果如图 4.2.8(a) 和 (b) 所示，其中也详细展示了平均值和标准差范围。结果具有很好的鲁棒性。最令人惊讶的是，计算出的瞬时频率在接近研究结束时突然下降，表明系统正在软化或屈服。

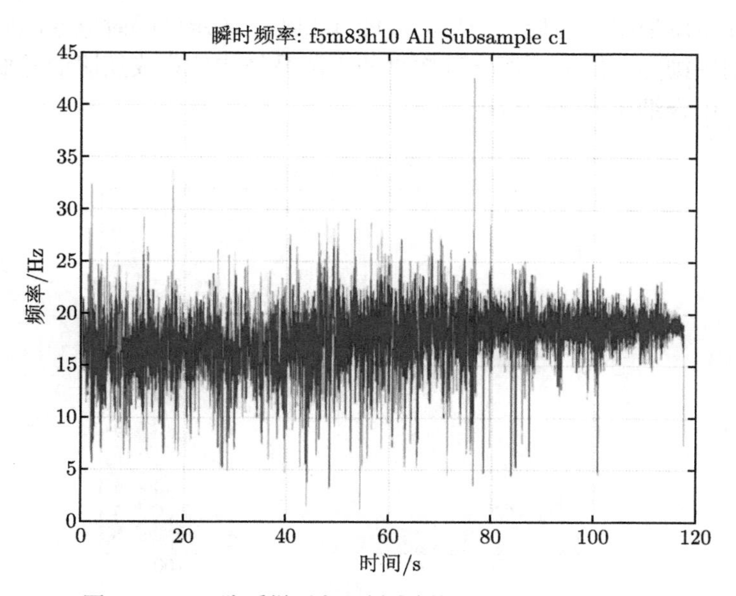

图 4.2.8(a) 降采样后各子样本颤振主分量的瞬时频率

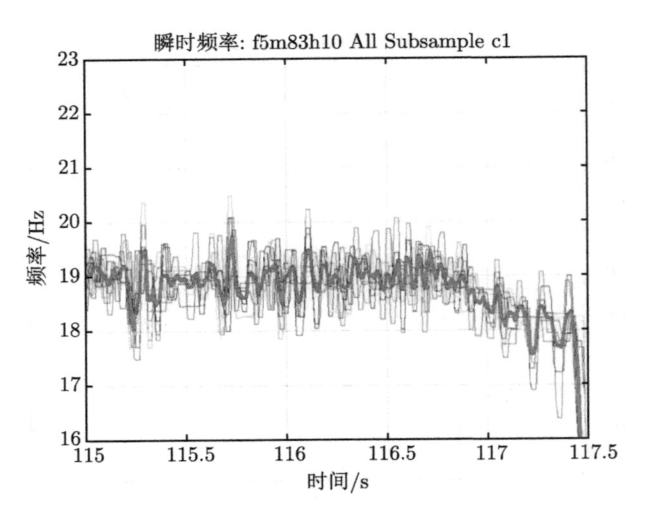

图 4.2.8(b)　各子样本颤振主分量的瞬时频率局部放大

为了进一步比较傅里叶谱和希尔伯特谱，我们将二者绘制在图 4.2.9(a) 中，两者在数量级上显然是一致的。因为这些数据基本符合广义的“统计平稳”。不过在细节上二者略差异，一个关键的不同在于数据的结尾处。由于在计算谱图时使用了固定长度的数据片段，因此，很难评价数据最后一秒是否保真。然而，从希尔伯特谱中可以清楚看出一些频率有异常。为了检查细节，我们放大图 4.2.9(a) 中的傅里叶和希尔伯特谱的最后一部分，图 4.2.9(b) 所示的瞬时频率随时间明显下降，在谱图中则完全缺失。而这种频率的下降是结构软化或屈服的重要标志。我们将在下文中详细研究这一特征。

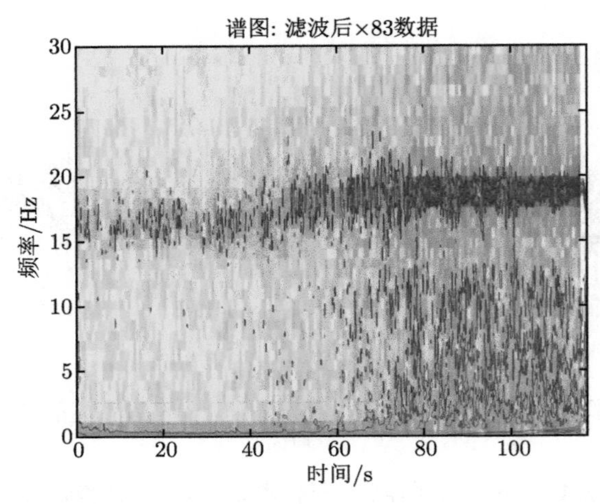

图 4.2.9(a)　傅里叶时频谱（橙黄色背景）和希尔伯特谱（蓝色描线）

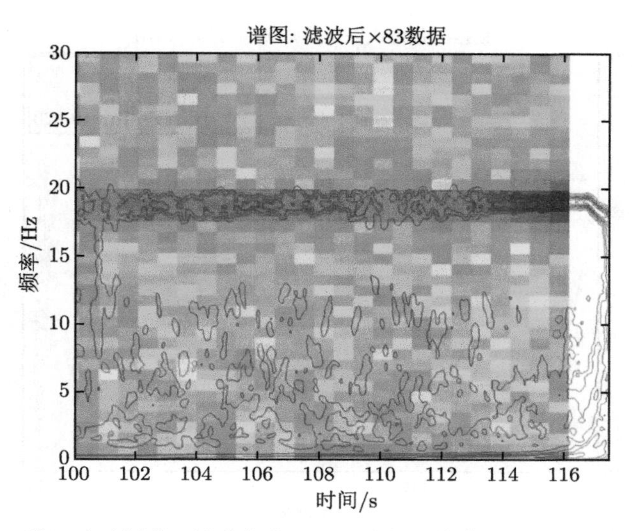

图 4.2.9(b) 傅里叶时频谱（橙黄色背景）和希尔伯特谱（蓝色描线）的局部放大

为了证实这一发现，我们计算了数据的包络线，并将其一起绘制在图 4.2.10(a) 中，最后 1.5 秒的 IF 值绘制在图 4.2.10(b) 中。在这里，IF 值的下降伴随着颤振振幅达到饱和，振幅不再增加。在研究结束约一秒前，颤振频率降低，表明结构软化。

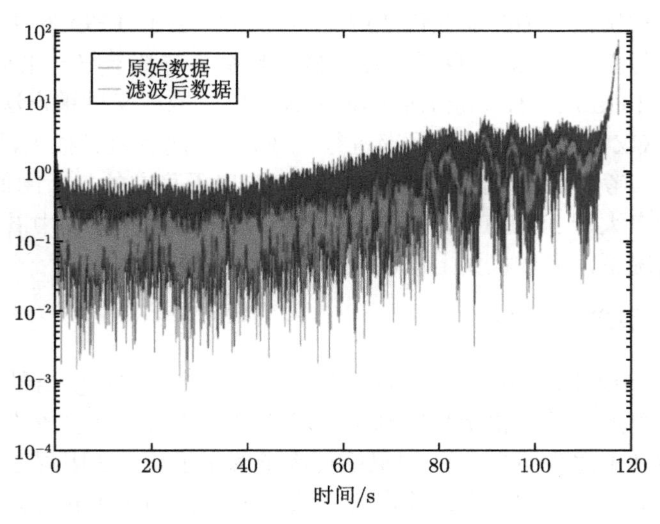

图 4.2.10(a) 数据的包络线

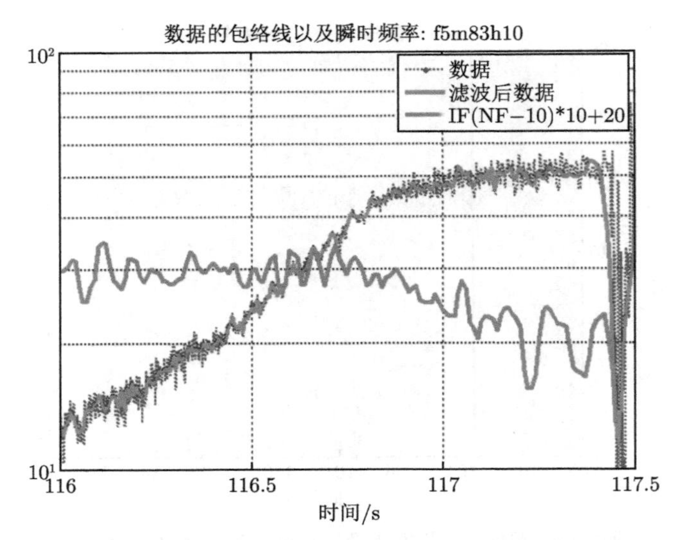

图 4.2.10(b)　数据最后 1.5 秒包络线以及瞬时频率值

在任何振动试验中，如果采集到的信号存在非线性效应，通常意味着即将出现麻烦。因此，识别信号中的非线性效应是至关重要的。Huang 等人（1998）提出了将波内频率调制作为表征非线性的手段，本章后面将详细介绍这种非线性的量化方法。此外，Huang 等人（2004）提出的另一种 Teager 能量算子（TEO）方法，可以更精确的识别信号中的非线性效应。详细而言，由于 TEO 方法基于完全线性的假设，可以将 Teager 能量算子计算的瞬时频率，与基于归一化希尔伯特–黄变换（normalized Hilbert–Huang transform, NNHT）或广义过零点法（generalized zero-crossing, GZC）计算的瞬时频率进行比较，如果两者差异很大，那么就认为非线性效应存在。考虑到计算的不稳定性，我们给出不稳定的判断阈值，即由 TEO 确定的瞬时频率大于 NNHT 或 GZC 的两倍。从瞬时频率波动中看出，即使在轻微不稳定的情况下，多数机翼上就已经存在非线性振动。

4.2.3　颤振的稳定性谱分析

正如 4.2.1 节对阻尼谱的定义所述，该方法有两个缺陷: ① 信号的阻尼通过希尔伯特变换计算所得的振幅函数所确定，但这样会产生不可解释的负导数值，而且在非线性振动中尤为明显；② 阻尼损耗因子忽略了正、负阻尼之间的差异。接下来我们将针对以上问题，介绍改进的方法（Huang 和 Salvino, 2003）。

(1) 样条包络

如式 (4.2.1) 所示，能量阻尼损耗因子由幅值的时间微分决定。根据 Salvino 和 Cawley（2003）的工作，振幅被定义为由希尔伯特变换计算的包络线。众所周知，无论波是否包含非线性失真，希尔伯特变换总是显示一个波内频率以及振幅调制。在对瞬时频率的讨论中，我们指出了使用希尔伯特变换计算非线性过程中包络的缺点。在这种情况下，虽然希尔伯特包络效果不如样条，但由归一化希尔伯特包络方法计算出的频率还是可以接受的。致命的是，如果实际中需要计算振幅的导数，那么对使用希尔伯特变换得到的幅值进行任何调制都会导致错误。让我们用下面的例子来说明这个情况。

选取图 4.2.3(a) 中 ATW 数据的能量最大的分量，并分别用希尔伯特变换和三次样条方法计算振幅包络，结果如图 4.2.11 所示。这里希尔伯特振幅的调制是很明显的。虽然振幅波动不大，但包络线的时间导数会在一个波周期内发生正负的切换。如果我们连续取差值，差值就等价于导数（常数因子 1 $/\Delta t$），我们得到的结果如图 4.2.12 所示。利用希尔伯特变换得到包络线的正负导数对应于每个机翼的振荡。这些值比样条推导的值大 2 个数量级。应该注意的是，这些正负值的切换与稳定性没有关系，它们纯粹是希尔伯特变换的副产物。

在过去，Salvino 和 Cowley（2003）曾建议通过滑动平均的方式来实现平滑，这可以缓解符号正负切换带来的困难，但永远不能从根本上解决这个问题。只有从样条包络线得到的导数才是稳定的、有意义的。

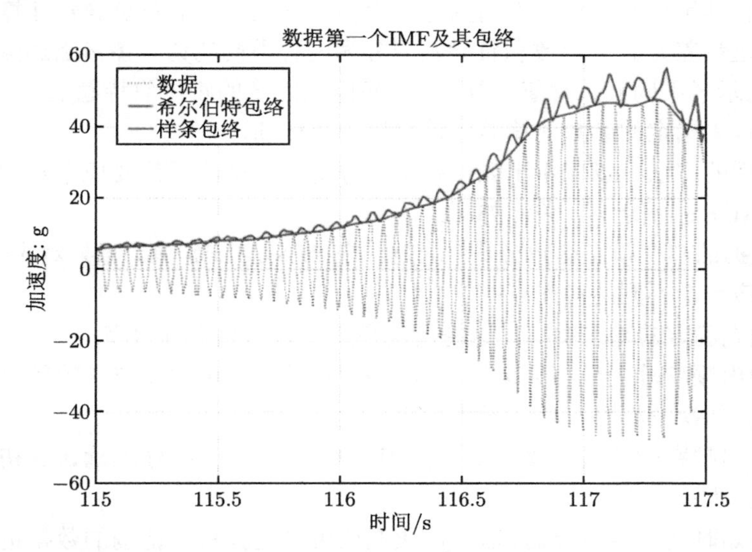

图 4.2.11 对 ATW 数据中能量最大的分量分别用希尔伯特变换和三次样条方法计算其振幅包络

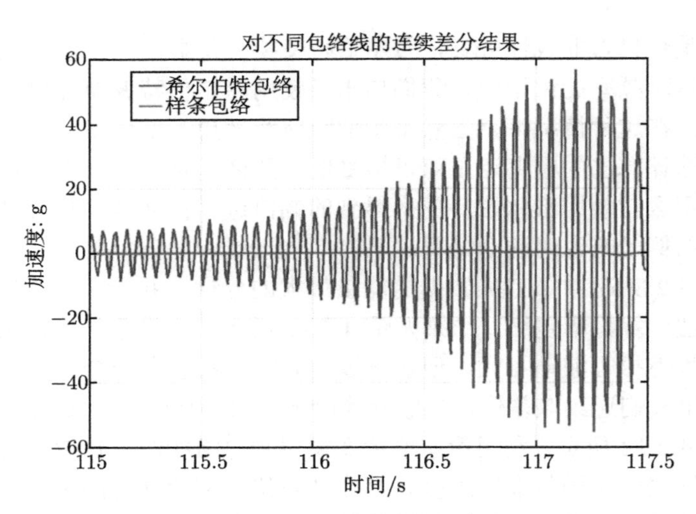

图 4.2.12　对不同包络线进行连续差分

(2) 定义正阻尼和负阻尼

样条包络线导数的符号变化确实代表了稳定和不稳定的振动条件。保留正负符号可以将其用作衡量稳定性的指标，而不应该从正导数和负导数计算滑动平均值来消除这种差异。正导数和负导数应分为两种不同的谱。图 4.2.13(a)、(b) 和 (c) 分别显示了不同截止阈值下具有正、负阻尼因子的希尔伯特稳定谱。该结果是根据某些预先选定的参数计算的，稍后将进行详细讨论。

改进后的方法可以应用于颤振数据的分析，数据仍然需要像希尔伯特谱分析一样用 EMD 进行分解。关键如下：

① 数据的本征模态函数分量：这是一个 $M \times N$ 维矩阵，每列对应一个 IMF，每一行对应一个不同的时间点；

② 预先确定的输出频率：这将决定最终结果的频率分辨率；

③ 输出频率轴上最小频率值（以 Hz 为单位）：可选择特定的频率范围进行详细分析。初次分析时应将其设置为零；

④ 输出频率轴的最大频率值（以 Hz 为单位）：需要仔细确认。初始分析时应设为无穷大；

⑤ 初始时间（秒）：通过这个，我们还可以选择特定范围的数据进行详细的研究；

⑥ 研究结束的时间点（秒）；

⑦ 时间点的数量（NT），以及在此基础上平滑得到的稳定谱。平滑后的分辨率肯定会降低，但平滑后的信号可以更好地用于特征提取和过程识别；

⑧ 振幅截止比：这是最关键的输入参数。由于稳定性取决于幅值的时间变化

率与幅值本身的比值，即使极小的幅值对稳定性的影响也很大。然而，当振幅很小时，它对总能量平衡的贡献是可以忽略不计的。我们设计了这个截止能量水平，以保持不同 IMF 成分之间的平衡。任何低于预先设定阈值的振幅值都会被设置为零；

⑨ 轴刻度：计算结果的输出频率轴采用“线性”轴或“对数”轴；

⑩ 是否使用改进的希尔伯特变换处理数据的末端端点；

⑪ 希尔伯特变换中是否包含 IMF 矩阵的 IMF 分量。只有当最后一个 IMF 分量不是残差的情况下，希尔伯特变换中才应该包含最后一个 IMF 分量。

因为所有的微分运算都必然会产生噪声，所以数据都经过预滤波。计算得到的频谱在 NT 个时间点范围内也经过了平滑处理。不过，我们可以根据噪声特性事先选择或跳过预先滤波的过程，也可以通过选择频率区块的数量以及频率的最大值和最小值来决定结果的分辨率。结果也可以在线性轴或对数轴上进行展示。数据可以根据需要进行预处理，从而最小化希尔伯特变换带来的端点效应。

阻尼因子是由幅值的导数与幅值之比来定义的，因此阻尼因子的值将主要由较小幅值来决定。然而，具有小振幅的位置可能由于能量密度太低而不产生任何动力学效果。所以建立截止准则便于我们从具有足够能量的振动中得到分析结果。截断阈值 0.01、0.005 和 0.001 的结果也显示在图 4.2.13(a)、(b) 和 (c) 中。

可以看出，截断阈值对结果有显著影响。截断阈值为 0.001 时，低频范围内阻尼因子被很小的振幅影响，这完全是由于振幅过小才导致阻尼因子较大。而且这些成分所含的能量微不足道。截断阈值为 0.005 是一个更好的选择。另一角度看，如果选择的截断阈值过高，比如 0.01，那么就必须承受有效信息被删除的后果。

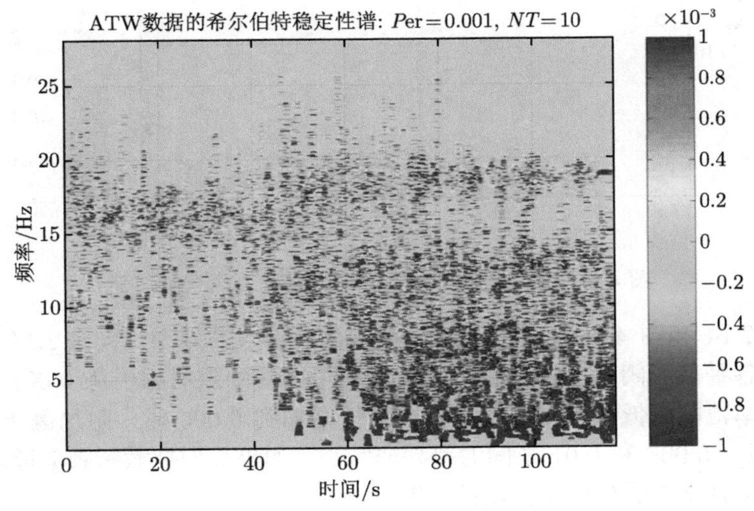

图 4.2.13(a) 截断阈值为 0.001 的希尔伯特稳定性谱

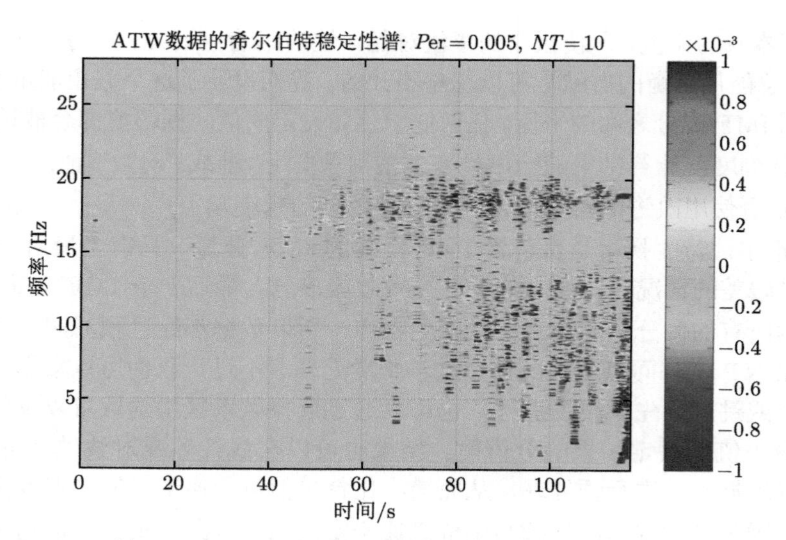

图 4.2.13(b)　截断阈值为 0.005 的希尔伯特稳定性谱

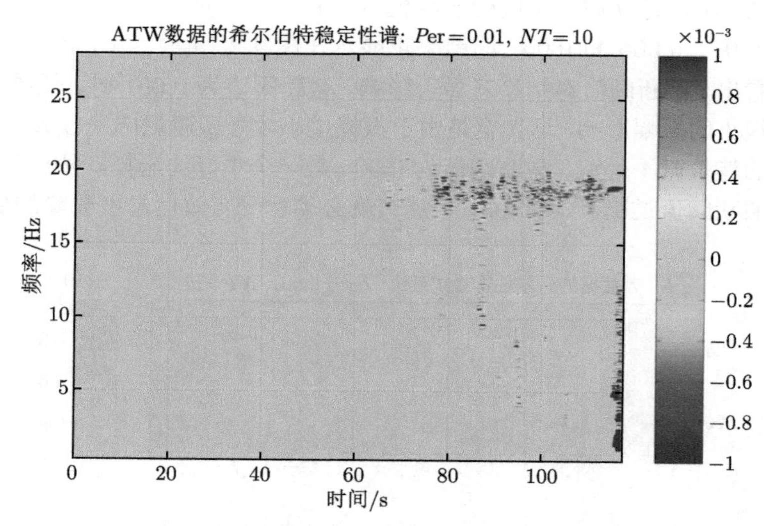

图 4.2.13(c)　截断阈值为 0.01 的希尔伯特稳定性谱

图 4.2.14 和图 4.2.15 给出了选择不同截断阈值的效果。图 4.2.14 体现了阻尼因子在各种截断阈值下的频率函数。这里可以看到阻尼因子从 0.001 开始完全是由低频率范围的低振幅控制。当截断阈值增加到 0.005 时，阻尼因子值开始稳定。事实上，0.005 和 0.01 之间的差异非常小。如果我们把截断阈值提高到 0.01，阻尼因子将完全不受到低频区域的影响。

如图 4.2.15 所示，阻尼因子在不同截断阈值下的时间函数。从图中可以看出，如果选择 0.001 的截止极限，总会出现绝对值极大的负阻尼。在发生严重故障前的关键时刻，除 0.1 之外，所有的截断阈值都能计算出合理的阻尼因子值。基于这些研究，截断阈值建议在 0.005~0.01 区间选择。

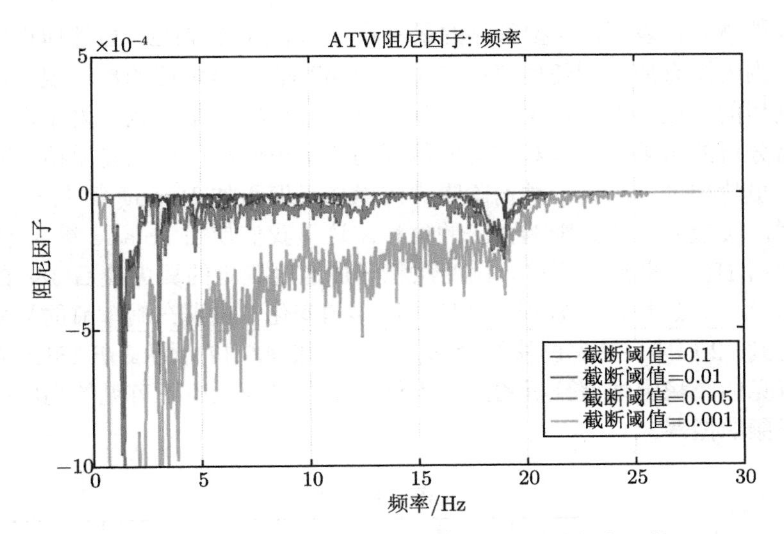

图 4.2.14 对应各种截断阈值的阻尼因子的频率函数

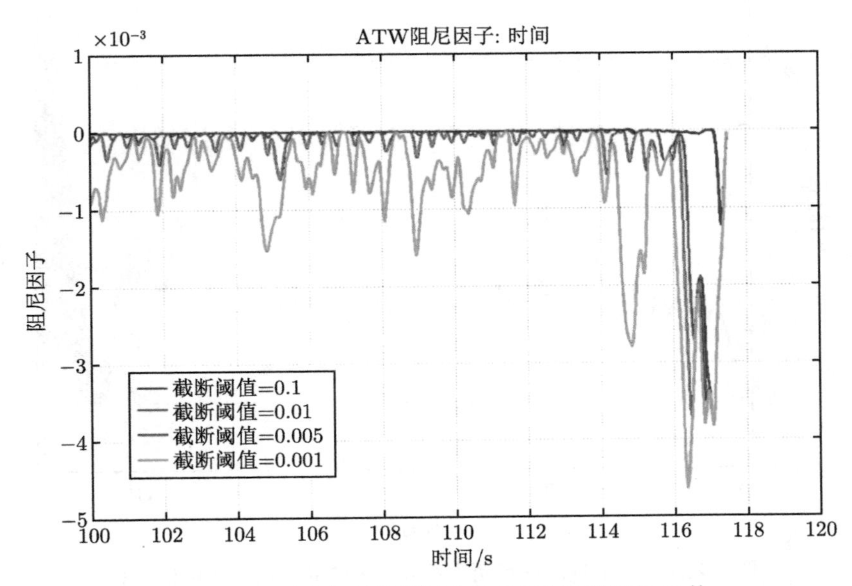

图 4.2.15 对应各种截断阈值的阻尼因子的时间函数

另一个相当重要的参数是平滑的长度 NT。在时间起始和结束端点处 NT 的影响很明显，其中，当 NT 被设置为大于 10 时，整体结果的变化过于平滑而没有意义。参数设置小于 10 是合理的，建议选择 10 作为默认值。

4.2.4 讨论和结论

稳定性谱分析表明，翼型颤振的最不稳定模态为 2~5Hz。虽然傅里叶谱在这个频率范围内没有捕捉到任何有用信息，但 ATW 在破坏前的振动视频清楚地显示出了剧烈的大振幅低频振荡，这与稳定性谱分析的结果一致。为了定量地验证稳定性谱分析的结果，通过对加速度数据的两次积分来计算机翼顶端 ATW 悬臂的位移。虽然积分一般是一种消除噪声的操作，但正如 Huang 等人 (2001) 所讨论的那样，缓慢的漂移会影响真正的位移。这里我们使用 Huang 等人 (2001) 的方法，使用 HHT 来消除漂移。由两次积分加速度确定的翼尖最后 18s 的位移如图 4.2.16 所示，这里可以看到一些低频漂移的变化。机翼在刹车前的最后一次弯曲几乎达到 12 厘米。翼尖位移的希尔伯特谱如图 4.2.17 所示。在 18Hz 处的弯曲是清晰可见的。稳定性谱分析的结果不仅显示了在视频中不可见的高频振荡，也显示了低频的振荡。

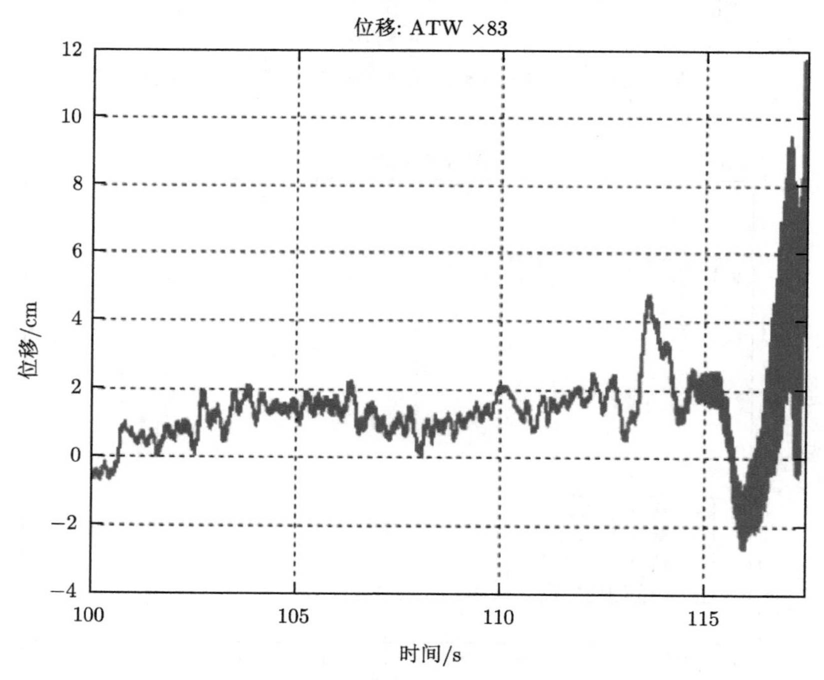

图 4.2.16 对加速度进行两次积分确定的翼尖最后 18s 的位移

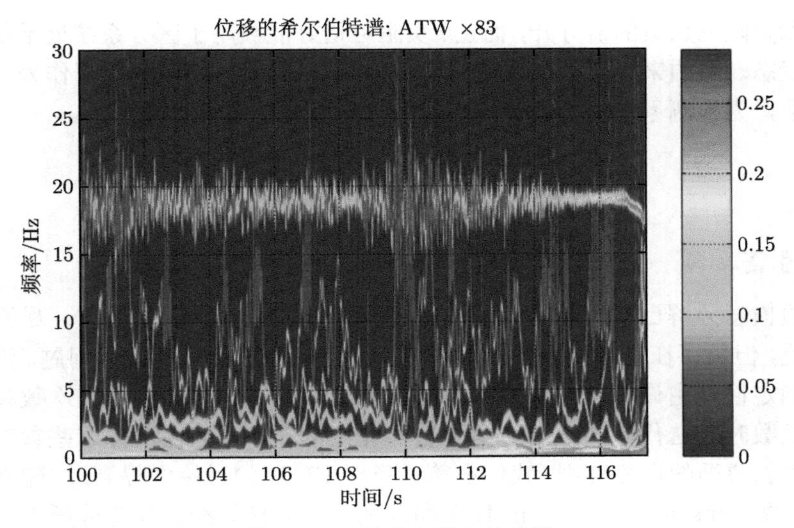

图 4.2.17 位移的希尔伯特谱

通过对接近失稳状态时的振动试验的数据进行振动试验和稳定性谱分析，我们可以得出以下结论：

(1) 上面的例子证明了 HHT 可以为研究振动特性提供关键和详细的信息。在这种情况下，HHT 揭示了在颤振开始后机翼屈服的频率下降。由于失稳时间相当短，只持续大约 1 秒，一个精确的分析工具是必要的。只有 HHT 能够定量地检测到端点的频率变化。除了最终频率减小外，HHT 还揭示了试验飞机加速到最终速度时应力引起的硬化现象。虽然傅里叶谱图也表明了这一事件，但在对结果的定量上远远比不上 HHT。

(2) 颤振是非线性的，通过 Teager 能量算子可以清楚地体现颤振的非线性。当然，在数据的末尾处，傅里叶谱中也可以看到一些明显的高次谐波，也表明颤振的非线性。

本节最重要的贡献是针对系统稳定性问题，引入了基于 HHT 的稳定性谱分析，并论证了其在实际运用下的可行性和优越性。具体而言，飞行试验颤振分析的结果表明，在大部分稳定指数为负（即负阻尼）的情况下，机翼都是不稳定的；此外，希尔伯特谱能够观测到在接近研究结束时系统的软化或屈服，但在傅里叶谱上却无法看到这些变化。因此 HHT 作为无损健康监测系统的重要一环，可以有效分析振动数据。需要注意的是，当系统的应力达到极限时，振动最有可能是非线性的。因此在稳定性谱分析中，需要用三次样条方法取代希尔伯特变换计算包络。这是一个至关重要的步骤，如果没有这个步骤，非线性振动就会产生无法解释的负频率成分，从而产生不可解释的稳定性谱。另外，三次样条的改进至关重要，它能使正阻尼系数和负阻尼系数的值分开，而正、负阻尼恰好能被用于区分系统处于稳定还是不稳定状态。总的来说，稳定性谱分析（Huang, 2006）将阻尼因子作为时间和频率的函数，为检测系统的健康状况提供了一个全新的重要诊断工具。

4.3 HHT 的置信度极限

4.3.1 引言

经验模态分解已被证明是分析非平稳和非线性数据的有效方法。尽管该方法用途广泛，但仍存在一些令人困扰的问题。首当其冲的就是唯一性问题。筛分过程中的不确定性是由许多自由参数的不同组合造成的，例如最大筛分次数和提取本征模态函数时的迭代停止准则。由于缺乏理论基础，我们在选择这些参数时并没有什么可以遵循的可靠准则。我们在第二章对 EMD 的讨论中提到过，随着集合经验模态分解（ensemble EMD, EMD）和共轭自适应掩膜经验模态分解（conjugate adaptive dyadic masking empirical mode decomposition, CADM EMD）的引入，以及“筛分次数应为 10 以保持二进特性”这个重要结论的提出，参数选择的不确定性得以大大降低。然而这里仍然存在一个关键的问题：在众多筛分参数组合中，哪一组能得到最好的结果？我们如何衡量结果的好坏或可靠性？利用已知统计方法所得到结果的置信度极限是多少？这些问题原则上已经由 Huang 等人在 2003 年解决了。

正如 Huang 等人（2003）所指出的，因为传统的置信度极限是针对平稳过程建立的，所以在 HSA 中找到置信度极限的困难显而易见。因此，通过各态历经假设（ergodic assumption），置信度极限可以简单地通过空间或时间均值计算得到：通过对过程取平均，我们可以得到均值和标准差。对于正态分布的误差，传统上将置信度定义为标准差的正负 2 倍，即所谓的 95%范围。在一个合理的大样本数据中，我们可以借助各态历经假设得到该置信度。然而在现实中置信度的确立并不那么容易。

首先，对于数据过长的问题，我们可以对数据进行分段并计算出平均值。但麻烦的是，数据可能不是平稳的。一旦放弃平稳性假设，我们就不能再引用各态历经假设来分别计算同一数据集不同部分的均值和标准差，而需要真正去计算整体的均值。遗憾的是，我们无法重复一个特定的自然过程，所以针对该过程可能只有一次采集机会，从而只得到一个数据集。更严重的问题在于，自然过程通常是非平稳和非线性的，具有对初始条件的敏感性和对反馈的记忆性。因此，大多数潜在的物理过程使得各态历经假设不再适用。我们不能简单地通过空间或时间平均来得到统计测量结果，而应该寻找替代方案，这是一个艰巨的挑战。为了解决这些困难，Huang 等人（2003）介绍了一种方法，利用筛分过程中存在的不确定性这一恼人的特征来建立一个集合。这可以通过各种方法来实现：比如 Huang 等人（2003）使用的迭代停止准则；Huang 等人（2006）和 Wu 等人（2011）对数据进行的降采样；以及通过在 EEMD 中加入噪声来创建集合。下面我们将介绍其中一些方法。

4.3.2 筛分过程的置信度极限

影响经验模态分解法唯一性的问题之一是如何在提取 IMF 成分的筛分过程中建立一个严格的停止准则。这个"停止准则"决定了产生 IMF 的筛分次数，它对 EMD 方法的成功实施至关重要。虽然我们已经证明将迭代筛分次数设置为 10 次可以保持 IMF 的二进频率属性，但这样产生的 IMF 仍然可能包含骑波。Huang 等人（1999）提出了一个标准：当连续出现 N 个筛分结果的过零点数与极值数相同时，就停止筛分。这里需要确定 N 的取值。也就是说，停止准则为筛分过程提供了一个弹性的边界，人们可以从一组给定的数据中获得略微不同的结果。为了防止过度筛分，我们还引入了另一个参数 M，作为允许的最大迭代筛分次数。目前还没有方法来确定众多不同的 M、N 组合中哪一个才是最好的。这对于 EMD 方法来说是一个明显的缺点，不过这个缺点也有有利的一面。例如，我们可以分别以不同的参数组合来生成 IMF 结果的集合，但是，参数设置时需要一个合适的范围。Huang 等人（2003）用正交指数（orthogonality index, OI）作为标准对其进行了检验，为参数选择的标准和限制提供了范围。这样就可以选择许多种 N，并产生许多组 IMF。它们都近似地代表了真实情况，而有些 IMF 集合可能比其他的更为接近真实情况；然而没有客观的方法来确定哪一个 IMF 集合是最好的，唯一合乎逻辑的方法是对它们一视同仁。这样就能将未定义的筛分次数转化为一种生成 IMF 集合的方法，我们可以从中计算出集合的平均值和标准差，作为筛分结果的统计量。

一般来说，选择的 N 越大，所需的筛分次数就越多。由于过度筛分会对结果产生不利的影响，所以不应选择过大的 N 作为停止准则。通常情况下，使用 $N=3$ 作为默认的停止准则。然而，M 的大小并不像 N 那样关键，因为如果 N 很小的话，我们可能永远达不到所设定的极限 M。

一个与筛分过程无关的问题是间断的存在会造成模态混叠，详见 2.5.1 节所述。为了消除间断，Huang 等人（1999）引入了间断准则（intermittence criteria），即选择一个阈值参数，比如说 n_1，来代表数据点的预设长度，以限制给定 IMF 中所包含的波，如果连续极值之间的距离大于 n_1，则此极值可算作极大值或极小值。在这 n_1 个点之间，均值被指定赋值为实际的数据点，即只有当极值之间的距离小于 n_1 时，我们才会将其算作上包络、下包络的点并求包络线的均值，然后从数据中减去这个均值，从而产生原型模态函数的信号（proto-mode function, PMF），并最终产生 IMF 信号。

这个间断准则的参数是很难先验地设定的，除非有强大的理论基础来直接确定确切的数值。即使在这种情况下，先验的判断仍然会让数据中一些有趣的物理变化消失。为了避免上述困难，我们应始终在不引用间断检验的情况下处理所有数据。

如果检测到严重的模态混叠，我们将通过设置一个标准来忽略周期长于预设长度的波，或者选择 EEMD 来调用间断检验。通过对连续的 IMF 分量施加间断准则，我们可以将所有长度相近的振荡信号强制加到一个 IMF 中。

这个过程类似于时间的滤波，它滤除了长度迥异的信号。对于提取给定长度的信号，这是一个人为设计但有效的步骤，正如 Huang 等人（2003）给出的单日长度数据的例子所示。

上述所有参数的取值几乎有无限多种组合，因此理论上可以从一组数据中得到无限的分解信号。为了使结果具有唯一性，我们应该特别指明实现筛分过程中所涉及所有选择的参数。我们提出下面这种命名法来对结果进行命名：

$$\mathrm{CE}(M, N)$$

上式用于基于极值的筛分，其中的 M 为允许的最大筛分次数，N 为作为停止准则的连续筛分次数。

$$\mathrm{CEI}\,(M, N, n_1, n_2, \cdots\cdots)$$

上式用于带有间断检验的基于极值的筛分，将第一、二、…… 分量的波长设为 n_1，n_2，…… 当同一个间断准则，比如说 n_2，被重复使用了 k 次，我们将用 n_2^k 来表示这种重复应用 n_2 的情况，作为一个简写符号。

对分析数据来说，通过不同筛分标准生成各种 IMF 集，形成一个独立试验的集合也很重要。因此，我们可以将不同的 IMF 集合并分析，计算平均值和标准差。但这里仍存在一个问题：不同 IMF 集可能由不同数量的 IMFs 组成。对这种情况，在计算希尔伯特谱时我们可以对不同 IMF 集取相同的区块数，由此就可以计算出平均希尔伯特谱。为了简单起见，我们在后面的图示中采用了 68%置信度（正负一个标准差）来表示真实的日长数据集（length of day, LOD）。

LOD 数据集 2001 年由 Gross 制作。2003 年 Huang 等人使用的例子涵盖了 1962 年 1 月 20 日至 2001 年 1 月 6 日期间的数据，共计 14232 天。原始数据来自独立的地球方位测量，这些测量利用了空间大地测量技术，包括月球和卫星激光测距、甚长基线干涉测量、全球定位系统和光学天体测量。这些数据使用卡尔曼滤波器进行融合。固体地球潮汐和海洋潮汐的数据一开始被删除，后来又被重新引入，并使用 Yoder 等人（1981）和 Kantha 等人（1998）的模型分别处理固体地球潮汐和不包括半日和昼夜成分的海洋潮汐数据。关于数据缩减和 LOD 数据制作的详细讨论可以在 Gross（1996, 2000, 2001）和 Gross 等人（1998）中找到。这些数据可以通过 ftp 程序在互联网网站上获得：ftp://euler.jpl.nasa.gov/keof/combinations/2000。Huang 等人 2003 年使用的数据如图 4.3.1 所示。

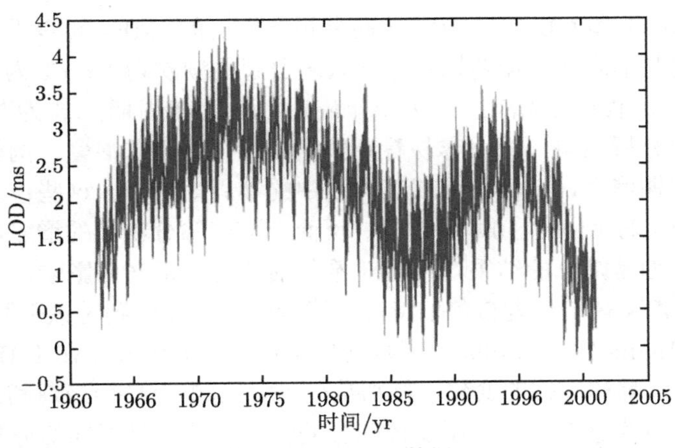

图 4.3.1 LOD 数据

在开始介绍这里应用的置信度极限前，我们先来研究一下傅里叶谱分析的置信度。由于只有一组 LOD 数据，为了计算置信度极限，就需要把数据分成 7 个子段，每个子段包含 2048 个数据点，形成一个合集。图 4.3.2 所示为完整数据的傅里叶谱和有置信度的傅里叶谱。为了更好地观察，图中设置了一个恒定的偏移量。显然，为了得到置信度，我们必须牺牲频率的分辨率，从 $1/T$ 到 $7/T$，其中 T 为数据覆盖的总长度。

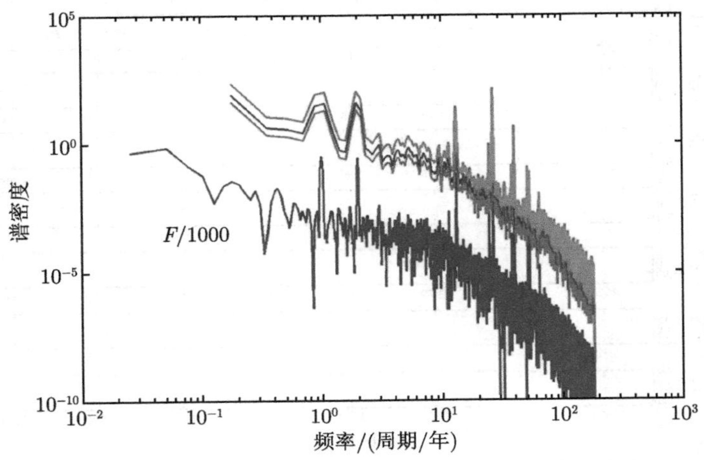

图 4.3.2 完整数据的傅里叶谱和有置信度的傅里叶谱

现在，让我们尝试使用基于 HHT 的新方法。如上所述，我们一开始不引用间断性检验，而使用基于极值的筛分，共得到九种不同的筛分标准组合；我们得到的结果具有相当广泛的分散特征。为了详细研究这些结果，图 4.3.3(a) 和 (b) 给出了 CE（100,2）和 CE（100,10）这两种极端情况的 IMF。可以看到，数据中的主要基本特征是清晰的。振荡以月球和太阳引起的潮汐为主：c1 为半月潮汐；c2 为月潮汐；c3 为准双月潮汐；c4 为半年周期；c5 为年周期；c6 为准双年周期等。但如果再仔细分析结果，就很容易看到数据中存在的模态混叠，例如混在年周期中的准双月周期信号，或混在准双年周期中的年周期信号。这些模态混叠不会因为更多的筛分 CE（100，10）而改善，反而会随着筛分次数的增多而增大。模态混叠过去被认为是筛分的结果，不会对希尔伯特谱分析产生影响。当时给出的解释是：一旦 IMFs 被转化为希尔伯特谱，能量就会被投射到时频平面的适当位置。然而，正如 Huang 等人（1999）所报告的那样，模态混叠会在 IMF 分量中引入一些（频率）混叠和虚构的变化，特别是在过渡区域，这将导致瞬时频率的混叠。

除了会产生模态混叠外，不受控筛分的另一个缺点是不同筛分参数的选择所产生的 IMF 分量的数量可能会有所不同，这将导致 IMF 的平均值计算困难。当然，这个困难是可以克服的，因为即使根据不同的 CE 筛分准则最终得到了包含不同 IMF 分量数的 IMF 集合，我们也可以强制不同 IMF 集的希尔伯特谱在时频空间中具有相同的区块数，并在希尔伯特谱中实现平均。

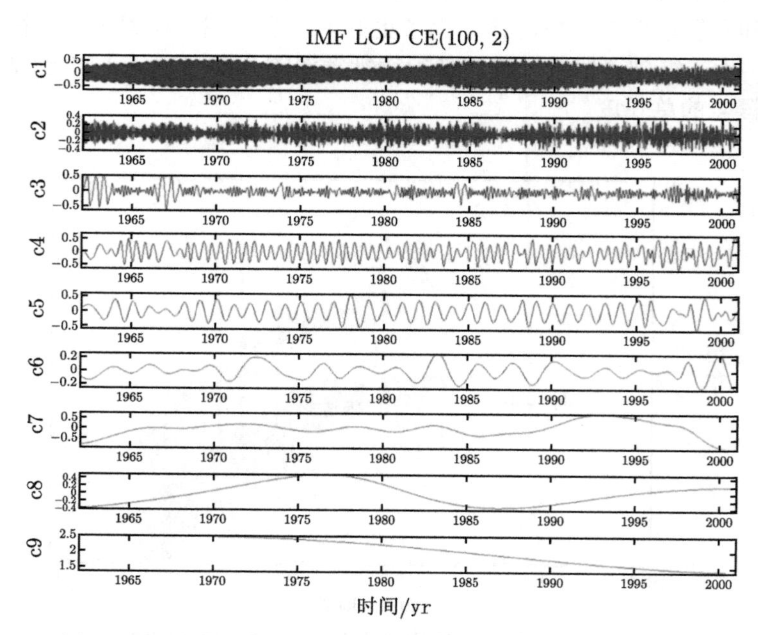

图 4.3.3(a)　对 LOD 数据按 CE（100, 2）筛分得到的 IMF

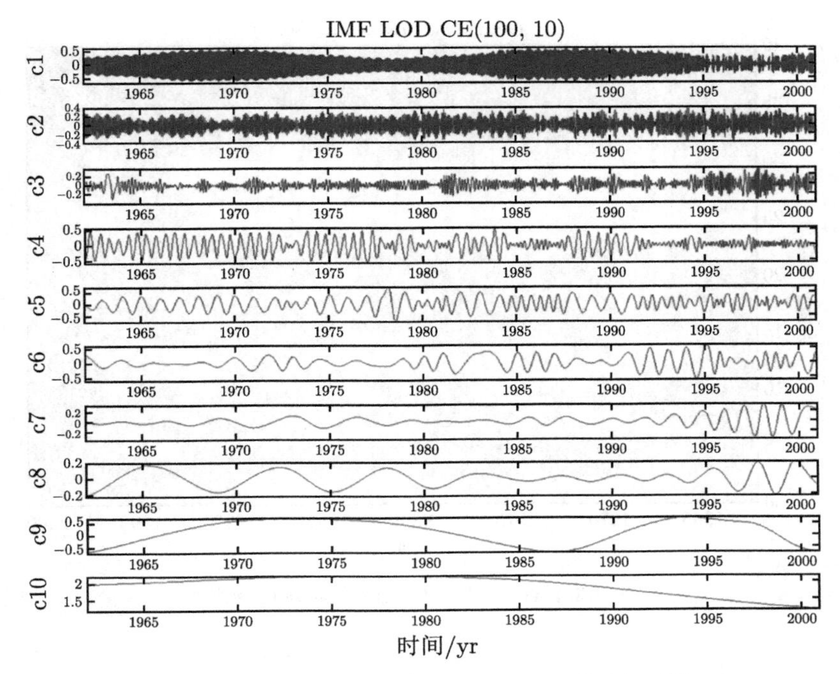

图 4.3.3(b) 对 LOD 数据按 CE（100, 10）筛分得到的 IMF

例如，在图 4.3.4(a)、(b) 和 (c) 中，我们分别呈现了 CE（100, 2）的希尔伯特谱、所有 CE 系列的平均希尔伯特谱和标准差希尔伯特谱，可以看到单个谱和平均谱之间有非常大的区别。图 4.3.5 中列出了所有 9 种情况的边际谱，为了图中显示清晰，我们还将平均边际谱和相对平均边际谱正负一个标准差的边际谱下移了两个对数单位。从希尔伯特边际谱中，我们可以看出数据的所有相关特征：地月日相互作用的月周期和年周期。因此，我们可以高度信任九种不同筛分标准组合中的任何一种。

为了检验间断检验的效果，我们换用具有间断准则的筛分。这里，我们通过再次选择九种不同的筛分标准组合并分别进行间断检验。前两个 IMF 没有调用任何间断检验（用前两个 0^2 表示）。我们使用 45 个数据点的长度作为间断检验的标准，即过滤任何半波周期小于 45 天的振荡。经过三次重复过滤（由 45^3 表示），去除了所有半波周期小于 45 天的振荡，然后对其余的 IMF 成分（由双 0, 00 表示）停止使用间断准则。

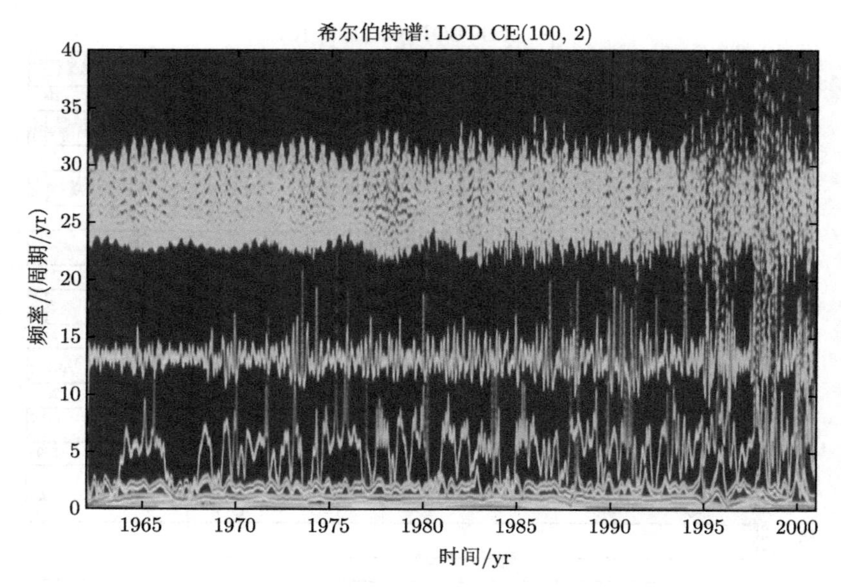

图 4.3.4(a)　CE（100, 2）的希尔伯特谱

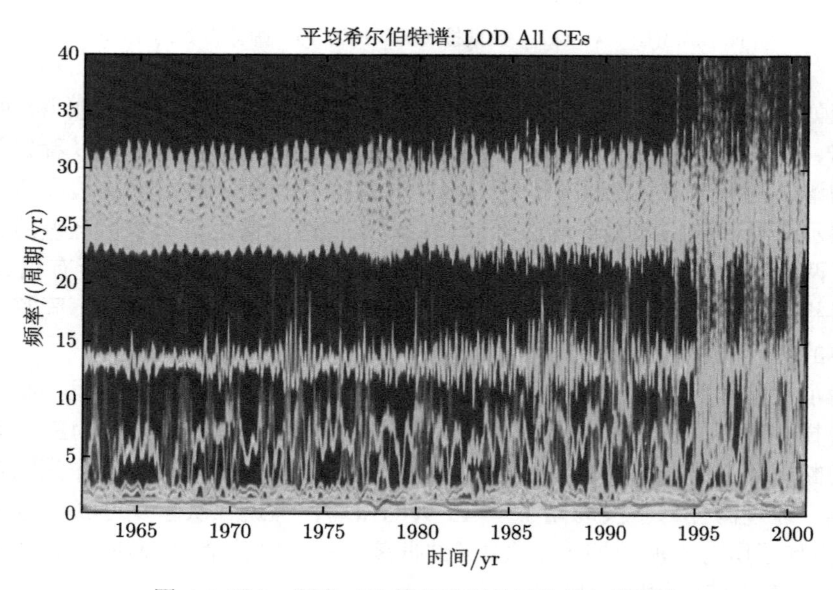

图 4.3.4(b)　所有 CE 筛分准则的平均希尔伯特谱

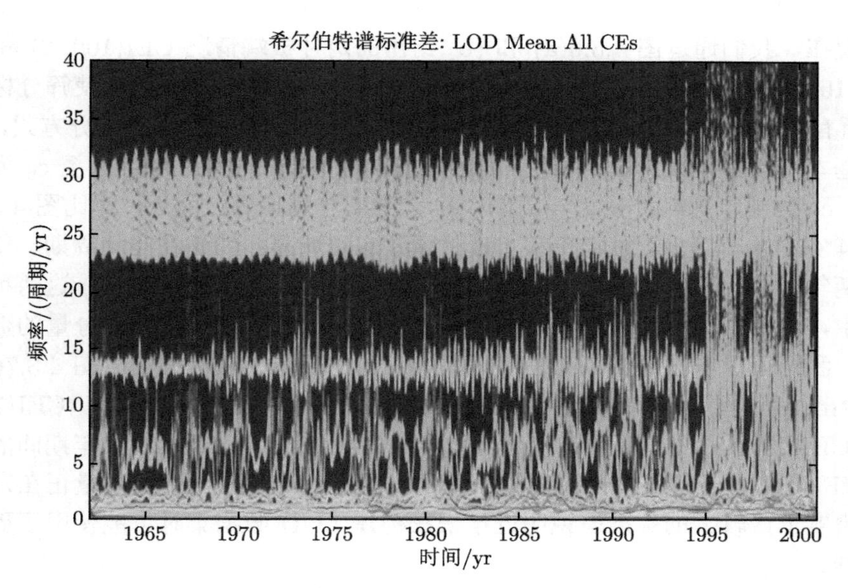

图 4.3.4(c) 所有 CE 筛分准则的标准希尔伯特谱

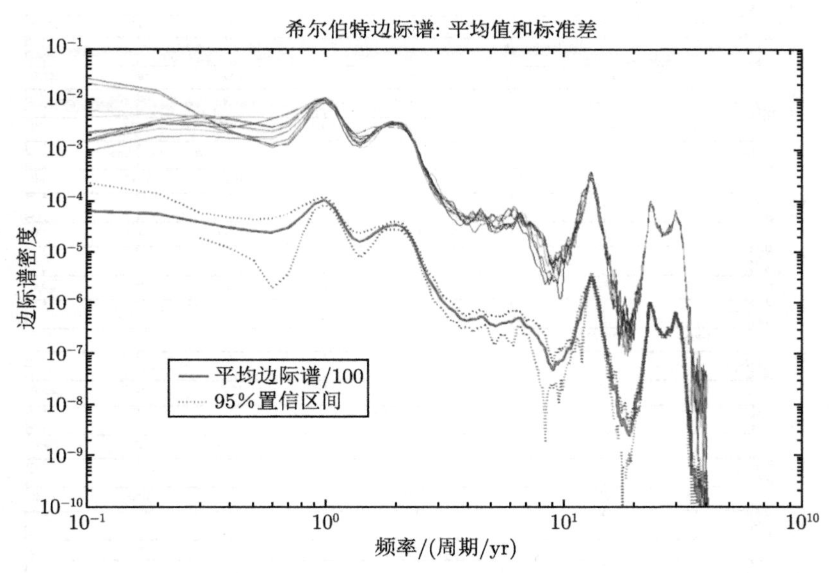

图 4.3.5 九种 CE 分别对应的希尔伯特边际谱，以及平移了两个对数单位的平均希尔伯特谱及其置信度

现在，我们通过图 4.3.6(a) 和 (b) 给出的两种极端情况 CEI(100, 2) 和 CEI (100, 10) 分析 IMF，了解间断检验的筛分效果。在间断检验下，即使筛分标准不同，所有的筛分都可以产生 11 个 IMF。可以看出，无论采用哪种筛分方式，数据中的基本特征都能够清晰地显现出来：c_2 为半月潮；c_3 为月潮；c_4 至 c_6 为准双月潮；c_7 为半年周期；c_8 为年周期；c_9 为准双年周期等。另外，对比图 4.3.3(a) 和图 4.3.3(b)，可以看到 CEI 和 CE 的区别也很明显：CEI 在半年周期、年周期和准两年周期中没有模态混叠。即使在 CEI(100, 2) 和 CEI(100, 10) 这两种极端情况中，也可以得到几乎一致的结果。由于所有 IMF 集中的 IMF 分量的数量都相同，我们可以方便地计算 CEI 序列中 IMF 的平均值和标准差。图 4.3.7(a) 和 (b) 给出了所得到的平均 IMF 和 IMF 标准差，其中的平均 IMF 和 CEI(100,2) 以及 CEI(100,10) 中的任何一个都无法区分。除了 1990 年至 2000 年期间的前三个 IMF 分量外，标准差一般都很小。这表明，这一时期的数据质量正在发生变化。事实上，较大的标准差说明近年来在构建 LOD 数据集时可能使用了更详细的数据。

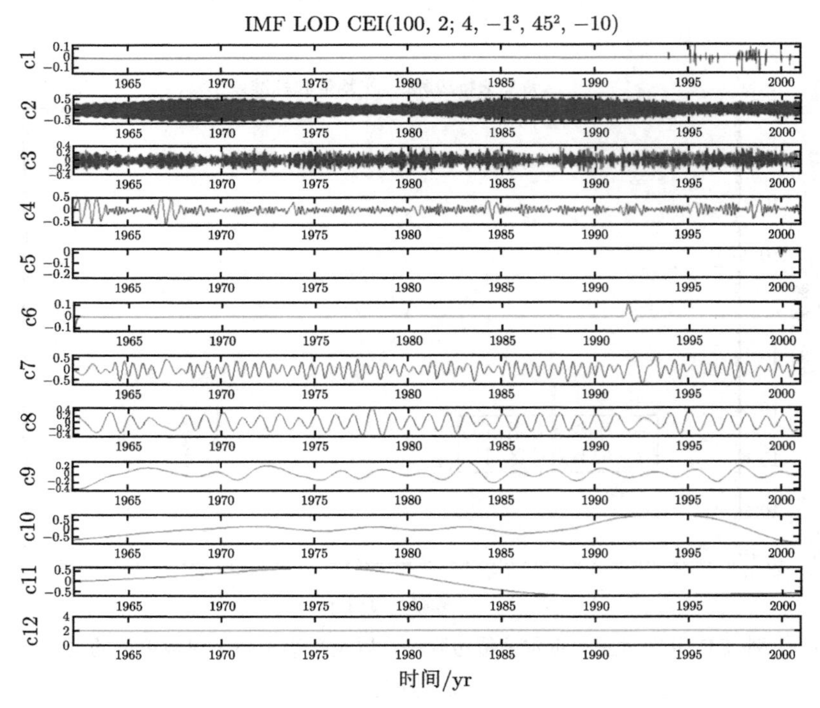

图 4.3.6(a)　对 LOD 数据按 CEI(100, 2) 筛分得到的 IMF

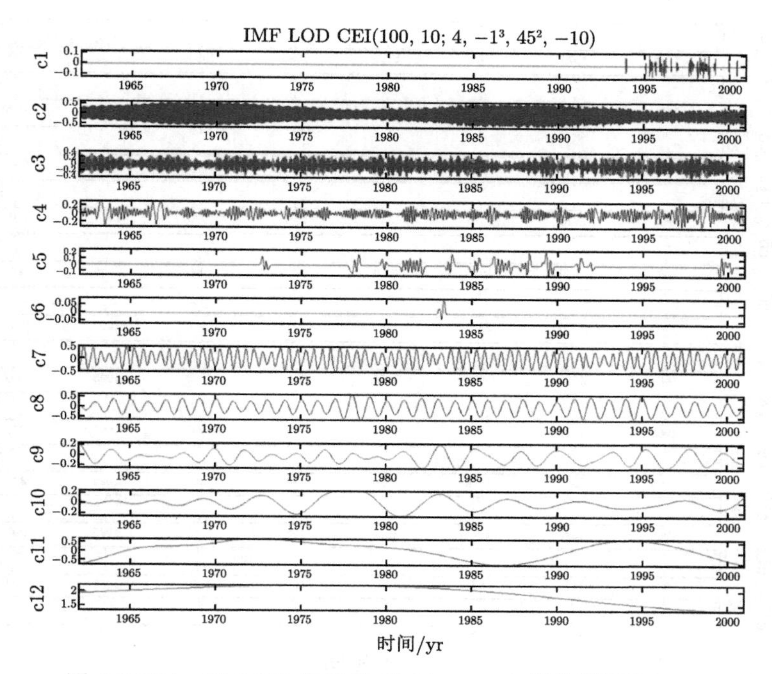

图 4.3.6(b) 对 LOD 数据按 CEI(100, 10) 筛分得到的 IMF

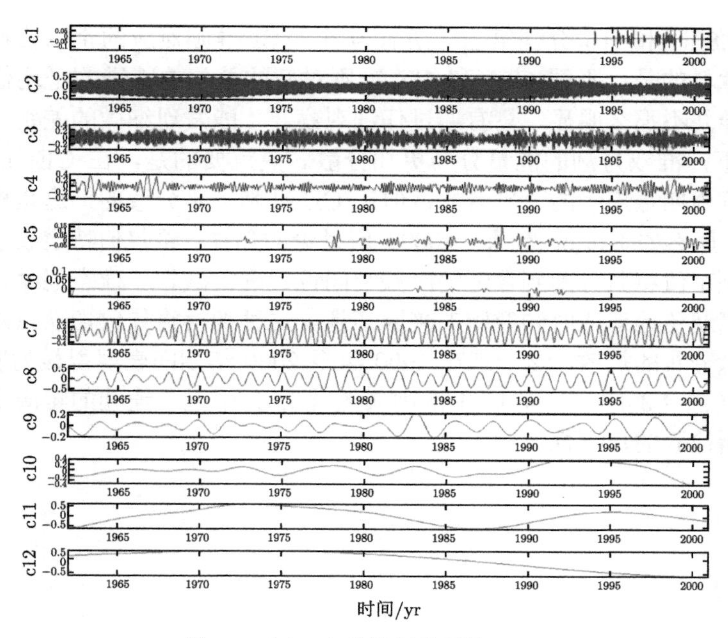

图 4.3.7(a) 九种情况的平均 IMF

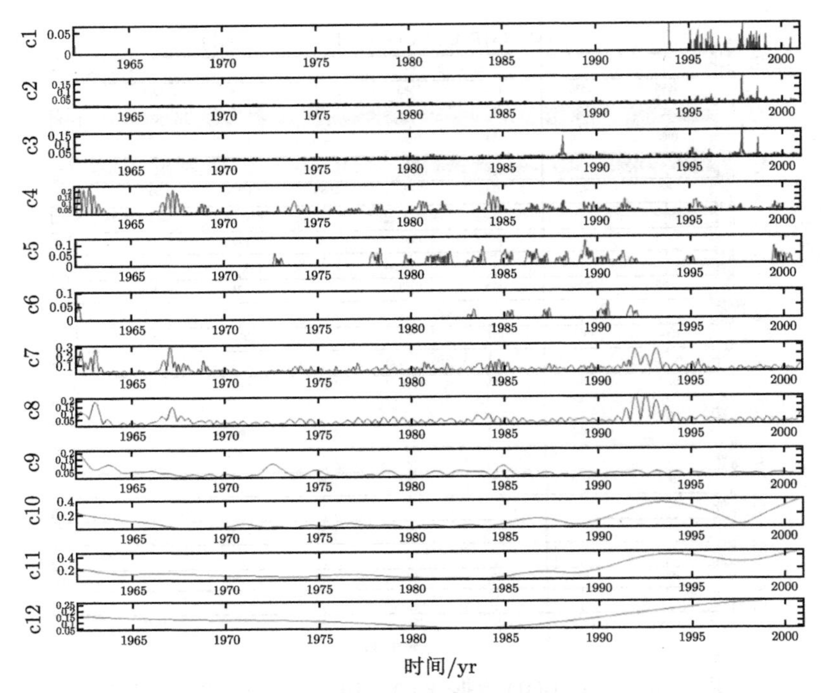

图 4.3.7(b) 九种情况 IMF 的标准差

图 4.3.8(a) 和 (b) 分别给出了所有 9 个 CEI 准则对应的希尔伯特谱和标准差。出乎意料的是，不同 CEI 和 CE 准则对应的希尔伯特谱的平均值和标准差之间的差异并不那么明显。只有通过仔细观察，才能发现细微的差别。比如，在 CEI 准则下，准双月潮的能量分布更加分散。更重要的是，在 CEI 准则下年周期和准双月周期是连续的、平滑的，但在 CE 准则下是分散的，这是模态混叠导致的结果。虽然如 Huang 等人（2009）所讨论的那样，希尔伯特谱表示法根据能量的瞬时频率值将其分配到合适的时频空间位置确实减轻了模态混叠，但模态混叠仍会不可避免地造成时频空间的来回切换。这种切换将导致切换点附近的频率混叠和能量分布的扩散，这一点在 1990 年至 2000 年期间表现得最为明显。相比 CEI 准则（图 4.3.4），不同 CEI 准则（图 4.3.8）中近乎连续的年周期更有力地说明了间断检验的重要性。

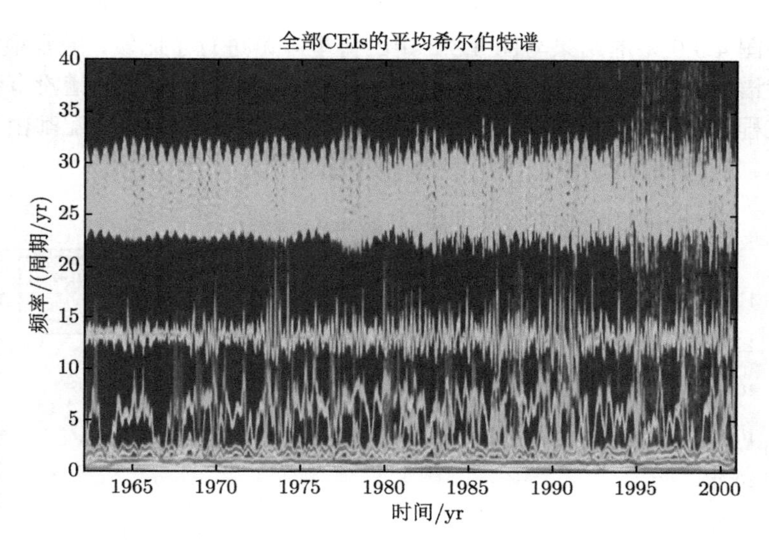

图 4.3.8(a) 九种情况的平均希尔伯特谱

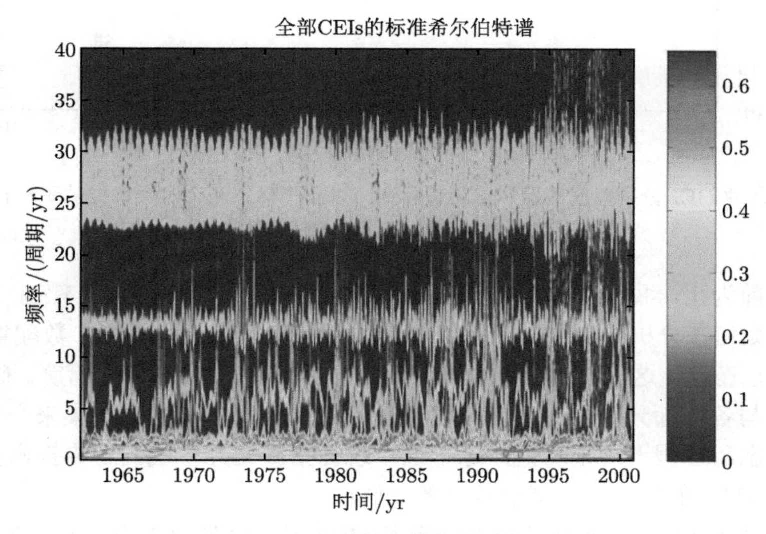

图 4.3.8(b) 九种情况的标准希尔伯特谱

接下来，我们把目光转向边际谱。图 4.3.9 给出了不同 CEI 准则对应的结果。与图 4.3.5 中给出的结果相比，CEI 情况下的年峰值更加尖锐。通过明确定义年周期，边际谱将能量集中在年周期周围，而不是将能量从模态混叠中分散到更大的范围。相比于 CE，CEI 的一个显著的优点是可以清楚地看到两年一次的峰值，而 CE 中这个峰值很微弱。

CEI 边际谱的标准差在能量较高的范围内更小，而在其他位置与 CE 相当。

我们还将图 4.3.9 中的结果与图 4.3.2 中的傅里叶谱进行了比较，差别很明显。虽然傅里叶谱给出了清晰的峰值，但它们只代表平均频率。傅里叶谱没有给我们提供自然过程中时间变化的指示。所有来自于少数平均频率带的失配都由谐波和宽基来表示。

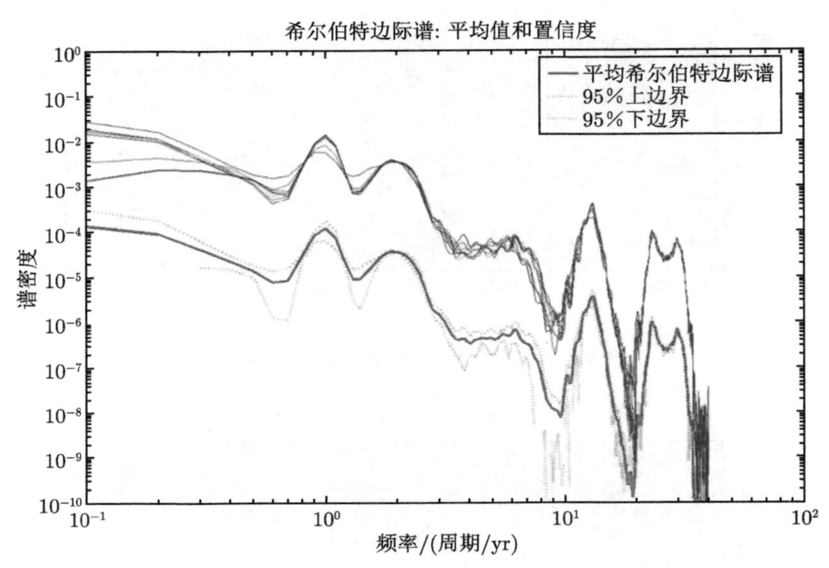

图 4.3.9　九种 CEI 分别对应的希尔伯特边际谱，以及平移了两个对数单位的平均希尔伯特边际谱及其置信度

到目前为止，我们已经用 LOD（日长）数据展示了 EMD 和 HSA 方法的应用，以及如何在分析中加入一个统计测量的置信度，来评估不同参数配置下 IMF 大概的波动范围。这里，我们使用了正负一个标准差或 68%的置信度。研究表明，当 EMD 与各种筛分准则一起应用时，人们可以使用单一的数据集来产生一个不依赖于各态历经假设的平均值。除了这个统计措施之外，我们还将提出另外一种通过处理 IMF 的包络线来提取信息的方法。

如图 4.3.10(a) 所示，我们画出代表 CEI 平均序列中年周期对应的 IMF 信号。在图中添加包络线作为视觉引导。有趣的是，包络线的每一个峰值都对应着一个厄尔尼诺事件。这并不值得惊讶，因为潮汐和厄尔尼诺事件对地球自转速度的影响已经被 Chao（1989）、Ray 等人（1994）和 Clark 等人（1998）揭示过了。这里的新发现在于 LOD 变化的大小与厄尔尼诺事件的强度不成正比。此问题可能是厄尔尼诺对地球转速的影响主要由于大气系统变化引起的角动量改变（Chao, 1989），而厄尔尼诺事件的强度大多是通过海面温度异常来衡量的（Philander, 1990）。因此，我们可以初步推断，厄尔尼诺现象的海洋特征与大气动力学的耦合程度相对低，而且是间接的。那么是否可以这样理解：海洋中的厄尔尼诺事件首先应归结于海洋活动，而大气动力学特征是对海洋变化非线性、不成比例的耦合的影响？我们虽然无法确定猜测是否正确，但是这种高强度耦合足以引发剧烈的大气扰动，以至于改变了地球的自转速度。厄尔尼诺事件中海洋和大气动力学之间的因果关系是一个关键但尚未解决的问题，需要根据目前的结果进一步探讨。

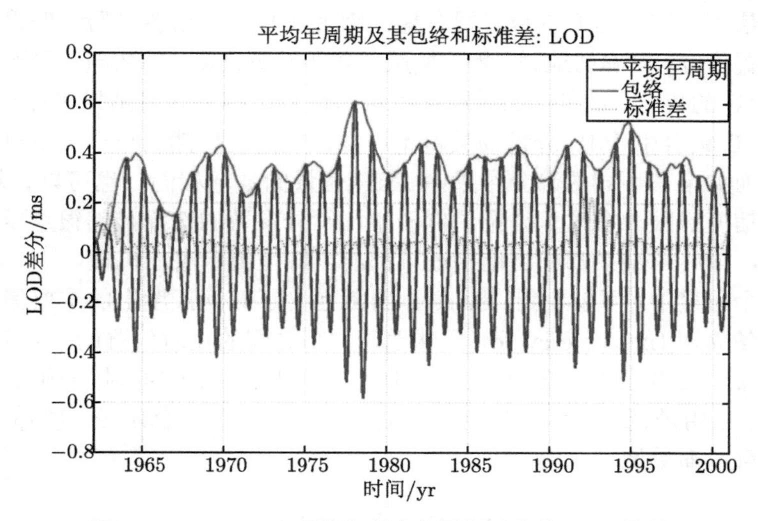

图 4.3.10(a) CEI 平均序列中年周期对应的 IMF 信号

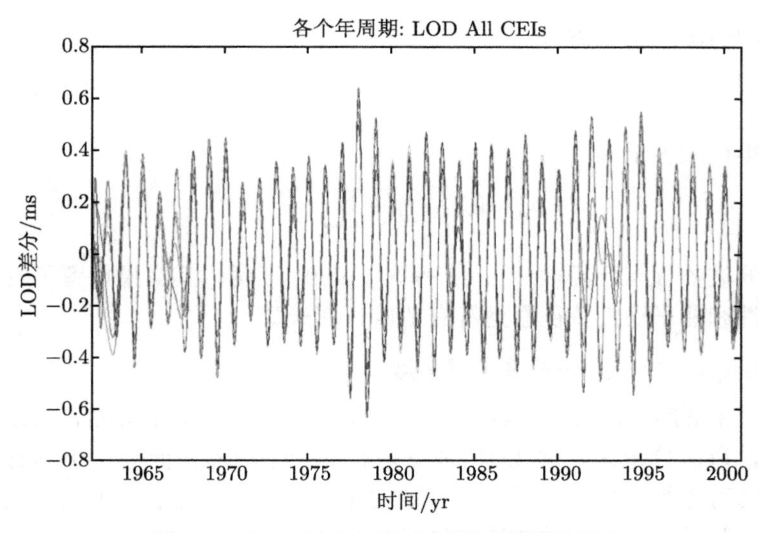

图 4.3.10(b) 每个年份对应的年周期示意图

如果我们像图 4.3.10(b) 所示绘制每个年份对应的年周期，我们可以看到有两个时期的年周期显示出一些不确定因素：1965 至 1970 年和 1990 至 1995 年。事实上，这两个时期被称作厄尔尼诺异常时期。相比年周期 IMF 均值，这两个时期都存在较大的包络线差异。即使我们还没有探索或穷尽所有的变化，但仍可以感觉放在这有点奇怪：所有的变化都包含着信息，它们都应该被探索。

我们已经为希尔伯特谱及其相应的边际谱定义了一个统计量，即以标准差形式表现置信度。这个结果本身就很有趣，因为在没有引用各态历经假设的情况下就得到了置信度。更确切地说，我们使用了各种筛分准则，并从同一份数据中得到了不同 IMF 的集合。此外，如果选择以希尔伯特谱的形式对结果进行平均，即使不同的 IMF 集合中 IMF 分量的数量不一样，置信度仍然是一个关于时间和频率的函数。而如果在不同的筛分结果中 IMF 分量的数量相同，也可以计算出 IMF 分量的置信度极限。在这里介绍的例子中，筛分参数的选择显然很重要。但不管怎么选择，最终的结果都相当地接近，都能很好地揭示潜在机理。

从这个研究中，可以看到，IMFs 本身就包含了时间尺度上的重要信息。例如，在提取默冬周期 (metonic cycle，月球地球太阳之间的相对位置的十九年周期) 的过程中，希尔伯特谱不是必要的。EMD 方法可以单独作为数据分析的一种重要方法，一个应用是把它作为时域上的滤波器。一个具有 n-IMF 分量的信号的低通滤波结果可以简单地表示为

$$X_{lk}(t)=\sum_{k}^{n}c_j+r_n \tag{4.3.1}$$

高通滤波的结果可以表示为

$$X_{hk}(t)=\sum_{1}^{k}c_j \tag{4.3.2}$$

而带通结果可以表示为

$$X_{bk}(t)=\sum_{b}^{k}c_j \tag{4.3.3}$$

这种时域滤波的优点已经被 Huang 等人 (1999) 证明，其结果保留了物理空间的全部非线性和非平稳性特征而且没有造成任何失真。

4.3.3　利用多次白噪声分解确定置信度

正如 2.3 节所述，通过计算多个白噪声样本的能量-周期分布，可以得到一个判断区间，以区分未来任何 IMF 成分是否有别于白噪声而是一个具有实际意义的模态。这可能是一种简单且非常有效的建立置信度的方法，下面我们将使用北大西洋飓风数据来演示这种方法的价值。

所用数据来自于 Vecchi 和 Knutson（2008 2011）的北大西洋热带气旋（Atlantic tropic, TC）轨迹原始数据和矫正后的数据，如图 4.3.11(a) 所示。在进行矫

正时，主要关注的是在全球卫星覆盖之前缺失的热带气旋。因此，所有的矫正都是对 1965 年之前的热带气旋数据进行的。由于数据是热带气旋数量的离散计数，尖峰性质会因为分解中的泄漏而给出错误的信息。为了使数据更容易处理，我们按照原文方法进行了窗宽为 5 年的滑动平均滤波。平滑化后的数据将作为本研究的主要数据集。因为我们感兴趣的是趋势和长周期的周期性变化，所以这种平滑化不会影响最终的结果。由于平滑后的数据与北大西洋平均海面温度的年代际变化（multi-decadal variation, MDV）惊人地相似，因此也被称为大西洋多年代际振荡（Atlantic multidecadal oscillation, 简称 AMO Schlesinger 和 Ramankutty, 1994），该数据也在图 4.3.11(b) 中展示。所有数据都在进行 EEMD（Wu and Huang, 2009）过程中通过 100 次 0.1 RMS 白噪声（RMS white noise）集合分解成 IMF 分量。为了检验这些 IMF 分量的统计学意义（Wu 和 Huang, 2004），我们进行了显著性检验, 结果如图 4.3.12 所示。所有的分解结果都表明，第四个 IMF 分量是最显著的一个。有趣的是，在所有的数据中，除了第 4 个 IMF 分量外，其他的 IMF 分量在没有矫正的情况下，都与白噪声无法区分。因此，显著性检验表明，Vecchi 和 Knutson（2008, 2011）对热带气旋计数的矫正大幅提高了数据质量，矫正成功地使所有尺度上的周期性变化远远高于噪声水平。现在让我们来检测结果。

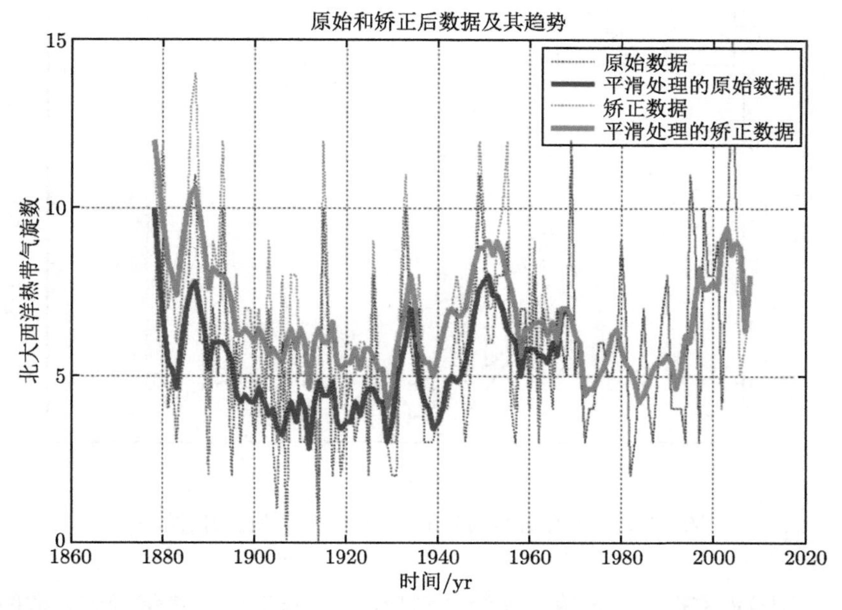

图 4.3.11(a) 北大西洋热带气旋（TC）轨迹原始数据和矫正后的数据

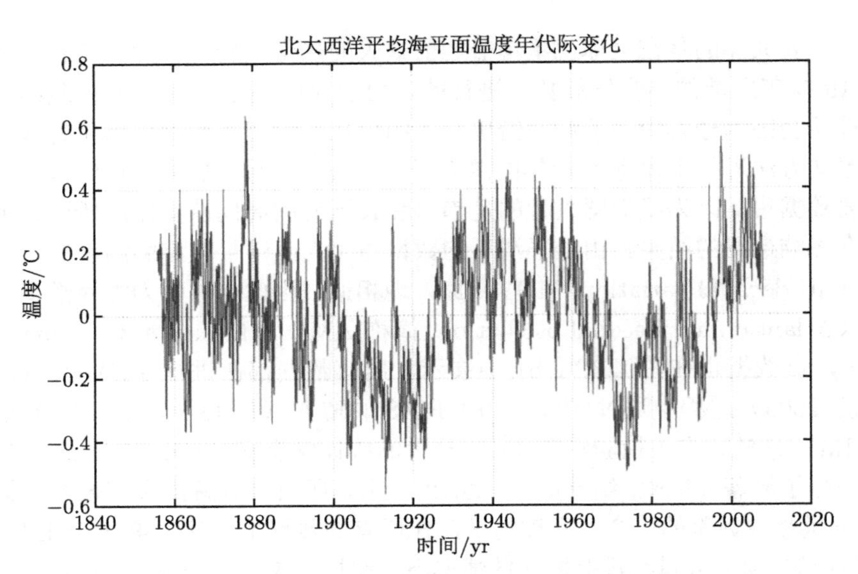

图 4.3.11(b)　北大西洋平均海面温度的年代际变化（MDV）

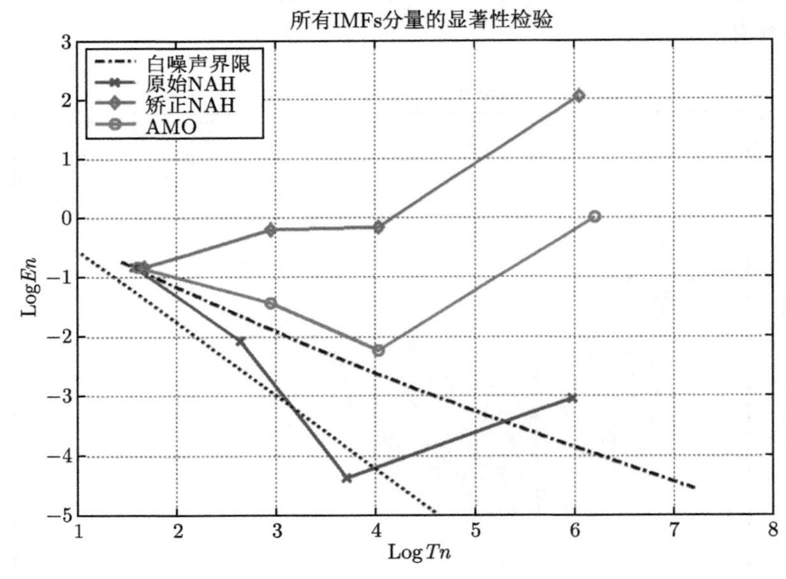

图 4.3.12　对分解得到的 IMF 进行显著性检验的结果

由于 MDV 数据已经消除了非线性趋势，我们只能研究热带气旋计数的趋势。图 4.3.13(a) 中绘制了非线性趋势的结果，其中原数据和 5 年平滑的数据都作为背景。在 EEMD 中，整体趋势也被记录下来，并在这里作为一个标准差的误差边界或置信度（细虚线）绘制出来。有趣的是，原始热带气旋计数数据的误差边界比矫正后的数据大得多。这再次表明，Vecchi 和 Knutson（2008, 2011）所做的矫正在统计上是显著的。此外，矫正后的数据集在较早时期的误差边界较宽，表明与较近的时期相比，数据在开始时可能仍有一定程度的不确定性。尽管如此，矫正后的数据在整个数据范围内的误差都很小。这再次表明数据矫正确实达到了目的。由于矫正后的数据在统计上更可靠，我们将在进一步的讨论中集中讨论这组数据。这里得到的非线性趋势似乎与 Vecchi 和 Knutson（2008, 2011）得到的线性趋势在定性上是一致的：原始数据总体上扬，矫正后的数据则略有下将。但在推导出非线性趋势后，就可以用更详细的方式来研究它们。后面我们会再来讨论这个问题。

接下来，让我们用图 4.3.13(b) 中给出的结果来探究能量最大的 IMF 的特性。在矫正后的数据中，同样出现了误差边界缩小的情况。趋势的导数即图 4.3.14 所示的变化率。在这里我们看到，变化率并不是常数，但两组数据在开始时都呈现出递减的趋势，而在较近年代的时候，变化率又呈现出递增的趋势。由于矫正后的数据比较重要，我们应该集中关注它们。矫正后的数据从 20 世纪 60 年代起变化率开始增大。这是否是由于近年来人为造成的全球变暖？这很难判断，但根据目前的证据不太可能，因为整体趋势是在错误的方向上。另外，这些变化是否还在历史变化范围内？目前的数据也无法回答这些微妙的问题。不过，这种可能性似乎更大。例如，最近对过去 15 年左右所有观测到的全球海温异常（global surface temperature anomaly, GSTA）的总结是持平的（Wu 等，2011; Tung 和 Zhou, 2013; Zhou 和 Tung, 2013），而二氧化碳的排放量都在持续增加。2000 年至 2010 年，全世界消耗了 1000 亿吨碳，几乎是自 1750 年工业革命开始以来总量的四分之一。需要指出的是，无论用什么方法进行数据分析，全球气温存在单调上升趋势是毋庸置疑的，而且在较短时期内，地球系统缺乏相应的反应。在飓风数量数据中，我们甚至找不到像全球气温那样的明显趋势。因此，这里发现的飓风次数的非线性趋势可能是一个较长周期的一部分。只有结合未来的数据才能找到飓风次数变化趋势的规律。

最后，图 4.3.15 给出了热带气旋计数和 MDV 之间的相关性。结果表明相关系数均达到了 0.9 的水平，说明它们之间有很强的相关性。需要指出的是，这里提出的相关性是 IMF 之间的相关性，这是 Chang 等人（2009）以及 Chen 等人（2010）提出的先进理念。如果使用原始数据，相关性会低得多（这里没有显示）。有了本征相关性（intrinsic correlation），我们可以有信心地说，热带气旋数的周期性变化可能确实与 MDV 密切相关。正是因为 Vecchi 和 Knutson（2008, 2011）的艰苦努力，热带气旋数的真实特征才得以还原。坦率地说，这样一个漂亮的数据集理应有个深刻的分析结果，而不是简单的线性趋势或变化率。事实上，通过详细的分析，我们已经发现了隐藏在数据整体趋势和一些周期性变化中的更为细微的变化。

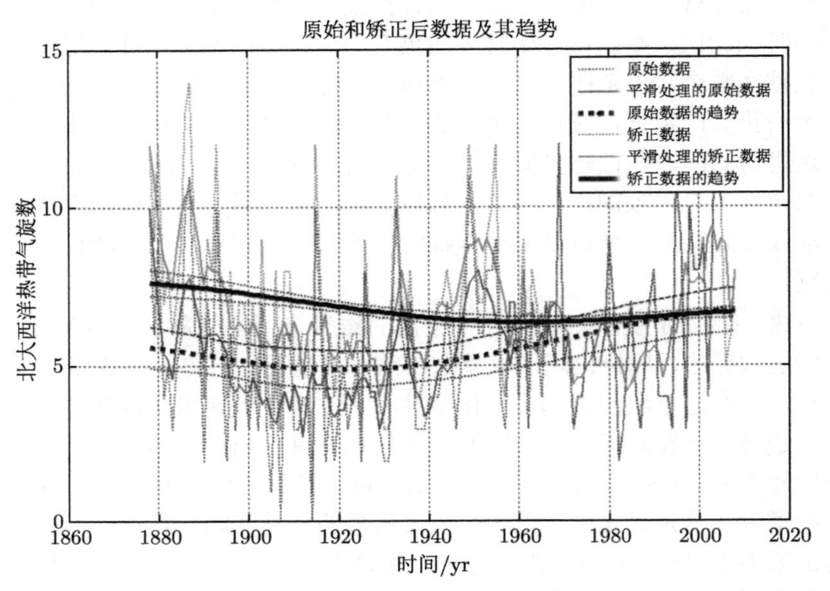

图 4.3.13(a)　TC 数量原始数据和矫正后数据以及相应的非线性趋势示意图

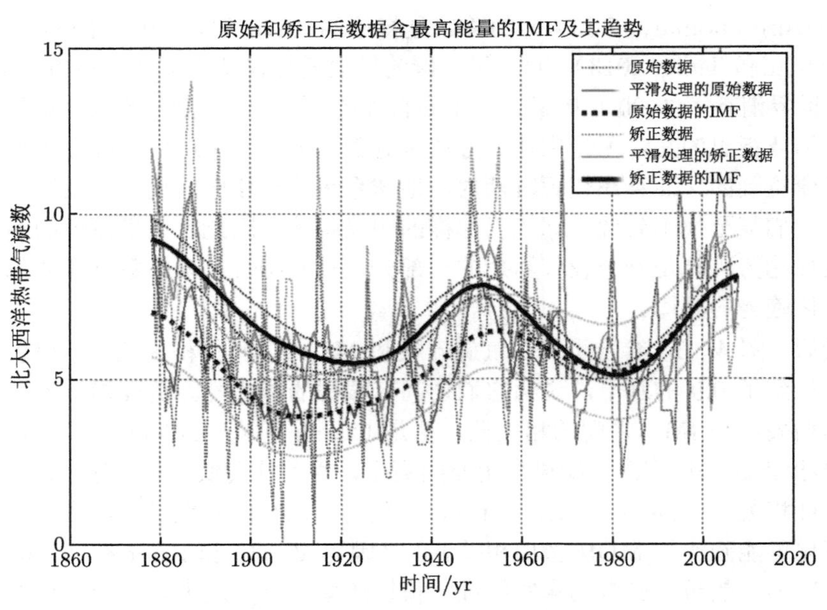

图 4.3.13(b)　含最多能量 IMF 的非线性趋势示意图

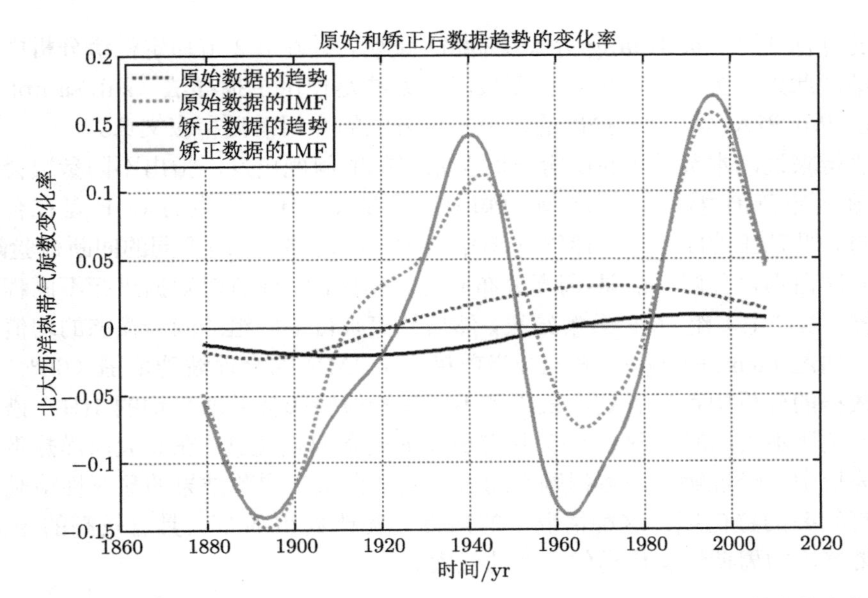

图 4.3.14 原始数据和调制后数据趋势的变化率，以及相应最高能 IMF 趋势的变化率

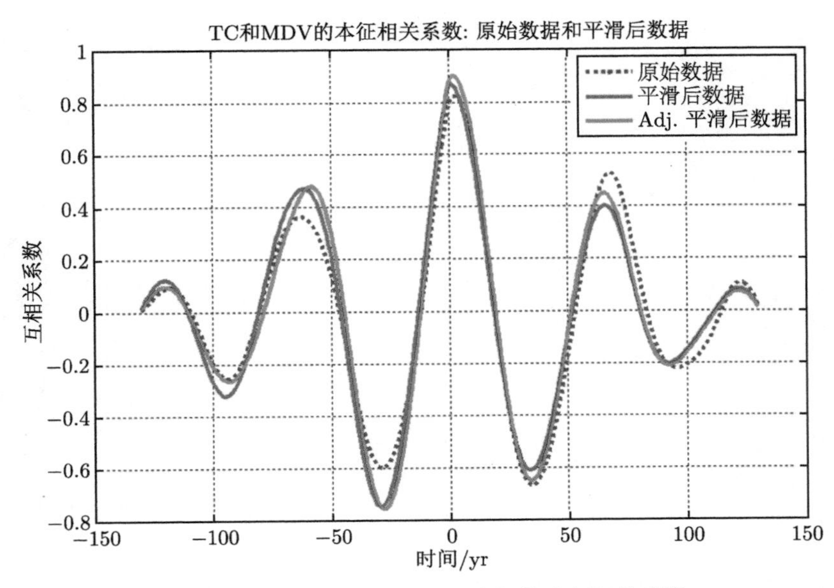

图 4.3.15 TC 数量和 MDV 之间的本征相关系数

除了设置不同的间断检验阈值、利用多次白噪声分解产生置信区间，IMF 置信度的估计方法还包括降采样法（down-sampling）。对数据进行降采样以确定置

信度的可行性已经被 Huang 等人（2006）证明，并在 4.2 节稳定性谱分析中进行了总结。此外，另一种产生置信度极限的方法是使用子抽样法（sub-sampling），这是由 Wu 等人（2011）提出的，更多该方法的介绍请见相应文章。

总得来说，本节从 EMD 分解时参数选择的问题出发，指出不同参数会造成 IMF 在一定范围内波动。那么如何知道当前参数选择下产生的 IMF 是在合理的范围内？即 IMF 的置信度如何？本节给出了三种思路：选用不同的间断检验阈值，利用多次白噪声分解的能量-周期分布确定置信区间，或者对数据进行不同程度的降采样，以产生多组 IMF 分解结果，然后计算来自不同组的同一模态的均值和标准差，通过 mean±1sigma 来刻画当前模态下 IMF 的合理波动范围（68%）。在日长数据的分析中可以看到，采用了不同间断检验阈值并取平均的 HHT 谱（图 4.3.8）相比不采用时（图 4.3.4）具有更少的模态混叠现象；在北大西洋热带气旋数据分析中，经过矫正的数据顺利通过了基于白噪声实验结果的显著性检验，因而具有较高的置信度，这种情况下的热带气旋计数和 MDV 具有较高的相关性，为热带气旋的周期性变化提供了新的线索。

第 5 章　全息希尔伯特谱分析

频谱分析是一种将数据从时域转换到频域的分析方法。根据这一定义，时频分析还不是一种彻底的频谱分析。事实上，不管是受到幅度调制还是频率调制的数据，它们都会呈现非稳态和非线性特性。然而，基于傅里叶变换的主流频谱分析方法并不适用于分析这类数据，尤其是受到振幅调制的数据。一般来说，这源于两种不同的调制机制：线性加性调制（linear additive）和非线性乘性（nonlinear multiplicative）调制，这两种机制的共同作用使得观测数据呈现出一定的复杂性。

现有的频谱分析方法，无论是基于先验基还是自适应基的，都基于信号加性调制的假设。因此，这些方法在数学上都无法表示任何源自非线性乘性调制的现象，而非线性乘性调制正是跨尺度耦合的重要体现。加性过程是容易分解的，本书前面论述的经验模态分解（EMD）便成功地分解了加性过程的数据，基于此得到的 HHT 方法在时频分析上独树一帜。然而，在加性地展开了数据后，希尔伯特频谱分析仅仅把幅度调制表示成随时间变化的函数，数据中蕴含的乘性作用信息（如相幅调制和锁相调制等跨尺度耦合机制等）并没有被充分分析。为了进一步挖掘有效信息，刻画非线性的乘性过程，我们需要找到一种新的方法分析本征模态函数 IMF 中的幅度调制过程，并在频域中表示出来，而不仅仅是给出幅度调制的变化趋势。

为此,本章提出一种与众不同的频谱分析方法——全息希尔伯特谱分析(holo-Hilbert spectral analysis, HHSA)。这个崭新的分析思想通过在频谱上增加一个新的维度，能够同时表示调幅（AM）和调频（FM）过程。因此，这种全息谱表示（full information spectral representation）能够呈现时间序列中所有可能存在的耦合过程，如加性和乘性、波内（intra-mode）和波间（inter-mode）、平稳和非平稳以及线性和非线性相互作用，这一独特的方法也使得量化波间非线性程度成为可能。

5.1　引　　言

在科学发展史上，“谱”（spectrum）一词最早意指光谱，由艾萨克・牛顿爵士引入光学领域，用来描述白光经棱镜色散后呈现的连续彩带，后来它被引申为辐射强度随频率或波长变化的函数。在数据分析中，频谱分析常指将数据从时域变换为频域，并在频域探究数据的特征。

按照数学上一贯的做法，变换的第一步是选择一族具有完美性能的先验基底。由于傅里叶变换是最主流的方法，所以“频谱”几乎成了“傅里叶功率谱”的代名词。根据维纳–辛钦（Wiener-Khinchin）定理所述：连续函数 $x(t)$ 代表了以 t 为时间变量的平稳过程，$x(t)$ 的自相关函数被定义为

$$R(\tau) = E[x(t)x(t+\tau)] \tag{5.1.1}$$

如果自相关函数对所有延迟时间 τ 均存在定义，那么在 $-\infty < f < \infty$ 的频域上存在一个单调函数 $F(f)$，使得

$$R(\tau) = \int_{-\infty}^{\infty} e^{i2\pi\tau f} dF(f) \tag{5.1.2}$$

其中 $dF(f)$ 是 Stieltjes 积分。特殊情况下，如果 $F'(f) = S(f)$ 存在，则

$$R(\tau) = \int_{-\infty}^{\infty} S(f) e^{i2\pi f\tau} df, \quad 其中 S(f) = \int_{-\infty}^{\infty} R(\tau) e^{-i2\pi f\tau} d\tau \tag{5.1.3}$$

上式中的正定谱密度函数也被称为功率谱。这就是维纳辛钦定理明确指出的内涵，即任意一个均值为常数的平稳随机过程的功率谱密度是其自相关函数的傅里叶变换。

事实上，所有现实中的观测数据都是有限采样率下得到的离散时间序列，其自相关函数可定义为

$$R(k) = E[x[n]x[n+k]] \tag{5.1.4}$$

相应的频谱或频谱密度为

$$S(f) = \sum_{k=o}^{M} R(k) e^{-2\pi fk} \tag{5.1.5}$$

所以，频率只在大于 $1/T$ 的有限范围上定义，T 为总数据长度，Nyquist 频率 f_n 由下列公式给出：

$$f_n = \frac{2\pi}{\Delta t} \tag{5.1.6}$$

其中 Δt 为采样率。

有了这种完备的时频变换，我们可以将任意时长跨度的数据变换到一个有限的频率区间，进而能更简便地来观察数据的统计特性。正因如此，频谱分析已经成为探索时间序列统计特性的有力工具，尤其是作为标准工具来研究各种随机振

动现象，如地震、结构和机器振动、海浪、湍流、语音，甚至包括生物医学研究中的脑电图分析和心率变异性。

虽然傅里叶频谱分析功能强大、应用广泛，但它却有着严重的局限性。事实上，所有如傅里叶变换、小波分析等这类基于先验基底展开的谱分析方法都存在局限性，因为这些方法都是积分变换，只适用于平稳和线性数据，且受限于不确定性原理；对于非平稳和非线性数据，则会产生不合理的杂乱谐波（例如，Huang 等, 1998）。

下面我们以傅里叶表示为例来做简单说明，傅里叶展开将时间信号表示为

$$x(t) = R\left\{\sum_{j=0}^{N} a_j \mathrm{e}^{\mathrm{i}2\pi f_j}\right\} \tag{5.1.7}$$

其中 $R\{\cdot\}$ 代表傅里叶展开的取实部操作，a_j 和 f_j 分别表示各个展开成分的振幅和频率。显然，a_j 和 f_j 都是不随时间变化的常数，因此，基于傅里叶的频谱分析只有在平稳过程中才有物理意义。然而事实上，无论是自然数据还是人造数据，都很难满足平稳性假设。考虑到非平稳信号的统计特性会随时间推移而发生变化，人们提出了短时傅里叶变换和小波变换，从“时–频”表示的视角出发，通过多种方法进一步刻画了频率值随时间的变化（Flandrin, 1998）。时频谱看起来很合理，但它依旧包含着时间维度，实际上是一种并不彻底的频谱分析。稍后将对这一点进行讨论。

除了上述平稳性假设，傅里叶谱分析还存在另一个更严重的局限性：不适用于非线性数据。而 HHT 的引入在某种程度上突破了这一局限性（Huang, 1998, 1999），即首先通过 EMD 将信号在自适应基上进行展开，再进行希尔伯特谱分析即可对本征模态函数（IMF）进行调频调幅分析。具体来说，通过 EMD 将非线性数据在自适应基（即 IMF）上进行展开：

$$x(t) = \sum_{j=1}^{N} c_j(t) = \sum_{j=1}^{N} a_j(t)\cos\theta_j(t) = R\left\{\sum_{j=1}^{N} a_j(t)\,\mathrm{e}^{\mathrm{i}\int_t \omega_j(\tau)\mathrm{d}\tau}\right\} \tag{5.1.8}$$

其中 ω_j 为瞬时角频率，被定义为相位函数 $\theta_j(t)$ 的导数，这样一来，频率再也不是时域积分变换后的均值，而是通过微分定义的瞬时频率。

由此可见，希尔伯特谱分析扩展了非平稳过程的时频表示，达到了积分变换无法企及的高时间分辨率；另一方面，瞬时频率能够直接呈现波内的非线性畸变（intra-mode nonlinear distortion），而不需要通过一组本质是数学伪影的谐波来逼近。由希尔伯特谱分析所得的波内频率波动，也可以用于定量评估每个本征模态函数（IMF）和原始数据的波内非线性程度（Huang, 2011），这些都是传统时频分析方法不具有的优点。

然而即便如此，目前所有的频谱分析方法都存在一个更为本质的缺陷：它们都基于信号加性调制的假设，无法真正在物理意义上表示任何乘性调制过程。这个问题的深层根源在于，所有频谱分析中的数学展开都是加性展开，这意味着它们表示的物理过程都应该是加性可分的。然而事实上，非线性过程常常是系统中各影响因素之间相互乘性作用的结果。乘性作用可以通过 EMD 分解来观察，每个 IMF 都由幅度调制项（AM）和频率调制项（FM）相乘得到。

从物理上讲，复杂系统中信号的幅度调制方式有两种：各子系统间的加性调制（Hastie 和 Tibshirani, 1986）和乘性调制（Ostrovsky 和 Potapov, 1999）。其中，乘性相互作用的结果为幅度调制，体现为物理特征的跨尺度耦合以及相位锁定，这是非线性相互作用最突出的标志，也是非线性耦合区别于线性耦合最突出的特点（Ostrovsky 和 Potapov, 1999）。之前的工作（Huang 等, 1998, 1999; Wu 等, 2009）已经深入讨论了时间序列中的所有加性相互作用都可以通过 EMD 来分解、提取并量化，这显然是 EMD 的一个优势。

可遗憾的是，在早先的希尔伯特谱分析中，幅度调制确实被忽略了。由于大部分自然或人造信号都同时存在调幅和调频机制，我们不得不重新思考这些问题：在现有的傅里叶分析甚至是希尔伯特谱分析中，哪些信息被遗漏了？幅度调制（AM）的作用和物理意义是什么？如果振幅至关重要，那么我们该如何在频谱中呈现 AM 的变化？

为了解决上述难点，Huang 等（2016）提出了全息希尔伯特谱分析（holo-Hilbert spectral analysis, HHSA）框架。这个崭新的框架通过在频谱表示中增加新的维度，形成高维频谱，来充分呈现数据中 AM 和 FM 变化。新维度的加入不仅能够表示波内非线性相互作用（Huang, 2011），还能明确量化复杂的波间调制过程。与传统的 FM 频谱分析完全不同，HHSA 不仅能够同时刻画 FM 和 AM 的变化，更是从一个清晰、彻底且详实的高维视角来洞察非线性非平稳过程观测数据。

本章节将从以下五个部分详细展开：第 5.2 节，关于线性和非线性调制的机理以及加性展开在数学上的限制；第 5.3 节，关于 holo-Hilbert 频谱分析（HHSA）和 holo-Hilbert 频谱表示的定义和计算方法；第 5.4 节，关于时域幅度调制分析，从给定的数据集中分离、提取和量化时间相关的振幅函数；第 5.5 节，关于 holo-Hilbert 频谱分析在数据中的一些应用演示，包括在生物学和地球物理中的案例；第 5.6，5.7 节是一些简短的讨论和总结。

5.2　线性和非线性调制的机制

在正式介绍 holo-Hilbert 谱分析之前，首先应该明确数据中线性和非线性调制的机制及其产生的结果。正如公式 (5.1.7) 和 (5.1.8) 所示，传统的数学展开是加性的，那么加性本质的数学展开如何表示乘性调制过程？为了回答这个问题，我们通过一个最为简单的例子，即一个正弦项的振幅被另外一个正弦项调制的情况，来演示基于加性调制假设的传统方法的弱点：

$$x(t) = (a + b\cos A)\cos B \tag{5.2.1}$$

根据非负常数 a 和 b 的值，其结果可能是边带调制 (sideband modulation)(若 $a \neq 0$) 或临界调制 (critical modulation)(若 $a = 0$)。即便是面对 $a = 0, b = 1$ 时的简单临界调制情况，傅里叶频谱也只能根据“积化和差”的三角函数的性质，强行将乘积项变为加和项：

$$x\,(t) = \cos A\cos B = \frac{1}{2}\,[\cos(A+B) + \cos(A-B)] \tag{5.2.2}$$

特别注意的是，虽然在数学形式上，式 (5.2.2) 左右两边完全等价，但从物理意义来看，二者却截然不同：公式左边的单一乘积项被变换为右边两个波函数的加和，这归因于傅里叶不能表示乘法运算。如果继续考虑三个正弦波相乘的情况，这种二义性更加严重：

$$\begin{aligned} x\,(t) &= \cos A\cos B\cos C \\ &= \frac{1}{4}\,[\cos(A+B+C) + \cos(A+B-C) + \cos(A-B+C) + \cos(A-B-C)] \end{aligned} \tag{5.2.3}$$

显然，如图 5.2.1 所示，在数学上，傅里叶分析不得不使用 4 个加和项来表示三项相乘，并导致频谱中呈现出 4 个正弦分量。

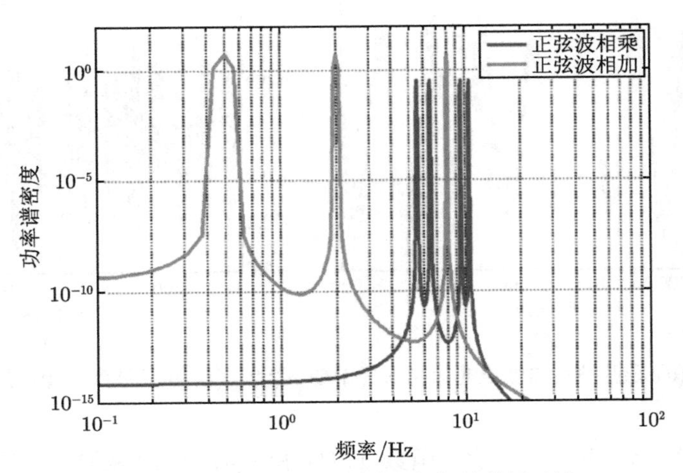

图 5.2.1 三个正弦波相乘和相加的傅里叶谱

依次类推，傅里叶谱分析会将 n 个乘法项展开为 2^{n-1} 个正弦波之和。这个结果已经不能用“二义性”来形容了，它在物理上失去了直观性，简直可以说是一个“错误”的表示。事实上，傅里叶谱分析的各展开项会倾向于高频汇聚，即所有展开项都会聚集在最高频率分量附近，这也是通信领域中幅度调制以及解调时频谱搬移的数学基础。因此，对于非线性非平稳信号，进行傅里叶分解会导致频谱中出现数学造出来的杂乱的谐波成分；如果信号中混进的噪声是乘性的，那么其影响将会弥漫至整个频谱。此外，相位的改变可能会从加和项中产生无限多种不同的波形，而这些波形与原始波形毫无相似之处；换句话说，改变相位谱后进行傅里叶反变换，可以得到与原始波形完全不同的时域波形。

为了对此进一步说明，不妨考虑正弦波和白噪声 (由相位均匀分布的独立余弦项之和表示) 的加和与乘积的情况，即

$$
\begin{aligned}
x_1(t) &= (a + b\cos A) + \sum_{j=1}^{n} \cos\theta_j \\
x_2(t) &= (a + b\cos A)\sum_{j=1}^{n} \cos\theta_j
\end{aligned} \tag{5.2.4}
$$

为了不失一般性，这里仍然取 $a = 0, b = 1$，有

$$
x_2(t) = \cos A \sum_{j=1}^{n} \cos\theta_j = \frac{1}{2}\sum_{j=1}^{n}[\cos(A+\theta_j) + \cos(A-\theta_j)] \tag{5.2.5}
$$

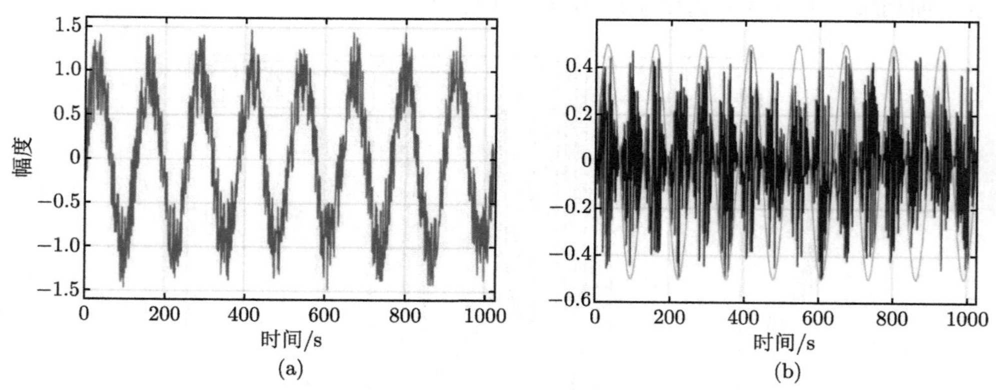

图 5.2.2　(a) 正弦波和白噪声的加和 $x_1(t)$ 图 5.2.2　(b) 正弦波和白噪声的乘积 $x_2(t)$

如图 5.2.2(a) 和 (b) 所示是函数 $x_1(t)$ 和 $x_2(t)$ 的时域波形，图 5.2.3(a) 和 (b) 所示是它们各自的傅里叶频谱。显然，在这两种情况的时域波形中，都可以观

察到数据中振幅较大的正弦波动；但是，它们的傅里叶频谱却给出了截然不同的结果。在加和情况下，正弦波和白噪声都清晰可见，即加和情况下的频谱只是正弦波和白噪声的频谱之和；而这里的乘法效果是一个典型的相位幅度 (或跨尺度) 调制的例子，虽然在时域波形中仍然可以看到正弦波调制的效果，但在傅里叶频谱中，除了可见能量密度在宽带范围内均匀升高，已经完全看不到正弦波的痕迹，这显然与我们的直觉不符。

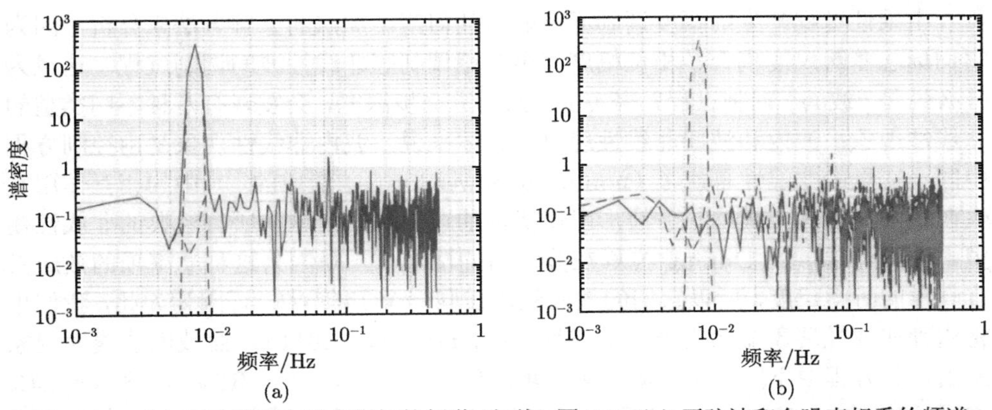

图 5.2.3 (a) 正弦波和白噪声相加的频谱 (红线) 图 5.2.3(b) 正弦波和白噪声相乘的频谱 (红线)

正弦波和白噪声的频谱分别用绿色虚线和蓝色虚线来表示

这个看似令人费解的结果，其实很容易解释：傅里叶变换在数学上无法表示乘性耦合过程，等式 (5.2.5) 在数学上决定了傅里叶的表示必然是加性的。除非调制信号在调制频率 $A+\theta_j$ 或者 $A-\theta_j$ 处能量恰好为零，否则正弦波带来的调制效果都将淹没在频谱中。

由于白噪声的频谱是均匀分布的，所以在傅里叶频谱中看不到任何明显的正弦波调制痕迹。根据公式 (5.2.5)，正弦波的能量均匀溢散到了整个频率范围内。如图 5.2.3(b) 所示，如果以正弦波的中心频率进行带通滤波，任何带通滤波都将无法恢复丢失的正弦调制信息。由于正弦波的能量已经被均匀分散，在任何中心频率下的带通滤波结果都只保留了很低的能量密度水平，甚至在原正弦波的频率值下也是如此。即便是归一化处理后的滤波结果也与原正弦波没有任何相似之处，完全看不出正弦调制的效果。对于这些情况，早先的希尔伯特谱分析（Huang 等, 2011）也会得到类似的结果，因为它是基于 EMD 的加性展开，并没有进一步将振幅函数的波动转换到频域。

上述结果揭示了加性和乘性相互作用的机制和后果，并暴露了现有的基于加性展开的傅里叶、小波甚至希尔伯特谱分析方法均存在的明显缺陷，即它们都无法表示乘性相互作用。然而，自然系统本质上是复杂的，几乎没有一个信号不是由源与共存环境相互作用产生的。对于复杂的生命系统——大脑来说尤其如此，它有 870 亿个相互交织的神经元，几乎是宇宙中最复杂的系统。在这个系统中，不同尺度的刺激交织在一起，并以线性（加法）和非线性（乘法）的方式相互作用（Buzsaki, 2006）。为了对乘性过程进行量化，进而解释诸如相幅调制、幅度调制或跨尺度耦合等现象，我们首先来看看乘性作用背后的机制。

由乘性过程产生的幅度调制不可能用任何基于加法的分解方法来分析，因为它们标志着跨尺度耦合、相位幅度甚至锁相调制等非线性波间调制过程。这里为什么说是“波间”调制过程？事实上，如果进一步深究，会发现有两种不同类型的非线性现象：波内和波间非线性现象。具体来说，波内非线性现象是由控制方程中同一变量的非线性幂次项（nonlinear power terms）造成的，其中的相互作用发生在相同尺度内，最终导致波形出现所谓的谐波畸变；这在所有经典的非线性模型中都有体现，如 Duffing 方程在分岔前的情形。正是因为这种功率项的效应具有同样的时间尺度，所以它们的效应驻留在同一个 IMF 中。正因为如此，我们也将这种非线性现象命名为波内非线性（Huang, 1998, 2011）。而波间非线性现象是由控制方程中不同变量的耦合乘法项产生的，如 Lorentz、Rösseler 和 Logistic 方程（Jackson, 1989）。它们都是以跨尺度耦合、相位幅度和锁相调制为代表的乘性相互作用的结果，这些乘法将涉及同一个 IMF 中的多个尺度。由于无法量化这些至关重要的波间乘性非线性相互作用，以至于面对复杂的非线性动力学系统时，现有的频谱分析方法都束手无策。为此，我们必须找到一种新的方法来着重刻画乘性幅度调制。

需要指出的是，并不是所有加性分解方法都是一样的。傅里叶分析是线性加法，每个分量的振幅值都为常数，所以根本没有办法研究幅度调制。EMD（Huang, 1998; Huang, 1999）是一种非线性加性分解方法，即使对于非平稳的波间非线性过程，它也可以同时保留 FM 和 AM 调制信息。因此，使用 EMD 有可能做进一步的 AM 调制分析。总的来说，新框架 HHSA 是在 EMD 的基础上增加了一个关键维度刻画 AM 调制，是对早先希尔伯特谱分析方法的重要推广，接下来将详细介绍。

5.3 全息希尔伯特谱分析

对于任意数据，经过第一次必要的 EMD 加性分解后，可以得到式 (5.1.8) 给出的展开结果，所有的时域变化都被分解为多个振荡分量和一个趋势。其中频率调制部分已经在 Hilbert 频谱分析中得到体现（Huang, 1998, 2011），而振幅的变化被隐式地表示为频谱强度随时间的波动，并没有进一步转换到频域。这也是为何我们意识到 Hilbert 频谱分析仍然是不彻底的频谱分析。那么该如何提取振幅函数 $a_j(t)$ 的频率变化？对于上述正弦波与白噪声乘性相互作用的例子，图 5.3.1(a) 给出了乘性调制数据的 IMF，图 5.3.1(b) 给出了相应的 Hilbert 频谱。

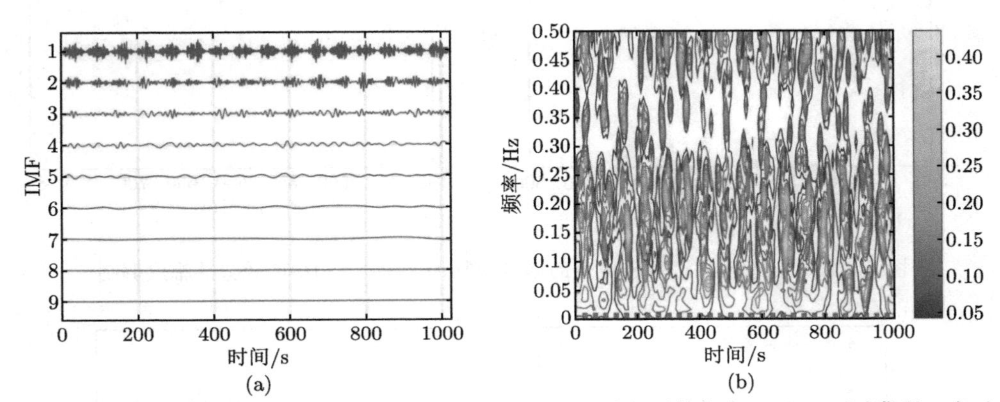

图 5.3.1 (a) 被正弦波乘性调制的白噪声数据经 EMD 分解后的各个 IMF。可以发现，由于正弦波的调制作用，前几个 IMF 中都出现了十分规则的振幅变化 (b) 正弦波乘性调制白噪声数据的希尔伯特谱

正弦波的调制作用只能从谱能量的周期性变化中反映出来。虚线处对应的是正弦幅度调制的频率，该频率并没有在谱上得到直接体现

在 Hilbert 频谱中，正弦波频率对应的虚线处并未能显示出任何相应的频谱痕迹；而显而易见的是，调制正弦波就体现在前几个 IMF 的包络线中。因此，自然而然地我们会想到从这些包络线入手来提取振幅函数 $a_j(t)$ 的频率变化。构造包络线的具体步骤（Huang, 2009, 2013）如下：

(1) 取 IMFs 的绝对值。

(2) 找出 IMFs 绝对值函数中所有的局部极大值。

(3) 基于所有局部极大值进行自然样条插值来构造包络线。

上述步骤能够使前几个 IMF 中的幅度调制波动更加清晰可见，揭示出非线性乘性作用的影响。如图 5.3.2(a) 和 (b) 中红线所示的非负函数为前两个 IMF 的振幅包络线。可以发现，调制正弦波的频率都能从该幅度调制函数的频率中得到体现。

对这两个包络函数再进行 EMD 分析，产生了各自的第二层 IMF。如图 5.3.3(a) 和 (b) 所示，在两张图的第 3 个 IMF 分量的时域波形中都清晰地显示了调制正弦波信号。显然，通过 Hilbert 频谱分析也可以轻易地从时频谱中识别出这一正弦信号。然而正如前文所述，这种 Hilbert 频谱表示依旧是时间的函数，是一种不彻底的频谱变换。为了进行完全的频谱变换，必须更进一步将时间上的波动也转换到频域。

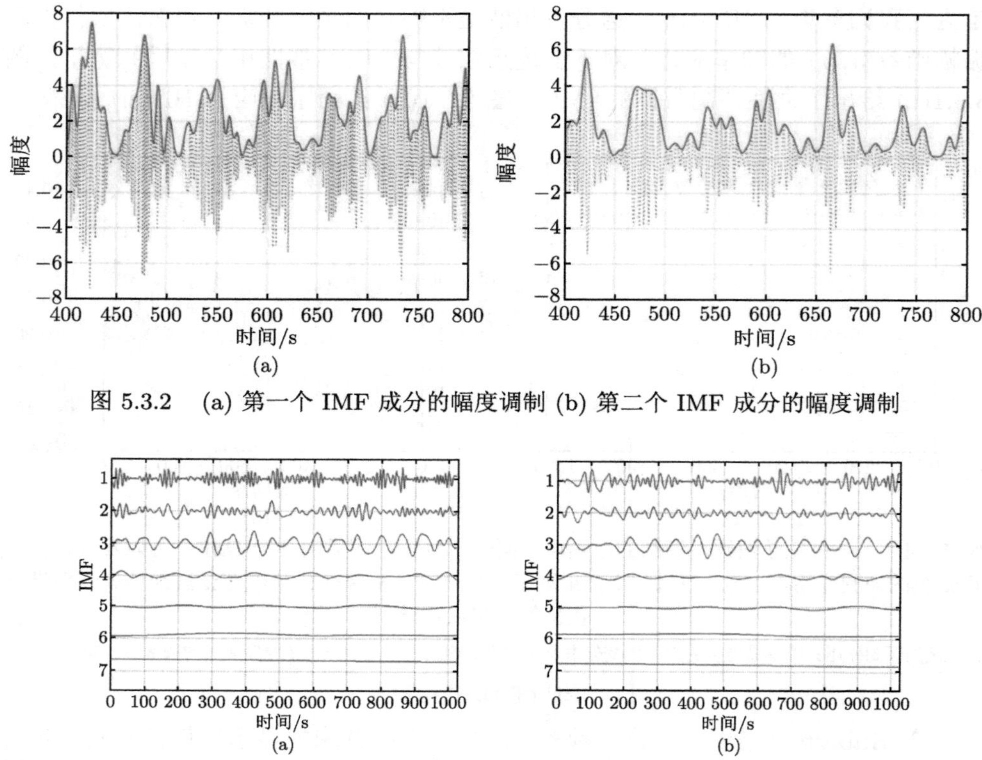

图 5.3.2 (a) 第一个 IMF 成分的幅度调制 (b) 第二个 IMF 成分的幅度调制

图 5.3.3 (a) 对 IMF1(左) 的振幅函数再次进行 EMD 得到的各个 IMF (b) 对 IMF2(右) 的振幅函数再次进行 EMD 得到的各个 IMF

上述步骤应按照如图 5.3.4 所示的流程反复进行，通过不断增加新的分解层

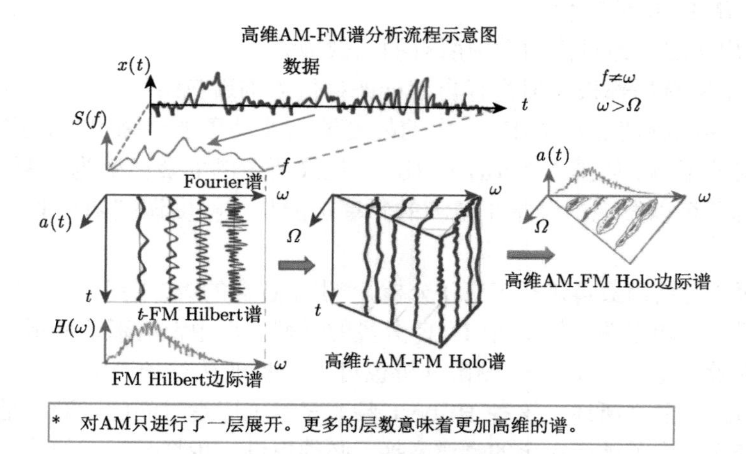

图 5.3.4 HHSA(holo-AM) 的流程示意图

图中只给出了第一层 AM 展开；最终得到的是一个高维谱，具有充分的信息表示能力

数，达到在数据中清晰地找出加性或者乘性调制的目的。需要注意的是，这些调制作用可能会分散在不同层中，合并后将产生一个更高维度的谱：

$$
\begin{array}{lll}
x(t) = R\sum_{j=1}^{N} a_j(t)\exp\left(\mathrm{i}\int_{-\infty}^{t}\omega_j(\tau)\mathrm{d}\tau\right) & \longrightarrow & H(\omega,t) \\
\Downarrow & & \\
R\sum_{k=1}^{L_1} a_{jk}(t)\exp\left(\mathrm{i}\int_{-\infty}^{t}\Omega_k(\tau)\mathrm{d}\tau\right) & \longrightarrow & a_{jk}(t)\to\phi_{jk}(\Omega_1,t) \\
\Downarrow & & HH_1(\Omega_1;\omega,t) \\
R\sum_{l=1}^{L_2} a_{jkl}(t)\exp\left(\mathrm{i}\int_{-\infty}^{t}\Omega_l(\tau)\mathrm{d}\tau\right) & \longrightarrow & a_{jkl}(t)\to\phi_{jkl}(\Omega_2,t) \\
\Downarrow & & HH_2(\Omega_1,\Omega_2;\omega,t) \\
\cdots & & \cdots
\end{array}
\tag{5.3.1}
$$

因此，到第二层，我们实际上得到

$$
a_j(t) = \sum_k\left[R\sum_l a_{jkl}(t)\mathrm{e}^{\mathrm{i}\int_t \Omega_l(\tau)\mathrm{d}\tau}\right]\mathrm{e}^{\mathrm{i}\int_t \Omega_k(\tau)\mathrm{d}\tau} \tag{5.3.2}
$$

至此，数据中的 AM 波动已经得到展开，而乘性过程完全体现在这些 AM 波动中。现在，对各层的振幅包络函数 $a_{jk}(t)$，$a_{jkl}(t)$，$\cdots$，分解每增加一层，就必须相应地增加额外的维度 $\Omega_1,\Omega_2,\cdots$ 来刻画 AM 的频率，从而表示相位幅度调制或尺度间耦合效应。通过这种方式得到的频谱是真正的高维谱图（如示意图中的 $HH_k(\Omega_1,\Omega_2,\cdots\Omega_k;\omega,t)$）。

在每一层都对时间变量进行积分，能够得到一个仅有频率而没有时间维度的频谱表示（如图 5.3.4 中 $hh_k(\Omega_1,\Omega_2,\cdots\Omega_k;\omega)$），即边际谱 (marginal spectrum)。这个过程可以根据需要不断迭代，直到振幅包络函数不再具有波动性。最终，我们不再需要时间轴，除非还剩一个单调的趋势波存在，而这可以通过 Wu 等（2007）提出的方法有效去除。至此，数据就有了一个纯粹的多维度频谱表示。换句话说，这一分析的最终结果是将原来的 Hilbert 时频谱扩展为更高维度的幅度调制 (AM) 频率调制 (FM) 谱表示，其中 FM 频率 ω 代表快速的波内频率变化，AM 频率 Ω_k 代表缓慢的波间频率变化，它们都与能量密度有关。除了最后的趋势波，具有二进性的 IMF 在本质上都是零均值的窄带信号。因此，只需有限的迭代次数就可以得到一个纯粹的、信息充分的高维频谱表示。我们将这样的高维谱称为 holo-AM 频谱 (holo-AM spectrum)(图 5.3.5 中的 $HH_m(\Omega_1,\Omega_2,\cdots\Omega_k;\omega)$)。

至此，数据中的幅度调制 (AM) 部分已经得到充分挖掘，剩下未处理的是频率调制 (FM) 部分。类比上面的步骤，FM 部分可以表达为

$$
\begin{array}{ll}
\omega_j(t) = R\sum_{k=1}^{L_1} b_{jk}(t)\exp\left(\mathrm{i}\int_{-\infty}^{t} v_k(\tau)\mathrm{d}\tau\right) & \longrightarrow P_j(v,t) \\
\Downarrow & b_{jk}(t) \to \Psi_{jk}(\Omega_1,t) \\
 & H\Theta_1(\Phi_1;v,t) \\
R\sum_{l=1}^{L_2} b_{jk}(t) \to \Psi_{jk}(\Phi_1,t) & \longrightarrow b_{jkl}(t) \to \Psi_{jkl}(\Omega_2,t) \\
\Downarrow & H\Theta_2(\Phi_1;\Phi_2;v,t) \\
\cdots & \cdots
\end{array}
\tag{5.3.3}
$$

或者，

$$
\omega_j(t) = \sum_k \left[R\sum_l b_{jkl}(t)\mathrm{e}^{\mathrm{i}\int_t \Phi_l(\tau)\mathrm{d}\tau}\right]\mathrm{e}^{\mathrm{i}\int_t \Phi_k(\tau)\mathrm{d}\tau}\cdots \tag{5.3.4}
$$

这样，我们也就有了与 holo-AM 分解相应的 FM 分解，这些谱被定义为 holo-FM 频谱 (holo-FM spectrum)。而由于频率变量不代表能量，频率变化的大小与能量波动无关，因此，就能量密度而言，它的意义不大。

第一层的波动 $\psi_j(\Phi_1,t)$ 具有特殊意义，它对揭示振幅相位相互作用非常有用。将 Hilbert 能量谱 $H(\omega,t)$ 与 $P_j(\nu,t)$ 相结合，可以得到

$$
\begin{aligned}
&H(\omega,t) \quad \Rightarrow t = t(\omega) \\
&\qquad \Psi_j(\nu,t) = \Psi_j(\nu,t(\omega)) = \Psi_j(\nu,\omega)
\end{aligned}
\tag{5.3.5}
$$

这实际上是将能量的频率变化与瞬时频率变化相联系得到的一种特殊频谱——AM-FM 二维频谱，它能够揭示了瞬时频率变化与能量变化的关系，这对确定波内非线性程度的阶数定量大有裨益 (Huang 等, 2011)。综上，holo-AM 频谱和 holo-FM 频谱统称为 holo-Hilbert 谱，其分析方法称为全息希尔伯特谱分析框架。

虽然传统的傅里叶频谱分析是一种完备的时频变换，但它只是在具有恒定振幅的频率调制 (FM) 轴上进行了展开。早先的希尔伯特时频谱能够表示随时间波动的频率变化，但未能进一步刻画振幅波动中的频率调制。在平稳条件下，将 Hilbert 时频谱沿时间轴求和可得到边际谱。边际谱与傅里叶频谱相对应，但是这两种谱中的频率所对应的本质含义完全不同 (Huang, 2011)，因为希尔伯特频谱的频率是物理频率，或者说是具有物理意义的瞬时频率 (Huang, 2009)。同样，高维 Holo-Hilbert 谱表示也可以进行到任意一层，以得到相应的边际谱。如果停在第一层，那么得到的是一个填充了二维 $\omega-\Omega$ 半空间的边际谱。由于 Ω 源自振

幅上的缓变包络，因此总满足 $\omega > \Omega$ 的条件。然而需要注意的是，频谱的升维在使信息表示更加充分的同时，也使其可视化变得更加困难。因此，本章所述的大多数案例都只给出了高维频谱的第一层展开，或是将其切片、投影后得到的结果。顺便指出，有效的高维可视化本身就是一个有价值的研究方向。

HHSA 的关键是全新的展开理念，即将振幅波动函数变换到频域，并增加一个相应的频率维度 Ω_1，得到高维的 holo-Hilbert 谱。例如，在前文讨论的由正弦波调制白噪声的案例中，展开一层就足够了。这个四维频谱就是完整的全时频谱表示。对于这种特殊的情况，时间轴上已经不携带任何信息，那么四维频谱可以被简化为三维频谱，并足够揭示很多隐藏的波间耦合信息，如图 5.3.5 所示。图中清晰地显示了正弦函数在整个调频 (FM) 范围内的调制情况。可以明显看到，由正弦波带来了一条高能量密度的幅度调制线。由于调制深度为 100%，实际展示的幅度调制频率其实是调制正弦波频率的两倍。黑色的斜线表示边界条件 $\omega > \Omega$。

HHS 有几个重要的新特点值得强调：早先的 Hilbert 频谱可以表示一层 IMF 中的波内非线性效应，而全新的 HHS 则能够同时表示波内和波间非线性过程；无论是傅里叶频谱还是 Hilbert 边际谱，传统频谱表示方法都不完整，因为它们均忽略了波内和波间的非线性相互作用；得益于 EMD 的非线性分解性能，所有的加性和乘性相互作用都可以通过 EMD 来解耦，只是早先的 Hilbert 谱分析未能充分利用这些信息。

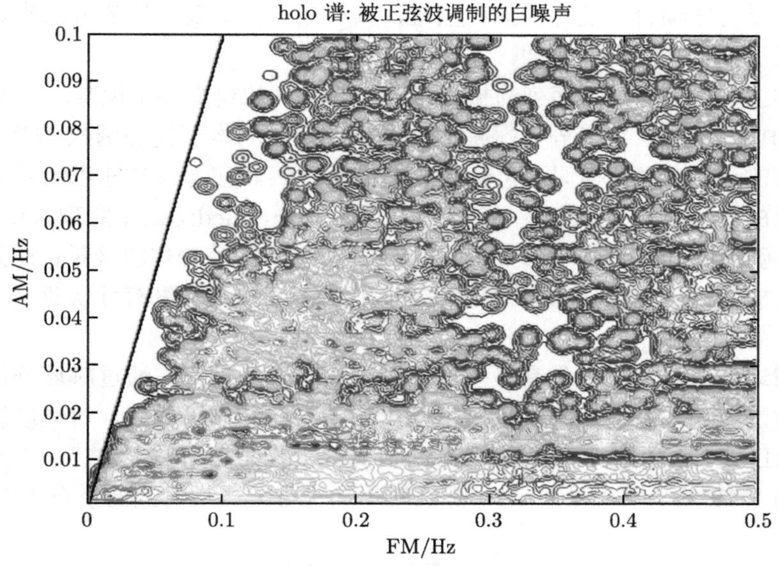

图 5.3.5 正弦波和白噪声相乘数据的全息希尔伯特谱

横轴表示载波频率，纵轴表示幅度调制频率，等高图表示能量密度通过以上讨论可以看出，高维 HHS 实际上可以表示乘性相互作用，这使我们能够通过分析波内或波间频率波动来细致地研究所有非线性相互作用。其中，波间相互作用实际上是由所有重要的尺度间耦合或简单耦合系统所导致的 (Jackson, 1989)，这在过去的谱分析中都被忽视。不同频谱分析方法的能力可归纳为表 5.3.1：

表 5.3.1 不同频谱分析方法的特点

方法	谱的类型	所做的分解	是否能反映非平稳?	是否能反映非线性?	
				波内非线性	波间非线性
傅里叶谱	频谱	加性	否	可能? *	否
希尔伯特谱	时频谱	加性	是	是	否
希尔伯特边际谱	频谱	加性	否	是	否
全息希尔伯特谱	时频谱	加性、乘性	是	是	是
全息希尔伯特边际谱	频谱	加性、乘性	否	是	是

* 关于傅里叶分析方法能否反映波内非线性，我们标上了“可能？”，这是因为在传统的办法里非线性可以通过傅里叶谱中杂乱的谐波来衡量。然而，正如 Huang 等人 (2011) 所述，这种做法其实是有问题的。

5.4 时域幅度调制分析

前文重点在频域中对幅度调制（amplitude modulation, AM）进行了深入研究，受此启发，本节将进一步在时域对 AM 进行探讨。不言而喻，振幅的波动极其重要，但令人惊讶地是，到目前为止，对数据中 AM 的研究从未得到应有的重视。之所以与振幅有关的分析如此困难，其一是因为缺乏合适的方法来定义非平稳和非线性信号中的振幅波动。

事实上，对任意时间序列的振幅都给出有意义的定义并不现实。正如 Huang 等人（2013）所述，定义固有振幅的方法只能是针对本征模态函数 IMF 而言的；众所周知的 Hilbert 变换似乎符合我们的需求，然而它无法从任意信号中提取出令人满意的平滑包络（Huang, 1998, 2013）。此外，Bedrosian 定理（Bedrosian, 1963）明确指出，Hilbert 变换更倾向于描述信号中快速变化的分量；在大多数情况下，通过 Hilbert 变换得到的包络也是高度振荡的，几乎没有什么意义（Huang, 2009）。

确切地说，对于任意具有显著周期性振幅变化的过程，通过时域分析都可以得到有效的解调，并能清晰地揭示不同尺度中的相互作用成分。对幅度波动函数使用 EMD 之后，指定其中所有具有清晰调制模式的 IMF 为“波” w，无明显特征起伏的 IMF 为“随机噪声” n，那么对于加性分解之后得到的所有 IMFs，有

$$a_j(t)=\sum_{j=1}^{N}c_j(t)=\sum_{\text{波}}c_i(t)+\sum_{\text{噪声}}c_j(t)=w+n \tag{5.4.1}$$

其中，波 w 可以是一个 IMF 或多个 IMFs 的集合，n 是无明显 FM 特征的噪声，但它仍然可以包含相位幅度调制。因此，一个函数就有可能被表示为波与噪声在加性和乘性相互作用下的结果。如果在得到的 n 中没有发现显著的幅度调制模式，那么 IMF 分量 $a_j(t)$ 必然是一个简单的加性调制。而如果 n 中还存在幅度调制的痕迹，就需要进一步解调。事实上，任何显著的波动模式都可以通过乘性效应解调，直到残差减小为噪声水平。据此可以推测，任何数据序列都可能存在周期性的加性以及乘性调制；这样一来，我们便可以用

$$r_j(t) = \frac{a_j(t) - w_j}{\frac{w_k}{|w_k|}} \tag{5.4.2}$$

来表示对噪声去调制后的结果，它应该不再包含调制信息。这里用来解调制的波 w_k 可以与原信号中的加性部分不同。分母中对 w_k 进行归一化是为了保证结果在量纲上正确。进一步，如果残差 $r_j(t)$ 中仍存在调制模式，则可以对它重复进行上面的去调制过程，以根据相应的振幅包络来提取第二层的波和噪声。这个迭代过程可以表示为

$$\begin{gathered}\frac{a_j(t) - w_j(t)}{w_k(t)/|w_k(t)|} = r_j(t)\\ \Downarrow\\ \frac{r_j(t) - w_{jl}(t)}{w_{jh}(t)/|w_{jh}(t)|} = r_{jl}(t)\\ \Downarrow\\ \cdots\\ \Downarrow\\ \frac{r_{jkl\dots m}(t) - w_{jhl\dots m}(t)}{w_{jrm\dots n}(t)/|w_{jrm\dots n}(t)|} = n_j(t)\end{gathered} \tag{5.4.3}$$

最终，数据可以被表示为没有任何显著振荡模式的波与噪声的集合。

如果数据中不包含噪声，那么最后的残差应该是一个简单的模式。这也就是时域分析的目标，即刻画数据中线性加法和非线性乘法的波间相互作用。当调制模式是周期性的简单模式时，如下一节要讨论的昼夜现象，上述的时域分析观点非常有用。如果调制模式比较复杂，我们就必须诉诸更为完整的 HHSA，它将帮助我们揭示数据中可能存在的所有加性或乘性相互作用模式。

在这里，我们提出了一个量化 EMD 展开中线性加法成分的方法，即

$$L_{in} = \frac{std(w_j)}{std(a_j)}. \tag{5.4.4}$$

实际上，它就是线性可加的波与总振幅的比值，这也同时意味着比值 L_{in} 越高，波间相互作用的线性度越高。当然，其中的单一波成分可以是波内线性或非线性的。该方法的有效性将在之后介绍的例子中得到印证。从这里还可以看出，乘性过程在波间耦合幅度调制中占有比重。因此，用一个指标来量化波间相互作用的非线性程度也十分必要。这个波间非线性程度与波内非线性程度相对应 (Huang, 2011)，二者的总和能够有效量化数据的整体非线性程度，这点将在后面讨论。

5.5 HHSA 在数据中的应用

HHSA 可以应用于各种类型的时间序列数据，尤其适用于存在波间微妙相互作用的复杂系统数据。本节将通过几个具体案例来展示 HHSA 方法的优势，并介绍相关的时域分析方法。这些例子包括了神经细胞活动数据、脑电数据以及日长、湍流等地球物理领域的数据。

5.5.1 昼夜节律周期

本小节首先以大脑神经细胞活动的观测数据为例，演示如何基于全息谱分析和时域分析提取数据中的线性和非线性信息。数据源于植入在小鼠下丘脑视交叉上核 (suprachiasmatic nucleus, SCN) 的探针采集。图 5.5.1(a) 所示为连续多天内小鼠神经元的活跃度，该活跃度定义为 10 秒内神经元的总放电次数。图 5.5.1(b) 所示为该数据通过 EMD 后得到的各个 IMF，从图中可以很清楚地看到主导的昼夜节律周期 (circadian cycle) 和超昼夜节律周期 (ultradian cycle)。

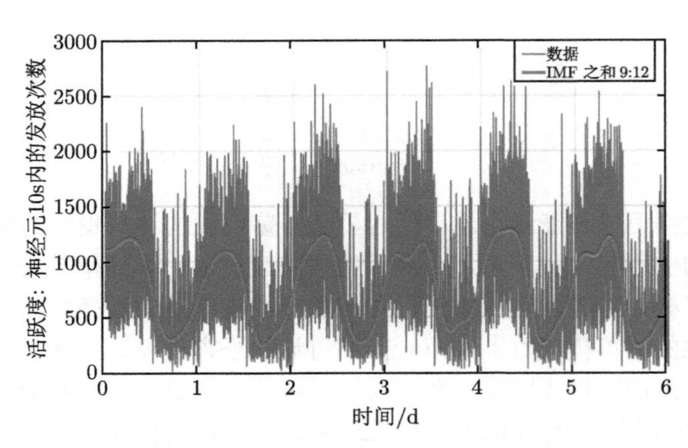

图 5.5.1(a) 从小鼠下丘脑视交叉上核测得的数据

如图 5.5.1(a) 中的红线所示为第 9 至 12 个低频 IMF 分量的总和，用于体现昼夜节律周期的活动。图 5.5.1(c) 是加性解调后的结果，显然，加性去除昼夜节律周期和超昼夜节律周期后的噪声仍然表现出很强的周期模式，这意味着加性解调方式并不能去除昼夜周期的非线性乘性耦合效应。而如果采用乘性分析方式，即采用上述低频 IMF 分量的总和对数据进行乘性解调，得到的结果如图 5.5.1(d) 所示，此时，昼夜节律周期仍然可见，但调制效应要弱得多。相比之下，乘性解调的优点在于解调后的数据集有一个统一的基线；不同的是，除了高频噪声包含正负值外，其余数据结果均为正值。

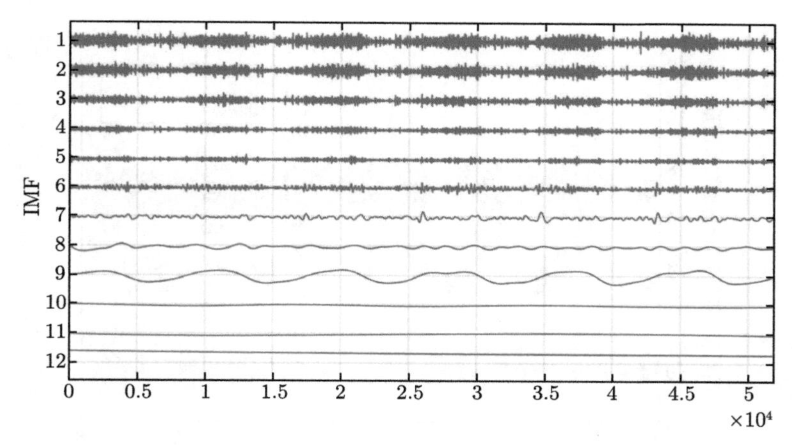

图 5.5.1(b) 神经元活跃度数据的各个本征模态函数

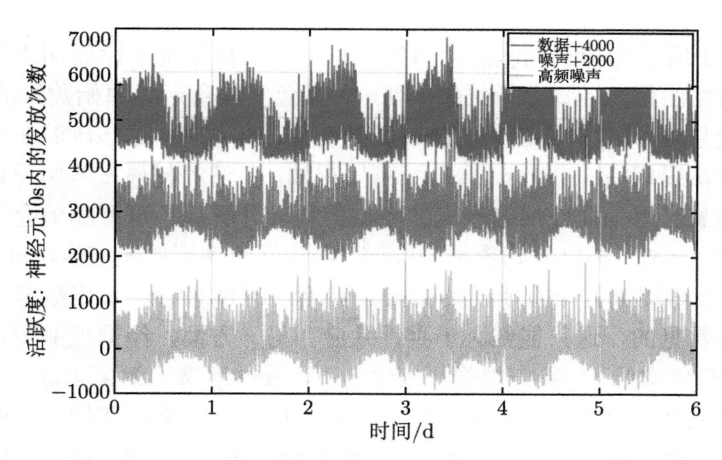

图 5.5.1(c) 加性解调后神经元的活跃度数据与不同噪声项

图 5.5.1 (a) 小鼠神经元活跃度数据，红线所示为第 9 至 12 个低频 IMF 分量的总和，用于体现昼夜节律周期的活动；图 5.5.1(b) 活跃度数据经 EMD 后所

得的 IMF；图 5.5.1(c) 对数据进行加性解调的结果，高频噪声 (high frequency noise) 是指是第 1～ 8 个 IMF 分量之和，包含正负值；而噪声 (noise) 项是指从原始数据中减去已知的第 9 个和第 10 个 IMF 分量 (日周期和双日周期) 后的剩余信号，包含了更低频的直流项，因此噪声项的活动范围要比高频噪声项大，且数据都是正值 (d) 是乘性解调的结果，即在前面的加性解调结果的基础上，利用 (a) 图中 9 至 12 个低频 IMF 分量的总和进行了额外的除法，由于噪声项的活动范围较大，使得乘性解调效果不佳，仍保留有较大的波动。

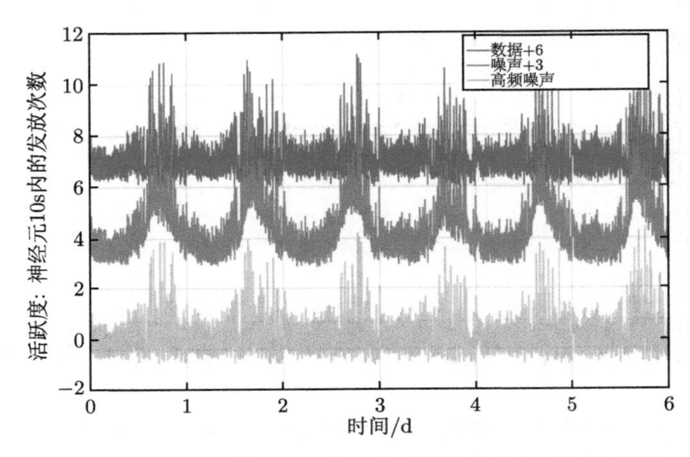

图 5.5.1(d) 乘性解调后神经元的活跃度数据与不同噪声项

图 5.5.2 所示为神经细胞活动原始数据，以及按昼夜节律周期进行加性和乘性解调后数据的傅里叶谱分析结果。其中，蓝色实线所示为原始数据的傅里叶谱，在 1 T/d 处以及 2 T/d 和 3 T/d 的谐波处有显著的谱峰。这些谐波在过去被认为是超昼夜节律周期 (ultradian cycle)。可以得知，所谓的超昼夜节律周期其实是数学伪影或假象，因为非线性的昼夜波经过傅里叶分解后不可避免地会引入不合理的杂乱谐波。此外，相比原始数据的频谱，经加性解调后的噪声傅里叶谱 (红色虚线) 在昼夜节律周期处没有明显的谱峰。然而从时域来看，噪声数据中的幅度调制仍是显而易见的，这只能归因于乘性效应。另一方面，经乘性解调后数据的傅里叶频谱 (紫色实线) 与噪声很像。相比之下，乘性解调的效果更好，这说明昼夜节律对神经元活动度的调制效应很可能是乘性的。接下来，我们通过时频希尔伯特谱分析来观察数据。图 5.5.3 给出了数据的短时傅里叶变换 (short-time Fourier transform, STFT) 时频谱图和时频希尔伯特谱表示。

如图 5.5.3 (a) 所示，在 STFT 时频谱中，最显著的波动是高能量密度条纹表示的日周期。由于不确定性原理，STFT 时频谱在低频范围内缺乏足够的细节，而希尔伯特时频表示则不受此限制，能够在任意频率和时间尺度上缩放。如图 5.5.3 (b) 所示，在希尔伯特时频谱中，高亮黄色曲线清晰地显示出具有波内频率波动的非线性昼夜节律周期；此外，从真实的物理频率来看，没有迹象表明存在 2～3T/d 的超昼夜节律，这说明所谓的超昼夜节律周期确实是虚假谐波。另外值得注意的是，希尔伯特谱中清晰显示出了一个频率为 0.5T/d 的低能量密度“次谐波”，这是一个值得研究的新现象。

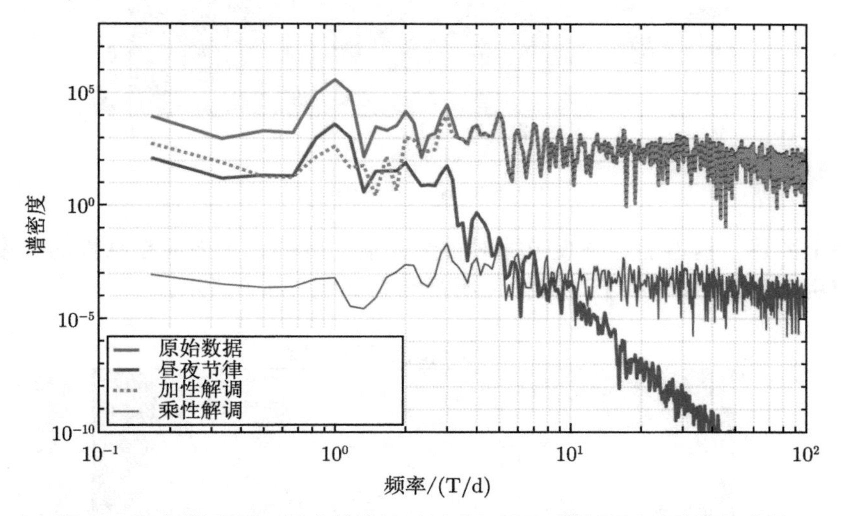

图 5.5.2 原始数据、昼夜节律波动以及加性和乘性解调后的傅里叶谱

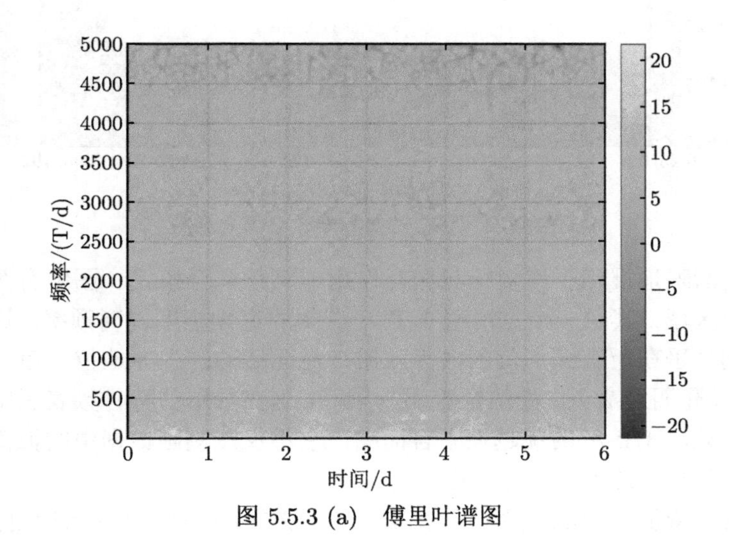

图 5.5.3 (a) 傅里叶谱图

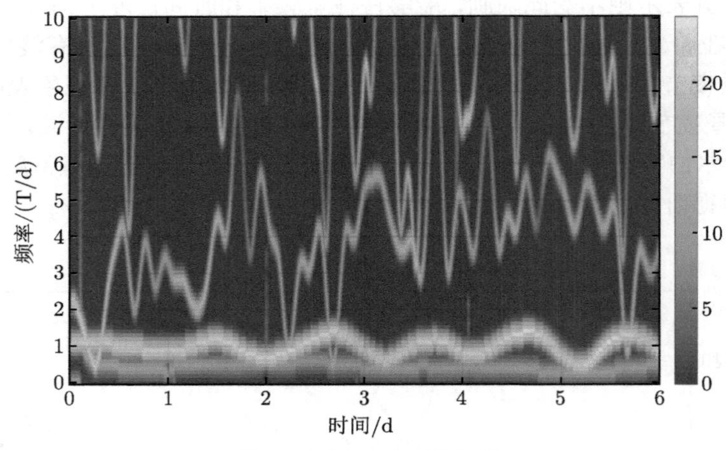

图 5.5.3 (b)　希尔伯特谱

综上所述，基本确定昼夜节律对神经元活动度的调制效应是乘性的；接下来，我们应用 HHSA 来分析上述数据，所得结果如图 5.5.4 所示。

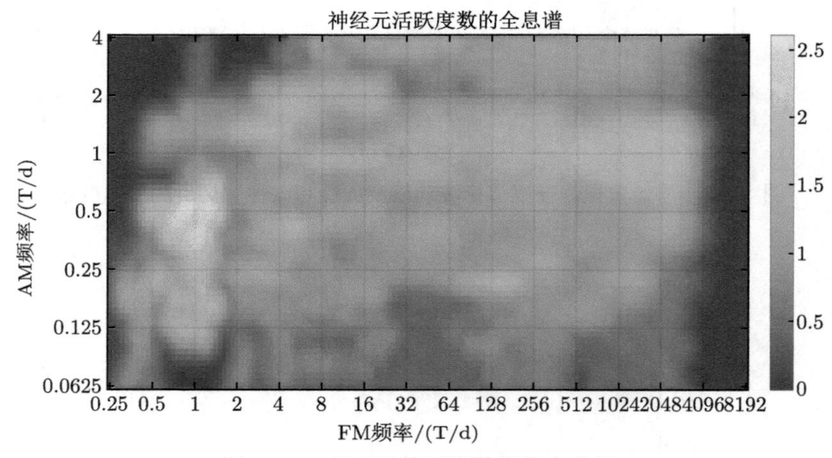

图 5.5.4　昼夜节律周期数据的全息谱

全息谱清晰地展示了许多跨频相互作用或跨频耦合模式。图中有两个显著的高能量集中区域，其中一个是沿着 1 T/d 调制的宽频幅度调制频率，这体现了昼夜节律周期几乎在所有频率范围内都占据神经元活动的主导地位。第二个区域是在 0.5 T/d（周期为 2 天）处的幅度调制频率，这在希尔伯特时频表示中也有所体现。由此可见，HHSA 的优越性不言而喻：它不仅能刻画数据中的振荡频率，还能揭示其中蕴含的跨频相互作用模式。

以上所有特征与 Huang 等人（2016）在正弦波调制白噪声示例中的发现一致：

加性过程使周期能量保持一致。尽管调制模式在时域波形中依然清晰可见，但乘性过程将调制波的能量密度扩散到整个频谱范围，导致在频谱中并没有出现突出的谱峰。

除了时域和频域分析，另一种视角是从残差的概率分布来理解解调结果。图 5.5.5(a～c) 给出了前文所述神经细胞活动度数据的概率密度分布。如图 5.5.5(a) 所示，数据的分布是高度非高斯的。即使经过各种加性解调后，其概率密度函数也仍然是超高斯的。正如 Qiao 等人 (2016) 指出的，所有具有乘性调制过程的数据都是如此。图 5.5.5(b) 给出了乘性解调情况下的结果。可以看出，虽然乘性解调缓和了非高斯特征，但概率密度函数仍然是非高斯的。

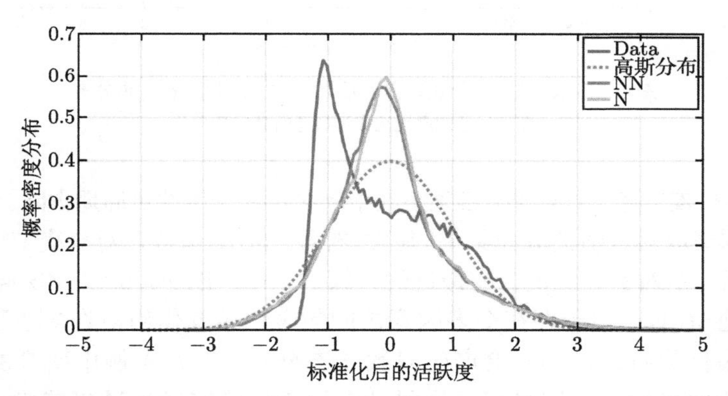

图 5.5.5 (a) 原始数据的概率密度分布（蓝色），以及经过加性解调后剩余噪声成分的概率密度分布

NN 代表高频噪声项 (IMF1～ 8)，N 代表噪声项 (data-IMF9,10)(图中红色的虚线是作为参考的高斯分布)

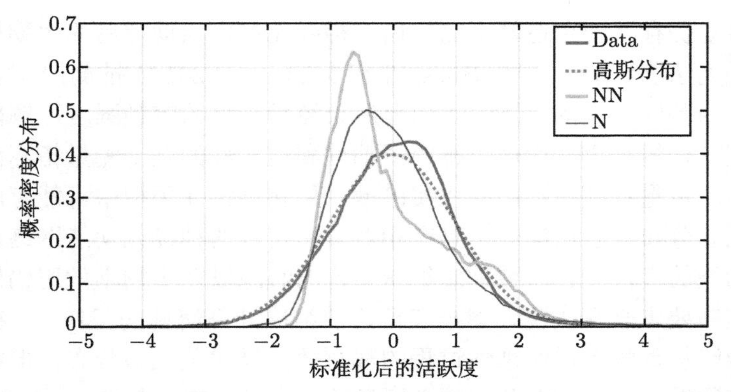

图 5.5.5 (b) 原始数据经过乘性解调后的概率密度分布（蓝色），即原始数据除以了低频总量 (IMF9～12) 的和

图中红色的虚线是作为参考的高斯分布

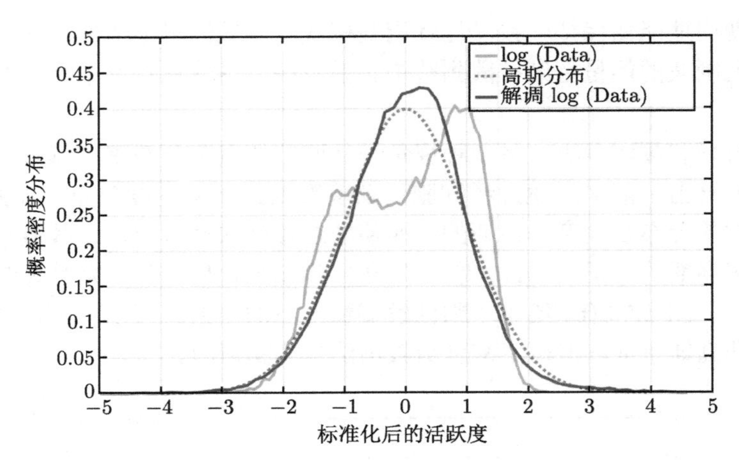

图 5.5.5 (c) 是将乘性解调前后数据进行对数化后的分布

图中红色的虚线是作为参考的高斯分布

要想对昼夜节律进行解调，必须将其中起决定性作用的日周期去除。图 5.5.5(c) 给出了数据集取对数值的分布结果。显然，神经元活动指数在对昼夜节律周期进行乘性解调后，是对数正态的。在最近的一篇综述中，Buzsaki 和 Mizuseki（2014）简明扼要地指出，“由于存在众多因素之间的乘性相互作用，许多生物学表象具有涌现和集群化特性，同时会产生对数正态分布。”在本例中研究的对象是神经元集群的放电行为，这些相互作用带来的变化能够反映昼夜节律，而且也呈现对数正态分布。从数学形式上很容易看出，所有正变量的乘性过程都可以是对数正态的，因为乘积的对数即为各个项的对数值之和，中心极限定理很容易应用于此。

然而这里仍存在一个逻辑上的空白：神经元群体活动背后的生物机制是否为乘性调制是无法确定的。对此，Buzsaki 和 Mizuseki（2014）推测，“对数正态分布可能是先天由基因定义的‘支架’，加上后天经历带来的突触强度、解剖学连接改变等因素相结合的结果；而对于神经活动性和连接性的几个测量指标而言，其对数正态分布的定量特征在不同的皮质区域、层和神经元类型中可能有所不同。偏态的对数正态分布可能指向一个具有相对紧密连接的神经元功能网络。目前，人们对大脑功能的多尺度、对数动态组织结构的起源以及生物学效用仍然缺乏全面的理解；这需要未来在实验、建模和理论前沿展开系统性的工作。”在此我们认为，虽然能够从数学上说明乘性过程的观测数据呈对数正态分布，但乘性相互作用既不是使数据呈对数正态分布的必要条件，也不是充分条件。

首先，对大脑上核（SCN）区域的群体神经元活动进行数据建模，将时钟基因 Zeitgeber 赋予神经元。前文所述的神经元群体活动指数是指在 10 秒内每个神经元以不同速率放电的总和。由于每一次的放电都是由突触连接控制的，因此下文将从突触相互作用的角度来讨论群体放电数据，假设如下：

(1) 孤立的神经元会随机放电，呈正态分布。

(2) 神经元群体 A 与神经元群体 B 连接且相互影响，群体 A 的放电率与来自群体 B 的突触连接数成正比。

(3) 群体 A 中源自群体 B 的突触连接数与群体 B 的总数成正比。

在此假设下模拟 SCN 神经元群体活动，即 SCN 神经元与其他子系统之间的突触连接。在给定的数据采样时间间隔内，SCN 神经元将与来自大脑其他区域的许多神经元子系统相互作用，如负责感受光线、声音以及温度的神经元子系统。

考虑到每个神经元在单位时间内的放电次数呈正态分布，那么神经元活动程度定义为

$$\mathrm{d}x = \sum_{i=1}^{cx} \mathrm{d}n_i \tag{5.5.1}$$

其中，$\mathrm{d}n_i$ 表示相同的正态分布变量 $\mathrm{d}n$；cx 表示从组中可用的神经元总数 x 中选定一个百分比 c(通常只有 10%)，可以得到

$$\mathrm{d}x = cx\,\mathrm{d}n \Longrightarrow \frac{\mathrm{d}x}{x} = c\mathrm{d}n = \mathrm{d}\log x \Longrightarrow \log x = c\sum \mathrm{d}n \tag{5.5.2}$$

因此，神经元活动度应该是对数正态分布的。只有首先通过乘性解调从数据中去除昼夜节律周期带来的非线性调制后，这个简单的比例模型才能发挥作用。如果采用加性解调，就不可能呈现对数正态分布了，因为加性解调会使变量同时包含正负值。昼夜节律周期必须进行乘性解调，这是变量呈对数正态分布的必要条件。由此可见，昼夜节律周期对神经元活动度的影响是强非线性的。

有几个观察结果值得特别关注。首先，所有存在的神经活动状态都受到昼夜节律周期的强烈调节。其次，在所有存在的状态中，睡眠应该是最特别的。睡眠状态下所涉及的子系统与其他状态有很大的不同，因为在睡眠条件下外界的刺激被切断，大脑处于静息状态（Buzsaki, 2006）。而这也可能是为什么慢波睡眠（slow wave sleep, SWS）和快速眼动（rapid eye movement, REM）与任何其他状态下数据的相关性都很低的原因（Buzsaki 和 Mizuseki, 2014）。然而，SWS 和 REM 的相关性仍然很高。再者，这些状态都是在不同的时间连续出现的，它们的存在是相互独立的。基于这些概念可以发现，虽然式 (5.5.1) 和式 (5.5.2) 在数学形式上表明这些过程可能是乘性的，但实际上涉及的过程是加性的，因为将独立的过程相乘在逻辑上和物理上都没有意义。

这种情况与城市的人口分布类似。曾有研究表明，城市的人口分布是对数正态分布，但各个城市之间没有特殊联系。它们之间只存在简单的加法关系，与数

学形式无关。因此，乘性过程既不是对数正态分布的必要条件，也不是充分条件，它只是一种可能性。一个更基本的机制是 Gibrat 定律所述的比例增长（Sutton, 1997），其中给出了呈对数正态分布的变量示例，包括生物学和医学（血压分布）、胶体和高分子化学（颗粒大小）、水文（降雨量的最大值）、社会科学（特定群体的收入）和人口统计学（城市规模），甚至包括电信和可靠性评估。大多数结果都是独立事件的总和，没有隐含或存在任何逻辑上的乘性关系。

总的来说，昼夜节律下神经元的放电数据在经过乘性解调后呈现出对数正态分布，这个与前人的研究结果相一致，体现出本书乘性解调方法的合理性，尽管对数分布背后蕴含着的奥秘仍旧是个谜。此外，全息谱作为一个前所未有的调制解调分析工具，在本例中展现出数据蕴含的丰富的跨频耦合模式，可以相信在其他复杂非线性调制数据中也能够被大为所用。

5.5.2 阿尔茨海默病

阿尔茨海默病（AD）是照顾者负担以及社会负担最严峻的疾病之一。联合国一项研究表明，2006 年全球已有 2,660 万阿尔茨海默病患者；预计到 2050 年，在全球范围内，每 85 人中就会有 1 人罹患阿尔茨海默症。目前，AD 诊断主要依赖于对患者的行为和心理能力进行评估，以及对脑部进行影像学扫描检查，但金标准仍是脑组织病理学检查。虽然目前尚无成熟的治疗方法可以延缓病情发展甚至治愈 AD，但早期诊断可以提示及早为 AD 患者营造一个安全适宜的生活环境。近年来，许多新的诊断方法不断涌现，例如 Yang 等人（2013）通过信号复杂性分析来识别阿尔茨海默病患者头皮脑电图（EEG）的动力学变化过程。

基于小样本 EEG 数据，本小节借助 HHSA 提出了一种颇具潜力的 AD 诊断新方法。所使用的 EEG 数据集来源于 Yang 等人（2013），其中包括健康人对照组（health control，HC）以及不同严重程度（从轻到重分别为 G1∼ G3）的 AD 患者。EEG 采样率为 256Hz，时长为 10s，典型的波形如图 5.5.6 (a) 所示。

在分析前，为了消除由采集过程、病人本身或其他情况所引入的与疾病严重程度无关的干扰，所有脑电数据幅度都被归一化。即便是在时域上粗略地观察原始脑电数据，我们也能在对照组和重症组间发现肉眼可见的差异。为了进一步量化这种肉眼可见的差异，首先采用传统的傅里叶频谱来分析脑电数据。如图 5.5.6(b) 所示为四组受试者的傅里叶谱分析结果，图中所有的谱线都交织重叠。显然，传统的傅里叶谱分析似乎不适用于提取并分离四组受试者的脑电特征。那么全息希尔伯特谱分析 (HHSA) 方法能够奏效吗？首先，我们通过 EEMD 将脑电数据分解成其各自的本征模态函数 (IMF)(如图 5.5.7(a∼ d) 所示)。显著性检验结果如图 5.5.7(e) 表明基于 EEMD 分离的第一个本征模态函数 (IMF) 不具备任何有用信息，应该排除。

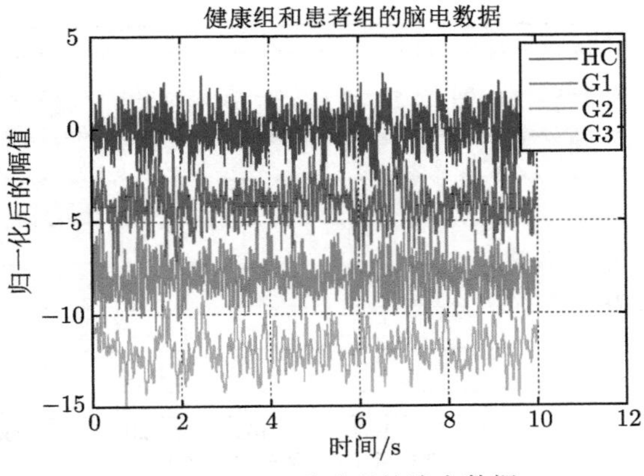

图 5.5.6(a) 受试者的脑电数据

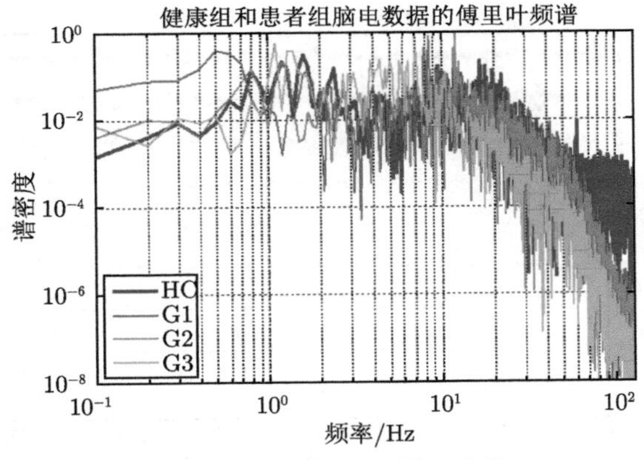

图 5.5.6(b) 相应的傅里叶谱

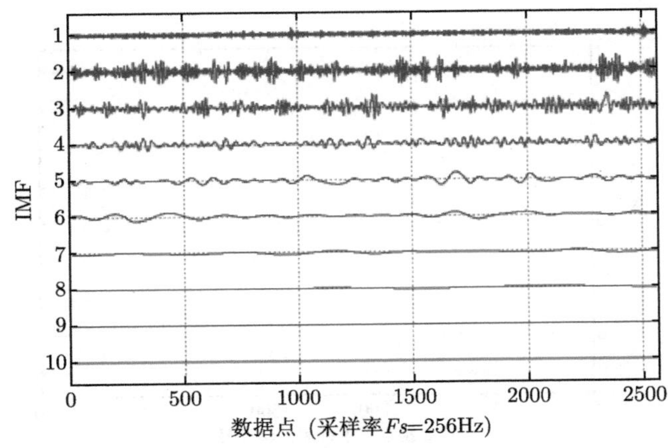

图 5.5.7(a) 健康对照组的 EMD 分解结果

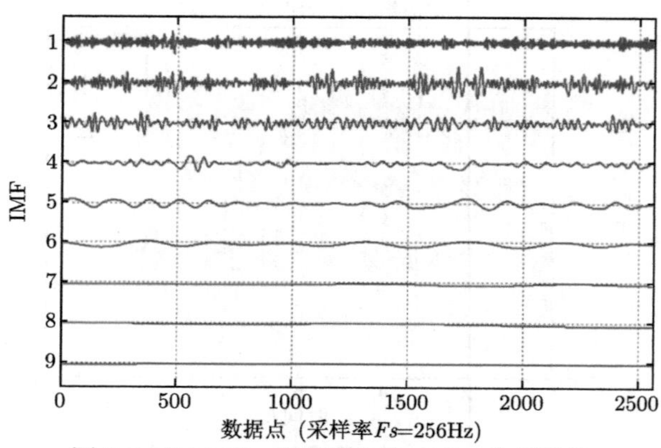

图 5.5.7(b)　G1 患者脑电的 EMD 分解结果

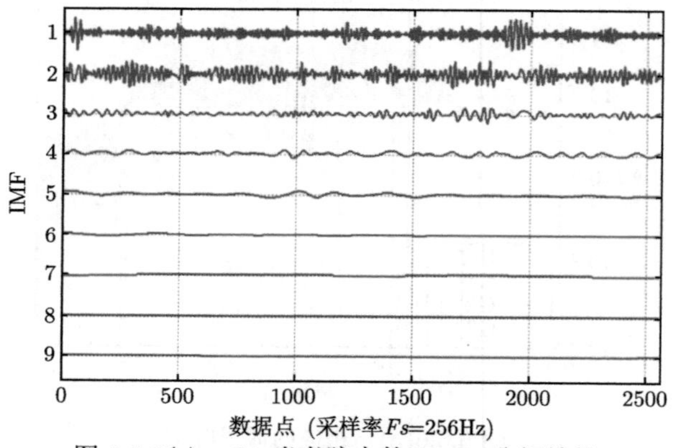

图 5.5.7(c)　G2 患者脑电的 EMD 分解结果

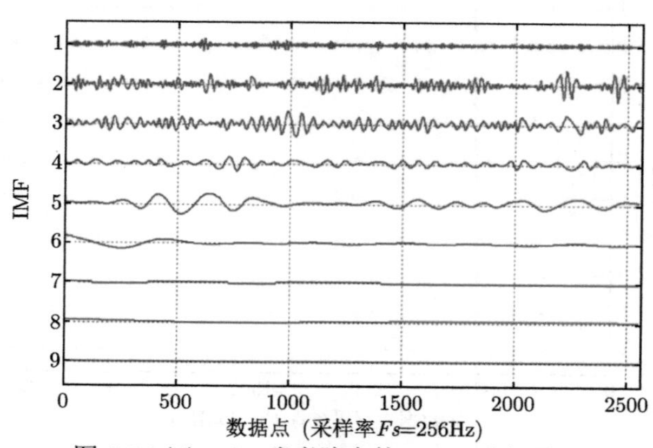

图 5.5.7(d)　G3 患者脑电的 EMD 分解结果

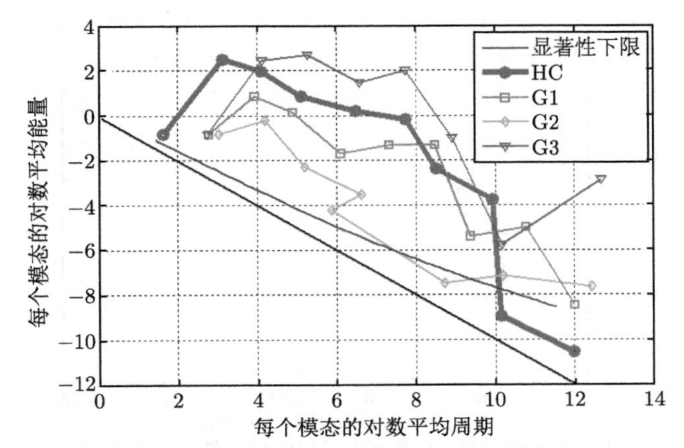

图 5.5.7(e) 对健康对照组和患者组的脑电模态作显著性检验

如前所述，傅里叶频谱分析在 AD 诊断上的应用前景并不明朗，接下来我们从幅度调制的角度进行分析。图 5.5.8 （a~d）所示为每个 IMF 包络线的振幅函数。

由于这些数据似乎缺乏明显的时序结构，我们考虑计算每组数据的第 2 到第 4 个 IMF 分量的 Hilbert 边际谱，而第 1 个 IMF 分量因存在噪声被舍弃 (Wu 和 Huang, 2003)。图 5.5.9 (a~d) 分别显示了健康对照组和三组患者组的二维 AM-FM-Holo 谱。完整的三维时频 Holo 谱则如图 5.5.10 (a~c) 所示，三幅图分别依照能量强度保留了 100%、90% 和 80% 比例的数据。

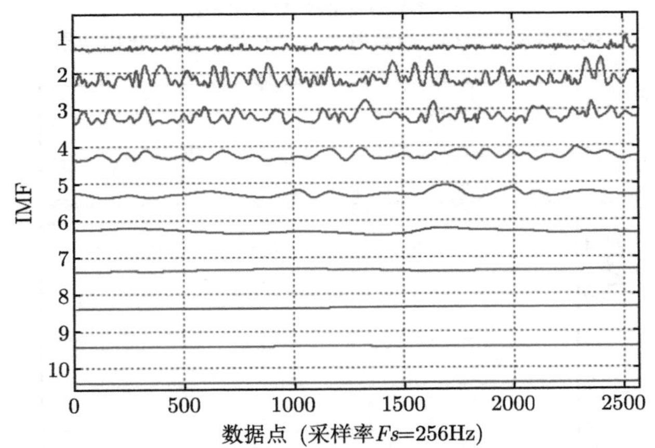

图 5.5.8(a) 健康对照组脑电 IMF 包络线的分解结果

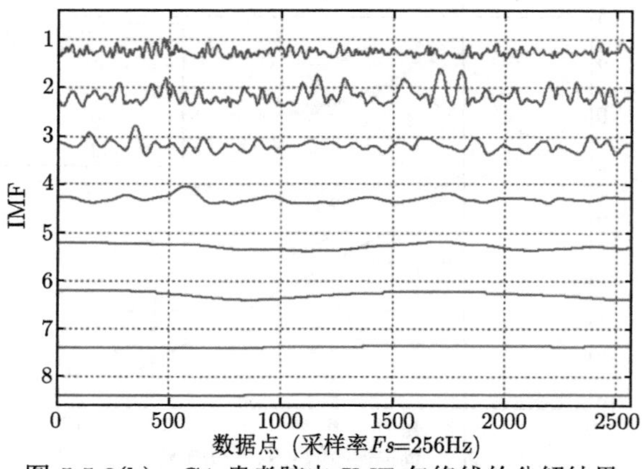

图 5.5.8(b)　G1 患者脑电 IMF 包络线的分解结果

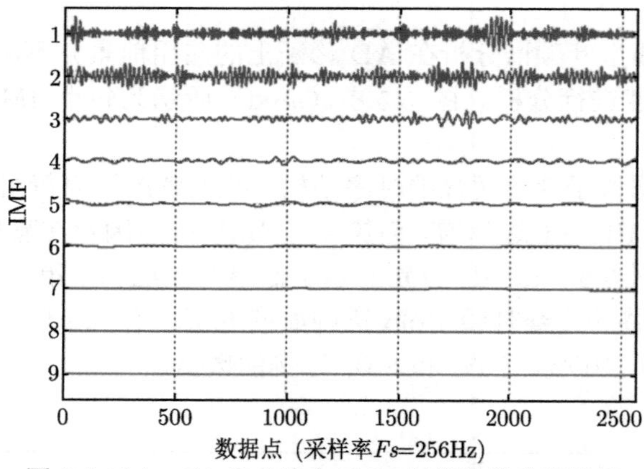

图 5.5.8(c)　G2 患者脑电 IMF 包络线的分解结果

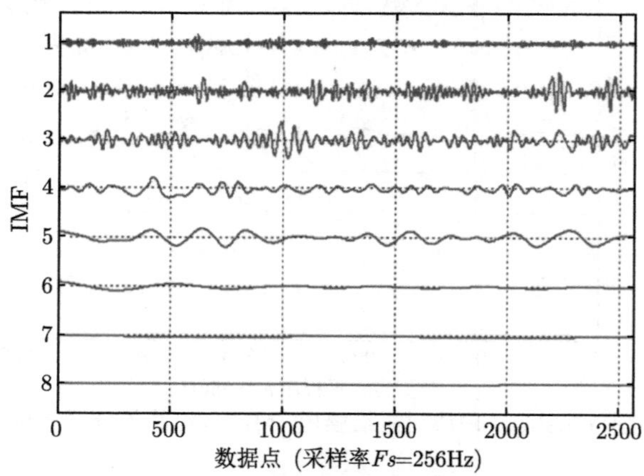

图 5.5.8(d)　G3 患者脑电 IMF 包络线的分解结果

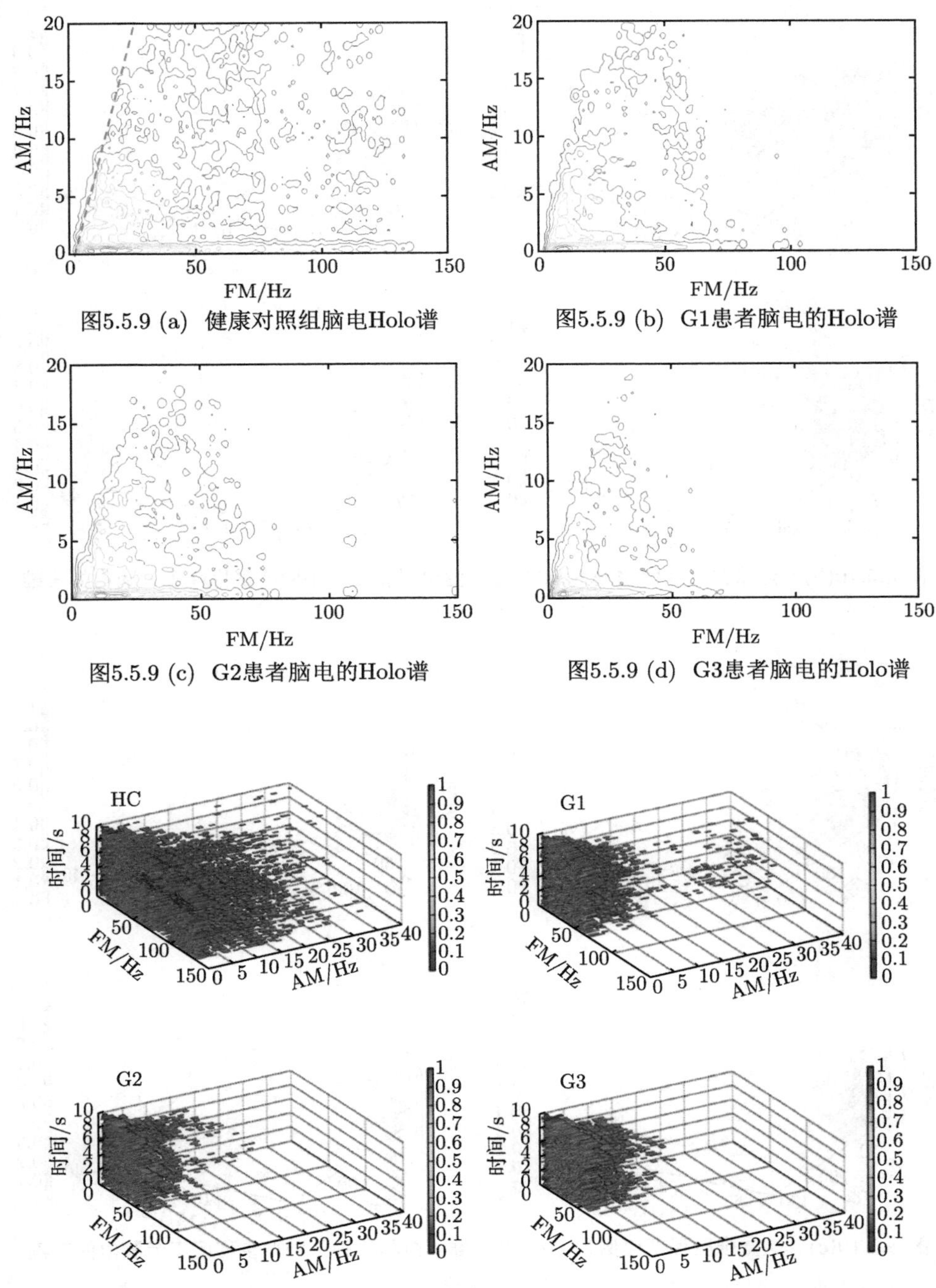

图5.5.9 (a) 健康对照组脑电Holo谱

图5.5.9 (b) G1患者脑电的Holo谱

图5.5.9 (c) G2患者脑电的Holo谱

图5.5.9 (d) G3患者脑电的Holo谱

图 5.5.10(a) 能量强度保留比例为 100%时，健康组和三种不同严重程度患者脑电的三维 Holo 谱

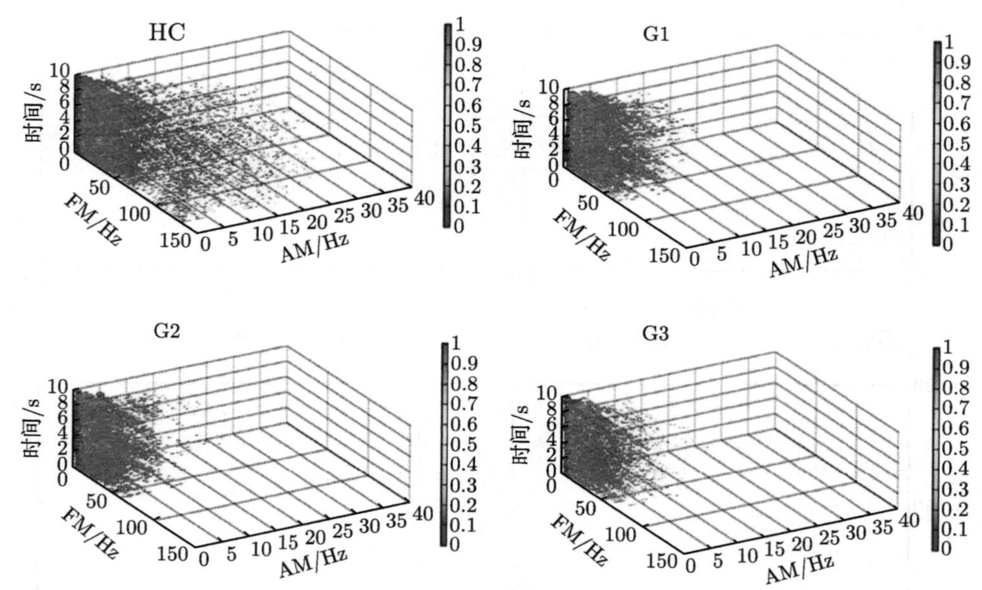

图 5.5.10(b)　能量强度保留比例为 90%时，健康组和三种不同严重程度患者脑电的三维 Holo 谱

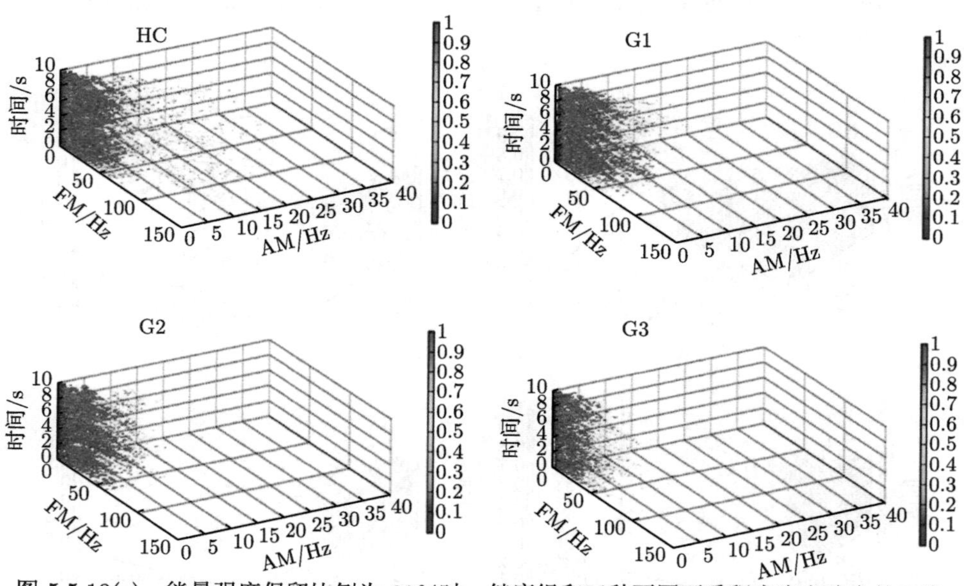

图 5.5.10(c)　能量强度保留比例为 80%时，健康组和三种不同严重程度患者脑电的三维 Holo 谱

在 Holo 谱中组间差异十分明显，对于 AD 患者来说，不论疾病轻重程度，从 AM 轴方向看，几乎没有高于 10Hz 的能量分布，这表明脑电信号在 α 波和部分低频 β 波范围内缺乏调制。此外，如图 5.5.10 所示，AD 患者在全频率范围内的三维 Holo 谱密度相较于健康对照组都普遍下降，可能揭示出 AD 患者大脑中存在的严重问题：在物理上意味着缺乏非线性波间相互作用，相应地，在生理上意味着大脑中缺失不同部分不同频段间的相互作用。另外值得注意的是，病情较严重的病例在全频带范围内能量分布都较低，这说明波间相互作用随着病程的加重而越发缺失。

全息希尔伯特谱 (HHS) 能量分布的范围和幅值都在随着 AD 的严重程度而不断减小，这一特征清晰地揭示了在 AD 患者大脑网络中的跨尺度耦合作用可能存在某种缺失，而这种缺失可能与大脑不同部位之间缺乏有效联系密切有关。因此，AD 患者的临床表现实际上可能源自于大脑中各部分之间的耦合功能受损。这一猜想与杨等人 (2013) 基于复杂性分析得到的结果一致并且更进一步。他们推测 AD 可能导致 EEG 丧失复杂性。大脑不同部位之间非线性相互作用减少必然会使 AD 患者大脑 (或精神) 中的生理过程线性化、简单化。

值得指出的是，从全息希尔伯特谱 (HHS) 中提取的特征可以作为对疾病严重程度的新的衡量指标。为了更合理地量化评价脑电数据中存在的非线性相互作用，我们进一步采用与脑电数据具有相同频率范围和采样率的白噪声作为参照，计算患者脑电信号与参考白噪声的 HHS，并使用二者的比值作为衡量指标，限于篇幅，这里不过多介绍。

5.5.3 日长数据

第三个例子是 Huang 等人 (1998, 2003) 曾研究过的日长数据。在图 5.5.11 (a) 所示的数据中，可以看到一些非常大的基线波动，这显然是加性过程。图 5.5.11 (b) 所示为该数据经 EMD 分解后的 IMF，其 Hilbert 时频谱如图 5.5.11 (c) 所示。在 IMF 时域波形图和 Hilbert 谱中，最显著的特征之一是代表半月潮 (half-monthly tide) 的第 1 个 IMF 分量中存在周期为 19 年的默冬周期 (metonic cycle) 的幅度调制，这是其余任何一个 IMF 都没有的，需要注意的是，第二至最后一个 IMF 中的较大振幅波动并不是默冬周期，因为它的相位、周期性和幅度并不匹配。从 Hilbert 谱中可以看出半月潮分量的频率范围约为每年 24 至近 30 个周期，而且它的能量以 19 年为周期进行变化，即受到默东周期的幅度调制。此外，我们还可以隐约看到月潮 (monthly tide) 被周期为四年的奥林匹克周期 (Olympiad cycle) 幅度调制的现象，即频率范围为每年 12 个周期附近，Hilbert 谱能量以 4 年为单位周期性变化。

上述特征是无法通过大量滤波和分解操作从数据或谱表示中提取出来的。但是，如果从半月潮分量图 5.5.12(a) 的包络线入手来研究幅度调制，这些特征就显而易见。如图 5.5.12(b) 所示为对该包络进行 EMD 后产生的第二层 IMF，其中，第 6 个 IMF 分量清晰地反映了默冬周期。

值得注意的，第二层 IMF 的第 1 个 IMF 分量中仍然有较强的幅度调制。图 5.5.12(c) 所示的 Hilbert 时频谱中也可以看到这种调制，它揭示了周期约为 4 年的月潮的幅度调制作用。显然，需要再多一层 EMD 展开来分析这一强幅度调制。对第二层 IMF 的第 1 个 IMF 的包络线再次进行 EMD 展开，结果图 5.5.13(a) 中所示，它体现了周期为 4 年的奥林匹克周期，图 5.5.13(b) 所示为相应的 Hilbert 时频谱。

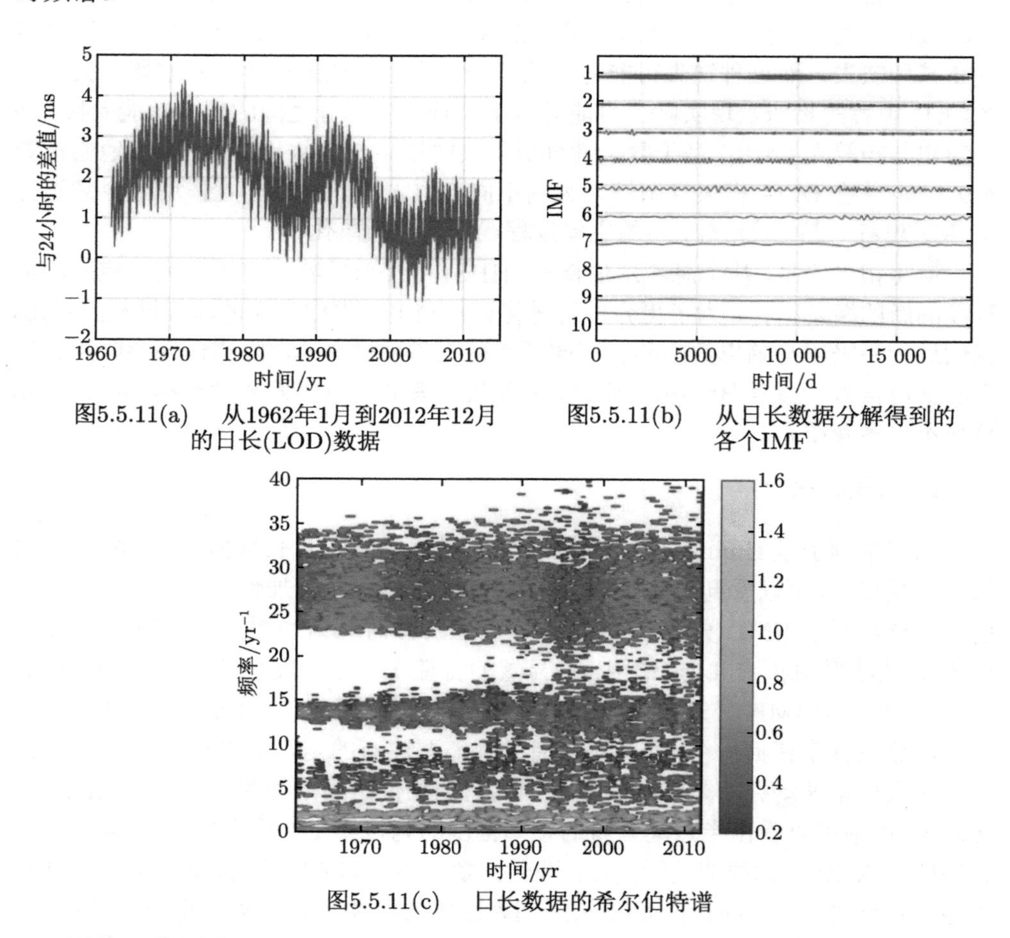

图5.5.11(a)　从1962年1月到2012年12月的日长(LOD)数据

图5.5.11(b)　从日长数据分解得到的各个IMF

图5.5.11(c)　日长数据的希尔伯特谱

至此，我们最终通过三层 HHSA 揭示出数据中所有可能存在的模式，同时最好通过一个四维空间来表示，但由于四维的可视化会带来新的问题，在这里暂且不讨论。而上述讨论已经足以说明，AM 扩展的附加维度并不一定像昼夜节律周期那样具有单一且相同的调制频率。奥林匹克周期和默冬周期都有各自对应的天文学意义，然而，没有任何滤波技术能像 HHSA 这样抽丝剥茧，轻松地将隐藏在数据中的多尺度变化揭示出来。

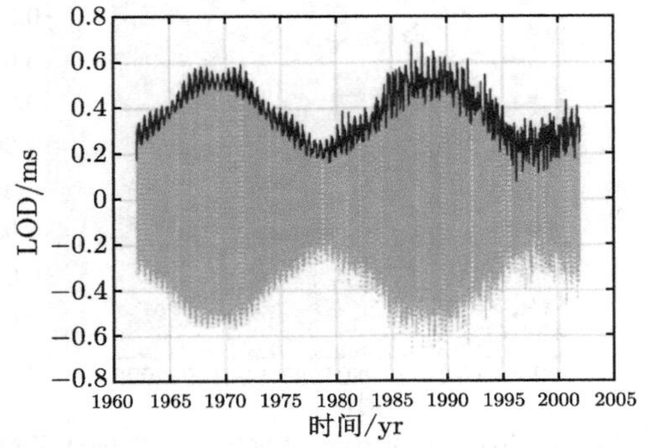

图5.5.12 (a) 图5.5.11(b)中对应半月周期的IMF成分的细节，以及它的幅度调制函数（黑色实线显示了周期为19年的默冬周期的调制作用）

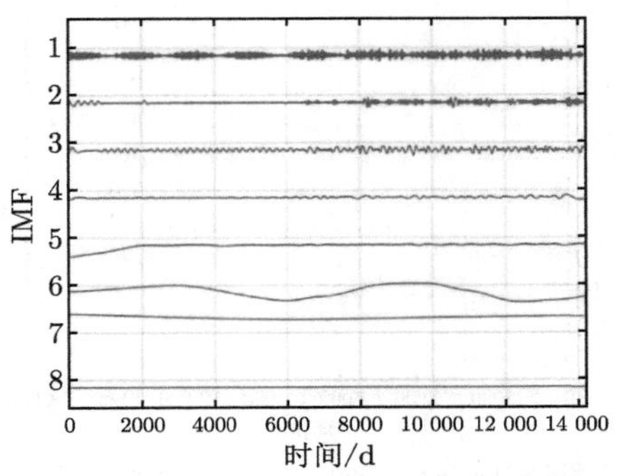

图5.5.12 (b) (a) 图所示振幅函数经过EMD分解得到的第二层IMF（从第1个IMF中可以很明显地看到幅度调制的模式，这需要通过EMD来进一步分解，在HHSA中也需要额外的维度，第6个IMF清晰地显示了默冬周期）

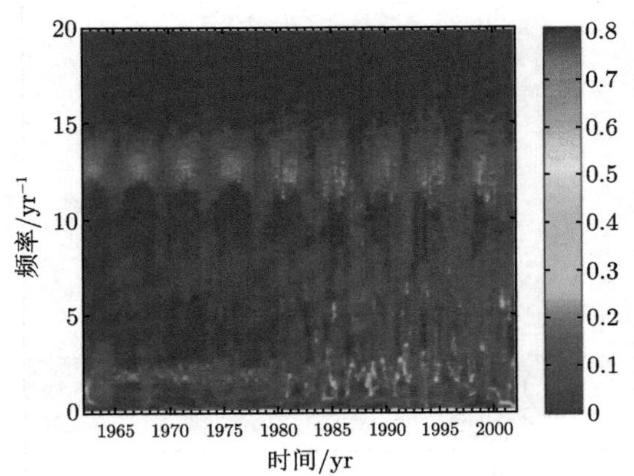

图5.5.12(c) 由(b)图中各个IMF构成的希尔伯特谱

图 5.5.14 (a) 和 (b) 所示为上述日长数据的三维 Holo 谱。从图 5.5.14 (a) 中可以看到所有不同时间尺度下的调制模式，包括月潮下的奥林匹克周期 (FM=12 周期/年，AM=0.25 周期/年) 和默冬周期 (FM=12 周期/年，AM≈0.05 周期/年)，以及半月潮下的默冬周期 (FM=24 周期/年，AM≈0.05 周期/年)。如果我们在图 5.5.14(b) 所示的缩放图内进一步观察，可以看出在 FM=2 周期/年附近位置

存在另一个显著的非线性幅度调制，代表众所周知的准半年周期 (Horton 和 Tan, 1980)。

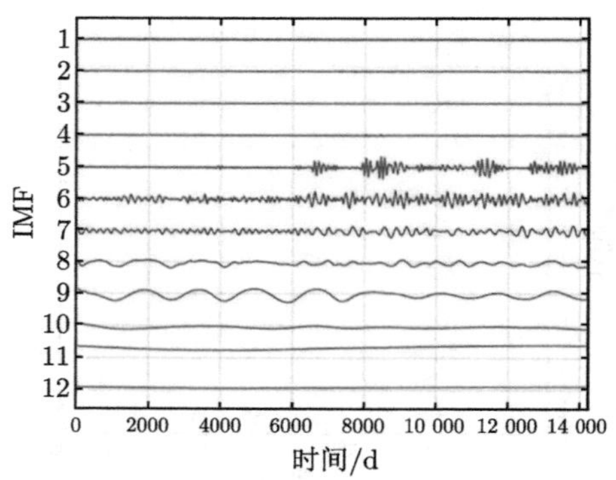

图5.5.13 (a)　对日长数据进行第三层HHSA分析（即对第二层第一个IMF的包络线再次进行分解，从IMF8和9中可以清晰地看到周期为4年的奥林匹克周期）

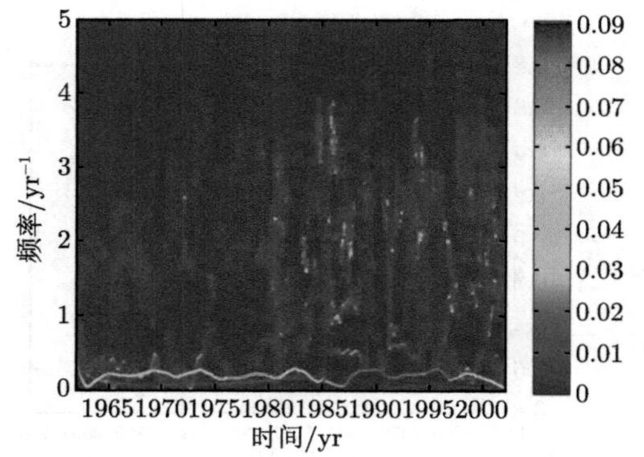

图5.5.13 (b)　希尔伯特时频谱进一步确认了奥林匹克周期（即存在一条频率为0.25周期/年的能量线，这些都将在更高维的HHS中得到体现）

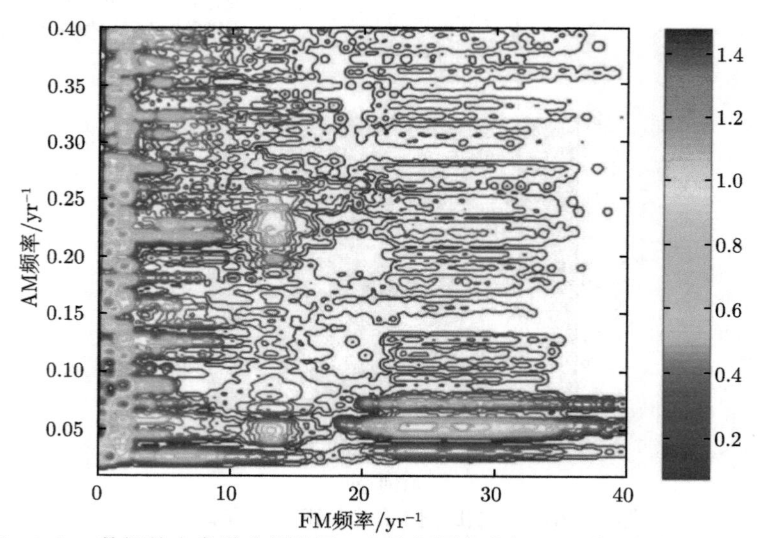

图 5.5.14(a)　LOD 数据的全息谱分析结果（在这幅图中我们可以看到所有的调制模式，它们代表了跨尺度的非线性相互作用，x 轴是频率调制（FM）的频率，y 轴是幅度调制（AM）频率）

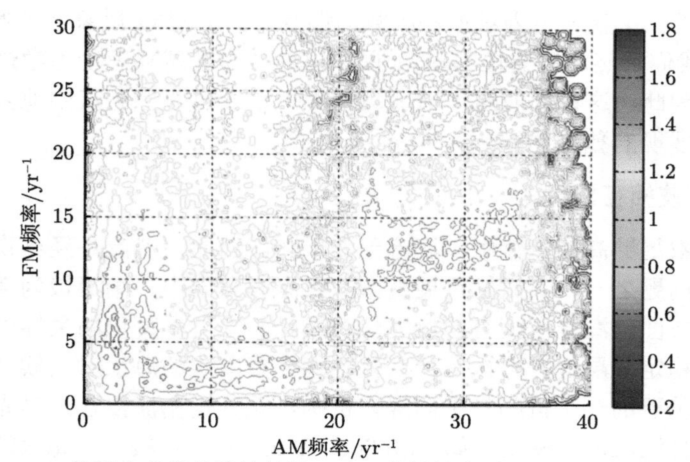

图 5.5.14(b) LOD 数据全息谱的缩放结果（AM 范围扩大到 0~40 周期/年，可以观察到准半年周期）

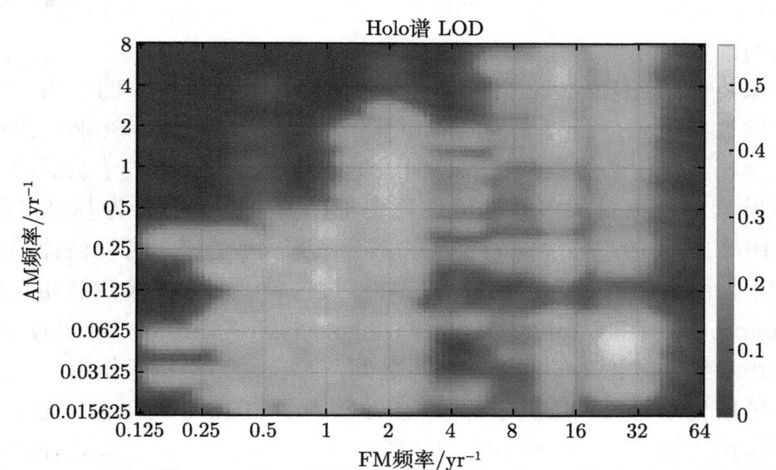

图 5.5.14(c) LOD 的对数 Holo 谱（坐标轴的对数化处理便于更加细致地观察频率能量分布的细节）

最后，值得讨论的是低频率范围内存在的较高能量集中的现象，如图 5.5.14(c) 所示为该区域的局部放大。容易看出，大部分能量驻留在调频频段附近，显著的调制周期覆盖了 2 年及以上的范围，这正是 ENSO(厄尔尼诺南方涛动) 现象 (Ropelewski 和 Halpert, 1987; Huang, 2003) 的体现。特别值得关注的是，10 年左右的能量集中表明了近十年来海洋和大气振荡的活跃性 (Mantua 和 Hare, 2002)。日长主要是由天体力学决定的，早先的 Hilbert 谱只揭示了年、半年、月和半月周期的频带 (Huang 等，2003)。实际上，地球物理现象背后的相互作用是间接的且更加微妙的，主要表现为对振幅函数的调制，如 ENSO 现象。尽管如此，针对这个案例，我们仍然可以通过 HHSA 提取出许多与地球物理动力学过程相关的周期性波动。因此，这再次证明了 Holo-Hilbert 谱分析在更为深刻地揭示数据中的信息方面所展现的独特性能。

5.5.4 湍流波相互作用

在雷诺数足够高的流体中，湍流无处不在。然而，湍流是经典物理学中尚未解决的重要问题之一，其研究进展甚微。在海洋科学中，湍流极为重要，特别是在气候研究方面。海洋所拥有的巨大热容量是长期气候变化的主导因素。众所周知，海洋是稳定分层的，那么是什么机制能使更深层的海水对气候产生显著影响呢？其中很重要的一个机制是垂向混合机制，尤其是湍流混合。早先，研究者已经提出了各种湍流混合模型（如，Mellor，Yamada（1982））。海水的混合过程是一个与能量相关的问题，海洋中所有的能量都来自于大气。此外，绝大多数的能量都是通过海面波进入深层海洋的（Wunsch 和 Ferrari, 2004），然而在 Yuan 等人（1999）和 Qiao 等人（2004）的研究发表之前，大多数混合模型都没有考虑到海面波动的因素。

接下来将介绍 HHSA 在非线性波浪湍流相互作用研究中的应用。湍流是一种高度非线性的现象，具有多种波间相互作用。基于 Navier-Stokes 方程，湍流中的动力学相互作用必然是乘性的。但遗憾的是，过去所有关于湍流的研究都是基于傅里叶谱的，而且大多数湍流理论也都以傅里叶谱分析为基础（Batchelor（1953）；Phillips（1977）），譬如著名的 Kolmogorov 能谱，可以估计湍流的标度约为–5/3，如图 5.5.15 所示。这种方法导致过去关于海洋中波湍流相互作用的研究（Kitaigorodskii 和 Lumley, 1983; Kitaigorodskii 等, 1983; Lumley 和 Terray, 1983）得出了错误结论，即波浪和湍流之间不存在动力学相互作用。

本小节所使用材料和数据来源于 Qiao 等人于 2016 年的工作。为了探究波浪湍流相互作用的机理，在中国南海的开阔海域，Qiao 等人通过固定在测量塔台上的声学多普勒测速仪 (ADVs, Nortek Vector) 测量得到了湍流数据，该数据收集于 2014 年 9 号台风 Rammasum 发生时，其最高风速达 55m/s。如图 5.5.16(a) 所示为在台风强度风浪下的垂直速度现场实验数据，经过数据清洗后，我们对其进行了 EMD 分解，并将 EMD 分解得到的第 6、7 个低频 IMF 成分重构得到波浪运动，清洗后数据和波浪运动的差值标记为高频残余量，它们的傅里叶谱如图 5.5.16(b) 所示。可以看到，在 0.2Hz 处有一个源于波浪的显著能量峰，但是看不到湍流带来的影响，而且数据似乎也满足 Kolmogorov 能谱的定律，即 $k = -5/3$。

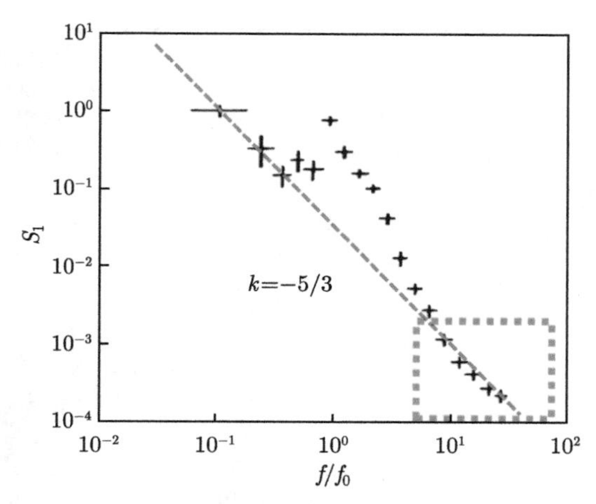

图 5.5.15 纵向湍流速度的功率谱

横轴为归一化频率，纵轴为功率谱密度；红线为拟合曲线，可见斜率为 −5/3；绿框为高频成分，后文会对这个成分作进一步讨论

紧接着，如图 5.5.17 所示，通过计算波浪运动成分和高频残余量成分的概率密度分布，可以看到高频残余量 (IMF1∼ 5) 明显有别于白噪声的高斯分布，这提示它可能暗含着高频湍流运动和其他复杂的海浪运动。然而，这些高频成分的能量往往不敌波浪运动，因此并不会在傅里叶谱上有着明显的迹象，譬如图 5.5.15 的绿色方框部分和图 5.5.16(b) 的高频段，而 EMD 在这里将数据中有价值的高频成分提取出来，为进一步揭示海浪运动的奥秘提供了基础，而非像傅里叶框架下的传统分析一样，将湍流和波浪运动混为一谈。

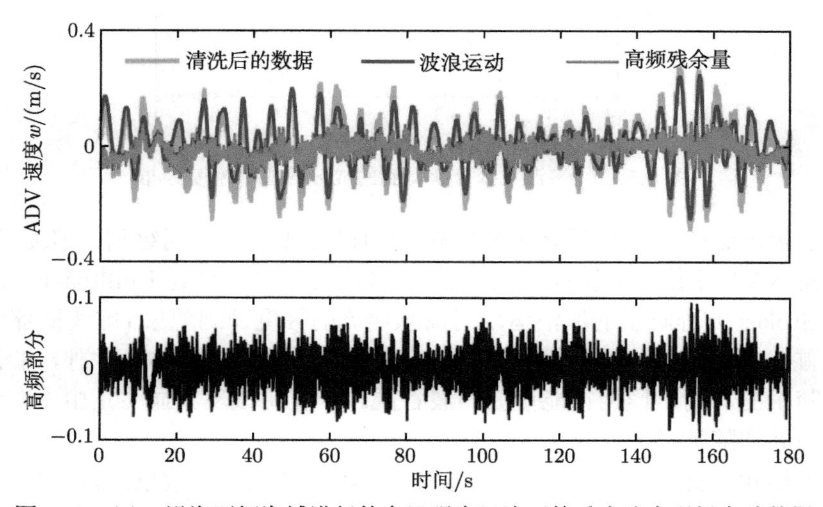

图 5.5.16(a) 沿海开阔海域进行的台风强度风浪下的垂直速度现场实验数据

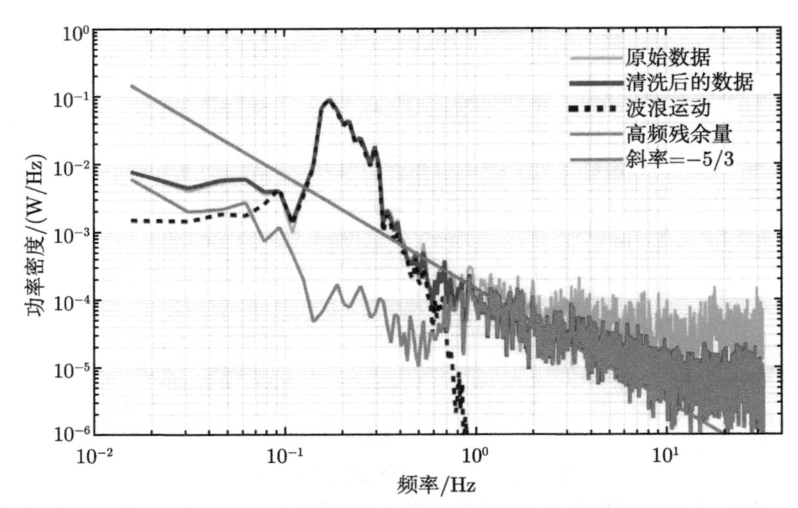

图 5.5.16(b)　海浪数据以及分解得到成分的傅里叶谱

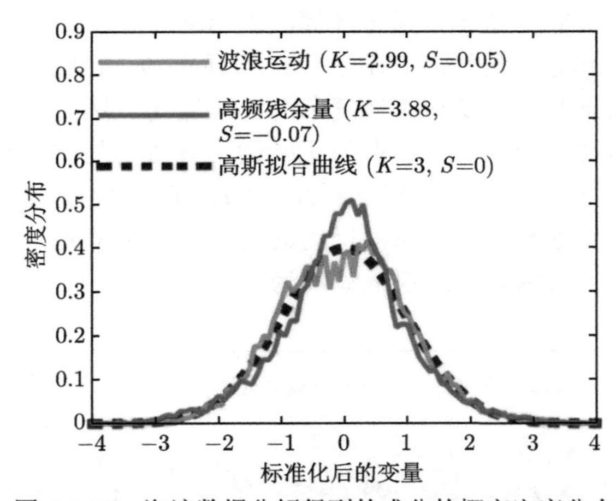

图 5.5.17　海浪数据分解得到的成分的概率密度分布

为了揭示这些高频湍流带来的影响,我们将 IMF1～5 分别绘制了 Holo-Hilbert 谱，如图 5.5.18 所示。很明显，在 0.2Hz 波段处，可以看到 Phillips(1961) 根据 Navier-Stokes 方程解出的波浪运动对高频湍流的幅度调制现象 (虚线框部分)，这是我们首次指出高频湍流仍然受到低频高能量波浪运动的影响。此外，湍流的分布不是随机的，而是锁相在能量波的波谷区。这表明该现象显然是由内在动力学驱动，而并非随机事件。

众所周知,海洋表层的波浪运动通常比湍流运动大几个数量级,所以大多数现场研究往往不能确定湍流动能，而只是从速度谱中估计其耗散率。在这里，HHSA

首次将表面海波对湍流的调制展示出来，并直接揭示了湍流与波浪的相互作用。毫无疑问，这个案例表明 HHSA 具有研究极其复杂的湍流相关现象的出色潜能。

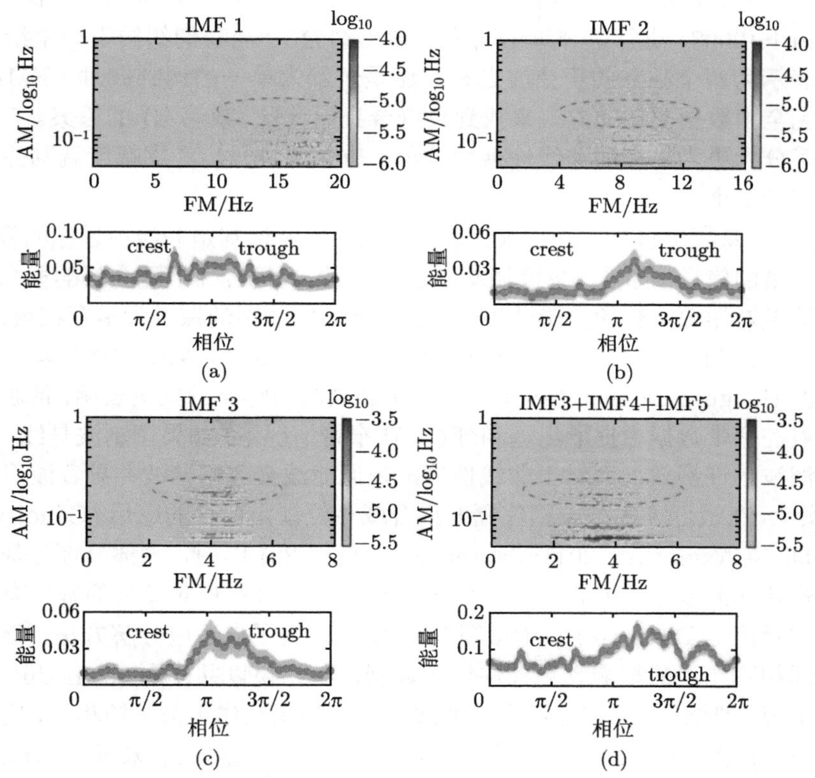

图 5.5.18　现场实验数据经过 EMD 分解后得到的各个成分的 AM-FM 能量调制分布，(a) 第 1 个 IMF，(b) 第 2 个 IMF，(c) 第 3 个 IMF，(d) 第 3~5 个 IMFs 的和

5.6 讨　论

在前文的讨论中，我们强调了线性加性和非线性乘性相互作用的区别，传统数学加性展开的缺陷以及解决这些问题的方法，本小节将对上述观点做进一步讨论。

(1) 关于加法运算和乘法运算之间的二义性：如式 (5.2.2) 所示，在傅里叶分析中，对于有两个三角函数项的简单情况，加法运算和乘法运算之间已经存在一定模糊性；而在有更多三角函数项的情况下，加法运算和乘法运算是完全不能相提并论的，这一观点已经在正弦波调制白噪声的案例中得到证明。相比之下，等式 (5.1.8) 所示的自适应 EMD 展开极具优势：所得的 IMF 在傅里叶谱中有一个更宽的带宽，且 IMF 中 $a(t)$ 和 $\cos\theta(t)$ 的调制同时代表了波间非线性和波内非线性耦合方式，二者结合可以在一个波分量中表示复杂的乘性信号。这也许就是为什么大多数 IMF 更具有真正物理意义的原因 (Huang,1998)。

当然，并非所有的加法项都是等价的。根据所涉及项的振幅和频率比，Rilling 和 Flandrin(2008) 进行了详细的研究并得出结论："当我们纠结于一个给定的信号应该表示为两个独立的正弦波之和，还是表示为单一的调制波时，EMD 能够以一种完全由数据驱动的方式来找到更符合我们直觉 (或感觉) 的答案。" 即便如此，为了分析更为复杂的非线性乘性过程，有必要进一步考虑幅度调制并将频谱表示扩展到多维。

(2) 关于从幅度调制中提取波间耦合信息：幅度调制是非线性过程的标志，并蕴含着丰富的信息。当然，幅度调制以及相位–振幅耦合并不是全新的概念。但正是由于缺乏对振幅函数的正确认识，过去关于幅度调制的探讨大多存在致命缺陷。为此，合理定义振幅函数是第一要务。传统上，确定振幅的主要方法是基于傅里叶带通滤波 (longuet-higgins, 1984)。然而，正弦调制白噪声的案例表明，带通滤波无法从一般的宽带数据中提取出调制分量。在窄带情况下，如果调制波是线性波，那么带通滤波也许奏效；而对于非线性波，带通滤波会忽略谐波并导致波形发生畸变。事实上，在最近许多关于相位幅度耦合或相位锁定变化的应用 (Canolty, 2006, 2010; Fell 和 Axmacher, 2011; Jansen 和 Colgin, 2013) 中，大部分都是基于预选频段的带通滤波技术，而正如前文所述，这种做法只对相对窄带的数据有效。一个例外的示例是 Pittman-Poletta 等人 (2014) 采用了自适应分解方法，该方法强调尺度间相互作用的影响且只关注锁相调制，其结果以共模图 (comodulograms) 的形式呈现。遗憾的是，并非所有的非线性尺度间相互作用都是锁相的，比如正弦波调制白噪声的案例。一般的尺度间相互作用应该通过高维谱来研究。通过 Holo-Hilbert 频谱分析可以识别数据中存在的所有尺度间的相互作用，而锁相只是其中一种调制情况。如在波湍流相互作用的案例中所述，通过特定的相位分布就可以分析锁相调制。此外，由共模图 (comodulograms) 量化的锁相事件并不是以这里提出的谱密度形式的调制能量来呈现的，而是基于调制指数 (定义为调制幅度与未调制载波振幅的比值)，这只是一种间接的相对度量。值得注意的是，Pittman-Poletta 等人 (2014) 还证明了带通滤波根本不适用于上面讨论的宽带情况。

此外，Huang(1998，2006，2013)、Salvino 和 Cawley(2003) 以及 Huang 和 Salvino 等人 (2005) 在非侵入式健康监测数据的稳定性谱分析中使用了修正的振幅函数，其中振幅变化的梯度被用作正负阻尼的指标。Hou 等人 (2014) 回顾了 EMD 的理论基础和替代方法的最新发展，Hou 和 Shi(2011, 2013 a, b , 2016 a,b) 提出的方法也可以用来提取振幅函数。这些方法应该可以给出与上述讨论类似的结果。

(3) 关于波间耦合和非线性程度的量化。在前文关于波间非线性的讨论中，针对存在显著加性周期的情况，我们提出了一个简单的线性指标，如公式 (5.4.4) 所示。而对于一般的情况，可以基于 HHS 的区域覆盖程度得到一个更精细有效的指标，用于量化非线性相互作用在 AM-FM 频率空间中的细致分布。由于 HHS 中的区域覆盖面积取决于所选择的频率范围和分辨率，必须对面积进行归一化处理以给出非线性度量。一种可行的方法是分析具有相同频率范围和分辨率的等效白噪声信号，并以其中非零区域面积为基准来归一化最终的指标。

5.7 结　论

经过在动力学和数学方面的深度思考，可以总结在自然或人造系统中存在两种基本的相互作用过程：加性过程和乘性过程。前者是线性的，而后者是非线性的。例如，在流体力学中，运动学（kinematics）是由线性过程控制的，而动力学是由非线性过程控制的。虽然加性过程和乘性过程都可以产生幅度调制，但线性加性过程可用现有的加性分解方法来分析，如 Fourier、Wavelet 和 HHT 等，而非线性乘性过程在以往研究中一直存在严重问题。

本章介绍的全息希尔伯特谱分析（HHSA）方法通过增加新的谱维度来刻画非线性乘性过程，相比现有的谱分析方法有更强的表示能力。目前所有的传统频谱分析方法，无论是傅里叶、小波、Wigner-Ville 还是 HHT，都受限于先验的或自适应的加性基底。因此到目前为止，传统方法所能揭示的信息仅限于线性过程。HHT 确实将 Hilbert 谱分析扩展到了波内非线性，但由于 EMD 本身仍然是加性展开，并不能用于研究非线性跨尺度耦合现象。现在，使用全新的 HHSA 方法，可以有效地研究波内和波间非线性。这里需要对波间和波内非线性做一些说明。

EMD 是一种非线性加性分解方法。通过理论和逻辑上的论证表明，EMD 中的每一个 IMF 都应该具有一定的动力学意义，因为只有不平凡的动力学机制才能产生足够强的信号并表现为 EMD 中所使用的极值点。系统中潜在的动力学机制（即控制方程）使相应的 IMF 呈现非线性特征（Huang, 2011; Hou, 2013）。此外，不同 IMF 之间的相互作用可以是线性加性的，也可以是非线性乘性的。需要指出的是，参与非线性波间相互作用的 IMF 分量本身可能是线性的（如正弦波调制白噪声的情况）。对于任何乘性过程都会产生的非线性效应，目前所有基于加性分解的谱分析方法都不适用。因此，应该对那些容易被误认为是线性过程的非线性相互作用提高警惕，对症下药。

全新的 HHSA 方法对数据及其振幅同时进行 EMD 分析，能够系统地描述并量化线性和非线性波内和波间相互作用的影响。因此，HHSA 克服了目前谱分析方法的局限性，相信在未来大有可为。例如，通过量化并阐明阿尔茨海默病背后的波间相互作用，能够突破基于传统利用 Fourier 分解进行脑电研究的困境。该方法也可用于研究各种复杂的振动系统。比如，鉴于目前的发现，对湍流的研究就值得重新考虑。以此类推，任何基于傅里叶谱来分析非线性现象的研究都理应被重新审视。此外，过去所有仅基于 HHT（Huang, 1999; Huang, 2003; Huang 和 Wu, 2008）的研究都能够在 HHSA 帮助下得到进一步的改进。该方法还可用于机械的健康监测，如果振动是平稳、线性的，则说明机械的工作状态良好；如果振动信号是调幅信号，则说明发生了非线性振动，有可能导致机器不稳定，此时应仔细检查机械。如前所述，该方法还可以研究脑电波的昼夜节律周期和日长数据。总之，HHSA 几乎在任何情况下都适用于振动数据分析。

最后，需要再次强调的是，时频变换是一种不彻底的变换。根据定义，完整的谱分析应该将时域数据完全转换到频域。借助额外添加的频率维度，本章提出的 Holo-Hilbert 谱分析方法，将各个层次的时间上的波动信息（除了无显著振荡的趋势波）迭代地转换到高维的频域中。至此，频谱分析的最终目标——将时域数据完全转换到频域，终于得以实现。

第 6 章 非线性非平稳分析方法应用实例

6.1 基于希尔伯特–黄变换的癫痫发作检测

为了分析自然界中大量存在的非线性非平稳信号，本书在前面章节专题介绍了一种全新的时频分析方法——希尔伯特黄变换（HHT）。HHT 通过经验模态分解（EMD）将给定的信号分解成若干经验模态函数（IMF），该 IMF 具有包络线上下对称且相邻极值点必过零的特点，之后，利用希尔伯特变换求出各个 IMF 的瞬时振幅和瞬时频率函数，从而挖掘信号中蕴含着的丰富频率调制和幅度调制信息。

在下面的案例中，我们将介绍 HHT 在脑电（EEG）信号分类中的应用（Bajaj 和 Pachori, 2012），即通过 HHT 提取调幅和调频有关的特征，并使用机器学习模型对癫痫发作/不发作时的脑电信号进行分类。较之前的传统方法分类性能有显著提升，体现出利用 HHT 进行特征提取的独特价值。

6.1.1 传统方法回顾

众所周知，EEG 信号高度复杂，且包含了丰富的大脑活动信息。在癫痫发作时，由于脑中无规则的放电，大脑功能发生紊乱，EEG 也会发生相应的变换。然而，人工检查 EEG 费时费力，且很可能不准确；因此设计甄别模型来自动检测癫痫发作具有重要的临床意义。

用于提取信号特征的传统方法主要有以下几类：(a) 基于傅里叶频谱的特征（Polat 和 Guenes, 2007; Srinivasan 等, 2005）。然而，EEG 并不是平稳信号（Pachori 和 Sircar, 2008），因此傅里叶分析并不适用。(b) 基于传统的时频分析方法，如短时傅里叶变换（Schuyler 等, 2007）、小波变换（Ghosh-Dastidar 等, 2007; Guo, Rivero, Dorado, 等, 2010; Guo, Rivero 和 Pazos, 2010; Ocak, 2008; Subasi, 2007）、平滑伪 Wigner-Ville 分布（Tzallas 等, 2009）。然而，积分变换对于非线性的 EEG 存在局限性。(c) 基于 EMD 的非线性分析方法，如使用 IMF 的平均频率（Pachori, 2008）、加权频率（Oweis 和 Abdulhay, 2011）以及通过 IMF 解析信号的轨迹面积（Pachori 和 Bajaj, 2011）作为新的特征。

本书定义了一种 IMF 的带宽特征，包括调幅贡献的带宽和调频贡献的带宽。同时，选择最小平方支持向量机（least-squares support vector machine, LS-SVM）分类器来分析特征，给出癫痫是否发作的判断结果。

6.1.2 调频带宽和调幅带宽

通过 EMD，可以将信号 $x(t)$ 分为若干个 IMF 成分和一个残余项之和：

$$x(t) = \mathrm{R}\left\{\sum_{m=1}^{M} A_m(t)\exp\phi_m(t)\right\} + r_M(t) \tag{6.1.1}$$

其中，R 表示取实部的操作，M 表示分出 IMF 的总数，$A_m(t)$, $\phi_m(t)$ 分别表示第 m 个 IMF 的瞬时振幅和瞬时相位函数。下面，我们用 $z_m(t) = A_m(t)\exp\phi_m(t)$ 来表示各个 IMF 的复解析函数。

带宽是一种衡量信号频率分布或分散扩散程度的指标。如何衡量 IMF 复解析函数 $z(t)$ 的带宽？为了定义带宽，首先我们需要求出频率分布的中心值。(Cohen 和 Lee, 1990) 通过求信号 $z(t)$ 频谱的按能量密度加权平均值作为中心频率 $\langle\omega\rangle$：

$$\langle\omega\rangle = \frac{1}{E}\int \omega\left|Z(\omega)\right|^2 \mathrm{d}\omega \tag{6.1.2}$$

其中，$Z(\omega)$ 表示 $z(t)$ 的傅里叶变换，E 表示总能量。该式在时域上的表示为

$$\langle\omega\rangle = \frac{1}{E}\int z^*(t)\frac{1}{j}\left(\frac{\mathrm{d}}{\mathrm{d}t}z(t)\right)\mathrm{d}t \tag{6.1.3}$$

结合 (6.1.2)(6.1.3) 式作简单的变换，可以用 $z(t)$ 的瞬时振幅 $A(t)$ 和瞬时频率 $\frac{\mathrm{d}}{\mathrm{d}t}\phi(t)$ 来表示 $\langle\omega\rangle$：

$$\langle\omega\rangle = \frac{1}{E}\int\left(\frac{\mathrm{d}}{\mathrm{d}t}\phi(t)\right)A^2(t)\,\mathrm{d}t \tag{6.1.4}$$

有了中心频率后，进一步定义信号 $z(t)$ 的带宽 B 为频谱分布与中心频率的加权均方偏差：

$$B^2 = \frac{1}{E}\int(\omega-\langle\omega\rangle)^2\left|Z(\omega)\right|^2\mathrm{d}\omega \tag{6.1.5}$$

该式在时域上的表示为

$$B^2 = \frac{1}{E}\int\left|\left(\frac{1}{j}\frac{\mathrm{d}}{\mathrm{d}t}-\langle\omega\rangle\right)z(t)\right|^2\mathrm{d}t \tag{6.1.6}$$

结合 (6.1.5)(6.1.6) 两式便得到用 $A(t)$ 和 $\phi(t)$ 表示的带宽：

$$B^2 = \frac{1}{E}\int\left(\frac{\mathrm{d}}{\mathrm{d}t}A(t)\right)^2\mathrm{d}t + \frac{1}{E}\int\left(\frac{\mathrm{d}}{\mathrm{d}t}\phi(t) - \langle\omega\rangle\right)^2 A^2(t)\,\mathrm{d}t \tag{6.1.7}$$

观察式 (6.1.7) 可以发现，带宽共由两项构成：第一项是振幅调制 $A(t)$ 带来的贡献，作者称之为幅度调制带宽，简称为调幅带宽 B^2_{AM}；第二项是频率调制 $\frac{\mathrm{d}}{\mathrm{d}t}\phi(t)$ 带来的贡献，简称为调频带宽 B^2_{FM}，即

$$\begin{cases} B^2_{\mathrm{AM}} = \dfrac{1}{E}\displaystyle\int\left(\frac{\mathrm{d}}{\mathrm{d}t}A(t)\right)^2\mathrm{d}t \\ B^2_{\mathrm{FM}} = \dfrac{1}{E}\displaystyle\int\left(\frac{\mathrm{d}}{\mathrm{d}t}\phi(t) - \langle\omega\rangle\right)^2 A^2(t)\,\mathrm{d}t \end{cases} \tag{6.1.8}$$

可以看出上述分解在本质上把带宽拆分成了两个维度。作者将 $(B_{\mathrm{AM}}, B_{\mathrm{FM}})$ 作为 IMF 的二维特征，并作为分类器的输入。进一步，他们还比较选择不同 IMF 对分类器表现的影响，并论证了将带宽拆分成二维的必要性。

6.1.3 分类器模型

作者使用了最小平方支持向量机 (LS-SVM) 作为分类器模型。支持向量机 (SVM)(Vapnik, 2000) 是一种用于二分类的线性模型，其目标是找出与正负样本间隔最大的决策边界。而 LS-SVM (Suykens 和 Vandewalle, 1999) 是 SVM 的最小平方版本。形式上，LS-SVM 的模型参数为 w, b 输入为 x，输出为 $f_{w,b}(x) = \mathrm{sgn}\left(w^T x + b\right)$ 表示 x 为正/负样本。给定训练集 $\{(x_i, y_i)\}_{i=1}^N \in R^2 \times \{-1, +1\}$，训练的优化目标是

$$\begin{aligned} &\min\ J(w,\ b,\ e) := \frac{1}{2}w^T w + \frac{\gamma}{2}\sum_{i=1}^{N} e_i^2 \\ &\text{s.t. } y_i\left(w^T x_i + b\right) = 1 - e_i,\ i = 1, \cdots, N \end{aligned} \tag{6.1.9}$$

找到 (6.1.9) 的解 w^*, b^* 后，便可将模型 f_{w^*,b^*} 在测试集上使用。

事实上，通过先对输入 x 作非线性映射 $g(x)$，还可以产生非线性的决策函数 $f(x) = sgn\left(w^T g(x) + b\right)$。人们通常将函数 $K\left(x, x'\right) = g(x)^T g(x')$ 叫作核函数。核函数的选择有不同的方法 (如多项式核、径向基函数核、Morlet 小波核和墨西哥草帽核等)，作者也对核函数选择的影响进行了比较。

6.1.4　实验结果和分析

作者使用（Andrzejak 等, 2001）中的 EEG 公开数据集进行了实验。该数据集包含 500 条单通道的脑电数据记录（其中 400 条为癫痫不发作的记录，100 条为发作时的记录），每条记录持续 23.6s，采样率为 173.61Hz。部分数据展示如图 6.1.1。癫痫发作和未发作脑电信号的经验模态分解结果分别见图 6.1.2 和图 6.1.3。

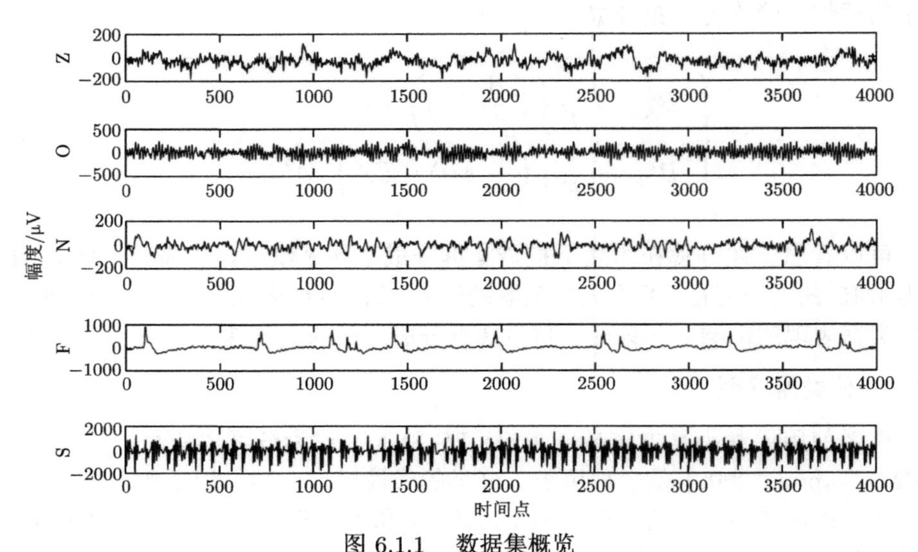

图 6.1.1　数据集概览

其中 Z, O, N, F 是癫痫不发作的脑电信号，S 是癫痫发作的信号

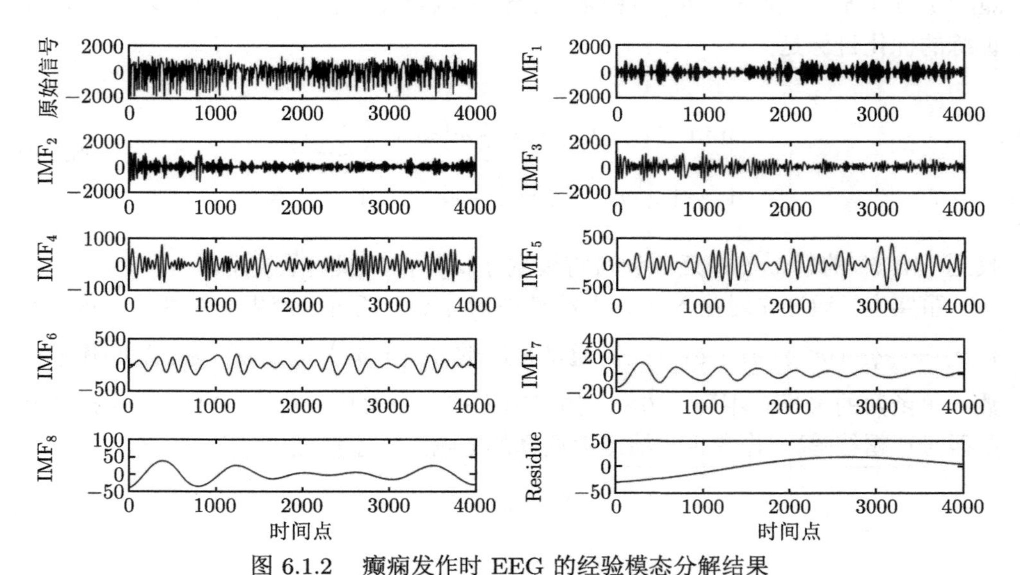

图 6.1.2　癫痫发作时 EEG 的经验模态分解结果

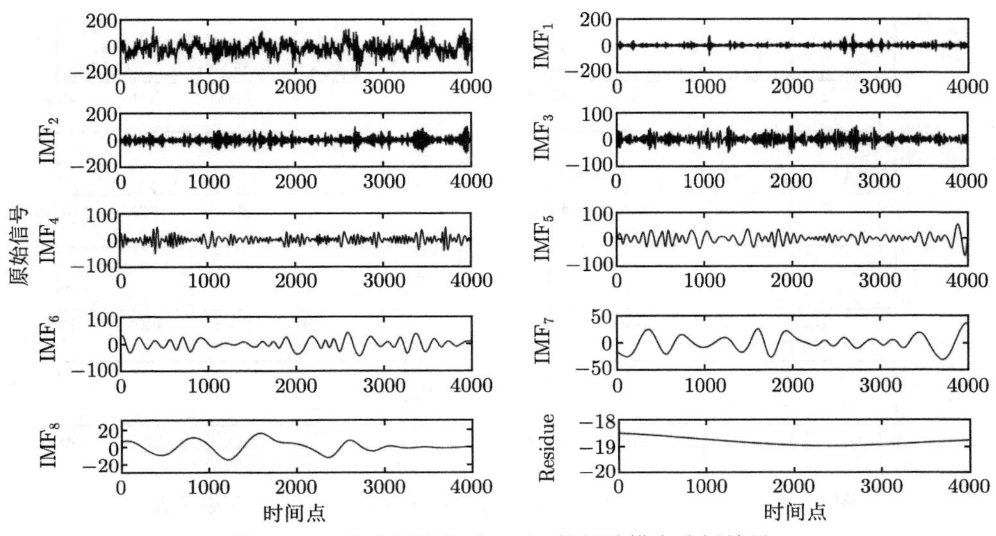

图 6.1.3 癫痫不发作时 EEG 的经验模态分解结果

图 6.1.4 给出了各个 IMF 的包络函数。注意到 $B_{\mathrm{AM}}^2 = \dfrac{1}{E}\displaystyle\int\left(\dfrac{\mathrm{d}}{\mathrm{d}t}A(t)\right)^2\mathrm{d}t$，因此包络变化得越快，$B_{\mathrm{AM}}^2$ 越大。从图中可以看到，癫痫不发作时的 IMF 包络震荡得更加密集和复杂，变化得更快，因而 B_{AM}^2 会偏大一些。

图 6.1.5 给出了各个 IMF 的瞬时频率函数。注意到 $B_{\mathrm{FM}}^2 = \dfrac{1}{E}\displaystyle\int\left(\dfrac{\mathrm{d}}{\mathrm{d}t}\phi(t)-\langle\omega\rangle\right)^2\cdot$

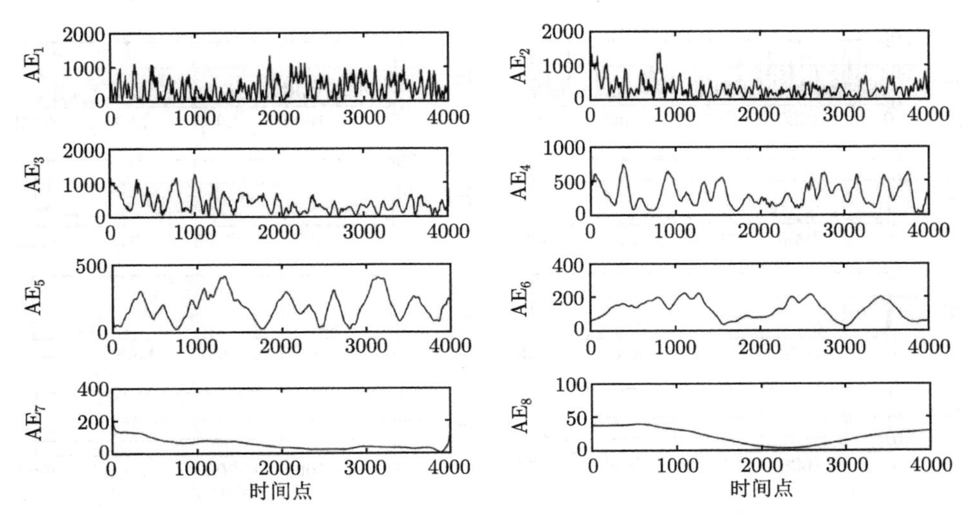

图 6.1.4(a) 癫痫发作时 EEG 信号分解得到的 IMF 的包络函数

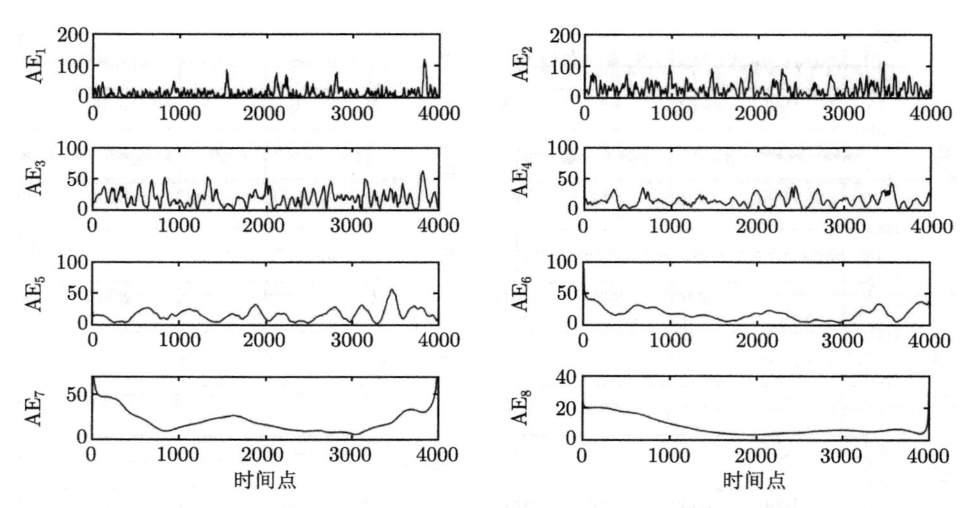

图 6.1.4(b)　癫痫不发作时 EEG 信号分解得到的 IMF 的包络函数

$A^2(t)\,\mathrm{d}t$，可以发现在图 6.1.5(b) 中的频率变化范围更大，因此不发作时的 B_{FM}^2 也会偏大。

作者随后对所选取特征的分类性能进行了统计分析。如图 6.1.6 和图 6.1.7，可以发现，无论是用 B_{AM} 还是 B_{FM}，前 4 个 IMF 有非常好的区分能力，这一结果也得到了 Kruskal-Wallis 检验的支持。同时还可以发现，通过一个简单阈值来进行区分仍然不够有效。

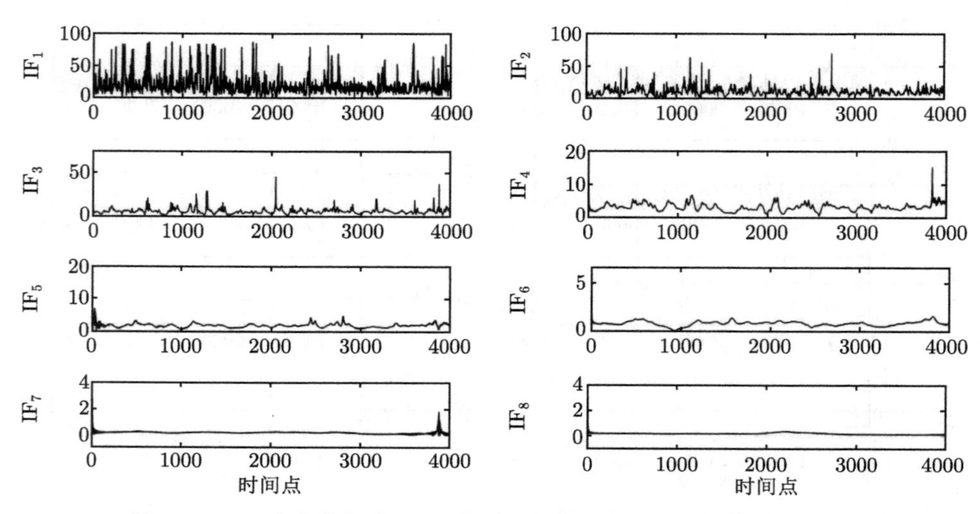

图 6.1.5(a)　癫痫发作时 EEG 信号分解得到的 IMF 的瞬时频率函数

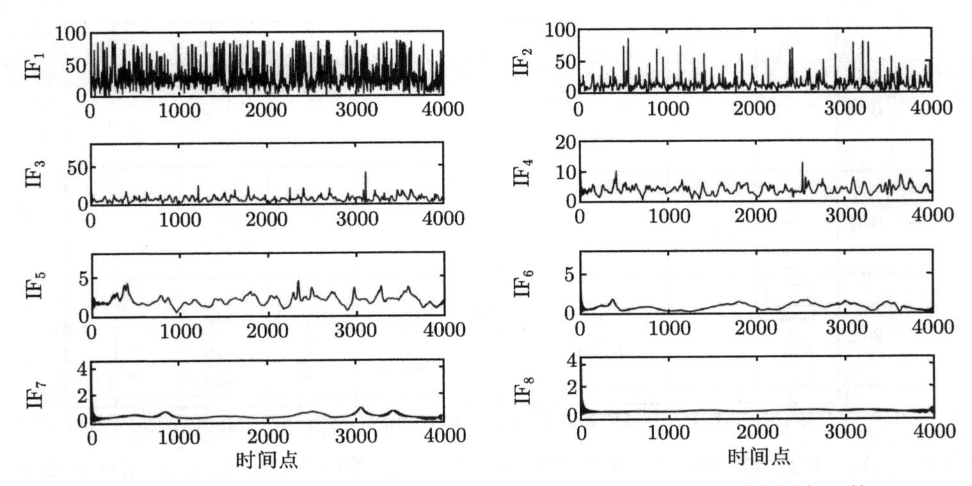

图 6.1.5(b)　癫痫不发作时 EEG 信号分解得到的 IMF 的瞬时频率函数

因此，我们只选择前 4 个 IMF 中的 $(B_{\mathrm{AM}}, B_{\mathrm{FM}})$ 用于分类。作者随机进行了多次训练和测试，并用准确度 (Acc)、灵敏度 (SEN) 和特异度 (SPE) 来衡量模型表现，结果见表 6.1.1。结果表明模型的表现总体非常好，其中使用 IMF2 的特征以及 Morlet 核函数的模型表现最优。

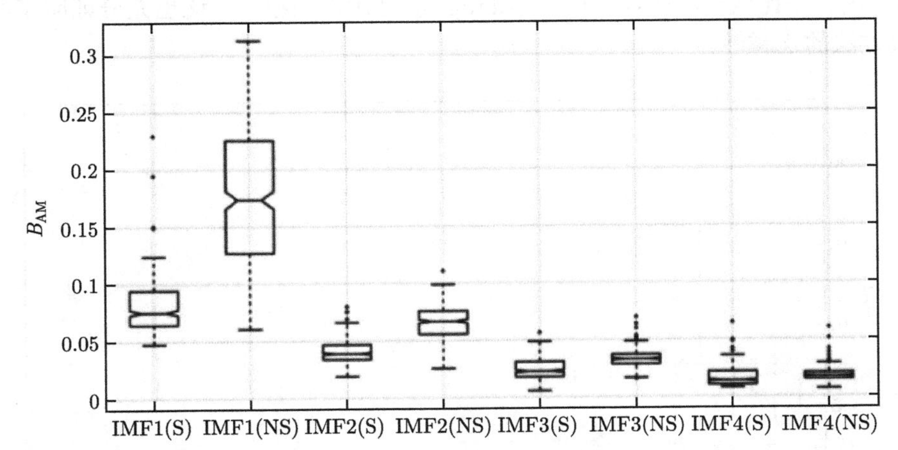

图 6.1.6(a)　检查癫痫发作 (S) 和不发作 (NS) 时 EEG 的各个 IMF 的 B_{AM} 的区分能力 (IMF1～ 4)

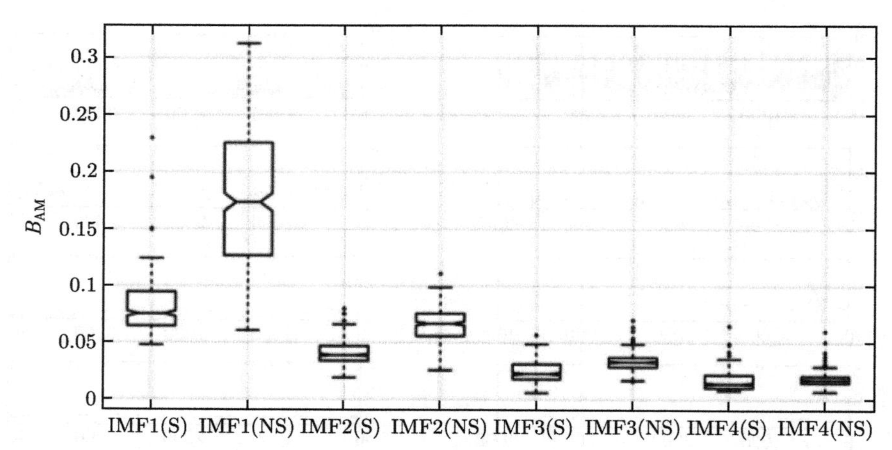

图 6.1.6(b)　检查癫痫发作 (S) 和不发作 (NS) 时 EEG 的各个 IMF 的 B_{AM} 的区分能力（IMF 5~ 8）

图 6.1.8 为上述模型的决策边界可视化可以发现，甄别模型确实能够很好地区分癫痫发作/非发作状态。把信号特征拆分成二维以及非线性 LS-SVM 模型都有助于 EEG 信号的正确分类。

作者还和以往研究中使用了相同数据集且效果达到最优的模型 (Liang 等, 2010) 进行了比较，发现效果优于 (Liang 等, 2010) 的模型。这也充分证明了特征提取方法的优越性。

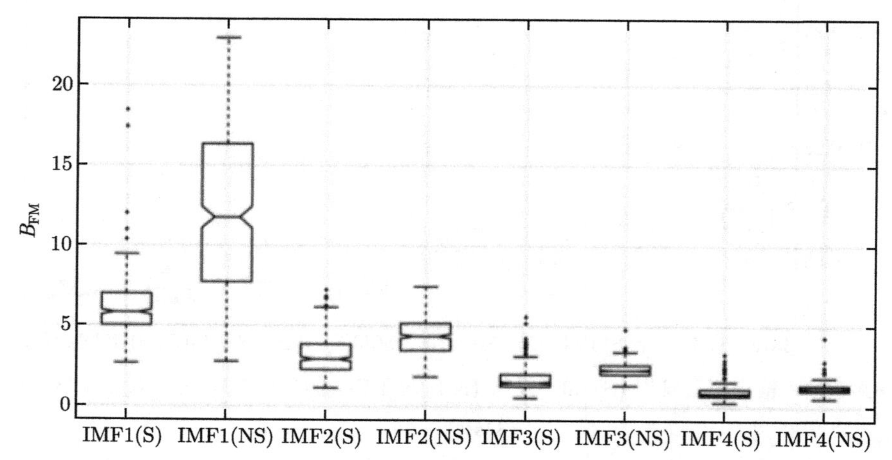

图 6.1.7(a)　检查发作 (S) 和不发作 (NS) 时 EEG 的各个 IMF 的 B_{FM} 的区分能力（IMF1~ 4）

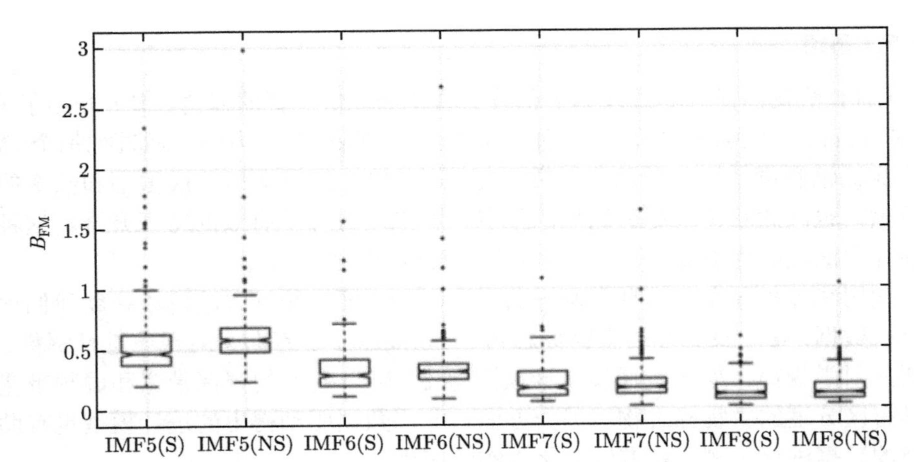

图 6.1.7(b) 检查发作 (S) 和不发作 (NS) 时 EEG 的各个 IMF 的 B_{FM} 的区分能力（IMF 5～ 8）

表 6.1.1 使用了不同的核函数的 LS-SVM 模型

核函数(及参数设定)	统计指标	IMF1(min～ max)	IMF2(min～ max)	IMF3(min～ max)	IMF4(min～ max)
多项式核函数	SEN	94.28～ 94.44	92.86～ 100	81.82～ 87.50	82.61～ 91.30
	SPE	95.76～ 96.34	91.86～ 92.49	92.22～ 92.86	88.14～ 89.27
($l = 5$)	Acc	95.50～ 96.00	92.00～ 93.50	90.50～ 92.00	87.50～ 89.50
RBF	SEN	94.28～ 94.44	92.86～ 100.00	79.49～ 90.00	71.43～ 77.78
	SPE	95.76～ 96.34	99.37～ 99.38	94.41～ 92.35	88.37～ 89.02
(径向基核函数 =0.4)	Acc	95.50～ 96.00	98.00～ 99.50	91.5～ 92.00	86.00～ 87.50
墨西哥草帽核函数	SEN	94.12～ 92.11	96.97～ 97.30	92.31～ 85.71	71.43～ 76.67
	SPE	95.17～ 96.91	95.21～ 97.55	90.80～ 93.94	88.47～ 90.00
($a = 1$)	Acc	95.00～ 96.00	95.50～ 97.50	91.00～ 92.50	86.00～ 88.00
Morlet 核函数	SEN	94.12～ 94.44	**100～ 100**	89.66～ 91.43	71.43～ 74.19
	SPE	95.17～ 96.34	**99.38～ 100**	91.81～ 95.15	88.47～ 89.94
($a = 0.6, \omega_0 = 0.75$)	Ace	95.00～ 96.00	**99.50～ 100.00**	91.50～ 94.50	86.00～ 87.50

以 IMF1～4 的特征作为输入，来区分癫痫发作/非发作信号的模型表现。

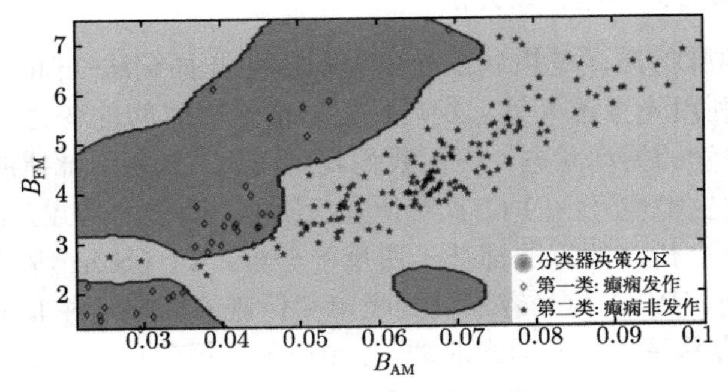

图 6.1.8 模型的决策边界

S: 发作。NS：非发作

6.1.5 结语

HHT 给我们提取非线性非平稳数据的特征提供了新的视角。本节介绍了 Bajaj 和 Pachori（2012）提出的一种基于 HHT 的特征提取方法。通过把每个 IMF 表示成振幅和频率调制的信号，我们得以将 IMF 的带宽拆分成振幅和频率的独立贡献，也因此获得了更加深刻的信息，相当于进行了有效的特征升维。这种带宽估计方法能够为提取 IMF 中的特征带来不少有益启发。

利用统计机器学习模型有两方面作用。一方面，统计方法可以帮助我们理解和分析数据，帮助找到好的生物标志物（Biomarker），有助于对现象进行解释、发现新的科学规律。如作者通过统计模型得出 IMF1～ 4 的调幅带宽和调频带宽都是具有区分度的生物标志物。另一方面，利用数据驱动得出的统计模型也有助于对新的数据进行预测，将方法转化为实际应用。

6.2 基于全息希尔伯特谱的呼吸频率估计

呼吸是人体生命活动的重要表征，呼吸过程检测一直是生物医学领域中的重要问题。传统的呼吸检测仪器，如肺活量计、呼吸传感带、胸阻抗、胸壁运动跟踪摄像头等，往往都存在穿戴不便、容易受到姿势干扰等问题。因此，使用便携的设备来采集信号并从中提取呼吸信息十分必要。

接下来介绍的案例是（Chang 等，2018）的工作。他们尝试通过测得的脉搏波信号来估计人的呼吸频率。通过全息希尔伯特谱分析（Holo-Hilbert spectral analysis, HHSA），作者发现心率附近的载波频率（FM）会显著地受到呼吸驱动的幅度调制，并据此提出一种呼吸频率估计的新方法。而也正是借助于非线性的 HHSA 分析方法的强大优势，脉搏波信号中呼吸的乘性调制作用才得以被有效分离开来。

6.2.1 脉搏波信号分析的传统方法

本书提及的脉搏波，是指通过光电容积脉搏波描记法（photoplethysmography，PPG），利用光穿透人体组织后反射回的光随时间的变化来记录到的信号，可以用来描述血管的搏动状态。下面我们就用 PPG 来表示脉搏波。

相比于其他生物信号，PPG 具有便宜、便携、安全的特点，而且很容易进行长期的跟踪。不少传统的方法都基于傅里叶分析，如（Kim 等, 2016; Lindberg 等, 2006）。然而，PPG 信号容易受到噪声和伪迹的影响，并非平稳信号；同时，PPG 信号也很容易受到其他因素的调制，如动脉压搏动（Almond 和 Cooke, 1989; Challoner 和 Ramsay, 1974）、胸内压（Dorlas 和 Nijboer, 1985; Kamal 等, 1989）、交感血管运动等。因此，找到一种把和呼吸无关的因素分离开来的方法十分必要。

近年来，基于非线性的经验模态分解（EMD）的方法逐渐得到了关注。（Wang 等，2015）利用 EMD 分离出 PPG 中的身体运动带来的伪迹；（Prathyusha 等，2012）使用 EMD 和主成分分析来估计呼吸频率。EMD 方法只是把信号分解成若干振幅和频率随时间调制的信号，将不同尺度的非线性信息分离到不同模态的 IMF 中。各个模态之间的非线性作用和跨尺度的耦合并没有得到充分关注。而由于 PPG 信号与不同的因素耦合，或被乘性调制，EMD 简单的加性展开方式并没有解决跨尺度的非线性的分析。

因此，作者借助了希尔伯特谱的改进——希尔伯特全息谱来解决呼吸频率估计的问题。HHSA 把信号的频率用二维进行表示——快速的调频（FM）频率，反映的是波内的非线性特性；缓慢的调幅（AM）频率，反映的是波间的非线性行为。这样的二维频率展开，使得呼吸频率的估计变得更加容易。

6.2.2 方法

呼吸作为一种典型的乘性调制因素可能在信号的 AM 频率的能量中得到体现。因此，作者首先对 PPG 信号进行 0.5~4Hz 的滤波，并求出信号的 Holo 谱，绘制谱的等高图。接着，将所有高于频谱能量均值加两倍标准差的区域取出，作为兴趣区域。

似乎直接取出兴趣区域的能量最高点就足够了，然而这与期待的答案还有些距离。事实上，我们只对 FM 在心率附近的频段对应的 AM 频率感兴趣；如果某个 AM 频率调制了过宽或者和心率无关的频段，那么这样的调幅可能和心率与呼吸是无关的。这一点后面还会提到。因此，作者通过 PPG 中的峰间距离对每个被试的心率做了估计，并用所有患者的心率平均值 ± 两倍标准差来作为和心率有关的 FM 频段。这样一来，便只需考虑和心率有关的 FM 频段内的兴趣区域。求出能量最高值对应的 AM 频率，便可以作为呼吸频率的估计结果。

图 6.2.1 给出了一个典型的例子。可以发现，在图 6.2.2(c) 的 Holo 谱中，能量最高处是 $(\omega, \Omega_{resp}) = (0.94\text{Hz}, 0.22\text{Hz})$，且以它为中心的兴趣区整个都落在和心率直接相关的 FM 频段内。因此，可以使用 0.22Hz 作为呼吸频率的估计。同时，注意到在 AM 低频处还有一处能量聚集区，这可能是由于一些 FM 频带分布较宽的伪迹引起的；由于其能量密度较低，因此可以不考虑。

6.2.3 结果分析

作者进行了两组实验。在第一组实验中，让受试者以自然状态呼吸。并且在记录 PPG 信号的同时，还使用了经胸阻抗法进行了呼吸频率的检测并以此作为参考标准。如图 6.2.2，作者使用了 Bland-Altman 图，用横纵轴分别表示基于 HHSA 和经胸阻抗法估计的呼吸频率结果的均值和差值。可以发现，两者相差基本在 ±2 以内，且随着均值的增加，误差的分布没有显著改变。

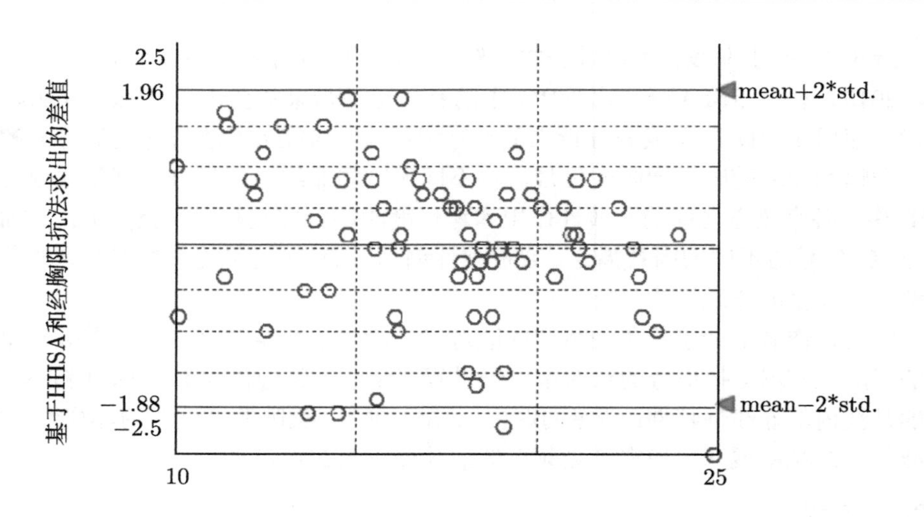

图 6.2.1　Bland-Altman 图

对基于 HHSA 和经胸阻抗法 (测量设备为 EDAN M50) 求出的呼吸频率的之间的比较进行可视化。横轴为两者均值 (Mean)，纵轴为两者相差 (Difference)

在第二组实验中，作者让被试按照一定的频率进行呼吸。作者通过统计检验表明，模型估计的结果与预先设定的频率值没有显著差异。

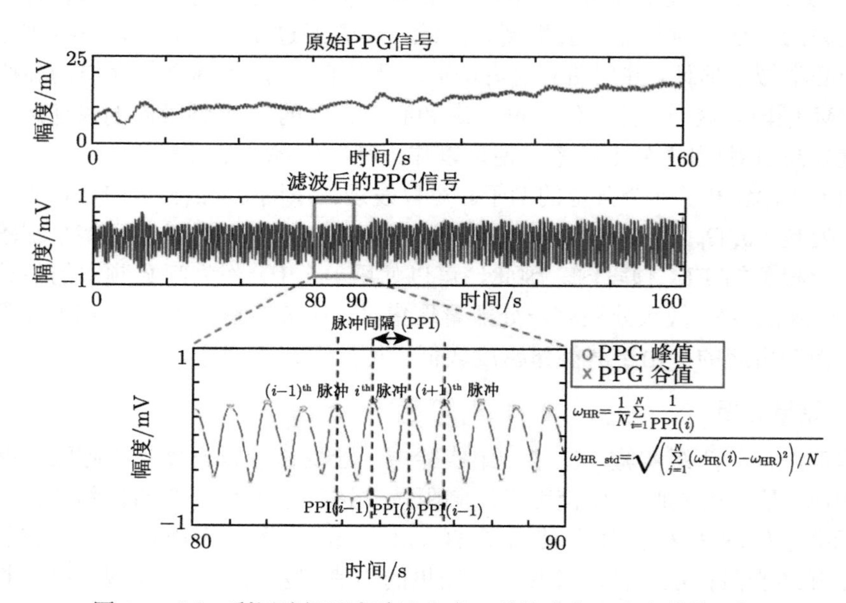

$$\omega_{\mathrm{HR}}=\frac{1}{N}\sum_{i=1}^{N}\frac{1}{\mathrm{PPI}(i)}$$

$$\omega_{\mathrm{HR\_std}}=\sqrt{\left(\sum_{j=1}^{N}(\omega_{\mathrm{HR}}(i)-\omega_{\mathrm{HR}})^2\right)/N}$$

图 6.2.2(a)　利用峰间距离估计心率，并给出和心率有关的区间

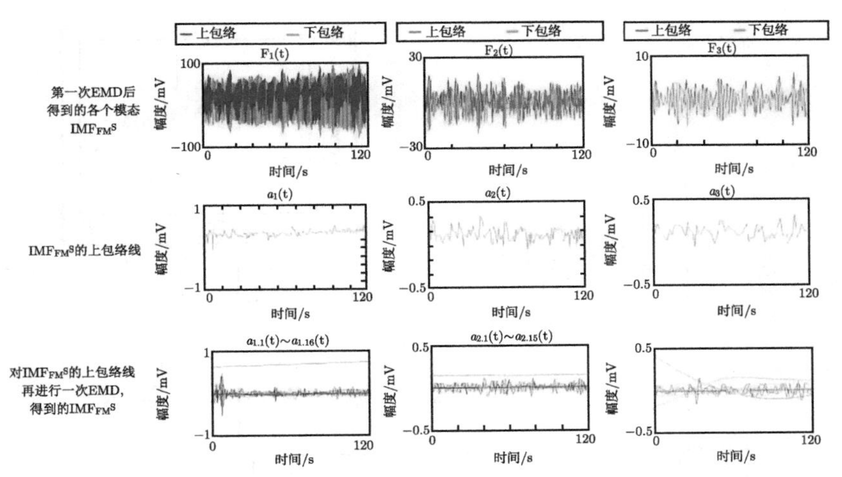

图 6.2.2(b) 对原信号进行 EMD，可以求出第一层的 IMF_{FM}；对其包络再求 EMD，可以求出第二层的 IMF_{FM}

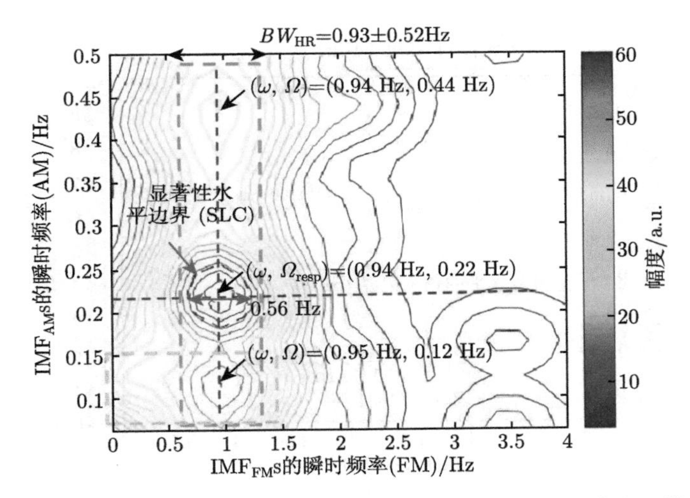

图 6.2.2(c) 对 IMF_{FM} 和 IMF_{AM} 的瞬时频率的时间维度积分，求出二维的 Holo 谱

Holo 谱中两条竖直虚线表示在 a 步骤中估计得到的与心率密切相关的 FM 频段

作者还讨论了伪迹对模型表现的影响。作者让其中一名被试者在跑步机上走，使得他的 PPG 信号受到更多的伪迹干扰。这在 HHS 中也体现了出来（如图 6.2.3），可以发现，位于 AM 低频区的能量更加显著，甚至超过了包含参考标准的感兴趣区域，这其实是运动伪迹带来的干扰。但由于 AM 低频处的兴趣区域过宽，超出了和心率有关的 FM 范围，因此会被丢弃。最终，模型仍然能够正确选择 0.32Hz 作为最终的估计，这表明该方法具有一定的稳定性。

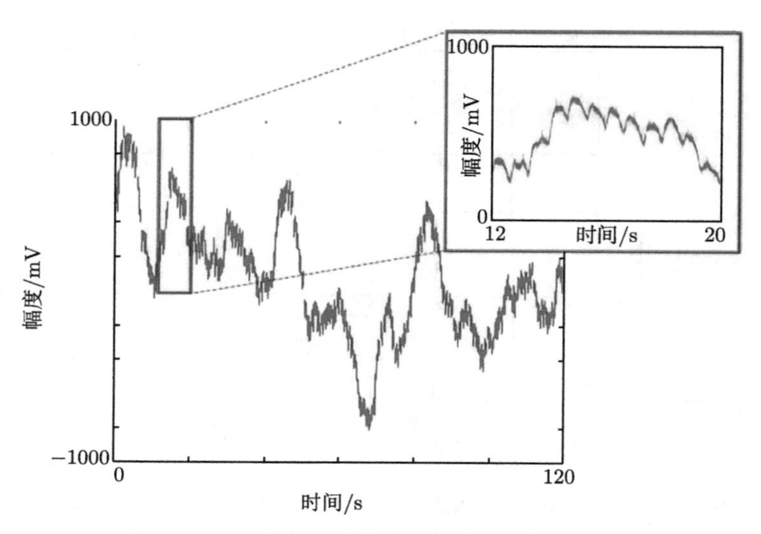

图 6.2.3(a)　让被试者在跑步机上走测得的 PPG

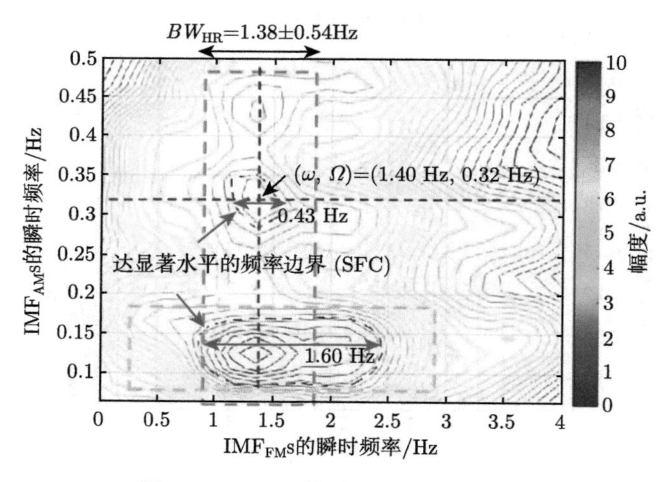

图 6.2.3(b)　让被试者在跑步机上走

Holo 谱可以发现，位于 AM 低频区的能量更加显著，且超过了 AM 在呼吸频率处的能量密度。但由于 AM 低频处的兴趣区域在 FM 轴超过了预先设定的和心率有关的 FM 范围，因此会被丢弃，从而正确选择 0.32Hz 作为最终的估计。

这也在另一方面说明，使用双重判据来估计呼吸频率的必要性：一方面，FM 频率需要选择在心率附近；另一方面，选择能量较高的 AM 频率作为估计。同时，也只有像 HHSA 这样把频谱展开成二维 AM-FM 形式，双重判据的使用才成为可能。

6.2.4 结语

在这个案例中，(Chang 等, 2018) 使用 HHSA 通过测量手腕 PPG 信号来进行呼吸频率估计。HHSA 把展开成 AM-FM 两维，为提取呼吸频率信息提供了全新的视角，也证明了 HHSA 分离跨尺度乘性调制作用的有效性。

在生物信号中，乘性调制的耦合作用几乎无处不在。实际上，乘性调制属于一种全局的非线性改变，能反映生物体某种整体状态或功能代谢的变化。这种非线性耦合的存在将使傅里叶变换不再具有物理意义。我们需要重新审视过去对生物信号分析的思路和研究手段，相信非线性的全息希尔伯特谱分析方法，能够为生命科学的研究和临床应用带来新的理论武器和有力工具。

6.3 EEMD 在单通道脑电数据伪迹去除的应用

生物信号的测量和处理越来越多地需要部署在运动环境中。这样的环境极大地增加了产生伪迹的可能性，伪迹会遮挡感兴趣的特征并降低信号中可用信息的质量。常见多通道采集情况下，去除伪迹的方法有很多如独立成分分解 ICA (Herault J, 1986)，小波分解 (J.Morlet, 1974)，自适应滤波等。然而，为了减小设备的复杂性，常常只有一个单通道测量数据可用，这时去除伪迹可用的技术就少得多，所以在需要最小仪器复杂性的情况下，单通道去除伪迹是亟待解决的一个问题。

由于常用方法一般需要多通道的脑电数据作为参考，因此单通道信号在去除伪迹时存在较大困难，如使用 ICA 去除单通道信号中的伪迹时，通道数量限制了分得的成分的最大数量。目前单通道脑电数据伪迹去除的常见思路是将单通道数据通过某种方式分解成多路信号，作为多通道数据处理。在这种思路下，分解方法的选择便显得至关重要。

与小波变换或者傅里叶分解这类仅仅作为数学产物的分解方法不同，EMD 分解方法得到的 IMF 充分保留了数据隐含的物理意义，分解得到的成分更具有可解释性。在单通道脑电去除伪迹的应用场景中，EMD 分解方法应当是更加合理的分解方法。

Kevin T Sweeney(2012) 等人使用 EEMD 方法将单通道脑电数据分成多个 IMF 之后，再利用典型相关分析法 (cononical correlation analysis, CCA) 得到解混矩阵 W，之后得到新的自相关但互不相关的 IMFs。之后通过阈值法去除所有 IMF 中包含伪迹的 IMFs，成功地将单通道脑电数据中的伪迹成分去除，结果较佳。图 6.3.1 展示了论文中 EEMD 分解结果，以及自相关系数的计算结果。书中通过去除伪迹前后信噪比变化量，去除伪迹百分比两个参数来比较现有方法。与众多现有方法相比，在信噪比改善量这个指标上，EEMD 取得更好的结果。对于伪迹去除百分比这个参数，同样能够比现有方法取得更好的结果。比较结果如图 6.3.2 所示。

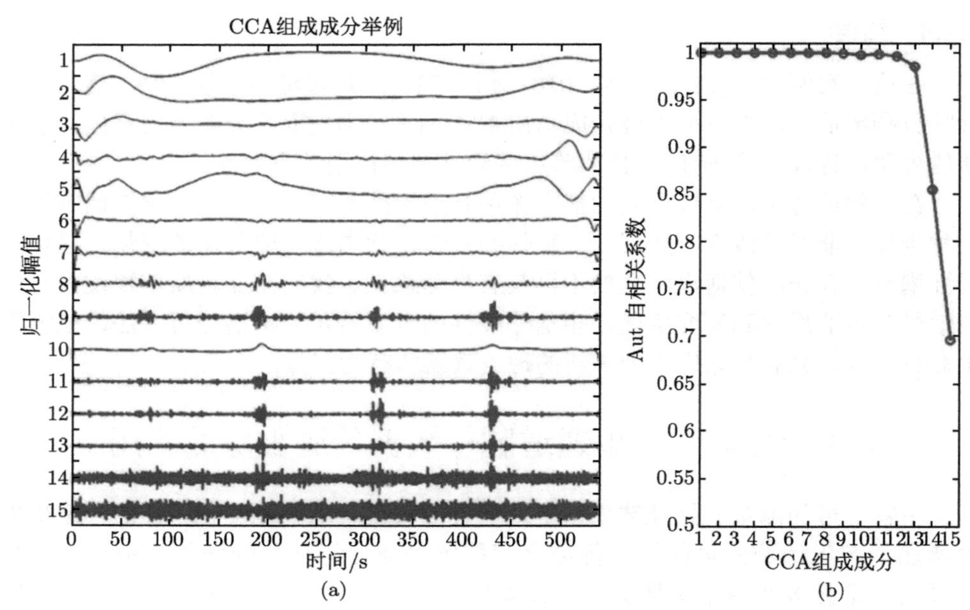

图 6.3.1 EEG 信号的 EEMD 分解结果及自相关计算结果

然而，EMD 并不能够直接将具体的运动伪迹、心电伪迹等成分准确分解出来，所以在面对类似于需要将具体伪迹去除时，仍然需要在 EMD 方法之后利用类似于 ICA 和 CCA 的方法来进一步帮助将其去除。这些都是很值得借鉴的思路。

			小波分解	EMD	EEMD	EMD-ICA	EMD-CCA	EEMD-ICA	EEMD-CCA
fNIRS	λ	GT	43.6% (41.3)	18.9% (18.6)	46.2% (45.9)	17.9% (17.8)	23.3% (23.1)	43.4% (43.2)	49.4% (49.1)
		Rxx	38.2% (35.3)	13.2% (12.8)	42.2% (41.9)	14.9% (14.8)	17.3% (17.1)	39.7% (39.6)	46.4% (46.3)
	ΔSNR	GT	3.05 dB (2.15)	2.01 dB (1.41)	3.41 dB (2.07)	2.37 dB (1.45)	2.27 dB (1.58)	3.60 dB (1.91)	3.61 dB (2.02)
		Rxx	2.88 dB (2.01)	1.84 dB (1.42)	3.21 dB (1.85)	2.12 dB (1.55)	1.98 dB (1.59)	3.42 dB (1.78)	3.44 dB (1.88)
EEG	λ	GT	55.3% (35.4)	43.2% (31.2)	52.2% (36.3)	44.1% (30.8)	43.4% (31.3)	52.3% (36.2)	52.2% (36.4)
		Rxx	51.2% (36.7)	38.7% (31.8)	48.5% (34.2)	40.0% (27.6)	39.6% (30.8)	48.3% (37.2)	48.5% (35.2)
	ΔSNR	GT	8.08 dB (4.01)	7.28 dB (3.67)	8.21 dB (3.82)	7.47 dB (3.53)	7.32 dB (3.67)	8.22 dB (3.81)	8.21 dB (3.82)
		Rxx	7.81 dB (4.28)	7.01 dB (3.35)	7.88 dB (3.46)	7.22 dB (3.70)	6.98 dB (3.42)	8.02 dB (3.75)	8.04 dB (3.72)

图 6.3.2 各种方法 SNR 改善及伪迹去除程度的比较结果

6.4 基于非线性非平稳方法的生理信号情感识别

近年来情感识别在心理学、认知科学和工程学等学科引起了研究者们的广泛关注，目前大量工作将研究着眼于行为模式，但对于生理信号应用于情感识别的相关研究则相对较少。这主要是因为生理信号大多较为复杂，更是典型的非线性非平稳数据，应用传统的线性平稳分析方法难以从信号中提取出有效的情绪特征，但最近几年研究者们逐渐意识到将 EMD 等相关方法应用于生理信号情感识别的可行性，并进行了一些有价值的尝试。

6.4.1 基于 EMD 的 EEG 情感识别

Zhang 等人（2016）基于 EEG 通过 EMD 方法进行情感识别就是一个很好的例子。EEG 信号在情感识别方面有着广泛的应用，但由于 EEG 信号自身的复杂性，大多数基于 EEG 的情感识别方法十分复杂且效果欠佳。作者另辟蹊径，采取 EMD 策略将选定通道的 EEG 信号分解为一系列本征模态函数（IMF），从而在保留原信号信息的基础上有效降低信号的复杂性。并在此基础上选取前四个最显著的 IMF 分量，之后估计每个 IMF 分量的样本熵（sample entropy）并以此构建特征向量作为分类的依据。具体实验设计中，作者采用 DEAP 公开数据库中的数据，选取每组 EEG 信号中 $F3$ 和 $F4$ 通道的数据，分别提取前四个 IMF 并计算各自的样本熵构成的特征向量；进而对于各种类别的数据，设置了四组二类分类任务以及多类分类任务并通过 SVM 进行分类，在尝试性地调节样本熵的计算参数后，取得了令人满意的结果，如图 6.4.1 和表 6.4.1 所示。

与其他基于 EEG 信号的情感识别方法相比较，作者所采用的方法在识别准确率和复杂度方面有着显著的优势。在此之前，Mohammadi 等人（2015）采用小波变换对脑电图信号进行分解进而提取相关特征，该方法对于二类分类任务的最佳分辨率为 85%左右；Jie 等人（2014）利用 KolmogorovSmirnov（K-S）检验选择几个脑电通道的样本熵值作为支持向量机输入，该方法则只能对二类分类任务取得

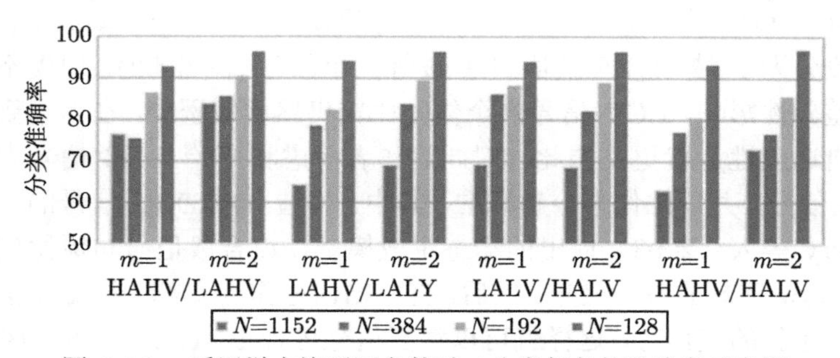

图 6.4.1 采用样本熵不同参数时二分类任务的准确率示意图

表 6.4.1　采用样本熵不同参数时多分类任务的准确率

	r=0.10	r=0.11	r=0.12	r=0.13	r=0.14	r=0.15	r=0.16	r=0.17
m=1	92.03	88.36	87.97	87.97	86.02	85.23	84.92	83.98
m=2	23.13	23.13	23.13	23.13	26.56	93.20	91.25	90.63
	r=0.18	r=0.19	r=0.20	r=0.21	r=0.22	r=0.23	r=0.24	r=0.25
m=1	84.69	82.73	82.34	81.48	77.89	77.73	74.77	74.45
m=2	92.42	89.69	89.38	88.28	88.28	86.17	83.91	84.53

70%～80%的准确率。相比较而言，采用 EMD 与样本熵相结合的方法在二分类任务中的平均准确率可以达到 94.98%，在多类分类任务中最高准确率也可以达到 93.20%。

实际上，采用 EEG 信号的样本熵用于情感识别并非新颖的方法，但基于原始 EEG 信号直接计算得到的样本熵往往不能令人满意。在这个工作中，作者通过 EMD 将信号分解为 IMF 分量后再应用样本熵，效果得到了十分明显的改善。这无疑仰赖于 EMD 对于非线性非平稳数据的优良分解特性，也体现了 EEG 信号经过 EMD 后得到的 IMF 分量能良好地反映出原始信号中各种更为深层的特征。此外，这也为我们展示了 EMD 在非线性非平稳数据分析上广阔的应用前景，许多曾经针对原信号进行的分析应用在 IMF 上也许会取得令人意想不到的结果，而这也正是 EMD 为人们留下的宝贵财富。

6.4.2　基于 BVEMD 和 HHT 的 ECG 情感识别

除 EEG 外，已有不少重要证据表明心电图（ECG）对情绪变化也具有一定敏感性并可能传递相关信息，因此理论上 ECG 也可以用于情感识别。但目前由于存在各种理论和实验上的障碍，基于 ECG 的情感识别一直没有取得突破性的进展。其中一个关键因素就是缺少一种能有效提取出 ECG 内在特征信息的非线性信号分析方法，对此，Foteini Agrafioti 等人（2011）考虑采用基于 EMD 和 HHT 的非线性分析方法来分析 ECG，为 ECG 应用于情感识别给出了指导性思路。

针对 ECG 信号的个体差异性以及 EMD 所带来的唯一性问题，作者采用了一种基于合成信号的双变量经验模态分解（Bi-variant EMD, BVEMD）方法对信号进行分析。众所周知，ECG 信号具有一定规律性，即一个心动周期内 ECG 波形可以大致分为 P 波、QRS 波群和 T 波等几个部分 (图 6.4.2)，但受不同个体间生理上的差异性影响，ECG 信号的个体间比较仍然比较困难，在考虑到 EMD 方法的高度自适应性后就更是如此。对此，作者考虑将原始 ECG 信号人为构造为合成 ECG 信号，并以此作为分解标准，其中，构造合成 ECG 信号的方法可以参考 McSharry 等人（2003）提出的动态生成模型，该合成信号与原始信号整体上同步，被认为是理想的参考信号。然后，将原始信号作为实部，合成信号作为虚部，可以得到一个新的复信号，这样就可以对复信号进行 BVEMD 分解。BVEMD 整体思想和操作步骤与 EMD 相似，主要区别在于 BVEMD 是在复空间中寻找信号的包络面而非包络线，通过 BVEMD 可以得到复信号的复 IMF，如下式所示：

$$x_c(t) = \sum_{i=1}^{N-1} d_{c_i}(t) + r_c(t) \tag{6.4.1}$$

其中 $x_c(t)$ 表示复信号，$d_{c_i}(t)$ 表示复 IMF，$r_c(t)$ 则表示复残差。绘制真实信号与合成信号的前五个复 IMF 如图 6.4.3 所示。

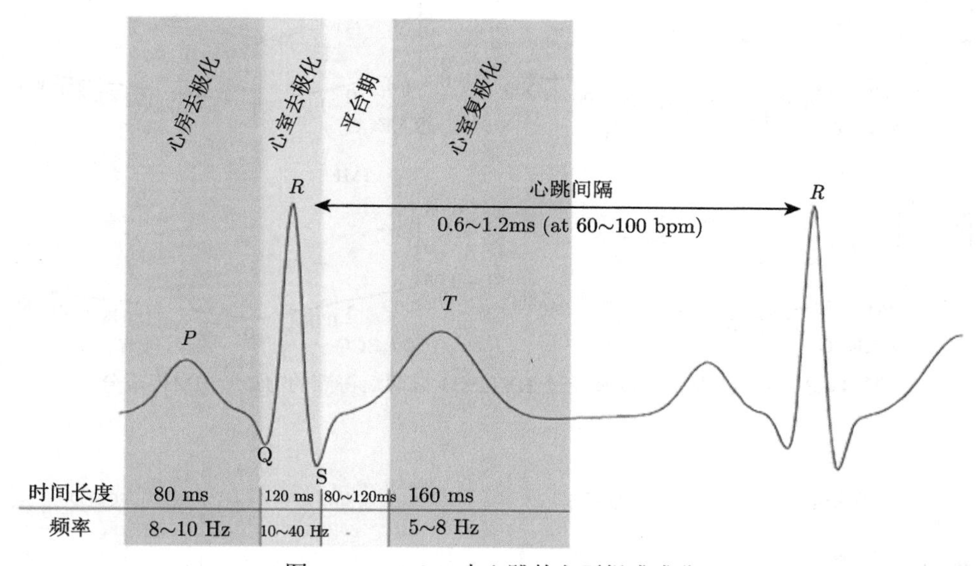

图 6.4.2 ECG 中心跳的主要组成成分

在此应用案例中，将人为构造的 ECG 合成信号作为虚部，其目的是可以保证实部真实信号震荡的有效性，比如当真实信号中存在高频噪声时，低阶 IMF 的实部会表现出强烈的震荡，而虚部则不会出现相应的变化，这使得噪声可以被很容易地检测出来。

在 BVEMD 的基础上，作者取前三个含有 ECG 主要信息的 IMF 作为分析对象，分别提取 IMF 的瞬时频率 (基于 HHT) 和局部震荡 (local oscillation) 组成 ECG 信号的特征向量，进而采用线性判别器进行分类。为了验证方法的有效性，作者设置了两组实验对受试者的不同情感进行分类。具体分类任务包括不同的效价 (valence) 间的分类，不同唤醒度 (arousal) 的分类以及主动唤醒与被动唤醒的分类效果比较。文中作者对不同分类任务的结果进行了详细的说明，譬如，对于低程度唤醒和高程度唤醒状态的二分类任务，达到的正确率如图 6.4.4 所示。

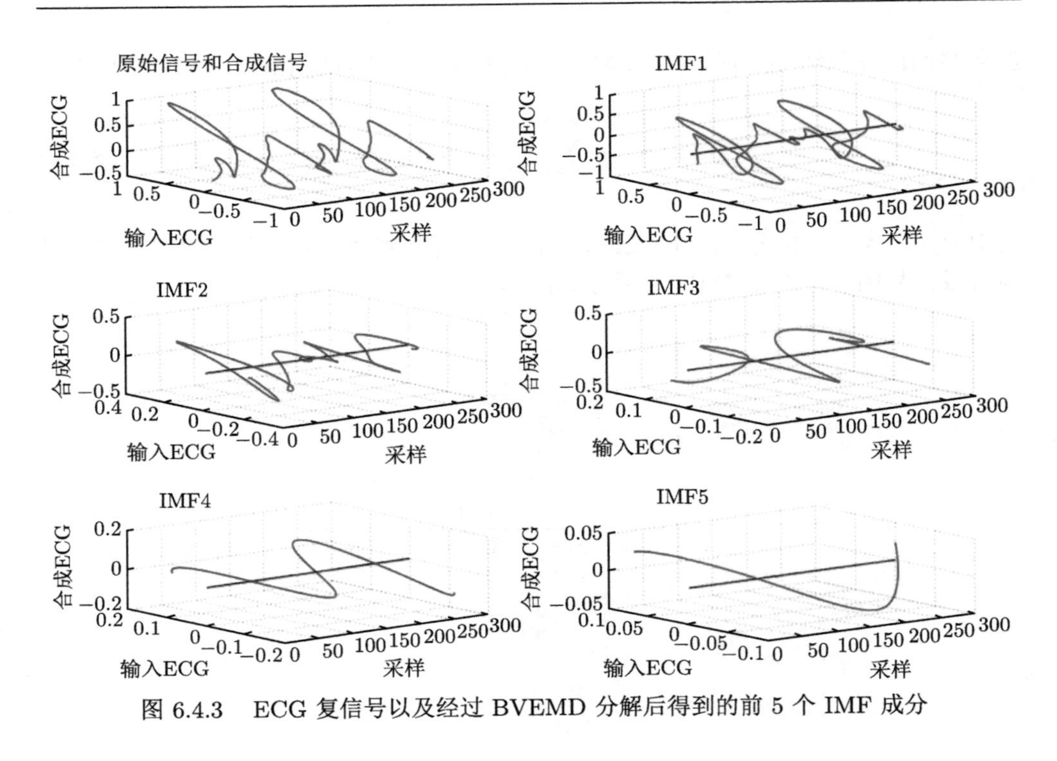

图 6.4.3 ECG 复信号以及经过 BVEMD 分解后得到的前 5 个 IMF 成分

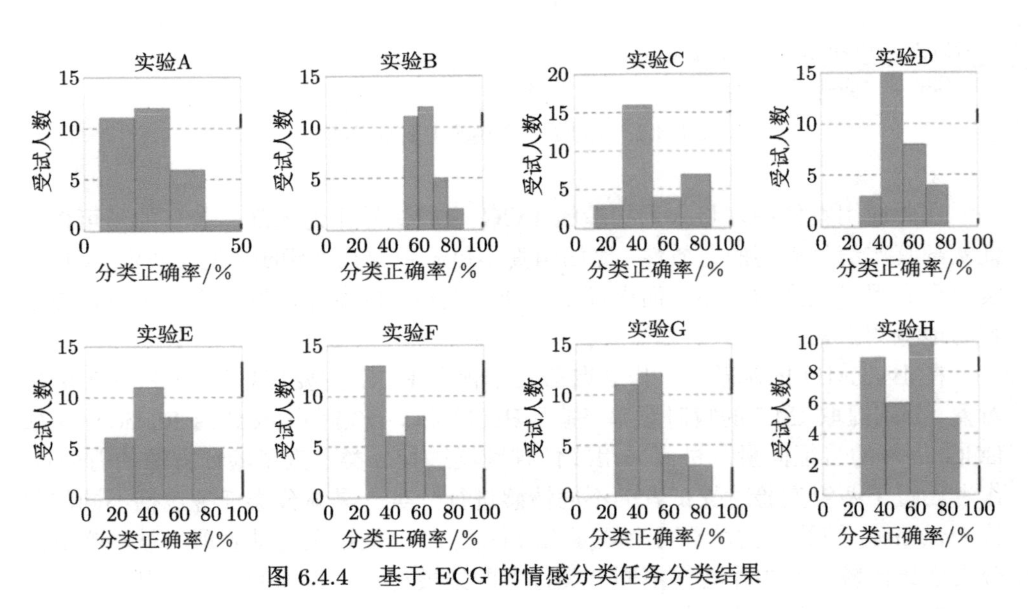

图 6.4.4 基于 ECG 的情感分类任务分类结果

图中横轴代表分类正确率，纵轴代表受试人数。可以发现部分效果并不显著，作者认为这主要受制于实验设计中受试者对于自己情感的评估主观性较强。与传统方法相比，作者所采用的非线性数据分析方法充分考虑了个体的差异性，显然更具有生理上的意义。此外，BEMD 作为 EMD 方法的变种与延伸，其在 ECG 信号中的应用也体现出了 EMD 应用于生理信号乃至各种非线性非平稳数据的巨大想象空间，而这些基于 EMD 衍生出的各种新方法也正逐步使 EMD 成为一种真正有效的时频分析方法。

6.5 基于 HHT 的语音音调估计

声音的三个主观属性分别是音调、音色、音量（响度）。其中，依据美国国家标准学会（American National Standards Institute, ANSI）的定义，音调（pitch）是声音的一种听觉属性，依据音调，声音可以按照从高到低进行排序。

音调蕴含了丰富的说话人信息，譬如情感、态度、意图等。音调在音乐作品中起到色彩渲染的作用，音乐所表达的情感可以通过音调变化来展现。值得一提的是，汉语就是一种声调语言，四种音调的规律变化在汉语中形成了声调，具有区别语境下词义的重要作用。另外，音调识别对于复杂场景下的人声提取、盲源分离等都有一定的作用。因此，音调识别是声音识别和处理的重要环节之一。

直观而言，对于单一频率的正弦信号来说，振荡频率越高，音调就会越高；然而对于复杂的声音信号，一般认为音调与该信号包络线的周期相关，如图 6.5.1 所示。

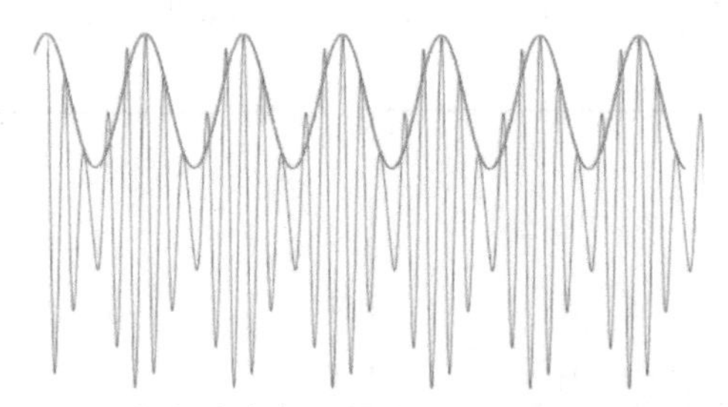

图 6.5.1 复杂声音信号的音调与包络线的周期有关

实际上，音调估计最为经典的方法是自相关法。对于一个给定的音频信号 $x(n)$，对于所有的 n，其自相关函数被定义为

$$\varphi_x(m) = \frac{1}{N}\sum_{n=1}^{N} x(n)x(n+m) \tag{6.5.1}$$

其中参数 m 是自相关函数的嵌入维度。自相关函数本质上是信号的一种变换方法，能够很好地展现信号的波形结构。因此，对于音调估计任务，假设音频信号

有一个包络线周期 P，则一定满足：

$$\varphi_x(m) = \varphi_x(m+P) \tag{6.5.2}$$

因此可以通过求解 P 来确定音调的高低。然而，由于声音信号是非线性、非平稳的，因此传统的音调甄别方法不约而同地假设音频信号为短时稳态信号，并采用了类似“加窗”的操作，在信号局部进行音调估计。显然，这种假设在绝大多数自然语音中并不成立，而且依此计算的音调受制于窗函数的选择，并不能得到一致性较好的估计结果。

因此，Huang(2004) 提出采用希尔伯特黄变换的方法来进行音调估计，他们认为，音调是声音信号中能量较大的基频成分，HHT 的瞬时能量将极大地改善音调识别的分辨率，并有望提升识别性能。据此，设计了如下算法：

(1) 对原信号进行 800Hz FIR 低通滤波处理，以消除能量较大的共振峰；

(2) 对原信号进行 HHT 分解，得到每个 IMF 的瞬时频率和瞬时能量；

(3) 绘制 HHT 谱，并对瞬时能量作预处理，消除能量极小值，以及变化较大频点的能量；

(4) 对处理后的 HHT 谱取每一个时刻能量最大的频率，连接构成音频的基频，作为音调估计线。

他们紧接着使用 YOHO 语言数据集对方法进行了验证，该数据集包含 138 人的英文数字朗读音频。研究人员手工标注了音调变化作为金标准，并将 HHT 方法和自相关法得到的结果进行了对比，如图 6.5.2 所示。

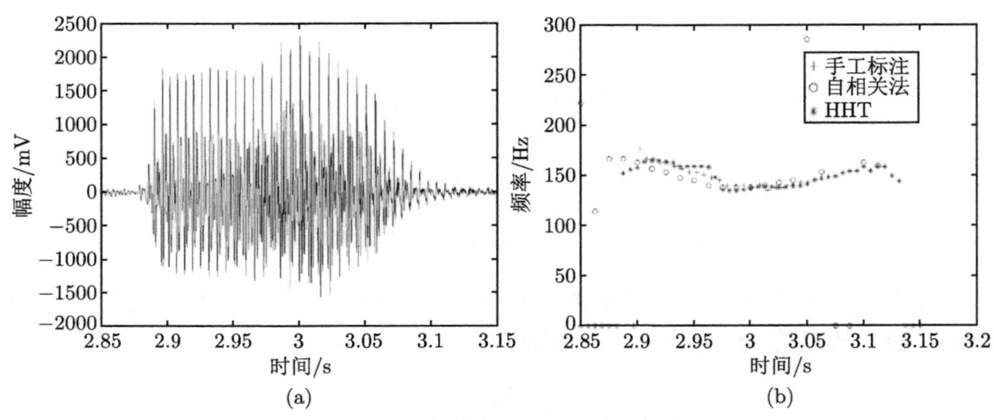

图 6.5.2　HHT 方法和自相关法音调估计结果的对比

左图为测试语音信号

结果表明，无论是简单的音频，还是变化较为剧烈的音频，HHT 方法得到的音频估计都要比经典的自相关法更准确。而且，由于自相关法是在一定宽度的时间窗下运作的，因此得到的音调估计线的时间分辨率要低于 HHT 方法。

基于 HHT 的自适应音调估计方法摒弃了前人对音频信号过于严格的数学假设，而且由于 HHT 方法并不依赖于窗函数的选择，而是通过微分的策略，在每个时刻都可以有一个音调的瞬时估计值，从而大大提高了音调估计的分辨率和准确率。我们应当注意到，HHT 的上述优点并不局限于音调估计任务，由于突破了对音频短时平稳的假设，这种自适应数据分析方法可以在其他音频处理领域，譬如语音识别、噪音消除等也将发挥重要作用。

6.6 EMD 与 HHT 在轴承故障诊断中的应用

6.6.1 引言

在工业领域，大约 45%的故障是由轴承引起的。美国电力研究所 (EPRI) 和 IEEE IAS 的电机可靠性工作组分别调查了 6312 和 1141 台感应电机。他们确定了电机中潜在故障包括轴承、定子绕组匝间短路等，其中，轴承故障约占已识别故障的 42%。对轴承进行故障诊断不仅可以确保可靠性，而且能够以较低的成本增加可用性。本书随后将会介绍 Ali 等人 (2015)、A. Soualhi 等人 (2014) 近年来的工作，他们分别将 EMD 和 HHT 应用于轴承故障诊断，开展了不少有价值的工作。

6.6.2 EMD 在轴承故障诊断中的应用

必须承认，故障诊断并非易事。Ali 等人 (2015) 认为故障诊断在本质上其实是一个模态识别或模式识别问题，为了获得更高的诊断精度，就需要最有效的特征提取方式和更准确的分类器。由于滚动轴承 (rolling element bearings, REB) 振动信号的非平稳和非线性特征，Ali 等人曾通过 EMD 与人工神经网络 (ANN) 相结合的方法对 REB 振动信号进行研究，实现了对被监测 REB 的状态进行连续评估，从而成功地在线检测出 REB 故障的严重程度。

Ali 指出，理想情况下，轴承振动信号中应该存在某个时域特征随着轴承退化而单调递增，而现实情况是，突然退化才是工业环境中最常见的轴承缺陷类型。而且，由于不同轴承在其结构参数上存在着差异，在振动信号中也混有强噪声，这些因素导致如果基于简单的统计时域特征，很难甚至不可能对轴承的退化性能进行准确评估。为了对轴承进行实时地故障检测，有效的特征提取方式是关键，Ali 等人利用 EMD 能量熵对轴承从健康状态运行到失效的实验数据进行特征提取，具体过程如下：

(1) 将轴承信号分解为 IMF 信号

(2) 计算每个 IMF 的能量

$$E_i = \sum_{j=1}^{2048} |c_{ij}|^2 \tag{6.6.1}$$

(3) 计算所有 IMF 的总能量

$$E = \sum_{i=1}^{n} E_i \tag{6.6.2}$$

(4) 构造特征向量

$$[H_{en}, H_{en}IMF1, H_{en}IMF2, \cdots, H_{en}IMFn] \tag{6.6.3}$$

其中 H_{en} 为整个原始信号的 EMD 能量熵，H_{en}IMFi 为第 i 个 IMF 的 EMD 能量熵，n 为分解过程中得到的的 IMF 数。EMD 能量熵计算为公式为

$$H_{en} = -\sum_{i=1}^{n} p_i \log(p_i) \tag{6.6.4}$$

其中 $p_i = E_i/E$。图 6.6.1 为轴承振动信号和其前 8 个 IMF 对应的能量熵。

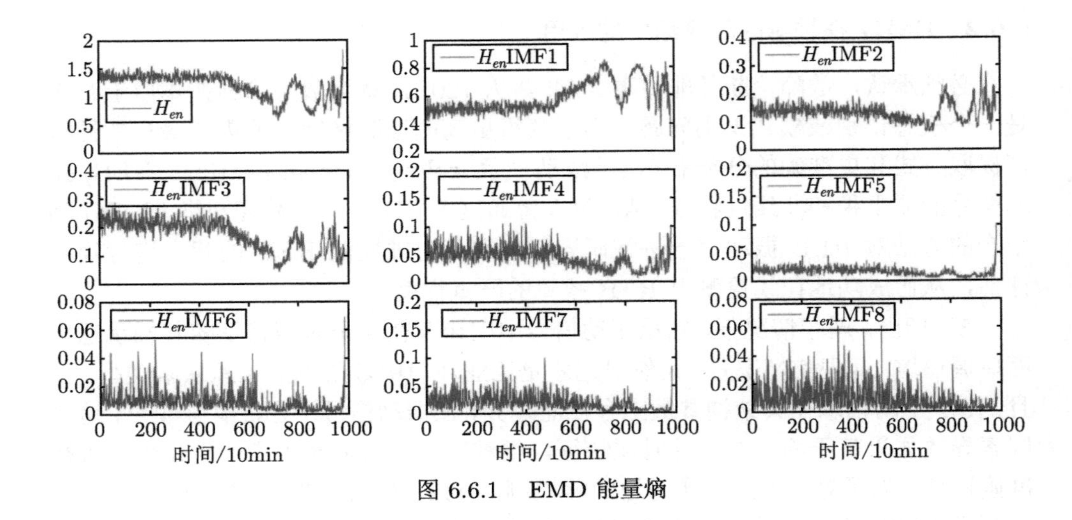

图 6.6.1 EMD 能量熵

Ali 等人利用上述三个轴承的振动信号构造的特征向量去训练人工神经网络，然后利用训练出来的网络来识别训练集数据以及测试集数据 (来自实验中的另外

两个轴承：一个轴承以 FOR 结束，一个轴承以轻微退化为结束) 的轴承状态。以下是轴承诊断的主要步骤：

(1) 在线提取所使用轴承的记录；

(2) 提取特征；

(3) 根据训练好的神经网络识别 REB 状态；

(4) 如果 ANN 判定不匹配 6 类故障中的任何一类，则判定为健康轴承状态 (无缺陷出现)，则 $\mathrm{HI}(i)=0$；否则，$\mathrm{HI}(i)=\mathrm{HI}(i)+1$。

这里 HI 是提出 Ali 等人的一种轴承健康指标。

Ali 等人将经验模态分解 (EMD) 作为一种先进的信号处理技术，与人工神经网络 (人工智能方法) 相结合，成功应用于轴承故障的自动诊断。坦率地说，这比前人工作更重要的地方在于使用了真实数据，相应数据来自描述有缺陷的 REB 的动态响应的实时振动。Ali 等人将 EMD 运用于非平稳、非线性的 REB 数据，根据类间方差统计准则的 J 值对 EMD 分解后得到的单个 IMF 的能量熵以及全部 IMF 的总能量熵进行筛选，确定了用于分类轴承状态的特征向量。据此，从多个尺度得到的特征向量被当作人工神经网络分类器的输入，得到的结果能够对轴承退化进行在线跟踪，并能检测出以往未发现的早期故障发生时间。

6.6.3 HHT 在轴承故障诊断中的应用

对轴承退化的检测、诊断和预测是提高电机可靠性和安全性的关键，特别是在重要的工业领域。为了对滚动轴承的健康状况进行监测，A. Soualhi 等人 (2014) 提出了一种将 Hilbert -Huang 变换、支持向量机和支持向量回归相结合的滚动轴承监测新方法。该方法分为三个步骤：

(1) 利用 Hilbert-Huang 变换从非平稳振动信号中提取健康指标，这些指标能够指示轴承关键部件的退化程度。

(2) 采用支持向量机 (SVM) 监督分类技术检测轴承退化状态，并通过分析提取的健康指标进行轴承的故障诊断。

(3) 通过基于支持向量回归 (SVR) 的单步时间序列预测，得到了轴承剩余使用寿命 (RUL) 的估计。

特别地，健康指标的计算过程为：将每个振动信号分解为一组 IMF，每个 IMF 都位于一个特定的频带内，然后计算得到每个 IMF 对应的边际谱；接着，将轴承特征频率 (外圈 f_{or}、内圈 f_{ir}、滚珠 f_{b}) 分别代入边际谱，取最大值作为特征指标。通过这些指标，能够识别退化部件并估计退化程度，如图 6.6.2 所示。

A. Soualhi 等人以 NSK 6804RS 型三个轴承为例验证了该方法的有效性。从这些轴承中提取的振动信号被用来评估轴承监测方法的性能，以检测、诊断和预测轴承退化。为此，A. Soualhi 等人假设另一个编号为 4 的轴承具有与三个被测试轴承相同的结构参数和相同的约束条件的历史退化。轴承 4 的数据集被用于检测退化状态，识别支持向量机和支持向量机的参数。图 6.6.3(a)、(b)、(c) 和 (d) 分别展示了轴承 4 的健康指标 $h_i(f_{\rm or})$、$h_i(f_{\rm b})$、$h_i(f_{\rm ir})$ 和 RMS 随时间的变化。

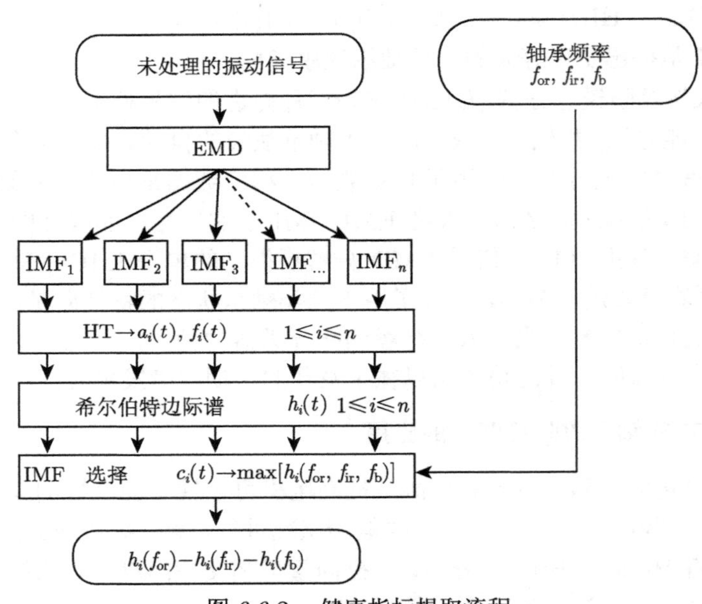

图 6.6.2　健康指标提取流程

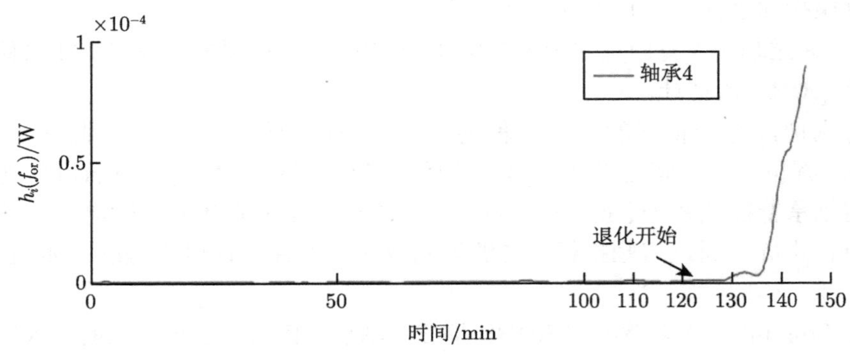

图 6.6.3(a)　轴承 4 的 $h_i(f_{\rm or})$ 随时间变化曲线

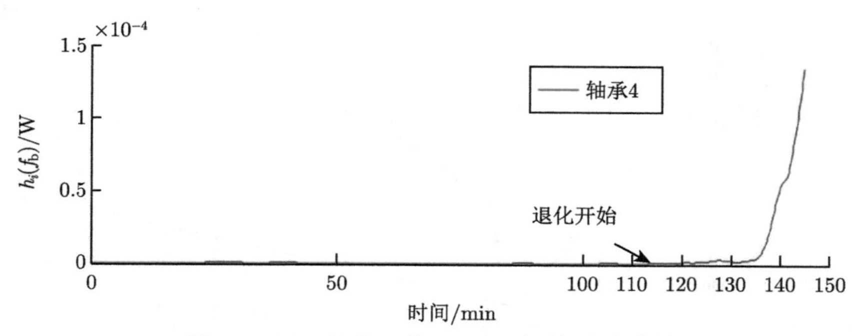

图 6.6.3(b) 轴承 4 的 $h_i(f_b)$ 随时间变化曲线

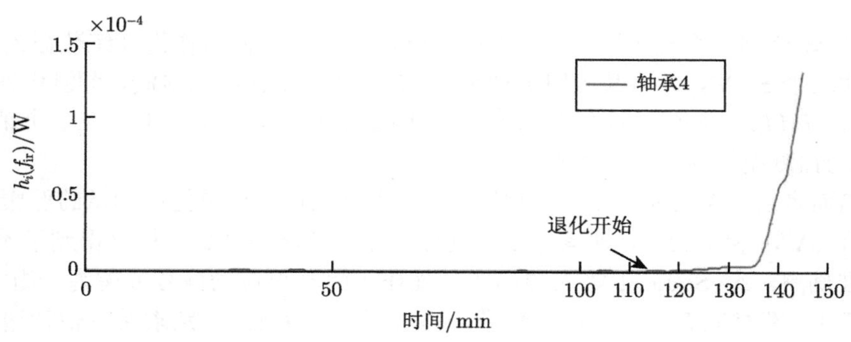

图 6.6.3(c) 轴承 4 的 $h_i(f_{ir})$ 随时间变化曲线

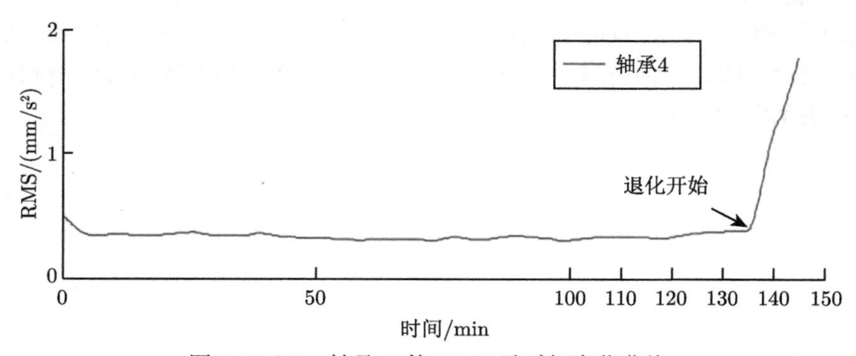

图 6.6.3(d) 轴承 4 的 RMS 随时间变化曲线

可以看到，RMS 曲线中轴承退化的第一个迹象出现在 138 分钟的测试，这比 $h_i(f_{or})$、$h_i(f_b)$、$h_i(f_{ir})$ 曲线中任何一个都要晚。这些结果表明，A. Soualhi 等人所提取的有效健康指标，能够单独监测滚珠轴承的关键部件。接下来进行轴承退化的检测和诊断。根据轴承 4 的测试数据集，A. Soualhi 等人将轴承状态分为健康状态 Ω_1, Ω_2 和退化状态 Ω_3 三个状态，如图 6.6.4 所示。

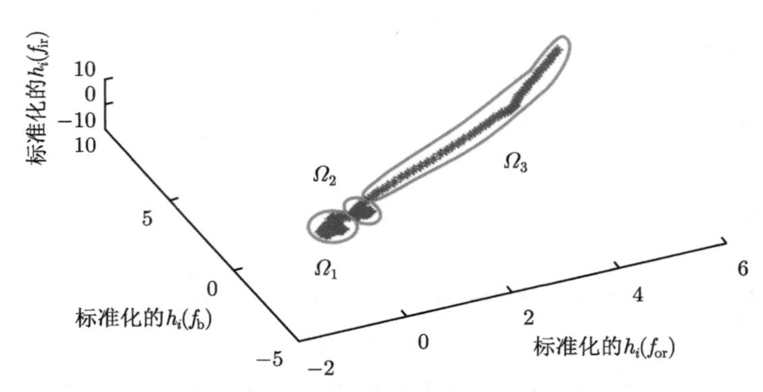

图 6.6.4　轴承 4 的健康状态 Ω_1, Ω_2 和退化状态 Ω_3

SVM 使用三个轴承退化状态对应的轴承 4 中的观测值作为训练数据来学习。共构建三个 SVM，并将其应用于轴承 1、2 和 3 的退化状态检测，预测中使用的 $h_i(f_{\mathrm{or}})$、$h_i(f_{\mathrm{ir}})$、$h_i(f_{\mathrm{b}})$ 阈值来自于轴承 4 的状态 Ω_3，结果表明，在三个轴承上 RUL 的预测误差率均低于 1.5%。

简而言之，A. Soualhi 等人利用 HHT 得到的边际谱来提取轴承的健康指标，并结合 SVM 和 SVR 对轴承退化的进行检测、诊断和预测，最终得到了不错的预测准确率。A. Soualhi 等人的高明之处在于将轴承振动信号分解为一组 IMF，每个 IMF 都对应着一个特定的频带，再对每一个 IMF 分别求希尔伯特边际谱，从所有边际谱中找出轴承外圈、内圈、滚珠的特征频率对应的最大能量值做为轴承退化的健康指标。这就极大程度上避免了背景噪声等干扰信号对轴承退化特征指标值的影响，从而更为真实地反映轴承退化情况。这也提醒我们，对每个单独 IMF 的边际谱或希尔伯特谱分别进行分析，也许能够减弱干扰信号的影响，从而突出我们感兴趣信号的特征。

专业名词对照表

英文全拼	中文翻译	英文缩写
aeroelasticity design	气动弹性设计	
aerostructures test wing	航空结构测试翼	ATW
affine wavelet analysis	仿射小波分析	
amplitude modulation	幅度调制，振幅调制	AM
analytical signal	解析信号	AS
a priori basis	基于先验的分解基底	
asymptotically stationary	渐进平稳性	
Atlantic multidecadal oscillation	大西洋多年代际振荡	AMO
Atlantic tropic	大西洋气旋	TC
auto-regression model	自回归模型	
auto-regressive integrated moving average	差分整合滑动平均自回归模型	ARIMA
basis pursue	基追踪	
binominal averaging operator	二项平均算子	
bi-polar seesaw	双极跷跷板	
bi-spectrum	二阶谱	
bi-variant EMD	双变量 EMD	BVEMD
B-spline based EMD	基于 B 样条的经验模态分解	
bucket measurements	桶式测量	
Cauchy type criteria	柯西类型准则	
central covariance function	中心协方差函数	
central limit theorem	中心极限定理	
comodulograms	共模图	
complementary ensemble EMD	互补集合经验模态分解	CEEMD
compressed sensing	压缩感知	
cone of influence	圆锥效应	
conjugate adaptive dyadic masking EMD	共轭自适应二进掩模经验模态分解	CADM EMD
continuous wavelet analysis	连续小波分析	CWA
correlation functions	相关函数	
covariance matrix	协方差矩阵	
covariance stationarity	协方差平稳性	
cubic spline interpolation	三次样条插值	
damping loss factor	阻尼损耗因子	DLF
damping spectral analysis	阻尼谱分析	DSA
damping spectrum	阻尼谱	
damping stability spectral analysis	阻尼稳定性谱分析	
delta function	冲激函数	
detrend	去趋势	
differencing	差分法	

续表

英文全拼	中文翻译	英文缩写
direct quadrature	直接四分相移估计法	DQ
discrete wavelet	离散小波	DW
discrete wavelet analysis	离散小波分析	
down-sampling	降采样	
dyadic filter bank	二进滤波器组	
dynamics system	动力学系统	
e-folding time	e 折衰减时间	
empirical AM FM decomposition	经验 AM FM 分解	
empirical mode decomposition	经验模态分解	EMD
empirical orthogonal function	经验正交函数	EOF
end effect	端点效应	
ensemble EMD	集合经验模态分解	EEMD
ergodic assumption	各态历经假设	
evolutionary spectrum	演化谱	
frequency modulation	频率调制	FM
Fourier analysis	傅里叶分析	
Fourier power spectra	傅里叶功率谱	FPS
Fourier spectrum	傅里叶谱	
Fourier transform	傅里叶变换	FT
generalized zero-crossing	广义过零点法	GZC
global surface temperature anomaly	全球海温异常	GSTA
global-mean surface temperature	全球平均地表温度	GST
gravity waves	重力波	
Heisenberg wavelet	海森堡小波	
higher order spectral analysis	高阶谱分析	
Hilbert spectral analysis	希尔伯特谱分析	HAS
Hilbert spectrum	希尔伯特谱	
Hilbert transform	希尔伯特变换	HT
Hilbert-Huang transform	希尔伯特黄变换	HHT
holo-AM spectrum	全息 AM 频谱	
holo-FM spectrum	全息 FM 频谱	
holo-Hilbert spectral analysis	全息希尔伯特谱分析	HHSA
holo-Hilbert spectrum	全息希尔伯特谱	HHS
holo spectrum	全息谱	
hurricane Andrew	安德鲁飓风	
hurricane vortex	飓风涡流	
hyperspheres	超球面	
independent component analysis	独立成分分析	ICA
integral transformation	积分变换	
intermittence criteria	间断准则	
intermittence test	间断检验	
inter-mode	波间	
intra-mode	波内	
intra-wave frequency	波内频率	

续表

英文全拼	中文翻译	英文缩写
intrinsic correlation	本征相关性	
intrinsic mode function	本征模态函数	IMF
intrinsic probability density functions	本征概率密度函数	iPDF
kurtosis	峰度	
least square estimation of the trend	趋势的最小平方估计	
length of day	每日时长	LOD
linear least square regression analysis	线性最小平方回归分析	
linearity and stationarity	线性和平稳性	
marginal spectrum	边际谱	
mean surface air temperature over the land	陆地表面空气平均温度	SAT
mean surface temperature over the oceans	海洋表面平均温度	SST
metonic cycle	默冬周期	
modal frequency	模态频率	
mode mixing	模式混叠	
monocomponent	单分量	
Monte Carlo validation	蒙特卡洛验证	
multi-decadal variation	年代际变化	MDV
multi-dimensional EEMD	多维 EEMD	MDEMD
multi-dimensional ensemble EMD	多维集合 EMD	MDEEMD
multi-scale entropy	多尺度熵	MSE
multi-variant EMD	多变量 EMD	MVEMD
natural spline functions	自然样条函数	
noise-assisted MVEMD	噪声辅助的多变量 EMD	NAMVEMD
non-destructive Health Monitoring	无损健康监测	NDHM
nonlinear data	非线性数据	
nonlinear optimal basis pursue	非线性优化基追踪	
nonlinear optimization	非线性优化	
nonparametric test	非参数检验	
normal distribution	正态分布	
normalized Hilbert Huang transform	归一化希尔伯特黄变换	NHT
Nyquist frequency	奈奎斯特频率	
orthogonality index	正交指数	OI
parametric test	参数检验	
piecewise stationarity	分段平稳性	
pre-whitening	预白化	
priori basis	先验基函数	
probability distributions	概率分布	
proto-IMF	雏形 IMF	
proto-mode function	PMF	PMF
quasi-Monte Carlo methods	准蒙特卡罗方法	
quaternions	四元数	
radial basis function	径向基函数	
rapid eye movement	快速眼动	REM
Rayleigh distribution	瑞利分布	

续表

英文全拼	中文翻译	英文缩写
reponse spectrum	响应谱	
Reynolds decomposition	雷诺分解	
riding waves	骑行波	
RMS white noise	RMS 白噪声	
second-order stationarity	二阶平稳性	
secular trend	长期趋势	ST
short-time Fourier transform	短时傅里叶变换	STFT
simple harmonic function	简谐函数	
singular spectral analysis	奇异谱分析	SSA
slow wave sleep	慢波睡眠	SWS
skewness	偏度	
smoothing by moving averaging	移动平均平滑法	
spurious harmonics	杂散谐波	SH
stability nargins	稳定裕度	
stability spectrum	稳定性谱	
stochastic resonance	随机共振	
stoppage criteria	停止准则	
sub-sampling	子采样	
Teager energy operator	蒂格能量算子	TEO
thin-plate spline	薄板样条函数	
three-point medium filter	三点中值滤波	
ultradian cycle	超昼夜节律周期	
uncertainty principle	不确定性原理	
variability	变化性	
vortex Rossby waves	罗斯比涡旋波	
wavelet analysis	小波分析	
weak stationarity	弱平稳性	
Wigner-Ville distribution	魏格纳-维勒分布	

参考文献

Ahmed, Mosabber Uddin, Danilo P Mandic. 2010. Image fusion based on fast and adaptive bidimensional empirical mode decomposition. 13th International Conference on Information Fusion. IEEE, 1-6.

Alan V Oppenheim. 1989. Discrete-time signal processing. India: Pearson Education.

Andrzejak R G, Lehnertz K, Mormann F, et al. 2001. Indications of nonlinear deterministic and finite-dimensional structures in time series of brain electrical activity: Dependence on recording region and brain state. Physical Review E, 64(6): 061907.

Agrafioti F, Hatzinakos D, Anderson A K. 2011. ECG pattern analysis for emotion detection. IEEE Transactions on affective computing, 3(1): 102-115.

Ali J B, Fnaiech N, Saidi L, et al. 2015. Application of empirical mode decomposition and artificial neural network for automatic bearing fault diagnosis based on vibration signals. Applied Acoustics, 89: 16-27.

Almond N E, E D Cooke. 1989. Observations on the photoplethysmograph pulse derived from a laser Doppler flowmeter. Clinical Physics and Physiological Measurement, 10(2): 137.

American National Standards Institute. 1973. American national psychoacoustical terminology. S3. 20.

Auger François, Patrick Flandrin. 1995. Improving the readability of time-frequency and time-scale representations by the reassignment method. IEEE Transactions on signal processing, 43(5): 1068-1089.

Bajaj V, Pachori R B. 2012. Classification of seizure and nonseizure EEG signals using empirical mode decomposition. IEEE Transactions on Information Technology in Biomedicine, 16: 1135-1142.

Barbante Carlo, et al. 2006. One-to-one coupling of glacial climate variability in Greenland and Antarctica. Nature, 444(7116): 195-198.

Batchelor, George Keith. 1953. The theory of homogeneous turbulence. Cambridge: Cambridge University Press.

Bedrosian, Edward. 1963. A product theorem for Hilbert transforms. Proceedings of the IEEE, 51(5): 868-869.

Bendat Julius S, Allan G Piersol. 1986. Random dataanalysis and measurement procedures. John Wiley & Sons.

Benzi Roberto, Alfonso Sutera, Angelo Vulpiani. 1981. The mechanism of stochastic resonance. Journal of Physics A: mathematical and general, 14(11): L453.

Bhuiyan, Sharif M A, et al. 2009. Bidimensional empirical mode decomposition using various interpolation techniques. Advances in Adaptive Data Analysis, 1(02): 309-338.

Blank K B, et al. 2005. HHT-DPS help 1.4. National Aeronautics and Space Administration, Goddard Space Flight Center.

Boashash Boualem. 1992a. Estimating and interpreting the instantaneous frequency of a signal. I. Fundamentals. Proceedings of the IEEE, 80(4): 520-538.

Boashash Boualem. 1992b. Estimating and interpreting the instantaneous frequency of a signal. II. Algorithms and applications. Proceedings of the IEEE, 80(4): 540-568.

Boashash B. 1992. Time-frequency signal analysis: methods and applications. Longman Publishing Group.

Brock W A, W Dechert, J Scheinkman. 1996. A test for independence based on the correlation dimension. Econometric Reviews, 15(3): 197-235.

Brockwell Peter J. 2009. An overview of asset–price models. Handbook of Financial Time Series: 403-419.

Brockwell Peter J, Richard A Davis, Stephen E Fienberg. 1991. Time series: theory and methods. Springer Science & Business Media.

Buzsaki Gyorgy. 2006. Rhythms of the brain. Oxford: Oxford University Press.

Buzsáki György, Kenji Mizuseki. 2014. The log-dynamic brain: how skewed distributions affect network operations. Nature Reviews Neuroscience, 15(4): 264-278.

Cai G Q, J S Yu, Y K Lin. 1995. Toppling of rigid block under evolutionary random base excitations. Journal of Engineering Mechanics, 121(8): 924-929.

Candès Emmanuel J, Justin K Romberg, Terence Tao. 2006. Stable signal recovery from incomplete and inaccurate measurements. Communications on Pure and Applied Mathematics: A Journal Issued by the Courant Institute of Mathematical Sciences, 59(8): 1207-1223.

Candès Emmanuel J, David L Donoho. 1999. Ridgelets: A key to higher-dimensional intermittency? Philosophical Transactions of the Royal Society of London. Series A: Mathematical, Physical and Engineering Sciences, 357(1760): 2495-2509.

Candès Emmanuel J, Justin Romberg, Terence Tao. 2006. Robust uncertainty principles: exact signal reconstruction from highly incomplete frequency information. IEEE Transactions on Information Theory, 52(2): 489-509.

Canolty Ryan T, et al. 2006. High gamma power is phase-locked to theta oscillations in human neocortex. Science, 313(5793): 1626-1628.

Canolty Ryan T, Robert T Knight. 2010. The functional role of cross-frequency coupling. Trends in Cognitive Sciences 14(11): 506-515.

Carmona René, Wen-Liang Hwang, Bruno Torresani. 1998. Practical time-frequency analysis: gabor and wavelet transforms, with an implementation in S. Academic Press.

Challoner A V, Ramsay C A. 1974. A photoelectric plethysmograph for the measurement of cutaneous blood flow. Physics in Medicine and Biology, 19(3), 317-328.

Chan Y T. 1995. Principles of the wavelet transform. Wavelet Basics. Boston: Springer. 23-52.

Chang H H, Hsu C C, Chen C Y, et al. 2018. A method for respiration rate detection in wrist PPG signal using Holo-Hilbert spectrum. IEEE Sensors Journal, 18(18): 7560-7569.

Chang J C, et al. 2009. A new noise aided method for random data analysis. Internatio-nal Conference on Test and Measurement. IEEE, 1: 303-306.

Chang Yu-Mei, et al. 2010 Model validation based on ensemble empirical mode decomposition. Advances in Adaptive Data Analysis, 2(04): 415-428.

Chao B Fong. 1989. Length-of-day variations caused by El nino-southern oscillation and quasi-biennial oscillation. Science, 243(4893) : 923-925.

Chen Q, Li L, Tang Y Y. 2005. Analytic signals and Hilbert transform revisited. IEEE Trans Signal Process.

Chen Q H, et al. 2006. A B-spline approach for empirical mode decompositions. Advances in computational mathematics, 24(1-4): 171-195.

Chen X Y, Wu Z H, Huang N E. 2010. The time-dependent intrinsic correlation based on the empirical mode decomposition. Advances in Adaptive Data Analysis, 2(02): 233-265.

Cichocki A, S Amari. 2002. Adaptive blind signal and image processing. Chichester: John Wiley. 464.

Claasen T A C M, W Mecklenbräuker. 1980. Time-frequency signal analysis. Philips Journal of Research, 35(6): 372-389.

Clark T A, et al. 1998. Earth rotation measurement yields valuable information about the dynamics of the Earth system. Eos, Transactions American Geophysical Union, 79(17): 205-209.

Cohen L, Lee C. 1990. Instantaneous bandwidth for signals and spectrogram. International Conference on Acoustics, Speech, and Signal Processing: 2451-2454.

Cohen Leon. 1995. Time-frequency analysis. Prentice Hall.

Crowley Thomas J. 2000. Causes of climate change over the past 1000 years. Science, 289(5477): 270-277.

Damerval Christophe, Sylvain Meignen, Valérie Perrier. 2005. A fast algorithm for bidimensional EMD. IEEE Signal Processing Letters, 12(10): 701-704.

Daubechies Ingrid. 1992. Ten lectures on wavelets. Society for industrial and applied mathematics.

Daubechies I, Sweldens W. 1998. Factoring wavelet transforms into lifting steps. Journal of Fourier Analysis and Applications, 4(3): 247-269.

De Boor Carl, Carl De Boor. 1978. A practical guide to splines. New York: Springer-Verlag.

De Lathauwer, L B De Moor, J Vandewalle. 2005. A prewhitening-induced bound on the identification error in independent component analysis. IEEE Trans. Circuits & Systems I-Regular Papers, 52: 546-554.

Deering Ryan, James F Kaiser. 2005. The use of a masking signal to improve empirical mode decomposition. Proceedings.(ICASSP'05). IEEE International Conference on Acoustics, Speech, and Signal Processing, 4.

Deléchelle Eric, Jacques Lemoine, Oumar Niang. 2005. Empirical mode decomposition: an analytical approach for sifting process. IEEE Signal Processing Letters, 12(11): 764-767.

DelSole Timothy, Michael K Tippett, Jagadish Shukla. 2011. A significant component of unforced multidecadal variability in the recent acceleration of global warming. Journal of Climate, 24(3): 909-926.

Donoho David L. 2006. Compressed sensing. IEEE Transactions on Information Theory, 52(4): 1289-1306.

Dorlas J C, Nijboer J A. 1985. Photo-electric plethysmography as a monitoring device in anaesthesia: application and interpretation. British Journal of Anaesthesia, 57(5): 524-530.

Douglas S C, A Cichocki, S Amari. 1999. Self-whitening algorithms for adaptive equalization and deconvolution. IEEE Trans. Signal Processing, 47: 1161-1165.

Drazin Philip G, Philip Drazin Drazin. 1992. Nonlinear systems. No. 10. Cambridge: University Press.

Engle, Robert F, Clive W J Granger. 1987. Co-integration and error correction: representation, estimation, and testing. Econometrica: journal of the Econometric Society, 251-276.

Fan, J Q, Yao Q W. 2008. Nonlinear time series: nonparametric and parametric methods. Springer Science & Business Media.

Farge, Marie. 1992 Wavelet transforms and their applications to turbulence. Annual Review of Fluid Mechanics, 24(1): 395-458.

Fell, Juergen, Nikolai Axmacher. 2011. The role of phase synchronization in memory processes. Nature Reviews Neuroscience, 12(2): 105-118.

Flandrin, Patrick. 1998. Time-frequency/time-scale analysis. Academic Press.

Flandrin, Patrick, Eric Chass, et al. 1995. Reassigned scalograms and their fast algorithms. Wavelet Applications in Signal and Image Processing III. Vol. 2569. International Society for Optics and Photonics.

Flandrin, Patrick, Gabriel Rilling, et al. 2004. Empirical mode decomposition as a filter bank. IEEE Signal Processing Letters, 11(2): 112-114.

Flandrin, Patrick, Paulo Goncalves. 2004. Empirical mode decompositions as data-driven wavelet-like expansions. International Journal of Wavelets, Multiresolution and Information processing, 2(04): 477-496.

Flandrin, Patrick, Paulo Gonçalves, et al.2005. EMD equivalent filter banks, from interpretation to applications. Hilbert-Huang Transform and its Applications, 57-74.

Fuenzalida, Humberto, Benjamín Rosenblüth. 1990. Prewhitening of climatological time series. Journal of Climate, 3(3): 382-393.

Fyfe, John C, Nathan P Gillett, et al. 2010. Comparing variability and trends in observed and modelled global-mean surface temperature. Geophysical Research Letters, 37(16).

Gabor, Dennis. 1946. Theory of communication. Part 1: The analysis of information. Journal of the Institution of Electrical Engineers-Part III: Radio and Communication Engineering, 93(26): 429-441.

Gammaitoni, L, P Hanggi, et al. 1998. Stochastic resonance. Rev. Mod. Phys., 70, 223-288.

Ghil, Michael, et al. 2002. Advanced spectral methods for climatic time series. Reviews of Geophysics, 40(1): 3-1.

Ghosh-Dastidar, S. , Adeli, et al. 2007. Mixed-band wavelet-chaos-neural network methodology for epilepsy and epileptic seizure detection.

GISTEMP Team. 2021. GISS Surface temperature analysis (GISTEMP), version 4. NASA Goddard Institute for Space Studies. https: // data. giss. nasa. gov/ gistemp/ [2021-05- 03].

Gledhill, Robert John. 2004. Methods for investigating conformational change in biomolecular simulations, 0732-0732.

Goldstein H. 1980. Classical Mechanics, 2nd Ed. , Addison-Wesley, Reading, MA.

Gröchenig, Karlheinz. 2001. Foundations of time-frequency analysis. Springer Science & Business Media.

Gross Richard S. 1996. Combinations of earth orientation measurements: SPACE94, COMB94, and POLE94. Journal of Geophysical Research: Solid Earth 101.B4: 8729-8740.

Gross Richard S, et al. 1998. A Kalman-filter-based approach to combining independent Earth-orientation series. Journal of Geodesy 72.(4): 215-235.

Gross Richard S. 2000. Combinations of earth-orientation measurements: SPACE97, COMB97, and POLE97. Journal of Geodesy 73.(12): 627-637.

Gross R S. 2001. Combinations of earth orientation measurements: SPACE2000, COMB 2000, and POLE2000. JPL Publication 01-2. Jet Propulsion Laboratory, Pasadena, CA.

Guo L, Rivero, et al. 2010. Epileptic seizure detection using multiwavelet transform based approximate entropy and artificial neural networks. Journal of Neuroscience Methods, 193(1), 156-163.

Guo L, Rivero, et al. 2010. Automatic epileptic seizure detection in EEGs based on line length feature and artificial neural networks. Journal of Neuroscience Methods, 191(1), 101-109.

Hahn, Stefa L. 1996. Hilbert transforms in signal processing. Artech House.

Hansen, James, et al. 1999. GISS analysis of surface temperature change. Journal of Geophysical Research: Atmospheres, 104(D24): 30997-31022.

Hastie, Trevor, Robert Tibshirani. 1987. Generalized additive models: some applications. Journal of the American Statistical Association, 82(398): 371-386.

Holton, James R, Hsiu-Chi Tan. 1980. The influence of the equatorial quasi-biennial oscillation on the global circulation at 50 mb. Journal of Atmospheric Sciences, 37(10): 2200-2208.

Hou T Y, Thomas Y, Mike P Yan, et al. 2009. A variant of the EMD method for multi-scale data. Advances in Adaptive Data Analysis, 1(04): 483-516.

Hou T Y, Shi Z. 2011. Adaptive data analysis via sparse time-frequency representation. Advances in Adaptive Data Analysis, 3(01n02): 1-28.

Hou T Y, Thomas Y, Shi Z Q. 2013. Data-driven time-frequency analysis. Applied and Computational Harmonic Analysis, 35(2): 284-308.

Hou T Y, Thomas Yizhao, Shi Z Q. 2013. Sparse time-frequency representation of nonlinear and nonstationary data. Science China Mathematics, 56(12): 2489-2506.

Hou T Y, Thomas Y, Shi Z Q, et al. 2014. Convergence of a data-driven time-frequency analysis method. Applied and Computational Harmonic Analysis, 37(2): 235-270.

Hou T Y, Thomas Y, Shi Z Q. 2016. Extracting a shape function for a signal with intra-wave frequency modulation. Philosophical Transactions of the Royal Society A: Mathematical, Physical and Engineering Sciences, 374(2065): 20150194.

Hou T Y, Thomas Y, Shi Z Q. 2016. Sparse time-frequency decomposition based on dictionary adaptation. Philosophical Transactions of the Royal Society A: Mathematical, Physical and Engineering Sciences, 374(2065): 20150192.

Huang H, Pan J Q. 2006. Speech pitch determination based on Hilbert-Huang transform. Signal Processing, 86.4: 792-803. Ieee Transactions on Biomedical Engineering, 54(9), 1545-1551.

Huang K. 1998. A new instrumental method for bridge safety inspection based on a transient test load. US Patent Application Serial, 09-210693.

Huang N E, Steven R Long, et al. 1996. The mechanism for frequency downshift in nonlinear wave evolution. Advances in Applied Mechanics, 32: 59-117C.

Huang, Norden E. 1998. Empirical mode decomposition and hilbert spectral analysis.

Huang, Norden E, et al. 1998. The empirical mode decomposition and the Hilbert spectrum for nonlinear and non-stationary time series analysis. Proceedings of the Royal Society of London. Series A: Mathematical, Physical and Engineering Sciences 454(1971): 903-995.

Huang Norden E, Zheng Shen, et al. 1999. A new view of nonlinear water waves: the Hilbert spectrum. Annual Review of Fluid Mechanics, 31(1): 417-457.

Huang Norden E, et al. 2001. Spectral analysis of the chi-chi earthquake data: Station tuc129, taiwan, september 21. Bull. Seismol. Soc. Am 91: 1310-1338.

Huang Norden E, et al. 2003. A confidence limit for the empirical mode decomposition and Hilbert spectral analysis. Proceedings of the Royal Society of London. Series A: Mathematical, Physical and Engineering Sciences, 459(2037): 2317-2345.

Huang Norden E, et al. 2003. A confidence limit for the empirical mode decomposition and Hilbert spectral analysis. Proceedings of the Royal Society of London. Series A: Mathematical, Physical and Engineering Sciences, 459(2037): 2317-2345.

Huang N E, et al. 2006. An application of Hilbert–Huang transform to the stability study of airfoil flutter. AIAA J 44: 772-786.

Huang Norden E, Kang Huang, Wei-Ling Chiang. 2014. HHT-based bridge structural health-monitoring method. Hilbert–Huang Transform and its Applications. 337-361.

Huang N E, et al. 2006. An application of Hilbert–Huang transform to the stability study of airfoil flutter. AIAA J 44: 772-786.

Huang Norden E, Martin J Brenner, et al. 2006. Hilbert-Huang transform stability spectral analysis applied to flutter flight test data. AIAA Journal 44(4): 772-786.

Huang Norden, Kang Huang. 2006. HHT based railway bridge structural health monitoring. China Railway Science 27(1): 1-7.

Huang Norden E, Zhaohua Wu. 2008. A review on Hilbert-Huang transform: method and its applications to geophysical studies. Reviews of Geophysics 46(2).

Huang Norden E, Liming W. Salvino. 2008. System and method of analyzing vibrations and identifying failure signatures in the vibrations. U. S. Patent No. 7, 346, 461. 18 Mar.

Huang Norden E, et al. 2009a. On instantaneous frequency. Advances in Adaptive Data Analysis 1(02): 177-229.

Huang Norden E, et al. 2009b. Reductions of noise and uncertainty in annual global surface temperature anomaly data. Advances in Adaptive Data Analysis 1(03): 447-460.

Huang Norden E, et al. 2011. On Hilbert spectral representation: a true time-frequency representation for nonlinear and nonstationary data. Advances in Adaptive Data Analysis 3(01n02): 63-93.

Huang Norden E, et al. 2013. HHT-based structural health monitoring. Health Assessment of Engineered Structures: 203-240.

Huang Norden E, et al. 2014. Method for quantifying and modeling degree of nonlinearity, combined nonlinearity, and nonstationarity. U. S. Patent No. 8, 732, 113(20) May.

Huang Norden E, et al. 2013. The uniqueness of the instantaneous frequency based on intrinsic mode function. Advances in Adaptive Data Analysis 5(03): 1350011.

Huang Norden E. 2014. Hilbert-Huang transform and its applications. Vol. 16. World Scientific.

Huang, Norden E, et al. 2016. On Holo-Hilbert spectral analysis: a full informational spectral representation for nonlinear and non-stationary data. Philosophical Transactions of the Royal Society A: Mathematical, Physical and Engineering Sciences, 374(2065): 20150206.

Huang N E, Zhao Hua W U, Yeh J R. 2017. System and method of conjugate adaptive conjugate masking empirical mode decomposition. U.S. Patent Application, 15/016,022.

Hwu, Wen Mei W. 2011. GPU computing gems emerald edition. Elsevier.

Infeld, Eryk, George Rowlands. 2000. Nonlinear waves, solitons and chaos. Cambridge University Press.

Jackson E Atlee. 1989. Perspectives of Nonlinear Dynamics: Volume 1. CUP Archive.

Jensen Ole Laura L Colgin. 2007. Cross-frequency coupling between neuronal oscillations. Trends in Cognitive Sciences, 11(7): 267-269.

Jones P D. 1999. Surface air temperature and its variations over the last 150 years. Rev. Geophys, 37.

Kaiser James F. 1990. On Teager's energy algorithm and its generalization to continuous signals. Proc. 4th IEEE Digital Signal Processing Workshop. Mohonk.

Kamal A A. R, Harness, et al. 1989. Skin Photoplethysmography - a review. Computer Methods and Programs in Biomedicine, 28(4): 257-269.

Kantha L H, O M Phillips, et al. 1977. On turbulent entrainment at a stable density interface. Journal of Fluid Mechanics, 79(4): 753-768.

Kantha Lakshmi H, J Scott Stewart, et al. 1998. Long-period lunar fortnightly and monthly ocean tides. Journal of Geophysical Research: Oceans, 103(C6): 12639-12647.

Kantz, Holger, Thomas Schreiber. 2004. Nonlinear time series analysis. Cambridge University Press, 7.

Kao C S, A C Tamhane, et al. 1992. A general prewhitening procedure for process and measurement noises. Chem. Engring. Comm., 118: 49-57

Keenan, Daniel MacRae. 1985. A Tukey nonadditivity-type test for time series nonlinearity. Biometrika, 72(1): 39-44.

Keenlyside N S, Latif M, Jungclaus J, et al. 2008. Advancing decadal-scale climate prediction in the North Atlantic sector. Nature, 453(7191): 84-88.

Kim H, Kim, et al. 2016. Fast and robust real-time estimation of respiratory rate from photoplethysmography. Sensors, 16(9): 1494.

Kitaigorodskii S A, Donelan M A, Lumley J L, et al. 1983. Wave-turbulence interactions in the upper ocean. part Ⅱ. Statistical Characteristics of wave and turbulent components of the random velocity field in the marine surface layer. Journal of Physical Oceanography, 13(11): 1988-1999.

Knight J R, Allan R J, Folland C K, et al. 2005. A signature of persistent natural thermohaline circulation cycles in observed climate. Geophysical Research Letters, 32(20).

Knight Jeff R. 2009. The Atlantic multidecadal oscillation inferred from the forced climate response in coupled general circulation models. Journal of Climate, 22(7): 1610-1625.

Kocaoglu Argun H, Leland T Long. 1993. A review of time-frequency analysis techniques for estimation of group velocities. Seismological Research Letters, 64(2): 157-167.

Kootsookos Peter J, Brian C Lovell, et al. 1992. A unified approach to the STFT, TFDs, and instantaneous frequency. IEEE Transactions on Signal Processing, 40(8): 1971-1982.

Landau L D, E M Lifshitz. 1976. Course of theoretical physics. Mechanics, Pergamon, 1.

Latif M, Collins M, Pohlmann H, et al. 2006. A review of predictability studies of Atlantic sector climate on decadal time scales. Journal of Climate, 19(23): 5971-5987.

Leisk Gary G, Nelson N Hsu, et al. 2002. Application of the Hilbert-Huang transform to machine tool condition/health monitoring. AIP Conference Proceedings. 615(1).

Liang S F, Wang, et al. 2010. Combination of EEG complexity and spectral analysis for epilepsy diagnosis and seizure detection. Eurasip Journal on Advances in Signal Processing, 2010: 1-15.

Lindberg L, Ugnell, et al. 2006. Monitoring of respiratory and heart rates using a fibre-optic sensor. Medical and Biological Engineering and Computing, 30: 533-537.

Lind Rick. 2002. Match-point solutions for robust flutter analysis. Journal of Aircraft, 39(1): 91-99.

Lind Rick. 2003. Flight-test evaluation of flutter prediction methods. Journal of Aircraft, 40(5): 964-970.

Lind Rick, Marty Brenner. 1999. Aeroelastic and aeroservoelastic models. Robust Aeroservoelastic Stability Analysis: 55-66.

Lind Rick, Marty Brenner. 2000. Flutterometer: an on-line tool to predict robust flutter margins. Journal of Aircraft, 37(6): 1105-1112.

Linderhed Anna. 2005. Compression by image empirical mode decomposition. IEEE International Conference on Image Processing, 1.

Linderhed Anna. 2009. Image empirical mode decomposition: A new tool for image processing. Advances in Adaptive Data Analysis, 1(02): 265-294.

Link Michael J, Kevin M. Buckley. 1993. Prewhitening for intelligibility gain in hearing aid arrays. The Journal of the Acoustical Society of America, 93(4): 2139-2145.

Lisman John E, Ole Jensen. 2013. The theta-gamma neural code. Neuron, 77(6): 1002-1016.

Loh Chin Hsiung, Tsu Chiu Wu, et al. 2001. Application of emd+ hht method to identify near-fault ground motion characteristics and structural responses. BSSA, Special Issue of Chi-Chi Earthquake, 91(5): 1339-1357.

Long Steven R. 2005. Applications of HHT in image analysis. Hilbert-Huang Transform and Its Applications, 289-305.

Longuet Higgins, Michael Selwyn. 1957. The statistical analysis of a random, moving surface. Philosophical Transactions of the Royal Society of London. Series A, Mathematical and Physical Sciences, 249(966): 321-387.

Longuet Higgins, Michael Selwyn. 1984. Statistical properties of wave groups in a random sea state. Philosophical Transactions of the Royal Society of London. Series A, Mathematical and Physical Science, 312(1521): 219-250.

Lorenz Edward N. 1956. Empirical orthogonal functions and statistical weather prediction.

Loughlin Patrick J, Berkant Tacer. 1996. On the amplitude-and frequency-modulation decomposition of signals. The Journal of the Acoustical Society of America, 100(3): 1594-1601.

Lovell Brian C, Robert C Williamson, et al. 1993. The relationship between instantaneous frequency and time-frequency representations. IEEE Transactions on Signal Processing, 41(3): 1458-1461.

Lumley J L, E A Terray. 1983. Kinematics of turbulence convected by a random wave field. Journal of Physical Oceanography, 13(11): 2000-2007.

Mallat, Stephane G. 2009. A theory for multiresolution signal decomposition: the wavelet representation. Fundamental Papers in Wavelet Theory. Princeton University Press, 494-513.

Mandic D P, ur Rehman N, Wu Z, et al. 2013. Empirical mode decomposition-based time-frequency analysis of multivariate signals: the power of adaptive data analysis. IEEE Signal Processing Magazine, 30(6): 74-86.

Mann Michael E, Kerry A. Emanuel. 2006. Atlantic hurricane trends linked to climate change. Eos, Transactions American Geophysical Union, 87(24): 233-241.

Mantua Nathan J, Steven R Hare. 2002. The Pacific decadal oscillation. Journal of Oceanography 58(1): 35-44.

Maragos Petros, James F Kaiser, et al. 1993. On amplitude and frequency demodulation using energy operators. IEEE Transactions on Signal Processing, 41(4): 1532-1550.

Maragos Petros, James F Kaiser, et al. 1993. Energy separation in signal modulations with application to speech analysis. IEEE Transactions on Signal Processing, 41(10): 3024-3051.

McLeod Allan I, William K Li. 1983. Diagnostic checking ARMA time series models using squared-residual autocorrelations. Journal of Time Series Analysis, 4(4): 269-273.

McSharry P E, Clifford G D, Tarassenko L, et al. 2003. A dynamical model for generating synthetic electrocardiogram signals. IEEE Transactions on Biomedical Engineering, 50(3): 289-294.

Mellor George L, Tetsuji Yamada. 1982. Development of a turbulence closure model for geophysical fluid problems. Reviews of Geophysics, 20(4): 851-875.

Melville W K. 1983. Wave modulation and breakdown. Journal of Fluid Mechanics, 128: 489-506.

Monahan A H, Fyfe J C, Ambaum M H P, et al. 2009. Empirical orthogonal functions: The medium is the message. Journal of Climate, 22(24): 6501-6514.

Monahan A H, Timothy DelSole. 2009. Information theoretic measures of dependence, compactness, and non-gaussianity for multivariate probability distributions. Nonlinear Processes in Geophysics, 16(1): 57-64.

Murphy D M, Solomon S, Portmann R W, et al. 2009. An observationally based energy balance for the Earth since 1950. Journal of Geophysical Research: Atmospheres, 114(D17).

Niang Oumar. 2007. Décomposition modale empirique: contribution à la modélisation mathématique et application en traitement du signal et de l'image. Diss. Université Paris XII Val de Marne.

Niang Oumar, Éric Deléchelle, et al. 2010. A spectral approach for sifting process in empirical mode decomposition. IEEE Transactions on Signal Processing, 58(11): 5612-5623.

Niang O, Thioune A, El Gueirea M C, et al. 2012. Partial differential equation-based approach for empirical mode decomposition: application on image analysis. IEEE Transactions on Image Processing, 21(9): 3991-4001.

Niang O, Thioune A, Deléchelle E, et al. 2012. Spectral intrinsic decomposition method for adaptive signal representation. International Scholarly Research Notices 2012.

Niang O, Thioune A, Deléchelle É, et al. 2013. About a partial differential equation-based interpolator for signal envelope computing: existence results and applications. International Scholarly Research Notices

Niederreiter H. 1992. Random number generation and quasi-Monte Carlo methods. Society for Industrial and Applied Mathematics.

Nunes J C, Bouaoune Y, Delechelle E, et al. 2003. Image analysis by bidimensional empirical mode decomposition. Image and Vision Computing, 21(12), 1019-1026.

Nunes J C, Deléchelle E. 2009. Empirical mode decomposition: Applications on signal and image processing. Advances in Adaptive Data Analysis, 1(01), 125-175.

Nuttall A H, Bedrosian E. 1966. On the quadrature approximation to the Hilbert transform of modulated signals. Proceedings of the IEEE, 54(10), 1458-1459.

Ocak H. 2008. Optimal classification of epileptic seizures in EEG using wavelet analysis and genetic algorithm. Signal Processing, 88(7), 1858-1867.

Olhede S, Walden A T. 2004. The Hilbert spectrum via wavelet projections. Proceedings of the Royal Society of London. Series A: Mathematical, Physical and Engineering Sciences, 4602044, 955-975.

Ostrovsky L A, Potapov A I. 1999. Modulated waves: theory and applications (Vol. 9). JHU Press.

Oweis R J, Abdulhay E W. 2011. Seizure classification in EEG signals utilizing Hilbert-Huang transform. Biomedical Engineering Online, 10(1), 1-15.

Pachori R B. 2008. Discrimination between ictal and seizure-free EEG signals using empirical mode decomposition. Research Letters in Signal Processing, 2008.

Pachori R B, Bajaj V. 2011. Analysis of normal and epileptic seizure EEG signals using empirical mode decomposition. Computer Methods and Programs in Biomedicine, 104(3), 373-381.

Pachori R B, Sircar P. 2008. EEG signal analysis using FB expansion and second-order linear TVAR process. Signal Processing, 88(2), 415-420.

Papoulis A, Saunders H. 1989. Probability, random variables and stochastic processes. 123-125.

Peterson T C, Vose R S. 1997. An overview of the global historical climatology network temperature database. Bulletin of the American Meteorological Society, 78(12), 2837-2850.

Petropulu A P, Nikias C L. 1993. Blind convolution using signal reconstruction from partial higher order cepstral information. IEEE Transactions on Signal Processing, 41(6), 2088-2095.

Philander S G. 1990 El Ni no, La Nina, and the Southern Oscillation, Academic Press, 46.

Phillips O M. 1961. A note on the turbulence generated by gravity waves. Journal of Geophysical Research, 66(9), 2889-2893.

Phillips O M. 1977 On the dynamics of upper ocean. Cambridge, UK: Cambridge University Press.

Picinbono B. 1997. On instantaneous amplitude and phase of signals. IEEE Transactions on Signal Processing, 45(3), 552-560.

Pittman Polletta B, Hsieh W H, Kaur S, et al. 2014. Detecting phase-amplitude coupling with high frequency resolution using adaptive decompositions. Journal of Neuroscience Methods, 226, 15-32.

Polat K, Günes S. 2007. Classification of epileptiform EEG using a hybrid system based on decision tree classifier and fast Fourier transform. Applied Mathematics and Computation, 187(2), 1017-1026.

Politis D N. 1993. Arma models, prewhitening, and minimum cross entropy. IEEE Transactions on Signal Processing, 41(2), 781-787.

Polyakov I V, Alexeev V A, Bhatt U S, et al. 2010. North Atlantic warming: patterns of long-term trend and multidecadal variability. Climate Dynamics, 34(2), 439-457.

Prathyusha B, Rao T S, Asha D. 2012. Extraction of respiratory rate from PPG signals using PCA and EMD. International Journal of Research in Engineering and Technology, 1(2), 164-184.

Press H, Tukey J W. 1959. Power spectral methods of analysis and their application to problems in airplane dynamics. Instrumentation Systems (1-IVC). Pergamon.

Priestley M B. 1965. Evolutionary spectra and non-stationary processes. Journal of the Royal Statistical Society: Series B (Methodological), 27(2), 204-229.

Priestley M B, 1991. Spectral analysis and time series. London: Academic Press, 890.

Qian T, Chen Q, Li L. 2005. Analytic unit quadrature signals with nonlinear phase. Physica D: Nonlinear Phenomena, 203(1-2), 80-87.

Qiao F, Yuan Y, Yang Y, et al. 2004. Wave-induced mixing in the upper ocean: Distribution and application to a global ocean circulation model. Geophysical Research Letters, 31(11).

Qiao F, Song Z, Bao Y, et al. 2013. Development and evaluation of an Earth System Model with surface gravity waves. Journal of Geophysical Research: Oceans, 118(9), 4514-4524.

Qiao F, Yuan Y, Deng J, et al. 2016. Wave–turbulence interaction-induced vertical mixing and its effects in ocean and climate models. Philosophical Transactions of the Royal Society A: Mathematical, Physical and Engineering Sciences, 3742065, 20150201.

Quadrelli R, Wallace J M. 2004. A simplified linear framework for interpreting patterns of Northern Hemisphere wintertime climate variability. Journal of Climate, 17(19), 3728-3744.

Quatieri T F. 2002. Discrete-time speech signal processing: principles and practice. Pearson Education India.

Rabiner L. 1977. On the use of autocorrelation analysis for pitch detection. IEEE transactions on acoustics, speech, and signal processing, 25(1), 24-33.

Ramsey J B. 1969. Tests for specification errors in classical linear least-squares regression analysis. Journal of the Royal Statistical Society: Series B (Methodological), 31(2), 350-371.

Ray R D, Steinberg D J, Chao B F, et al. 1994. Diurnal and semidiurnal variations in the Earth's rotation rate induced by oceanic tides. Science, 2645160, 830-832.

Rayner N A A, Parker D E, Horton E B, et al. 2003. Global analyses of sea surface temperature, sea ice, and night marine air temperature since the late nineteenth century. Journal of Geophysical Research: Atmospheres, 108(D14).

Rehman N, Mandic D P. 2010. Multivariate empirical mode decomposition. Proceedings of the Royal Society A: Mathematical, Physical and Engineering Sciences, 4662117, 1291-1302.

Rice . 1944. Mathematical analysis of random noise Bell Sys. Tech. Jl., 23, 282-310.

Rice. 1945. Mathematical analysis of random noise, III. Statistical properties of random noise currents. Bell Sys. Tech. Jl., 24, 46-108.

Riemenschneider S, Liu B, Xu Y, et al. 2014. B-spline based empirical mode decomposition// Hilbert–Huang Transform and Its Applications: 69-97.

Rilling G, Flandrin P, Gonçalves, P., et al. 2007. Bivariate empirical mode decomposition. IEEE signal processing letters, 14(12), 936-939.

Rilling G, Flandrin P. 2007. One or two frequencies? The empirical mode decomposition answers. IEEE Transactions on Signal Processing, 56(1): 85-95.

Ropelewski C F, Halpert M S. 1987. Global and regional scale precipitation patterns associated with the El Ni no/Southern Oscillation. Monthly Weather Review, 115(8): 1606-1626.

宋平舰, 张杰. 2001. 二维经验模分解在海洋遥感图像信息分离中的应用. 高技术通讯, 11(9): 62-67.

Salvino L W, Cawley R. 2003. U.S. Patent No. 6,507,798. Washington, DC: U.S. Patent and Trademark Office.

Salvino L W, Pines D J, Todd M D, et al. 2003. Signal processing and damage detection in a frame structure excited by chaotic input force. In Smart Structures and Materials 2003: Modeling, Signal Processing, and Control. International Society for Optics and Photonics, 5049: 639-650.

Schlesinger M E, Ramankutty N. 1994. An oscillation in the global climate system of period 65–70 years. Nature, 3676465: 723-726.

Schuyler R, White A, Staley K, et al. 2007. Epileptic seizure detection - Identification of ictal anal pre-ictal states using RBF networks with wavelet-decomposed EEG data. IEEE Engineering in Medicine and Biology Magazine, 26(2): 74-81.

Seidov D, Maslin M. 2001. Atlantic ocean heat piracy and the bipolar climate see-saw during Heinrich and Dansgaard–Oeschger events. Journal of Quaternary Science: Published for the Quaternary Research Association, 16(4): 321-328.

Semenov V A, Latif M, Dommenget D, et al. 2010. The impact of North Atlantic–Arctic multidecadal variability on Northern Hemisphere surface air temperature. Journal of Climate, 23(21): 5668-5677.

Sharpley R C, Vatchev V. 2006. Analysis of the intrinsic mode functions. Constructive Approximation, 24(1): 17-47.

Shekel J. 1953. Instantaneous frequency. Proceedings of the Institute of Radio Engineers, 41(4): 548-548.

Simpson J J. 1991. Oceanographic and atmospheric applications of spatial statistics and digital image analysis. Spatial Statistics and Digital Image Analysis, 37.

Smith T M, Reynolds R W. 2005. A global merged land–air–sea surface temperature reconstruction based on historical observations (1880-1997). Journal of climate, 18(12): 2021-2036.

Smith T M, Reynolds R W, Peterson T C, et al. 2008. Improvements to NOAA's Historical Merged Land–Ocean Surface Temperatures Analysis (1880-2006). Journal of Climate, 21: 2283-2296.

Soualhi A, Medjaher K, Zerhouni N. 2014. Bearing health monitoring based on Hilbert–Huang transform, support vector machine, and regression. IEEE Transactions on Instrumentation and Measurement, 64(1): 52-62.

Spedding G R, Browand F K, Huang N E, et al. 1993. A 2-D complex wavelet analysis of an unsteady wind-generated surface wave field. Dynamics of Atmospheres and Oceans, 20(1-2): 55-77.

Srinivasan V, Eswaran C, Sriraam N. 2005. Artificial neural network based epileptic detection using time-domain and frequency-domain features. Journal of Medical Systems, 29(6): 647-660.

Strickland, Robin N, He Il Hahn. 1997. Wavelet transform methods for object detection and recovery. IEEE Transactions on Image Processing, 6(5): 724-735.

Subasi A. 2007. EEG signal classification using wavelet feature extraction and a mixture of expert model. Expert Systems with Applications, 32(4): 1084-1093.

Sutton, John. 1997. Gibrat's legacy. Journal of Economic Literature, 35(1): 40-59.

Suykens, Johan A K, Joos Vandewalle. 1999. Least squares support vector machine classifiers. Neural Processing Letters, 9(3): 293-300.

Swanson, Kyle L, George Sugihara, et al. 2009. Long-term natural variability and 20th century climate change. Proceedings of the National Academy of Sciences, 106(38): 16120-16123.

Sweeney, Kevin T, Seán F, et al. 2012. The use of ensemble empirical mode decomposition with canonical correlation analysis as a novel artifact removal technique. IEEE Transactions on Biomedical Engineering, 60(1): 97-105.

Tanaka, Toshihisa, Danilo P, et al. 2007. Complex empirical mode decomposition. IEEE Signal Processing Letters, 14(2): 101-104.

Theiler, James, et al. 1992. Testing for nonlinearity in time series: the method of surrogate data. Physica D: Nonlinear Phenomena, 58(1-4): 77-94.

Thompson, David W J, et al. 2008. A large discontinuity in the mid-twentieth century in observed global-mean surface temperature. Nature, 453(7195): 646-649.

Thompson, David W J, et al. 2009. Identifying signatures of natural climate variability in time series of global-mean surface temperature: Methodology and insights. Journal of Climate, 22(22): 6120-6141.

Ting M F, et al. 2009. Forced and internal twentieth-century SST trends in the North Atlantic. Journal of Climate, 22(6): 1469-1481.

Titchmarsh, Edward C. 1948. Introduction to the theory of Fourier integrals. Oxford: The Clarendon press.

Tong, Howel. 2002. Nonlinear time series analysis since 1990: some personal reflections. Acta Mathematicae Applicatae Sinica, 18(2): 177.

Torrence, Christopher, Gilbert P, et al. 1998. A practical guide to wavelet analysis. Bulletin of the American Meteorological Society, 79(1): 61-78.

Trenberth, Kevin E. 1984. Signal versus noise in the Southern Oscillation. Monthly Weather Review, 112(2): 326-332.

Trucco, Andrea. 2001. Experimental results on the detection of embedded objects by a prewhitening filter. IEEE Journal of Oceanic Engineering, 26(4): 783-794.

Tsay, Ruey S. 1986. Nonlinearity tests for time series. Biometrika, 73(2): 461-466.

Tsay, Ruey S. 2005. Analysis of financial time series. John Wiley & Sons.

Tung, Ka-Kit, Zhou J S. 2013. Using data to attribute episodes of warming and cooling in instrumental records. Proceedings of the National Academy of Sciences, 110(6): 2058-2063.

Tzallas, Alexandros T, Markos G, et al. 2009. Epileptic seizure detection in EEGs using time–frequency analysis. IEEE Transactions on Information Technology in Biomedicine, 13(5): 703-710.

Ur Rehman, Naveed, Danilo P. 2011. Filter bank property of multivariate empirical mode decomposition. IEEE Transactions on Signal Processing, 59(5): 2421-2426.

Van der Pol, Balth. 1946. The fundamental principles of frequency modulation. Journal of the Institution of Electrical Engineers-Part III: Radio and Communication Engineering, 93(23): 153-158.

Vapnik, Vladimir N. 1995. The Nature of Statistical Learning Theory. Springer.

Vautard, Robert, Michael Ghil. 1989. Singular spectrum analysis in nonlinear dynamics, with applications to paleoclimatic time series. Physica D: Nonlinear Phenomena, 35(3): 395-424.

Vecchi, Gabriel A, Thomas R. 2008. On estimates of historical North Atlantic tropical cyclone activity. Journal of Climate, 21(14): 3580-3600.

Vecchi, Gabriel A, and Thomas R. 2011. Estimating annual numbers of Atlantic hurricanes missing from the HURDAT database (1878-1965) using ship track density. Journal of Climate, 24(6): 1736-1746.

Wallace, John M, Yuan Zhang, et al. 1995. Dynamic contribution to hemispheric mean temperature trends. Science, 270(5237): 780-783.

Wang, Gang, et al. 2010. On intrinsic mode function. Advances in Adaptive Data Analysis, 2(03): 277-293.

Wang C X, Da F P. 2014. Differential signal-assisted method for adaptive analysis of fringe pattern. Applied optics, 53(27): 6222-6229.

Wang F T, et al. 2015. Instantaneous respiratory estimation from thoracic impedance by empirical mode decomposition. Sensors, 15(7): 16372-16387.

Wen Y K, Ping G. 2009. HHT-based simulation of uniform hazard ground motions. Advances in Adaptive Data Analysis, 1(01): 71-87.

Whitham, Gerald Beresford. 1974. Linear and nonlinear waves. New York: John Wiley & Sons.

Wild Martin, Atsumu Ohmura, Knut Makowski. 2007. Impact of global dimming and brightening on global warming. Geophysical Research Letters, 34(4).

Wu, Z H, et al. 2001. The impact of global warming on ENSO variability in climate records. Calverton: Center for Ocean-Land-Atmosphere Studies.

Wu, Z H, Huang N E. 2004. A study of the characteristics of white noise using the empirical mode decomposition method. Proceedings of the Royal Society of London. Series A: Mathematical, Physical and Engineering Sciences, 460(2046): 1597-1611.

Wu Z H, Huang N E. 2005. Statistical significance test of intrinsic mode functions. Hilbert-Huang Transform and its Applications, 107-127.

Wu Z H, et al. 2007. On the trend, detrending, and variability of nonlinear and nonstationary time series. Proceedings of the National Academy of Sciences, 104(38): 14889-14894.

Wu Z H, Huang N E. 2009. Ensemble empirical mode decomposition: a noise-assisted data analysis method. Advances in Adaptive Data Analysis, 1(01): 1-41.

Wu Z H, Huang N E, Chen X Y. 2009. The multi-dimensional ensemble empirical mode decomposition method. Advances in Adaptive Data Analysis, 1(03): 339-372.

Wu Z H, Huang N E. 2010. On the filtering properties of the empirical mode decomposition. Advances in Adaptive Data Analysis, 2(04): 397-414.

Wu Z H, Huang N E, Chen X Y. 2011. Some considerations on physical analysis of data. Advances in Adaptive Data Analysis, 3(01-02): 95-113.

Wu Z H, Huang N E. 2014. Statistical significance test of intrinsic mode functions. Hilbert–Huang Transform and Its Applications, 149-169.

Wunsch, Carl, Raffaele Ferrari. 2004. Vertical mixing, energy, and the general circulation of the oceans. Annu. Rev. Fluid Mech, 36: 281-314.

Xu Y, et al. 2006. Two-dimensional empirical mode decomposition by finite elements. Proceedings of the Royal Society A: Mathematical, Physical and Engineering Sciences, 462(2074): 3081-3096.

Yang Albert C, et al. 2013. Cognitive and neuropsychiatric correlates of EEG dynamic complexity in patients with Alzheimer's disease. Progress in Neuro-Psychopharmacology and Biological Psychiatry, 47: 52-61.

Yeh Jia-Rong, Jiann-Shing Shieh, Huang N E. 2010. Complementary ensemble empirical mode decomposition: A novel noise enhanced data analysis method. Advances in adaptive Data Analysis, 2(02): 135-156.

Yeh Jia-Rong, Chung-Kang Peng, Huang N E. 2016. Scale-dependent intrinsic entropies of complex time series. Philosophical Transactions of the Royal Society A: Mathematical, Physical and Engineering Sciences, 374(2065): 20150204.

Yen, Nai-chyuan. 1994. Wave packet decomposition. The Journal of the Acoustical Society of America, 95(2): 889-896.

Yoder, Charles F, James G Williams, et al. 1981. Tidal variations of Earth rotation. Journal of Geophysical Research: Solid Earth, 86(B2): 881-891.

Yong Z, Ji X M, Zhang S H. 2016. An approach to EEG-based emotion recognition using combined feature extraction method. Neuroscience Letters, 633: 152-157.

Yuan Y, et al. 1999. The development of a coastal circulation numerical model: 1. Wave-induced mixing and wave-current interaction. J Hydrodyn., Ser. A, 14: 1-8.

Yuan Y L, et al. 2009. Empiric and dynamic detection of the sea bottom topography from synthetic aperture radar image. Advances in Adaptive Data Analysis, 1(02): 243-263.

Zala C A, Ozard J M, Wilmut M J. 1995. Prewhitening for improved detection by matched-field processing in ice-ridging correlated noise. The Journal of the Acoustical Society of America, 98(5): 2726-2734.

Zhang R, Delworth T L, Held I M. 2007. Can the Atlantic Ocean drive the observed multidecadal variability in Northern Hemisphere mean temperature? Geophysical Research Letters, 34(2).

Zhang R. 2008. Coherent surface-subsurface fingerprint of the Atlantic meridional overturning circulation. Geophysical Research Letters, 35(20).

Zhou J S,Tung K K. 2013. Deducing multidecadal anthropogenic global warming trends using multiple regression analysis. Journal of the Atmospheric Sciences, 70(1): 3-8.